污染场地风险管控与修复丛书

污染场地地下水纳米零价铁技术：
修复原理、设计及应用

陈梦舫　钱林波　著

科学出版社

北　京

内 容 简 介

本书重点涉及污染场地地下水修复最具推广应用前景的绿色低碳纳米零价铁（nZVI）技术，系统全面地介绍了污染场地地下水纳米零价铁修复技术的原理、设计及应用。全书共 7 章，综合介绍了纳米零价铁的制备与表征、迁移与风险、修复原理、施工工艺及监测与评价等方面的科学技术研究进展，提出了一些新的关键科学技术问题与研发需求，具有重要的学术研究与实际应用价值。

本书可作为土壤学、地下水科学、环境科学与工程等领域的科研工作者及技术人员的参考书，也可作为高等院校、研究所相关专业研究生课程的参考资料。

图书在版编目（CIP）数据

污染场地地下水纳米零价铁技术：修复原理、设计及应用/陈梦舫，钱林波著. —北京：科学出版社，2022.12
（污染场地风险管控与修复丛书）
ISBN 978-7-03-073104-3

Ⅰ. ①污… Ⅱ. ①陈… ②钱… Ⅲ. ①场地–地下水污染–污染防治
Ⅳ. ①X523

中国版本图书馆 CIP 数据核字（2022）第 166556 号

责任编辑：周 丹 沈 旭 石宏杰/责任校对：杜子昂
责任印制：赵 博/封面设计：许 瑞

科 学 出 版 社 出版
北京东黄城根北街 16 号
邮政编码：100717
http://www.sciencep.com
三河市春园印刷有限公司印刷
科学出版社发行 各地新华书店经销
*
2022 年 12 月第 一 版 开本：720×1000 1/16
2025 年 1 月第二次印刷 印张：24 1/2
字数：494 000
定价：199.00 元
（如有印装质量问题，我社负责调换）

陈梦舫，1985 年获中国地质大学（武汉）学士学位，1986 年获教育部公派留学英国，1990 年获英国纽卡斯尔大学博士学位，1990～2010 年任职于英国著名高校与国际知名环境工程集团，2010 年入职中国科学院南京土壤研究所，现任国家重点研发计划项目首席科学家，江苏省污染场地土壤与地下水修复工程实验室主任，中国土壤学会土壤修复专委会主任/顾问，江苏省环境科学学会土壤与地下水修复专委会主任。曾任 2012 年伦敦奥运会地下水污染修复顾问、欧盟第七框架地下水修复专项国际顾问。

主要从事工业场地土壤与地下水污染风险管控技术、绿色高效环境修复功能材料、矿山地下水污染过程及生态修复技术等研究，构建了基于风险的污染迁移与暴露耦合评价体系，自主开发的场地健康与环境风险评估系列软件(HERA)已成为我国场地污染风险管控的重要工具；研发了零价铁、生物质炭、过硫酸盐、黏土矿物等多种新型环境复合功能材料，形成了绿色高效还原、高活性自由基调控高级氧化等修复技术体系，建成了国际上首个新型纳米零价铁复合材料原位地下水化学反应屏障等三个地下水污染修复示范工程。

主持国家重点研发计划、国家自然科学基金、中欧国际合作等 20 项课题；获授权国家发明专利 8 项；发表著作 6 部；在 *Chemical Engineering Journal*、*Journal of Hazardous Materials* 等期刊发表 SCI 论文 70 多篇（其中 6 篇入选 ESI 高被引论文）、中文核心期刊论文 40 余篇；获环境保护科学技术、中国土壤学会科学技术二等奖两项，为我国工矿场地土壤与地下水污染综合治理与安全开发利用提供了系统解决方案。

钱林波，男，博士，2014 年获浙江大学环境科学博士学位，现任中国科学院南京土壤研究所副研究员、硕士生导师。中国土壤学会土壤修复专业委员会委员兼秘书，*Nanomaterials* 客座编辑，入选中国科学院特聘研究岗位，主要从事土壤和地下水修复新材料及调控机理研究，在环境领域顶级期刊 *Environmental Science & Technology* 等发表 SCI 论文 50 余篇，SCI 他引大于 2500 次，参编专著 5 部，申请公开专利 8 项，主持国家自然科学基金面上项目、国家重点研发计划课题等项目 10 项。

丛 书 序

工矿企业生产活动导致的场地污染是我国近二十年来城镇化进程中不可回避的环境焦点问题之一。数以万计关闭搬迁或遗留污染场地的安全再开发，是保障生态环境和人民健康安全、保证我国经济社会与环境可持续发展的重要基础，因而必须高度重视污染场地的风险管控与修复工作。2018 年 5 月 18 日，习近平总书记在全国生态环境保护大会上强调要全面落实《土壤污染防治行动计划》，突出重点区域、行业和污染物，强化土壤污染管控和修复，有效防范风险，让老百姓吃得放心、住得安心。自《土壤污染防治行动计划》和《中华人民共和国土壤污染防治法》实施以来，我国土壤污染防治问题得到了一定程度的缓解，然而，场地污染由于具有高负荷、高异质、高复合等特征，治理难度大、周期长、成本高，治理与修复工作仍然任重道远，场地污染仍是我国现阶段需要重点关注的突出环境问题。

中国科学院南京土壤研究所陈梦舫研究团队是专门从事污染场地土壤与地下水修复技术研发与应用研究的专业团队，主要开展污染场地高精度环境地质与污染调查、多介质污染物溶质迁移转化模拟、精细化场地健康与环境风险评估、高效绿色环境修复功能材料研发、土壤与地下水污染控制与修复关键技术应用示范等方面的研究，为污染场地安全开发利用与可持续修复提供科技支撑与系统解决方案。

"污染场地风险管控与修复丛书"主要针对我国场地土壤与地下水复合污染严重、治理技术单一、开发利用风险大等突出问题，基于土壤与地下水污染风险管控、绿色材料研发、施用技术创新、可持续协同治理的理念，结合我国土壤与地下水修复发展现状及国际修复行业前沿发展趋势，系统总结了团队多年来在场地污染风险管控与修复理论及技术的研究成果和实践经验，形成系列场地可复制、可推广的系统解决方案和工程案例，以编著或教材形式持续出版，旨在促进土壤与地下水污染修复科学健康发展，推动土壤与地下水修复新技术的发展、创新与实践应用，切实提升土壤与地下水污染防治科技攻关能力，为改善土壤与地下水环境质量、保障人民健康与生态环境安全、实现我国经济社会可持续发展提供决策依据和关键技术支撑。

陈梦舫

2022 年 2 月 8 日于南京

序

随着我国经济社会快速发展、产业结构升级和产业空间布局优化,城市土地开发需求激增,城区内大量高污染、高能耗的工业企业关闭搬迁或遗留工业场地再开发利用过程中持续面临着污染治理与地区经济发展不平衡、环境污染引发公众事件、污染暴露风险危及公众健康安全及周边水环境等突出环境问题。工业污染场地风险管控和修复治理已成为我国乃至国际上的技术难题,制约着我国经济社会的可持续发展。我国自 2004 年开始对关闭搬迁工业场地实施环境污染防治工作,至今已有 18 年时间,工业场地的环境管理模式已由原来的无章、无序、无主变为如今的制度化、科学化、标准化,正在逐步建立和完善污染场地风险管控技术与管理体系。工业场地污染风险管控与治理措施的全面实施,对提升土壤环境质量,遏制工业污染恶化趋势,保障人民健康与环境安全,推动美丽中国与健康中国建设具有重要意义。

污染场地健康与环境风险评估对我国场地污染治理与风险管控工作具有关键技术支撑作用,是场地绿色低碳修复与可持续管理的重要依据。污染场地健康与环境风险评估技术在现有政策法规、技术导则或指南的指导框架之下,基于场地"源-径-汇"污染链概念模型,利用污染溶质多介质迁移-暴露耦合评价模型定量模拟计算受体的潜在健康或水环境风险,并且为场地治理修复制定修复目标。2014年,我国环境保护部发布了首个场地风险评估技术文件《污染场地风险评估技术导则》(HJ 25.3—2014);2018 年,生态环境部发布了《土壤环境质量 建设用地土壤污染风险管控标准(试行)》(GB 36600—2018);2019 年,生态环境部和国家市场监督管理总局继续更新风险评估技术导则为《建设用地土壤污染风险评估技术导则》(HJ 25.3—2019)。上述技术文件为场地风险评估从业人员提供了相关技术指引和依据,但我国仍较缺乏对场地风险评估理论基础和方法学的系统研究,并且随着我国乃至国际范围内对污染场地绿色低碳修复要求的不断提高,精细化的场地风险评估方法正在受到越来越多的关注,因此非常有必要加强相关从业人员的专业基础培养,提升专业人员对精细化风险评估模型的理解和运用水平,以满足我国对污染场地可持续风险管控工作日益强化的迫切需求,实现工业污染场地的安全再开发,保障人居健康和生态环境安全。

中国科学院南京土壤研究所陈梦舫研究团队一直致力于开发场地污染风险管控与绿色低碳修复、废弃矿山地下水污染防控与生态修复等关键技术,为城市污染地块安全开发与可持续利用、矿山流域水环境综合治理提供科技支撑和系统解决方案，在绿色高效环境修复功能材料与修复技术研发、应用和推广方面开展了大量工作。2017 年，陈梦舫研究团队出版的《地下水可渗透反应墙修复技术原理、设计及应用》详细介绍了可渗透反应墙技术的基本原理、典型结构、修复填料的选择与修复机理、工程设计流程等，可渗透反应墙技术的核心是修复填料的选择，此次出版的《污染场地地下水纳米零价铁技术：修复原理、设计及应用》是对前一本专著理论内容的延伸与拓展。本书在简要总结纳米零价铁技术原理和研究进展的基础上，系统综述纳米零价铁在污染物去除中的机理及国际前沿，分析纳米零价铁迁移及风险，并基于应用导向系统论述纳米零价铁技术体系、施工工艺以及监测维护，最后结合国际典型修复案例分析纳米零价铁技术体系的构建与应用，以期为纳米零价铁技术发展提供理论与技术支撑。

陈梦舫

2022 年 2 月 8 日于南京

前　言

地下水在保证居民生活用水、经济社会发展和生态环境平衡等方面的作用至关重要，当前我国地下水资源受到工业、农业、城市化活动的严重威胁，治理修复刻不容缓。我国于 2015 年 4 月 2 日发布了《水污染防治行动计划》，2021 年 12 月 1 日施行了《地下水管理条例》，后者作为我国第一部地下水管理的专门行政法规，对强化地下水管理、防治地下水超采和污染起到十分重要的作用。纳米材料相比常规材料具有优越的物理化学属性和反应活性，已被越来越多地生产和使用。一些纳米材料能够与重金属和有机污染物发生强烈的吸附及氧化还原作用，在环境污染治理领域具有巨大应用潜力，值得深入探索。

铁是地壳中含量仅次于铝的金属元素，它通过与碳、氧、硫等元素之间的氧化还原反应，影响地下水污染物的迁移、转化、归趋和生物有效性。经外源输入的零价铁在地下水污染物去除中表现出巨大的潜力，大量研究表明零价铁比一般的铁矿物降解效率更高，对六价铬、氯代烃等污染物具有很强的还原作用。纳米零价铁自 2001 年开始应用于环境修复领域以来，其具有的巨大的比表面积、超强的反应活性和优良的催化活性，使得其作为还原剂能有效去除多种土壤和地下水中的污染物，对原位修复技术的工程应用起到至关重要的作用。据不完全统计，全球基于纳米零价铁技术修复的场地数量达到 77 个，这些场地主要分布于美国、加拿大、欧洲和中国。在全球范围内，基于纳米零价铁技术的场地实际应用实例呈逐年增多趋势，其安全性及有效性有待进一步研究和推广，特别是针对我国典型行业、区域、复杂地质条件及典型复合关注污染物，研发适宜原位绿色低碳地下水修复的技术体系尤为重要。

本书围绕纳米零价铁技术这一主题，分成 7 章展开论述。第 1 章介绍纳米零价铁修复原理及研究进展；第 2 章介绍纳米零价铁常用的制备与表征方法；第 3 章阐述纳米零价铁去除重金属离子、有机污染物及其他离子的作用机理；第 4 章介绍纳米零价铁迁移及风险分析，探讨纳米零价铁分别在土壤、地下水及多孔介质中的迁移转化与风险分析；第 5 章介绍纳米零价铁技术体系及施工工艺，阐述纳米零价铁技术发展历程、施工工艺及体系设计；第 6 章介绍纳米零价铁技术性能监测及评价，综述纳米零价铁场地应用监测技术研究历程、监测内容与技术、监测网络设计，以及监测与评价指标；第 7 章为纳米零价铁技术案例分析，列举我国和国际上纳米零价铁修复典型案例。

本书援引了相关论著的宝贵数据，在此对相关作者表示谢意。本书得到国家重点研发计划"场地土壤污染成因与治理技术"重点专项项目"京津冀及周边焦化场地污染治理与再开发利用技术研究与集成示范"(2018YFC1803000)和"纳米科技"重点专项"用于土壤有机污染阻控与高效修复的纳米材料与技术"(2017YFA0207002)资助。中国科学院南京土壤研究所研究生陈云、梁聪、张文影、杨磊、商晓、张波、董欣竹、李航宇、龙颖、魏子斐、郑涛，科研助理赵夏婷、司涵、潘天天参与了本书的资料整理、专著撰写和校对工作。此外，感谢浙江大学林道辉教授、北京市生态环境保护科学研究院姜林研究员、生态环境部土壤与农业农村生态环境监管技术中心周友亚研究员、中国地质大学(武汉)李义连教授、中国科学院土壤环境与污染修复重点实验室骆永明研究员、吴龙华研究员、滕应研究员、刘五星研究员、宋静研究员对本书撰写给予的大力支持和帮助！

　　由于时间仓促以及作者水平有限，书中难免存在疏漏，希望广大读者不吝赐教，以利于本书的修订和完善。

2022 年 2 月 8 日于南京

目　　录

第1章 绪 论

当前，我国土壤和地下水环境质量总体堪忧，随着城市化进程加快，土地功能置换，出现众多农药、化工等高风险污染场地，影响土地资源的可持续利用。场地中的污染物成为人居环境的"化学定时炸弹"，危及人体健康和区域生态环境安全。目前修复污染土壤和地下水有气相抽提、热脱附、化学氧化、表面活性剂淋洗等五十多种技术，但每种技术均存在一定局限性。因此，研究创新治理修复新原理和新方法，已成为我国土壤和地下水环境污染治理与可持续发展的重大科技需求。为此，国务院颁布《土壤污染防治行动计划》(简称《土十条》)，鼓励研发先进适用装备和高效低成本功能材料，必须形成一批易推广、成本低、效果好的土壤污染治理与修复适用技术。

在近三十年的氯代烃等污染地下水修复中，以"零价铁"为驱动的还原材料受到了极大的关注。自1991年颗粒零价铁应用于可渗透反应墙中修复氯代烃污染羽以后的十年中，颗粒零价铁的降解机理、影响因素以及应用潜力得到了较为广泛的研究(Zou et al.，2016；陈梦舫等，2017)。2001年，纳米零价铁因具有较大的比表面积和高反应活性、可用于高浓度污染物的降解和污染源的修复而开始受到关注(Zhang，2003)。纳米零价铁具有的巨大的比表面积、超强的反应活性和优良的催化活性，使得其作为还原剂能有效去除多种土壤和地下水中的污染物，对原位修复技术的工程应用起到至关重要的作用。美国自2000年开始研发纳米零价铁技术，目前已在40多个场地进行了中试；欧盟第七框架计划于2013启动了由德国斯图加特大学牵头的、耗资14亿欧元的土壤与地下水纳米零价铁技术应用项目，已经在捷克、葡萄牙及德国等多个污染场地进行示范。截至2017年，全世界基于纳米零价铁技术修复的场地数量达到77个(76个氯代挥发性有机物污染场地和1个砷污染场地)，这些场地主要分布于美国、加拿大、欧洲和中国。在我国，纳米零价铁-生物炭复合材料也于2017年首次应用于中国天津某氯代挥发性有机物污染场地(Qian et al.，2020)。在全球范围内，基于纳米零价铁技术的场地实际应用实例呈逐年增多趋势，有待进一步研究和推广，特别是针对我国典型行业、区域、复杂地质条件及典型复合关注污染物，研发适宜于原位地下水修复技术体系尤为重要。因此，本书在总结纳米零价铁制备与表征方法研究的基础上(第2章)，系统综述纳米零价铁在污染物去除中的作用机理及国际前沿(第3章)，分析纳米零价铁迁移及风险(第4章)，并基于应用导向系统论述纳米零价铁技术体系、施工工艺以及监测维护(第5章和第6章)，最后结合国际典型修复案例分析纳米零价铁技术体系的构建与应用(第 7 章)，以期为纳米零价铁技术发展提供理论与技术支撑。

1.1 纳米零价铁修复原理

纳米零价铁是粒径在 1～100 nm 的零价铁颗粒，其粒径较小，比表面积和表面能较大，具有良好的吸附性和反应活性，表现出与宏观材料相异的特殊性质。纳米零价铁可用于去除土壤和地下水中的有机氯化物、无机阴离子、重金属、有机染料及农药等，是目前广泛研究的环境纳米材料。纳米零价铁具有独特的"核-壳"结构和物理、化学性质，能够通过多种作用实现污染物的分离、富集和稳定。一般来说，纳米零价铁去除重金属离子的作用机理包括吸附作用、还原作用和沉淀/共沉淀作用；去除有机污染物的作用机理包括还原作用、氧化作用、吸附作用和共沉淀作用；去除无机阴离子的作用机理包括吸附作用、还原作用和沉淀作用。纳米零价铁去除不同污染物的作用机理将在第 3 章详细论述。

纳米零价铁表面活性极强，且自身具有磁性，因而很容易团聚形成大颗粒，导致其迁移性和表面活性下降，另外其表面活性强从而容易发生氧化作用，形成钝化层，降低零价铁还原能力。因此，对纳米零价铁进行修饰之后协同去除污染物得到了广泛的研究。这些修复材料包括碳材料、矿物、双金属材料、硅材料等，主要的作用机理包括增强吸附，以及促进电子传递及颗粒分散性等。纳米零价铁与矿物如蒙脱石的复合增强了材料稳定性并促进了颗粒分散性，为污染物的降解提供了更多的反应位点(Xu et al.，2020)。Elliott 和 Zhang(2001)向地下水中注入纳米双金属(Fe/Pd)颗粒修复地下水氯代烃污染取得了显著效果，少量复合材料的注入即可快速去除地下水氯代烃污染，主要原因是钯的加入促进了电子传递。二氧化硅包覆纳米零价铁材料可解决纳米零价铁易团聚的问题，并提升对污染物的吸附能力(Li et al.，2012)。其中碳材料作为一种成本低廉且来源广泛的环境友好型材料而受到越来越多的关注。例如，碳修饰纳米零价铁复合材料，利用其较大的比表面积、丰富的孔隙结构和化学性质稳定的碳材料作为载体，对纳米零价铁进行改性或修饰，使纳米零价铁具有更好的分散性和稳定性，提高纳米零价铁的还原能力(Qian and Chen，2013；Qian et al.，2017)。此外，多孔性碳材料具有较高的比表面积和孔隙性，对于水中多种污染物具有广泛的吸附固持作用，能够"主动"捕获污染物，与纳米零价铁还原降解过程产生协同作用，和纳米零价铁共同形成"吸附-降解"双功能材料。碳材料具有较强的疏水性，有利于铁-碳材料去除疏水性有机污染物；而且碳材料表面一般带有负电荷，与纳米零价铁形成复合材料后，能有效提高纳米零价铁的胶体稳定性，增强修复材料在地下水含水层中的迁移能力。因此，铁-碳新型复合材料不但能有效提高纳米零价铁去除污染物的效率，而且能增强修复剂原位处理地下水污染羽的工程应用能力。有关碳材料、矿物、双金属等其他修复材料对纳米零价铁性能的提高及其作用机理在第 3 章中进行详细介绍。

1.2 纳米零价铁技术研究进展

纳米零价铁的合成可以追溯到 1961 年，Oppegard（1961）使用硼氢化钾还原的方法合成了纳米零价铁颗粒。Wang 和 Zhang（1997）首次采用液相还原法合成平均粒径约 60 nm 的零价铁，并将其成功应用于降解有机氯化物，实现了三氯乙烯和多氯联苯还原脱氯，开启了纳米零价铁在环境领域应用的先河；他们同时提出将纳米零价铁注入污染含水层代替已有的零价铁渗透反应格栅技术，这被认为是一种非常有效地去除多种污染物的方法。Elliott 和 Zhang（2001）首次进行了关于纳米零价铁研究的场地规模的试验，在 4 周的监测期内，纳米零价铁对三氯乙烯去除率高达 96%。此次场地试验使用了低浓度的裸露纳米零价铁双金属材料分散液，目的是减少纳米零价铁的团聚作用所导致的对地下多孔隙介质的堵塞。这次场地试验后不久，研究人员意识到仅反应活性高和颗粒尺寸微小不足以使纳米零价铁成为一种良好的原位修复试剂。纳米零价铁还必须满足在水中易分散、稳定性高等特点，以便可以以相对较高的颗粒浓度通过饱水带多孔介质输送到污染区域并且能够针对性地去除高浓度污染物如稠密的非水相液体。然而，裸露纳米零价铁在饱和多孔介质中的迁移率非常有限（实际传输距离只有几厘米或更短）（Schrick et al.，2004；Phenrat et al.，2007；Saleh et al.，2007）。因此，从 2004 年起，如何提高纳米零价铁在多孔介质中的流动性和迁移能力的方法受到了广泛研究。Mallouk 课题组首次提出了碳负载纳米零价铁的合成方法（Schrick et al.，2004），而 Lowry 和 Tilton 课题组在 2005 年提出了将三嵌段共聚物等作为表面改性剂来合成纳米零价铁的方法。这种聚合物表面改性不仅提供了电空间斥力以减少团聚和沉积，而且还提供了识别非水相液体污染源的官能团（Saleh et al.，2005；Phenrat et al.，2011）。He 和 Zhao（2005）提出了一步法合成羧甲基纤维素改性纳米零价铁的方法，以提高纳米零价铁在多孔介质中的流动性。随后，John 科研团队首先合成包裹在多孔硅颗粒中的纳米零价铁（Zhan et al.，2008；Zheng et al.，2008）。Phenrat 等（2007）指出纳米零价铁的磁性能使其快速团聚，是纳米零价铁在多孔介质中迁移率受限的重要原因。这些研究工作使纳米零价铁在多孔介质中的团聚和迁移成为纳米零价铁研发的重要领域。此外，聚合物表面改性，特别是羧甲基纤维素钠改性，成为制备纳米零价铁用于实验室研究和场地应用的一种非常受欢迎的方法。

在增强活性及专一性方面，Fan 等（2013）发现纳米零价铁的硫化作用可以通

过抑制 Fe^0 和 H_2O 之间的反应来提高纳米零价铁的反应寿命，同时保持其与三氯乙烯等污染物的反应活性。纳米零价铁的硫化作用是解决纳米零价铁非选择性氧化的一种很有前途的解决方法，是影响纳米零价铁有效原位修复的关键。Phenrat 和 Kumloet（2016）提出基于利用一种磁性纳米颗粒进行热疗的新方法，进而引发一种新的联合修复技术新思路，利用纳米零价铁和电磁场来强化处理污染源区域内挥发性氯代有机化合物。通过发射一个低频电动势来诱导纳米零价铁在污染源区域内产生热量增强污染物的溶解，利用纳米零价铁还原脱氯来降解污染物（Phenrat and Kumloet，2016）。2015 年开始，负载型纳米零价铁复合材料，如纳米零价铁/活性炭、纳米零价铁/生物炭等复合材料，逐渐在实际场地修复中得到应用（Busch et al.，2015；Qian et al.，2020）。

　　在纳米零价铁技术的其他方面，本书对纳米零价铁在土壤和地下水中的迁移转化、风险分析以及在土壤和地下水中的迁移模型等方面展开了系统研究，具体在第 4 章中进行详细介绍。为了更好地推动纳米零价铁技术在实际修复工程中的应用，在部分章节中结合相关内容，进行有针对性的工程应用介绍，同时，在第 7 章中，选取纳米零价铁技术应用典型案例，详细介绍其在实际工程中应用的条件和效果。

参 考 文 献

陈梦舫，钱林波，晏井春. 2017. 地下水可渗透反应墙修复技术原理、设计及应用. 北京：科学出版社：1-158.

Bleyl S, Kopinke F D, Mackenzie K. 2012. Carbo-Iron®—Synthesis and stabilization of Fe(0)-doped colloidal activated carbon for *in situ* groundwater treatment. Chemical Engineer Journal, 191: 588-595.

Busch J, Meißner T, Potthoff A, et al. 2015. A field investigation on transport of carbon-supported nanoscale zero-valent iron(nZVI)in groundwater. Journal of Contaminant Hydrology, 181: 59-68.

Diallo M, Duncan J, Savage N, et al. 2009. Nanotechnology solutions for improving water quality // Savage N, Diallo M, Duncan J. Nanotechnology Applications for Clean Water. New York: William Andrew Publishing.

Elliott D W, Zhang W X. 2001. Field assessment of nanoscale bimetallic particles for groundwater treatment. Environmental Science and Technology, 15: 4922-4926.

Fan D, Anitori, R P, Tebo B M, et al. 2013. Reductive Sequestration of Pertechnetate(99TcO4–)by Nano Zerovalent Iron(nZVI)Transformed by Abiotic Sulfide. Environmental Science and Technology, 47: 5302-5310.

Fan D, O'Brien Johnson G, Tratnyek P G, et al. 2016. Sulfidation of nano zerovalent iron(nZVI)for improved selectivity during *in-situ* chemical reduction(ISCR). Environmental Science and

Technology, 50: 9558-9565.

He F, Zhao D, Paul C. 2010. Field assessment of carboxymethyl cellulose stabilized iron nanoparticles for *in situ* destruction of chlorinated solvents in source zones. Water Research, 44: 2360-2370.

He F, Zhao D. 2005. Preparation and characterization of a new class of starch-stabilized bimetallic nanoparticles for degradation of chlorinated hydrocarbons in water. Environmental Science and Technology, 39: 3314-3320.

Li Y C, Jin Z H, Li T L, et al. 2012. One-step synthesis and characterization of core-shell Fe@SiO$_2$ nanocomposite for Cr(VI) reduction. Science of the Total Environment, 421: 260-266.

Mackenzie K, Bleyl S, Georgi, A, et al. 2012. Carbo-Iron - An Fe/AC composite - As alternative to nano-iron for groundwater treatment. Water Research, 46(12): 3817-3826.

Oppegard A L, Darnell F J, Miller H C. 1961. Magnetic properties of single-domain iron and iron-cobalt particles prepared by borohydride reduction. Journal of Applied Physics, 32: S184.

Phenrat T, Fagerlund F, Illanagasekare T, et al. 2011. Polymer-modified Fe^0 nanoparticles target entrapped NAPL in two dimensional porous media: Effect of particle concentration, NAPL saturation, and injection strategy. Environmental Science and Technology, 45: 6102-6109.

Phenrat T, Kumloet I. 2016. Electromagnetic induction of nanoscale zerovalent iron particlesaccelerates the degradation of chlorinated dense non-aqueous phase liquid: Proof of concept. Water Research, 107: 19-28.

Phenrat T, Lowry G V. 2008. Physicochemistry of polyelectrolyte coatings that increase stability, mobility, and contaminant specificity of reactive nanoparticles used for groundwater remediation// Diallo M, Duncan J, Savage N, et al. Nanotechnology Applications for Water Quality. New York: William Andrews Publishing.

Phenrat T, Saleh N, Sirk K, et al. 2007. Aggregation and sedimentation of aqueous nanoscale zerovalent iron dispersions. Environmental Science and Technology, 41: 284-290.

Phenrat T, Saleh N, Sirk K, et al. 2008. Stabilization of aqueous nanoscale zerovalent iron dispersions by anionic polyelectrolytes: Adsorbed anionic polyelectrolyte layer properties and their effect on aggregation and sedimentation. Journal of Nanoparticle Research, 10: 795-814.

Qian L, Chen B. 2013. Dual role of biochars as adsorbents for aluminum: The effects of oxygen-containing organic components and the scattering of silicate particles. Environmental Science and Technology, 47: 8759-8768.

Qian L, Chen Y, Ouyang D, et al. 2020. Field demonstration of enhanced removal of chlorinated solvents in groundwater using biochar-supported nanoscale zero-valent iron. Science of the Total Environment, 698: 134-215.

Qian L, Zhang W, Yan J, et al. 2017. Nanoscale zero-valent iron supported by biochars produced at different temperatures: Synthesis mechanism and effect on Cr(VI) removal. Environmental Pollution, 223: 153-160.

Saleh N, Kim H J, Phenrat T, et al. 2008. Ionic strength and composition affect the mobility of surface-modified Fe^0 nanoparticles in water-saturated sand columns. Environmental Science and Technology, 42 (9): 3349-3355.

Saleh N, Phenrat T, Sirk K, et al. 2005. Adsorbed triblock copolymers deliver reactive iron nanoparticles to the oil/water interface. Nano Letters, 5: 2489-2494.

Saleh N, Sirk K, Liu Y, et al. 2007. Surface modifications enhance nanoiron transport and NAPL targeting in saturated porous media. Environmental Engineering Science, 24: 45-57.

Schrick B, Hydutsky B W, Blough J L, et al. 2004. Delivery vehicles for zerovalent metal nanoparticles in soil and groundwater. Chemistry of Materials, 16: 2187-2193.

Wang C, Zhang W. 1997. Synthesizing nanoscale iron particles for rapid and complete dechlorination of TCE and PCBs. Environmental Science and Technology, 31: 2154-2156.

Xu B D, Li D C, Qian T T, et al. 2020. Boosting the activity and environmental stability of nanoscale zero-valent iron by montmorillonite supporting and sulfidation treatment. Chemical Engineering Journal, 387: 124063.

Zhan J, Zheng T, Piringer G, et al. 2008. Transport characteristics of nanoscale functional zerovalent iron/silica composites for *in situ* remediation of trichloroethylene. Environmental Science and Technology, 42: 8871-8876.

Zhang W X. 2003. Nanoscale iron particles for environmental remediation: An overview. Journal of Nanoparticle Research, 5: 323-332.

Zheng T, Zhan J, He J, et al. 2008. Reactivity characteristics of nanoscale zerovalent iron-silica composites for trichloroethylene remediation. Environmental Science and Technology, 42: 4494-4499.

Zou Y, Wang X, Khan A, et al. 2016. Environmental remediation and application of nanoscale zero-valent iron and its composites for the removal of heavy metal ions: A review. Environmental Science and Technology, 50: 7290-7304.

第2章 纳米零价铁制备与表征

纳米零价铁制备与表征是阐述纳米零价铁技术的基础。本章概述了用于环境修复的纳米零价铁类型，系统描述了从单一的纳米零价铁到改性的纳米零价铁复合材料或乳液的合成方法。在此基础上，讨论了包括透射电子显微镜(TEM)、高分辨率透射电子显微镜(HRTEM)、高分辨率 X 射线光电子能谱(HR-XPS)、X 射线光电发射光谱学深度剖面分析、X 射线吸收近边缘结构分析(XANES)、电子能量损失光谱(EELS)表征技术在纳米零价铁中的应用，系统阐述了纳米零价铁的结构和化学组成。

2.1 纳米零价铁制备

为满足环境中污染地下水和土壤的修复要求，需要制备大量的纳米零价铁颗粒。因此，需要探索经济有效的制备方法。纳米零价铁的合成方法有很多，通常合成纳米零价铁有两个方向：自上而下和自下而上。在自上而下的方法中，纳米零价铁可以通过化学或物理方法来合成，如以较大尺寸(如粒状的或微米级)的原材料通过物理方式(如碾磨、蚀刻、磨损、光刻或机械加工)分解或重组为纳米级。例如，通过在行星球磨机系统中对大尺度铁进行机械磨削，生产了大量的纳米零价铁(Crane and Scott，2012)。自下而上的方法是通过液相沉淀或自组装合成纳米零价铁(Li et al.，2006)，该方法强调通过化学方法使原子和原子或/和分子产生聚集作用使纳米结构"生长"，包括硼氢化物还原(Wang and Zhang，1997)、碳热还原(Hoch et al.，2008)、超声辅助(Jamei et al.，2013，2014；Tao et al.，1999)和电化学法(Chen et al.，2004)。除自上而下和自下而上的方法外，铁(羟基)氧化物(如 α-FeOOH 或 α-Fe$_2$O$_3$)在氢气气氛中高温(>500℃)热还原也能产生纳米零价铁(Fe^{H2})(Cabot et al.，2007；Peng et al.，2006)。另外，有研究报道了绿色环保的纳米零价铁合成方法即绿色合成法。美国国家环境保护局(USEPA)在不使用任何表面活性剂/聚合物的情况下，使用茶多酚来制备纳米零价铁(Hoag et al.，2009)。纳米零价铁还可以由桉树叶或柠檬、橘子、酸橙、橙子、葡萄等水果残渣(皮、果肉)的提取物进行生物合成(Machado et al.，2014，2015；Wang et al.，2014)。由于这些植物提取物能够减少金属化合物的使用而且不需要高温、高压或额外的能量投入，因此绿色合成在大规模生产中很有前景(Machado et al.，2013)。另外，纳米零价铁的合成方法可以分为物理法和化学法。物理法包括研磨法、蒸发冷凝法、气相沉积法、超声波辅助等。化学法主要有硼氢化物还原法、碳热还原法、电化学沉积法、绿色合成法、微乳液法和电化学沉积法等。不同的纳米零价铁合成方法在表 2-1 中进行了比较。

表 2-1 合成纳米零价铁不同方法的比较

合成方法	优势	劣势	参考文献
硼氢化物还原法	便于操作	成本高	Wang and Zhang，1997
碳热还原法	成本低	合成温度高	Hoch et al.，2008
超声波辅助法	颗粒小且均匀	氧化程度高	Jamei et al.，2013，2014；Tao et al.，1999
电化学法	简单、便宜、快捷	有形成簇的趋势	Chen et al.，2004
研磨法	易于大规模合成	易团聚	Crane and Scott，2012
绿色合成法	环境友好	研究了解不充分	Machado et al.，2014，2015；Wang et al.，2014；Hoag et al.，2009
蒸发冷凝法	纯度高、粒径小	操作要求高且危险	Li et al.，2003
微乳液法	分布均匀、分散性好	成本高、工艺复杂	Li et al.，2003
电化学沉积法	成本低、大规模生产	沉积通常不够均匀	Ebadi et al.，2012

2.1.1 纳米零价铁物理制备法

1. 高能机械球磨法

高能机械球磨法是目前制备纳米零价铁常用的物理方法之一，主要原理是将金属粉末在高能机械球磨机中利用介质和物料之间长时间的反复挤压和研磨，使物料颗粒成为弥散分布的超细粒子，其制备流程如图 2-1 所示。Malow 和 Koch（1997）将高能机械球磨法产生的纳米零价铁压缩成紧密的样品，再在 800 K 温度条件下等温退火处理，获得了颗粒粒径尺寸在 15～24 nm 的纳米零价铁微粒，且颗粒尺寸可以精准控制。Li 等（2009）将 1～5 μm 的零价铁颗粒球磨 8 h，制得 10～50 nm 的零价铁粒子，但纳米零价铁颗粒呈不规则片状。另外，使用非水介质（单乙二醇）进行湿磨的方法被应用于纳米零价铁的制备，所制得的颗粒呈片状，厚度小于 100 nm（Köber et al.，2014）。Ribas 等（2016）在湿磨基础上，加入微米级氧化铝颗粒与铁共同球磨，片状纳米零价铁进一步破碎制得外观更加均匀的纳米零价铁颗粒。高能机械球磨法操作工艺简单、成本低、产量高，但制备过程中易引入杂质，如颗粒纯度不高易引入铁的氧化物或其他杂质，且磨机结构复杂，易产生磨损的部件。

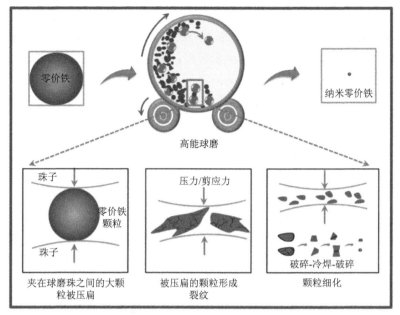

图 2-1　高能球磨法制备纳米零价铁流程示意图(Ambika et al.，2016)

2. 气相沉积法

如图 2-2 所示，气相沉积法是指利用真空蒸发、激光加热蒸发、电子束照射、溅射等方法使原料气化或形成等离子体，并在介质中急剧冷凝。研究表明，纳米

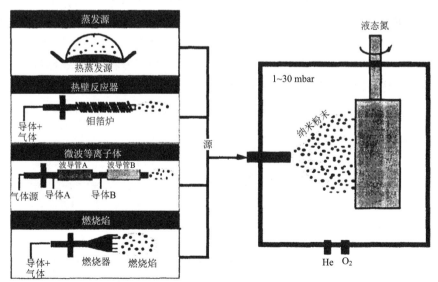

图 2-2　气相沉积法制备纳米零价铁流程示意图(Hahn，1997)

$1 \text{ mbar}=10^2 \text{ Pa}$

晶体材料的气相合成中，随着气体压力、蒸汽压和惰性气体质量的增加，纳米颗粒的平均粒径增大(Hahn，1997)。Sasaki 等(1998)利用脉冲激光冲蚀法成功制备出粒径在 2～26 nm 的钙铁双金属纳米颗粒，颗粒分布均匀，并可以通过改变技术参数来调整颗粒粒径。此法制备的纳米零价铁纯度高、分散性好、粒径小且均匀、结晶程度好，并易于控制粒度，但对技术设备要求高，并且设备能耗大、操作难度大，具有危险性。

2.1.2　纳米零价铁化学制备方法

1. 液相还原法

液相还原法是目前实验室和工业上制备纳米零价铁常用的方法，制得的颗粒粒径在 60～80 nm，呈现核-壳结构。常用的液相还原法是利用强还原剂将铁盐或其氧化物等还原制得纳米级零价颗粒，如图 2-3 所示。在环境领域，$NaBH_4$ 或 KBH_4 是最常用的还原剂。KBH_4 在酸性或中性条件下易水解，因此利用 KBH_4 还原铁盐时，一般将其配成碱性溶液(pH＝10～11)。美国 Lehigh 大学 1991 年首次使用 KBH_4 还原法合成了纳米零价铁颗粒(Lien and Zhang，1991)。制备原理如化学式式(2-1)、式(2-2)所示。纳米颗粒的粒径是其降解性能的重要影响因素，为了获得更小的颗粒粒径，董婷婷等(2010)采用水-淀粉混合溶液作为稳定溶液来减少纳米零价铁颗粒的团聚，获得了粒径分布在 14.1 nm 左右的纳米零价铁，其比表面积为 55 m^2/g，具有更好的还原降解性能；他们在采用液相还原法制备纳米零价铁时加入了碱性物质(如 KOH、NaOH 等)，使制得的纳米颗粒粒径减小、比表面积增大，纳米零价铁还原反应的效率提高。液相还原法可以制得不同物理性能的纳米零价铁，且操作简单、条件温和、纳米零价铁粉纯度高，但存在团聚和洗涤过程中被氧化的问题，若在无氧条件下(通氮气保护)采用液相还原法合成，则操作较烦琐，产物需密封保存，转移和使用不够方便，也不适合批量生产，一旦现场

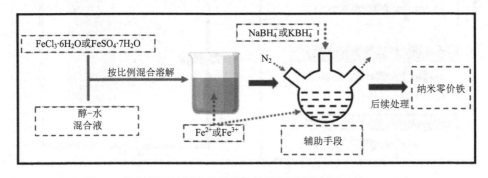

图 2-3　液相还原法制备纳米零价铁流程示意图(王鹏等，2021)

使用还会遇到运输安全等问题。而且由于所需实验药品和实验室的高成本，液相还原法比较昂贵（每合成 1 kg 的纳米零价铁需要 200 多美元）。

$$4Fe^{3+} + 3BH_4^- + 9H_2O \longrightarrow 4Fe^0(s) + 3H_2BO_3^- + 12H^+ + 6H_2(g) \qquad (2\text{-}1)$$

$$Fe^{2+} + 2BH_4^- + 6H_2O \longrightarrow Fe^0(s) + 2B(OH)_3^- + 7H_2(g) \qquad (2\text{-}2)$$

2. 热解羰基铁法

热解羰基铁法指利用热解、激光和超声等激活手段，使五羰基铁 $Fe(CO)_5$ 分解，并成核生长，制得纳米零价铁［式(2-3)］(Cabot et al.，2007)，热解羰基铁法制备原理如图 2-4 所示(赵维臣，1997)。虽然这种方法能制得密集分布的极细微纳米零价铁（10～20 nm），但五羰基铁是种高毒性的试剂，因此被限制了进一步应用。

$$Fe(CO)_5 \Longrightarrow Fe(s) + 5CO(g) \qquad (2\text{-}3)$$

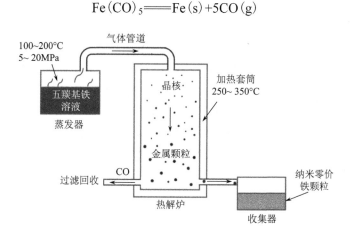

图 2-4　热解羰基铁法制备纳米零价铁流程示意图

3. 微乳液法

如图 2-5 所示，将金属铁盐加入微乳液中，在其水核微区内控制胶粒成核生长，热处理后得到纳米微粒。Li 等(2003)利用乳状液代替常规的溶液制作纳米零价铁，合成的纳米零价铁粒径可以小于 10 nm，其对三氯乙烯的降解效率比常规铁提高了 2.6 倍。研究表明，以硝酸铁溶液为前驱体，能够制得平均直径为 71.8 nm 的零价铁颗粒，且纳米颗粒的直径受前驱体溶液浓度、pH、热分解温度和烃相组成的影响(Khadzhiev et al.，2013)。研究表明，与传统方法相比，该法制备的纳米粒子具有粒度分布均匀、分散性好等特点，乳液产品称为胶乳，可以作为涂料、黏合剂和表面处理剂直接应用，而没有易燃及污染环境等问题，在制备纳米金属粒子方面有很大的潜力，但成本较高、工艺较为复杂。

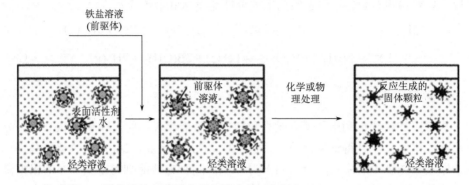

图 2-5　微乳液法制备纳米零价铁流程示意图（Khadzhiev et al.，2013）

4. 电化学沉积法

在电场中，金属或金属化合物从其化合物的水溶液、非水溶液或熔盐中沉积到电极表面的过程。在纳米材料的制备方面，该法主要用于制备纳米零价铁微粒，将复合电镀液中的铁沉积在阴极镀层，以获得纳米零价铁颗粒。Chen 等（2004）采用电化学方法成功制备出直径为 $1\sim20$ nm、比表面积为 25.4 m^2/g 的纳米零价铁颗粒，如图 2-6 所示。制备所得到的纳米零价铁孔隙小、密度高，并且受形状和尺寸的限制较少，特别是通过脉冲电沉积作用可以有效减小内部应力和孔隙率，减少所制备材料的含氢量和杂质（Ebadi et al.，2012）。该法成本低，适用于大规模生产，但沉积通常不够均匀。

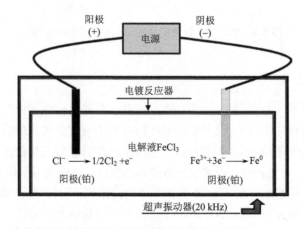

图 2-6　电化学沉积法制备纳米零价铁颗粒流程示意图（Chen et al.，2004）

2.1.3　纳米零价铁制备方法的最新进展

1. 多酚类化合物制备纳米零价铁

由于传统方法的限制，现阶段研究重点开始转向开发清洁环保的纳米零价铁合成方法。将茶叶或高粱麸提取物中的多酚类化合物作为还原剂，与含铁溶液混合，合成纳米零价铁颗粒，这是一种目前被认为最环保的合成工艺（Machado et al.，2013）。Huang 等（2014）分别利用绿茶、乌龙茶和红茶提取物中的茶多酚物质，还原 $FeSO_4$ 并制得纳米零价铁颗粒。该制备过程不需要高温、高压等额外的能量输入，易于大规模使用。这种方法可将还原物直接注入地下水，通过还原物和地下水中原有或外加的溶解性铁盐反应，原位合成纳米零价铁。与普遍使用的硼氢化钠相比，多酚类化合物是环境友好型试剂。另外，这些化合物中丰富的羟基和酚基可作为稳定纳米颗粒活性的覆盖剂，并减弱它们的生物毒性。然而，由于对该合成方法制备的纳米零价铁颗粒反应性及物理化学性质研究不足，其仍未被普遍使用。

2. 微波处理法

微波处理法的原理是在微波场中，利用吸收微波能力的差异使得基体物质的某些区域或萃取体系中的某些组分被选择性加热，从而使得被萃取物质从基体或体系中分离，进入到介电常数较小、微波吸收能力相对差的萃取剂中。该技术除主要用于环境样品预处理外，还用于生化、食品、工业分析和天然产物提取等领域。不仅用于生产无机化合物、复合材料和低级的无机/有机金属化合物，还能合成不同形态的金属纳米颗粒。在 100～150℃，聚合物（乙烯基吡咯烷酮）和十二烷基胺存在的情况下，在乙二醇中可以利用微波–多元醇处理法合成纳米零价铁颗粒。

3. 激光辐射法

正常大气压下，利用激光在 248 nm 波长处辐射 2 μm 的坡莫双金属（镍 81%，铁 81%）原料，激发基态原子并使其脉冲，便可制得纳米零价铁颗粒（Komarneni et al.，2004）。

2.1.4　纳米零价铁的改性

纳米零价铁能够有效去除污染物，但是其仍存在稳定性差、难以从介质中分离、易团聚等缺点。为了提高纳米零价铁颗粒适用性，众研究者对各种基于纳米零价铁的改性颗粒进行了研究，其中许多已经被大规模生产并应用。纳米零价铁改性主要是针对其以下一项或多项主要特性进行改进：①可处理污染物的范围；②胶体性质和地下输送的适用性；③使用寿命；④Fe^0的利用效率；⑤各种污染物去除模式(如吸附和还原)联合的潜力。最常见的改性方法包括将其他金属掺入纳米零价铁颗粒、乳化纳米零价铁颗粒、涂覆纳米零价铁颗粒表面或将纳米零价铁颗粒沉积在载体上等。

1. 双金属纳米零价铁

通过添加催化活性的贵金属来形成双金属纳米零价铁颗粒(图 2-7)来提高纳米零价铁的反应性和可处理污染物的范围。与贵金属(如 Pd、Ag、Ni、Co 或 Cu)的紧密接触会促进纳米零价铁腐蚀(电腐蚀)并形成氢气。氢气的加速生成可以与贵金属的催化加氢性能结合起来还原双金属界面上的氯化有机污染物，包括不能被零价铁还原的污染物。双金属纳米零价铁不仅能处理卤代芳族化合物(如氯苯，多氯联苯)，而且能处理重金属、氧阴离子及硝基和偶氮化合物(Liu et al.，2014)。Xu 等(2012)使用 Ni/Fe 双金属化颗粒(镍含量为 15%)在 60 min 内降解了水溶液中 96%的 4-氯苯酚。Lai 等(2014)将 Cu/Fe 双金属颗粒(Fe 质量分数为 47.1%)用于水中硝基苯酚的降解，在 60 min 内实现了 98%对硝基苯酚的去除。另外，有研究将 Pd/Fe 颗粒(铁质量分数 0.05%)用于土壤中 2,2′,3,4,4′,5,5′-七氯联苯的去除，5天内去除量为 54%，去除效果弱于水中污染物的去除(He et al.，2008)。双金属纳米零价铁的缺点是纳米零价铁快速腐蚀导致反应持续时间短，以及地下水组分(如硫酸盐以外的含硫化合物)在反应过程中析出可能导致人们贵金属中毒。此外，需要考虑使用潜在有毒金属而引起的环境风险。

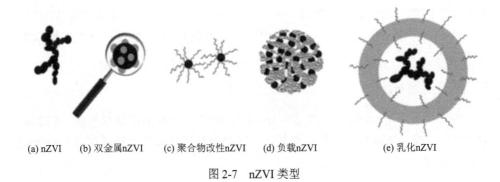

(a) nZVI　(b) 双金属nZVI　(c) 聚合物改性nZVI　(d) 负载nZVI　(e) 乳化nZVI

图 2-7　nZVI 类型

2. 聚合物改性纳米零价铁

纳米零价铁表面能高、具有磁性、易于快速团聚，利用有机聚合物和聚电解质对 nZVI 进行表面改性是提高纳米零价铁胶体性能的一种广泛使用方法。由于它们的电荷和/或空间限制，有机涂层可以增加 nZVI 颗粒自身以及朝向固体表面的排斥力，从而增强纳米零价铁的悬浮稳定性和地下迁移。多种(半)天然有机物(如羧甲基纤维素、腐殖酸、淀粉、黄原胶和瓜尔豆胶)和合成产品(如聚丙烯酸、聚苯乙烯磺酸盐、聚天冬氨酸)被应用于纳米零价铁改性。在聚合物和颗粒的表面官能团之间形成共价键是将其固定到颗粒表面的有效方法。Xiong 等(2007)使用淀粉或羧甲基纤维素涂层改性纳米零价铁颗粒，并将改性颗粒用于水体中高氯酸盐的去除，与未改性的纳米零价铁颗粒相比，改性颗粒从水中去除高氯酸盐的速度分别提高了 1.8 倍和 3.3 倍。Qiu 等(2012)使用羧甲基纤维素涂层改性的纳米零价铁颗粒有效去除了污染河水中的六价铬(Qiu et al.，2012；Xiong et al.，2007)。

3. 乳化纳米零价铁

纳米零价铁颗粒的乳化已用于改善重质非水相液体(DNAPL)源区的直接处理。乳化的纳米零价铁实际上是由纳米零价铁颗粒、表面活性剂和可生物降解的油制得的油水混合乳液。乳化的纳米零价铁具有两个重要特征：①疏水性外表面，可提高对 DNAPL 相的黏附力和渗透性；②围绕 nZVI 颗粒并用作反应介质的内部水相。有机污染物可以通过扩散到内部，减少地下水中无机离子对零价铁的影响。乳化纳米零价铁的注入和输送是工程上的挑战，是其广泛应用的障碍。

4. 负载纳米零价铁

将铁纳米颗粒支撑和分散在各种类型的多孔固体材料上是一种克服纳米零价铁在水性悬浮液中快速团聚的方法。二氧化硅(Zheng et al.，2008)、有机聚合物(Schrick et al.，2004)、活性炭(Mackenzie et al.，2012)、微碳球(Sunkara et al.，2010)、生物炭和其他碳材料(Hoch et al.，2008)已用于复合材料的形成。Li 等(2011)研究表明，负载在二氧化硅上的纳米零价铁颗粒能够有效去除地下水中的六价铬，且去除效果相比于未改性的纳米零价铁颗粒提高了 22.5%。蒙脱土、高岭石和凹凸棒石负载纳米零价铁材料也能有效去除水中的六价铬和双酚 A (Tomasevic et al.，2014；Xi et al.，2014)。将纳米零价铁颗粒负载在活性炭、生物炭、石墨烯、碳纳米管等碳材料上，能够有效实现有机物脱氯以及重金属去除(Liu et al.，2014；Wang et al.，2014；Yan et al.，2015；Zhu et al.，2009)。此外，仍可以针对以下几方面对负载纳米零价铁材料进行进一步优化：①改善粒径和密度，以实现最佳的材料迁移性；②改善表面性能(电荷和/或疏水性)，以提高悬浮液稳定性；③改善协同吸附性能(主要是在碳基复合材料的情况下)。

2.2　纳米零价铁的表征

2.2.1　纳米零价铁表征方法概述

为了阐明纳米零价铁的结构和形态、改性后状态，反应性、悬浮液稳定性和颗粒迁移等的特性，目前已经应用了多种技术对其进行表征（表2-2和表2-3）。从表征中可以获得粒度、尺寸分布、比表面积、形状、价态、晶体结构、聚集状态的参数，这些参数都会影响纳米零价铁的性能。

表 2-2　纳米零价铁常用表征技术表征内容

表征技术	表征内容
透射电子显微镜（TEM）	尺寸和形貌
扫描电子显微镜（SEM）	尺寸和形貌
扫描透射电子显微镜（STEM）	尺寸、形貌和拓扑窄光束传输
能量色散 X 射线光谱（EDS）	表面元素组成
X 射线衍射（XRD）	纳米颗粒晶体结构
X 射线光谱（XPS）	表面元素组成
扩展 X 射线吸收光谱/ X 射线吸收近边缘结构光谱（EXAFS/XANES）	表面氧化态

表 2-3　纳米零价铁表征的粒度及浓度范围

方法	粒度范围	浓度范围	样品分散性
扫描电子显微镜（SEM）	10 nm～1 μm	非悬浮状态	单粒子而不是整体分析
透射电子显微镜（TEM）	10 nm～1 μm	非悬浮状态	单粒子而不是整体分析
动态光散射（DLS）	3 nm～3 μm	悬浮状态	适用范围有限
激光衍射	100 nm～1 mm	悬浮状态	合适
声学/电声光谱	5 nm～1 mm	悬浮状态	合适
纳米粒子跟踪分析（NTA）	10 nm（高折射率样品）～1 μm	悬浮状态	合适

1. 粒子的形态和尺寸分布

纳米粒子最基本的问题一般会与聚集状态、尺寸和形态有关。通过 SEM 和 TEM 对颗粒进行直接可视化是解决此类问题的理想方式。这两种方法都是将高能电子束引导到样品上，并分析由电子-样品相互作用产生的信号。

SEM 中使用的电子-样品相互作用的信号产生图像，信号通常包括二次电子、背向散射电子（BSE）、衍射背向散射电子（用于确定矿物的晶体结构和方向的 EBSD）和光子（特征 X 射线用于元素分析）。SEM 仪器可以配备 EDS 或 EDX 检测器，可以提供局部元素信息的模式。借助软件包，可以在单个图像中分析颗粒的粒径分布和颗粒形状。尽管也存在低真空或环境 SEM 仪器，但对于常规的 SEM分析，样品必须是干燥并导电的(如有必要，应涂 C 或 Au 之类的导电材料)，并且通常需要在高真空条件下分析。

TEM 利用从样品发出的电子波中包含的信息来形成图像，其中明场成像是最常见的模式。在这种模式下，对比度的形成是基于样品中电子的吸收。较厚的区域或具有重原子的区域将显示为暗，而在光路中没有样品的区域将显示为亮。高分辨率透射电子显微镜(HRTEM)可以提供有关晶体结构的信息。对于 TEM 分析，必须将样品制备为非常薄的切片(100~200 nm)。如果纳米粒子足够小，则可以将其简单地放置在支撑网格上。

2. 比表面积

为了获得有关比表面积的信息，需要在表面积分析仪中测量低温下的 N_2 吸附/解吸，并根据比表面积测试(BET)原理评估数据。除了 BET 比表面积外，还可以通过 N_2 吸附/解吸等温线确定样品颗粒内和/或颗粒间孔隙度的微孔和中孔体积。然而，在将纳米零价铁负载在多孔载体如活性炭或多孔二氧化硅上的情况下，铁簇的实际表面积与载体所提供的大表面积之间的区别仍然是未解决的问题，这妨碍了如铁表面面积归一化速率常数的计算。

3. 悬浮液的粒度分布、表面电荷、团聚和沉降行为

1)粒度分布

分析悬浮液中粒度分布的最常用方法是基于颗粒与可见光的相互作用，用动态光散射(DLS)分析粒子散射的激光强度的波动。由于这些波动是由粒子运动引起的变化干扰引起的，因此可以从 DLS 获得粒子的扩散系数，该扩散系数可能与粒子半径有关。在单分散样品的情况下，数据分析很简单，但在多分散混合物的情况下，需要复杂的算法才能计算粒度分布。由于主要信息是粒径分布的强度加权或 Z 平均，因此可以在存在明显较大的粒子的情况下区分小粒子。另外，必须高度稀释悬浮液以排除短期的粒子间相互作用(即多次散射)。因此，DLS 不适合获得浓缩悬浮液中真实粒度分布的信息。超声处理稀纳米零价铁悬浮液后经常使用 DLS，以确定初级颗粒和(不可破碎的)烧结聚集体的内在尺寸分布(Phenrat et al.，2009)。在各种研究中，已采用 DLS 测量流体动力学半径随时间的变化来跟踪纳米零价铁颗粒在各种悬浮液中的团聚情况(Phenrat et al.，2008)。

纳米粒子跟踪分析(NTA)是另一种基于布朗运动分析粒度的方法。在这种情况下，将跟踪单个粒子(通过其散射光点可视化)，从而在一定程度上消除了对小粒子的区分。对于具有高折射率的材料，可观察到的尺寸范围低至 10 nm，最大

可达 1 μm，直到粒径过大导致布朗运动变得太慢和/或沉积运动占主导地位。Raychoudhury 等（2012）应用 NTA 追踪了团聚作用导致羧甲基纤维素包覆的纳米零价铁颗粒随时间推移水动力半径增加。复合材料和载体上的铁颗粒以及磨碎的铁颗粒通常比纳米零价铁的尺寸更大，达到微米级，因此需要不同的尺寸分析方法。激光衍射分析利用穿过气溶胶（由干粉制备）或悬浮液的激光束的衍射图样，适用于纳米至毫米范围的颗粒，粒度报告为体积当量球直径。但是，当粒度降至 1 μm 以下时，必须谨慎考虑通过简化算法获得的结果。

浓缩的悬浮液（所含固体质量比为 1%）可利用声学和电声光谱学进行表征，它们是基于各种频率下样品中超声衰减的测量结果。该方法适用于 5 nm～1000 μm 的非常大的尺寸范围。超声波衰减谱由样品的性质定义，并作为计算其粒径分布的基础。声学光谱仪已用于浓度范围为 $1\sim10$ g·L^{-1} 的纳米零价铁悬浮液的粒度分析（Sun et al.，2006）。

2）表面电荷

确定表面电荷的最常用方法是 Zeta 电位测量，这通常是 DLS 的一项附加功能。应用激光多普勒测速仪是为了在悬浮液上施加电场后测量粒子的速度。该速度与 Zeta 电势的大小成比例，Zeta 电势是在滑动平面上将移动流体与附着在颗粒表面的流体分开的电势。该滑动平面位于双电层之内。Zeta 电势也可以使用电声光谱仪通过测量胶体振动电流来确定，该胶体振动电流是由带电粒子的双电层在超声波的影响下的位移而产生的。

±30 mV 的 Zeta 电位通常用作颗粒悬浮液稳定性的近似阈值。Zeta 电势对悬浮介质的特性（如 pH 和离子强度）高度敏感。等电点（IEP）是 Zeta 电位为 0 且粒子在电场中不动时的 pH。已发现 Fe^{BH} 的 IEP 处于弱碱性 pH[pH=7.8（Kanel et al.，2005）和 pH=8.3（Sun et al.，2006）]，而对于其他纳米零价铁是在 6.3～7（Tiraferri et al.，2008）。应当注意，Zeta 电势是测得的电泳迁移率（EPM）的模型值。离子强度和 pH 都会影响 EPM 的大小，进而影响 Zeta 电位，因此这些参数应在测量过程中加以控制。纳米零价铁上聚合物涂层会影响 EPM 计算 Zeta 电位的模型类型，因此从技术上讲应将聚合物涂层或聚电解质涂层纳米零价铁颗粒的 Zeta 电位视为"表观"Zeta 电位。Phenrat 等（2016）提供了进行稳定且可重复的 EPM 测量和 Zeta 电位计算的指导文件。

3）团聚/沉降

沉降过程可以采用自动化程度不同的方法。假定有合适的测定颗粒浓度的方法（总铁含量或其他特征成分的含量，如碳负载的铁颗粒，其他特征成分则为碳），可以在平稳的地下水位以下一个或多个高度进行手动采样，在一定时间间隔后重复使用悬浮液。工作量较小的选择是在简单的紫外可见光谱仪（UV-Vis）中测量吸光度（在可见光的长波长范围内，即> 600 nm）或随时间推移测量浊度。在这些情况下，将样品放在比色皿中，并通过光路确定在水位以下的距离(Phenrat et al.，2007；Tiraferri et al.，2008)。稳定性仪器分析沿悬浮样品高度的反向散射和透射，它提供了关于两个信号的时间和空间依赖性的主观和客观信息，对于给定的色散，该信息仅取决于浓度和粒径。应用稳定性分析仪分析是为了跟踪浓纳米零价铁悬浮液的团聚和沉降过程(Comba and Sethi，2009)。

4. 元素组成与晶体学

确定纳米零价铁颗粒中零价铁含量的最简单方法是通过酸消化纳米颗粒形成氢气。如果有足够的颗粒质量，在没有用于定量分析气相 H_2 浓度的气体分析仪器的情况下，甚至可以进行体积测量。

1)X 射线荧光(XRF)

由高能 X 射线或伽马射线激发的材料发出的特征性"次级"(或荧光)X 射线广泛用于元素分析。大多数仪器检测原子序数≥11 且浓度范围从 1 mg/L 到 100%的元素。只需少量样品即可进行无损分析。

2)总(有机)碳分析(TC/TOC)和元素分析

在 TC 分析仪中测量高温催化燃烧产生的 CO_2 是表征改性纳米零价铁颗粒中有机或碳质涂层和载体含量的重要方法。可以进行样品酸处理实现有机碳和无机碳之间的区分，从而将无机碳转化为 CO_2 去除。元素分析仪可以对非金属成分 C、H、N 和 S(有时还包括 P 和卤素)进行定量，对气体进行催化处理后的高温燃烧和分析是关键性步骤。

3)X 射线衍射(XRD)

X 射线衍射是研究纳米零价铁的本体结构及基于其原子结构(即原子间距离和晶胞参数)改性的有利方法，可以获得关于结晶度和多晶型(相同化学组成的矿物的各种晶体结构)的信息。XRD 已被广泛用于确定纳米零价铁中各种矿物相的定性和定量贡献。由于 XRD 是间接方法，如当两种矿物均具有反尖晶石结构不能区分 Fe_3O_4 和 $\gamma\text{-}Fe_2O_3$ 时，必须将 XRD 结果与其他分析技术(如穆斯堡尔光谱)联合使用。与单金属颗粒的混合物相比，双金属颗粒的存在也可以通过 XRD 证明，因为物理混合物的衍射图由两个单独的单金属纳米颗粒的重叠线组成，并且明显不同于双金属纳米颗粒的衍射线。可以通过 Scherrer 方程从 XRD 光谱的峰宽获得有关微晶尺寸(S)的信息，$S=\lambda/\omega\cos\Theta$，其中，$\lambda$ 是光束的波长，ω 是宽度峰值的一半，Θ 是衍射角。峰形可以指示纳米零价铁微晶的大小是单分散的还是多分散的(Nurmi et al.，2005)。对于少于数百个原子组成的纳米粒子或结构组件，可能很难通过 XRD 来获取结构信息。作为酸消化的替代方法，XRD 已被用来估计纳米零价铁中的零价铁含量(Nurmi et al.，2005；Sarathy et al.，2008)。但是，XRD 要进行精确定量或需要鉴定样品中存在的矿相时，仅适用于新合成的纳米零价铁，随着纳米零价铁的逐步老化和新矿相的形成，XRD 对纳米零价铁颗粒的精确定量和定性会变得越来越困难。

4）扩展 X 射线吸收（XAS）

XAS 是探测局部原子结构的强大技术之一。它的应用可以不考虑物理状态且包括非晶态材料和溶液中的样品。XAS 提供有关矿物中所有晶体位点的平均信息。如果粒子足够小，即具有足够大的表面积与体积之比（15%～20%的表面原子），则 XAS 只能确定其表面改性结构。在所有 XAS 方法中，X 射线能量都是围绕所测试原子的核-壳电子结合能扫描一定的能量范围。吸收边缘的位置和形状反映了内壳电子的激发能，因此精细结构受到激发原子周围相邻原子的影响。边缘附近的 X 射线吸收结构（XANES）和扩展的 X 射线吸收精细结构（EXAFS）是着重于 X 射线吸收光谱的不同部分的表征方法。EXAFS 提供有关配位数、化学物种和对称性的信息，而 XANES 则提供有关化学键和对称性的信息，并且对位点几何形状和目标原子的氧化态更敏感。EXAFS 的应用是为了区分纳米零价铁的氧化层组分——磁赤铁矿和磁铁矿，并基于模型化合物光谱获得定量信息。当使用来自同步加速器源的 X 射线时，必须注意在 XANES 中可能引起的化学（氧化还原）变化。

5）能量分散型 X 射线显微分析（EDX、EDAX、EDS）

最能揭示纳米零价铁及其改性材料组成的分析方法之一是能量分散型 X 射线光谱分析（EDX），通常与 SEM 或 TEM 结合使用。所选纳米粒子中的每个元素在电子束辐照后均以特征能量发射 X 射线；它们的强度与颗粒中每个元素的浓度成正比。采样深度可达 1～2 μm，而与 TEM 结合时，横向分辨率约为 1 nm，而通过 SEM 分析则约为 1 μm。通过这种方式，可以观察到纳米零价铁结构中催化掺杂剂（如 Pd）或杂质的空间分布。

6）核磁共振光谱（NMR）

NMR 利用在强磁场中具有固有磁矩的核磁共振进行高能态跃迁，这些跃迁是由射频辐射引起的。NMR 可以提供一系列不同元素（具有奇数质子和/或中子数的同位素的元素）及其配位的结构信息。因此，无须像 XRD 中那样进行长距离有序化即可鉴定矿物成分。金属同位素的 NMR 光谱学是一种强大的技术，可借助自由电子引起的 NMR 位移（所谓的 Knight 位移）来了解金属粒子中金属原子的电子环境。灵敏度取决于所用同位素的自然丰度。NMR 在大多数情况下不适合痕量分析。

7）穆斯堡尔谱

穆斯堡尔谱是一种特定元素分析方法，它基于 γ 射线与固体原子核之间的相互作用，可以通过与周围电子的超精细相互作用进行调节。穆斯堡尔光谱中吸收峰的位置和强度可以提供有关原子的配位数、化合价、自旋态和位点畸变的信息，以及有关化合物的磁性的信息。关于纳米零价铁的表征，穆斯堡尔谱不仅可用于确定 Fe(Ⅱ)/Fe(Ⅲ) 的比例，而且还用于确定 Fe^0 的含量以及各种(结晶和无定形)氧化物相的性质和含量(Kharisov et al.，2012)。其在灵敏度方面存在局限性，元素必须以 1%～2% 的质量比的浓度存在(Rose et al.，2007)。大多数仪器需要均匀的干燥样品粉末。

8)X 射线光电子能谱(XPS)

XPS 定量分析是阐明干燥颗粒表面成分的强大工具，测试范围为样品外部的3～5 nm 层。Nurmi 等(2005)从 XPS 检测到纳米零价铁颗粒中的 Fe^0 推论出纳米零价铁颗粒氧化壳的厚度小于几纳米。XPS 已检测到纳米零价铁的典型表面杂质，如硫化纳米零价铁中的硫和 Fe^{BH} 中的硼(Nurmi et al.，2005)。在聚合物或表面活性剂稳定的金属纳米颗粒的情况下，如果 XPS 测定的干燥样品是通过抽空纳米颗粒的分散液制备的，那么稳定剂会在纳米颗粒表面形成一层厚的有机涂层，使得XPS 测定不准确。对于双金属纳米粒子，通过 XPS 进行的定量分析可以提供有关表面区域中元素类型的信息。

2.2.2　纳米零价铁表征方法

通过 X 射线衍射(XRD)、高分辨 X 射线光电子能谱(HR-XPS)、透射电子显微镜(TEM)和 X 射线吸收近边缘结构(XANES)分析发现，纳米零价铁粒子具有由铁氧化壳包裹的金属铁芯组成的核-壳结构。氧化层的组成和结构除了影响纳米零价铁的尺寸和形状外，还会影响其性能。因此，了解纳米零价铁及氧化层的结构和化学成分对于科学家和工程师开发更高效的基于纳米零价铁的环境修复技术至关重要。

氧化壳的性质与核心中底层的金属铁结合，决定了核-壳结构纳米零价铁的物理和化学行为(Wang et al.，2005；Crane et al.，2011)。根据扫描电子显微镜(SEM)和透射电子显微镜(TEM)结果，可以得到纳米零价铁颗粒呈链状纳米线结构排列的典型特征和纳米零价铁颗粒的核-壳形态。虽然人们对纳米零价铁的表征方法进行了大量的研究，但氧化壳的确切结构和化学成分却很难确定。氧化壳可能由单相如方铁矿(FeO)、磁铁矿(Fe_3O_4)、磁赤铁矿(γ-Fe_2O_3)、赤铁矿(α-Fe_2O_3)和针铁矿(FeOOH)或未知相甚至多相组成。所以到目前为止，精确测定氧化层的化学成分仍然是纳米零价铁表征的一个挑战(Dickinson and Scott，2011)。目前，纳米零价铁氧化壳的结构和化学成分特征的表征方法主要是基于光谱与衍射相结合的分析方法，其中包括透射电子显微镜、高分辨透射电子显微镜、X 射线衍射分析、原位表面 X 射线衍射、高分辨率 X 射线光电子能谱、X 射线光电发射光谱学深度剖面分析、X 射线吸收近边缘结构分析和电子能量损失光谱。

1. 透射电子显微镜、高分辨透射电子显微镜、X 射线衍射分析

受热场发射扫描电镜放大倍数的限制，实验可对制备的样品进行不同倍数的透射电镜分析，以便更好地观察纳米零价铁粉的微观形貌。纳米零价铁样品进行 TEM 分析的预处理方法是先将样品放入无水乙醇中超声分散 15 min，再将分散后的含有纳米零价铁粉的液体滴在铜片上，放入烘箱中干燥。TEM 和 HRTEM 分析都可以直接得到零价铁芯和氧化铁壳的图像，并发现纳米零价铁的壳层厚度通常在 2～4 nm（Martin et al.，2008）。HRTEM 分析可以根据晶格间距提供铁芯和/或氧化铁壳的结晶信息。但是 TEM［图 2-8(a)、(b)］和 HRTEM 不能确定氧化层的精确化学成分。为了研究纳米粒子的结构和组成，常采用 XRD 技术（Chatterjee et al.，2010）。由其原理可知，样品的 XRD 峰与物质内部的晶体结构有关，通过分

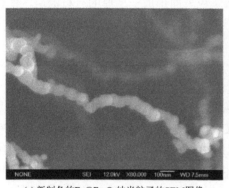

(a) 新制备的 $Fe@Fe_2O_3$ 纳米粒子的 SEM 图像

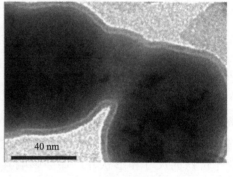

(b) 新制备的核壳 $Fe@Fe_2O_3$ 纳米粒子的 TEM 图像

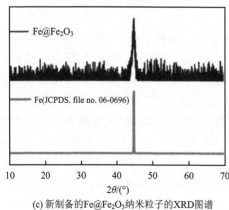

(c) 新制备的 $Fe@Fe_2O_3$ 纳米粒子的 XRD 图谱

(d) 新制备的 $Fe@Fe_2O_3$ 纳米粒子的
Fe 2p 的高分辨率 XPS 深度剖面

图 2-8　$Fe@Fe_2O_3$ 结构、形貌及表面元素表征

图 2-8(d)中 709.8 eV 和 723 eV 是二价铁的特征峰，712.5 eV 和 725 eV 是三价铁的特征峰，707.7 eV 和 719.7 eV 是金属铁的特征峰

析样品的 XRD 衍射峰，不仅可以了解物质的化学成分，还能了解它们的存在状态，即某种元素是以单质、化合物、混合物或同素异构体形式存在的。通过对所制得的纳米零价铁粉进行 XRD 分析，可以确定样品的组成，能够通过观察制得的样品中是否含其他的杂质峰，特别是氧化铁的峰，可以说明样品在制备和保存过程中是否被氧化，进而判断得到的是否为纯净的单质铁。图 2-8(c) 为新制备的铁芯核-壳 Fe@Fe$_2$O$_3$ 纳米粒子的 XRD 图谱。XRD 图谱中没有氧化铁的峰，说明纳米零价铁 I 的氧化壳结晶不良或者氧化铁晶体太小，XRD 检测不出来。因此，TEM/HRTEM 和 XRD 分析不能准确地揭示氧化壳的化学成分(Liu et al.，2005)。

2. 纳米零价铁的扫描电镜+能谱(SEM+EDS)分析

SEM 分析作为目前产物形态分析的一种有效手段，能够客观、真实地反映出产物的形态特征。由于扫描电镜的分辨率很高，可以利用它较好地观察到产物颗粒的形态、大小以及与周围颗粒之间的相互关系。

分析前，需将少量待观测纳米零价铁样品分散于乙醇中，并超声一定时间，消除颗粒间的团聚使粒子尽可能呈单分散状态。将含纳米零价铁的乙醇混合溶液滴加在样品铜网上，放置于电镜样品台中。SEM 可在形貌上进行微米、纳米级表面特征的图像和微观分析，从而判断样品粒径范围以及结构和存在状态。SEM 显示的是样品的形态特征，而 EDS 能够容易并且准确地测定出样品的成分，判断空气中的氧气是否会对合成的材料产生较大的影响。将 SEM 与 EDS 分析方法结合，不仅能从微观层面上分析样品的形态特征，而且还能定性及半定量地分析样品成分，即确定样品中含有的化学元素以及其在样品中的相对含量(图 2-9)，这对实验体系具有十分重要的意义。

3. 纳米零价铁的比表面积测定(BET)

自制纳米零价铁的低温吸附-脱附等温线可用比表面积测定仪测定。通过测定纳米零价铁的低温吸附-脱附曲线可以判断纳米零价铁的孔径组成以及其比表面积，如图 2-10 所示。在较低的相对压力下发生的吸附主要是单分子层吸附，然后是多层吸附。通过比较比表面积的大小可判断材料的反应性以及团聚状态，可用于材料的对比以在与污染物的反应体系中寻找更优的实验方案。Wang 等(2009c) 通过 BET 表征，证明合成了比表面积高于普遍<37 m^2/g 的纳米零价铁颗粒，其比表面积分别达到了 47.49 m^2/g 和 62.48 m^2/g。

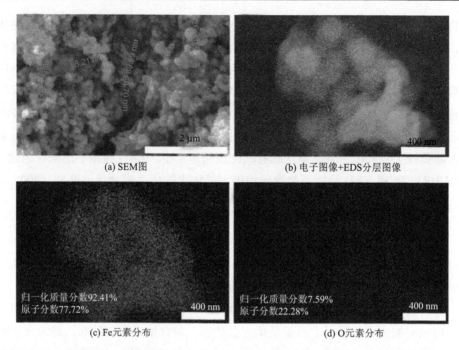

(a) SEM图　　　　　　　　　　　　　(b) 电子图像+EDS分层图像

(c) Fe元素分布　　　　　　　　　　　(d) O元素分布

图 2-9　纳米零价铁的 SEM 图和 EDS 元素分布图（胡明玥等，2022）

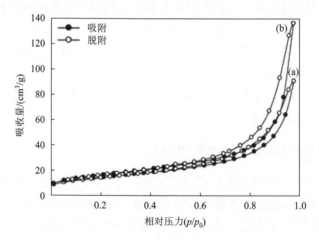

图 2-10　纳米零价铁的吸附脱附曲线（Wang et al.，2009c）

4. 纳米零价铁的傅里叶红外光谱分析

傅里叶红外光谱分析（FT-IR）技术是目前用于高分子材料及产品的微观结构、组成研究的一个重要方法，能够根据测定所得的红外吸收光谱定性、定量地分析样品的分子结构。FT-IR 主要是通过测得的红外吸收光谱中出现的特征吸收峰与有机化合物所带官能团出现的参考特征峰进行比对，得出有效物质的分子结构的方法，这能有效分析样品中含有的有机化合物。在红外光谱图中，比较明显的特征峰有 3400 cm⁻¹ 左右由 O—H 的伸缩振动的吸收峰，1628 cm⁻¹ 左右由表面吸附水 O—H 的弯曲振动的吸收峰，如图 2-11 所示，说明在纳米零价铁的表面形成了 FeOOH 层。

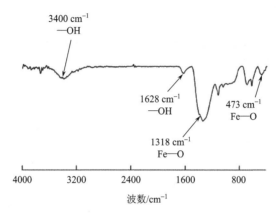

图 2-11　纳米零价铁的 FT-IR 图（胡明玥等，2022）

5. X 射线光电子能谱

X 射线光电子能谱（XPS）测量光谱可以提供纳米零价铁表面的主要元素成分。例如，在铁/亚铁溶液中利用硼氢化还原合成的样品中经常发现氧、铁、碳，甚至硼。高分辨率 X 射线光电子能谱（HR-XPS）通常应用于 Fe 2p 和 O 1s 轨道，分析铁的价态并确定氧化壳表面非晶态氧化铁的化学成分。HR-XPS 分析表明氧化壳的化学成分是强烈依赖于合成方法和氧化壳成分的，包括方铁矿（FeO）、磁铁矿（Fe_3O_4）和磁赤铁矿（γ-Fe_2O_3）/部分氧化磁铁矿的报告（Signorini et al.，2003；Wang et al.，2009a，2007，2009b；Sun et al.，2006；Sarathy et al.，2008）。表 2-4 总结了不同合成方法得到的纳米零价铁的主要氧化层组成。例如，CSFN 是由硼氢化铁还原铁溶液合成的一种特殊的纳米零价铁。如图 2-12 所示，其高分辨率 XPS 谱为 Fe 2p3/2 和 Fe 2p1/2 核级，分别出现在 711.0 eV 和 724.3 eV 的结合能下，与 Fe_2O_3 的文献值 710.9 eV 和 724.6 eV 一致（Allen et al.，1974）。用氢气还原针铁矿和赤铁矿制备的纳米零价铁具有 Fe_3O_4 外壳，在低氧条件下也能观察到 FeO 的存在（Sun et al.，2006）。由于 Fe_2O_3 和 FeOOH 在 Fe 2p 轨道具有相似的特征和峰位，因此进一步利用 O 1s 扫描对 Fe_2O_3 和 FeOOH 的氧化铁氧化物进行了鉴别。例如，在 Fe^{BH} 纳米颗粒表面观察到分配给 OH 基团的 531.0 eV 的峰值，表明表面铁氧化物可能是 FeOOH（Li and Zhang，2006）。根据 Fe 2p 和 O 1s HR-XPS 信号可以推断，纳米零价铁的表面氧化层主要由 Fe_2O_3 组成，少量 FeO 和 Fe_3O_4(Li et al.，2009)。考虑到 HR-XPS 只是一种探测深度约为 2 nm 的表面表征技术，进一步利用 HR-XPS 深度剖面分析方法分析了铁在氧化壳内层的价态。通过计算金属与氧化铁的相对综合强度，采用 HR-XPS 分析方法确定了氧化壳中铁的价比。Fe 在氧化层中的价态与最内层 Fe^0 到氧化层界面的距离密切相关，而 Fe 的低价态更倾向于停留在氧化层的内层(Lu et al.，2007)。

表 2-4　不同合成方法得到的纳米零价铁的特性

名称	合成方法	壳厚度/nm	比表面积 /(m²·g⁻¹)	氧化壳中的主相
Fe^{BH}	NaBH₄ 还原沉淀	~3.4	~33.5	FeOOH，FeO
CSFN	不搅拌 NaBH 还原铁溶液，水老化时间：2 h	6.5	~35	Fe₂O₃
Fe^{H2}	高温下 H₂ 还原氧化物(>500℃)	~2.8	~29	Fe₃O₄
C-Fe⁰	Ar 下 600~800℃ 碳热合成	—	38~95	C，Fe₃O₄
nZVI	超声波辅助合成方法	~4	38	FeO
球磨 nZVI	8 h 精密铣削	—	39	FeO，Fe₃O₄，α/γ-Fe₂O₃
nZVI	在空心阴极溅射簇源中制备 nZVIs	3	22	Fe₃O₄，γ-Fe₂O₃
GT-Fe⁰	采用绿茶提取物制备 nZVI 颗粒	—	10~20	FeOOH，Fe₃O₄
nZVI	惰性气体冷凝(IGC)，然后控制表面氧化	2~3	—	Fe₃O₄，γ-Fe₂O₃

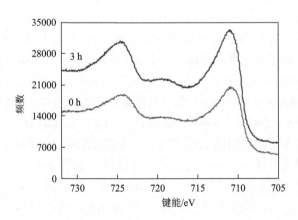

图 2-12　纳米零价铁 Fe 2p 的 HR-XPS 图(Wang et al.，2009c)

6. X 射线吸收近边缘结构分析

XRD 和 XPS 技术可以分别证实 nZVI 的铁芯和表面氧化铁的存在，这两种技术的结合有力地支持了 nZVI 的核-壳结构。由于在铁 K-edge 的 X 射线吸收近边缘结构(XANES)对铁原子的氧化还原和配位态高度敏感,进一步利用 XANES 分析来获得壳层组分的定量信息。XANES 光谱在金属铁、FeO、Fe_3O_4、α-Fe_2O_3、γ-Fe_2O_3 和 γ-FeOOH 参考化合物之间的差异主要在于强度、前边缘的位置和主要边缘的位置以及以前调查的吸收坡道(Wilke et al.,2001)。利用这些氧化铁文献进行的 XANES 分析提供了 nZVI 氧化壳成分的精确信息,并通过线性组合拟合得到了 nZVI 样品中六种铁的含量(Kumar et al.,2014;Kim et al.,2012)。如图 2-13 所示。例如,Fe-edge XANES 光谱分析表明 Fe^0/Fe_xO_y 在 Fe^{BH} 中的比值随着老化而减小,氧化壳的氧化态发生变化,形成更多的氧化矿物相,如磁铁矿,最终形成磁赤铁矿(Kumar et al.,2014)。Signorini 等(2003)研究了氧化物壳阶段和 nZVI 粒子大小之间的关系,发现随着 γ-Fe_2O_3 相对比例的增加,铁核尺寸降低。实际上,氧化壳是几种相的混合物。例如,Khanna(2005)认为在 Fe^0 底层上形成的氧化层的相和组成取决于该层从铁芯到氧化界面的距离,从而导致连续的 Fe^0、FeO、Fe_3O_4、Fe_2O_3 形成。此外,XANES 分析甚至可以检测到 Fe^{BH} 纳米粒子表面的少量硼(Duxin et al.,1997)。

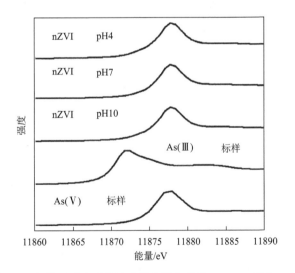

图 2-13 不同 pH 条件下反应后的纳米零价铁和砷的 XANES 图(Wu et al.,2017)

7. 电子能量损失光谱(EELS)

XPS 和 EELS 分析可确定 nZVI 氧化壳表面的相和成分,通过分析得知氧化壳主要相是由一个或几个已知的铁氧化物如 FeO、Fe_3O_4、γ-Fe_2O_3、α-Fe_2O_3 或 FeOOH 组成。然而,这种薄氧化层的微观结构可能会偏离已知铁氧化物的理想结构，现有的光谱和衍射方法的空间分辨率无法表征 nZVI 铁氧化物的微观结构特征。因此，在 O（氧）K 边缘的电子能量损失谱具有几个纳米的空间分辨率（如小于单个粒子的能量）来探测 Fe^0 纳米粒子氧化壳的微观结构。例如，从铁氧化物中收集到的铁纳米颗粒上的氧 K 边缘光谱的峰值比从标准 Fe_3O_4 中收集到的氧 K 边缘光谱的峰值要弱，这表明核-壳结构铁纳米颗粒的氧化层与体积形式的等效氧化物相比有很大缺陷（图 2-14）（Wang et al.，2009b）。Carpenter 等（2003）和 Ponder 等（2001）发现的证据表明，生长中的铁纳米颗粒表面的少量硼可能会导致氧化层的无序和缺陷。除了影响污染物的吸附或沉淀，氧化壳的缺陷结构预计还会影响纳米颗粒的化学活性、在水溶液中的寿命和磁性能，因为缺陷结构预计会在颗粒表面产生更多的反应位点。

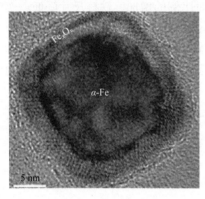
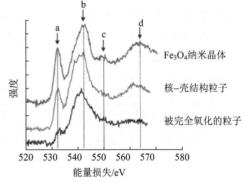

(a) 铁纳米粒子核壳结构HRTEM图像　　(b) 标准Fe_3O_4纳米晶体、核-壳结构的铁纳米颗粒和完全氧化的小颗粒上的EELS氧K边缘光谱的比较

图 2-14　核-壳结构的铁纳米颗粒形貌表征

2.3　本 章 小 结

本章概述了纳米零价铁的类型和特性，系统描述了从单一的纳米零价铁到多方面改性产生的纳米零价铁复合材料或乳液的合成方法，对这些纳米零价铁的特性（核-壳结构、磁性和团聚等）进行了汇总。在此基础上叙述了纳米零价铁的多种制备方法，对不同合成方法进行了比较以及介绍了纳米零价铁制备方法的最新进展。此外，系统阐述了纳米零价铁表征方法的基本原理、优点和局限性，详细介绍了几种经典表征技术。这些系统的描述，为纳米零价铁制备与表征的发展和创新奠定基础。

参 考 文 献

董婷婷, 罗汉金, 吴锦华. 2010. 纳米零价铁的制备及其去除水中对氯硝基苯的研究. 环境工程学报, 4(6): 1257-1261.

胡明玥, 王玉如, 范家慧, 等. 2022. 纳米零价铁活化过硫酸盐降解新兴污染物咖啡因. 工业水处理, 42(1): 100-107.

刘小虹, 颜肖慈, 李伟. 2002. 纳米零价铁微粒制备新进展. 金属功能材料, 9(2): 8-11.

王鹏, 王义东, 柳听义. 2021. 球磨法制备纳米零价铁的研究进展. 环境化学, 40(9): 2924-2933.

赵维臣. 1997. 羰基法制取金属粉末. 世界有色金属, (5): 43.

Allen G C, Curtis M T, Hooper A J, et al. 1974. X-Ray photoelectron spectroscopy of iron-oxygen systems. Journal of the Chemical Society, Dalton transactions: 1525-1530.

Ambika S, Devasena M, Nambi I M. 2016. Synthesis, characterization and performance of high energy ball milled meso-scale zero valent iron in Fenton reaction. Journal of Environmental Management, 181: 847-855.

Cabot A, Puntes V F, Shevchenko E, et al. 2007. Vacancy coalescence during oxidation of iron nanoparticles. Journal of the American Chemical Society, 129(34): 10358-10360.

Carpenter E E, Calvin S, Stroud R M, et al. 2003. Passivated Iron as Core-Shell nanoparticles. Chemistry of Materials, 15: 3245-3246.

Chatterjee S, Lim S R, Woo S H. 2010. Removal of reactive black 5 by zero-valent iron modified with various surfactants. Chemical Engineering Journal, 160: 27-32.

Chen S S, Hsu H D, Li C W. 2004. A new method to produce nanoscale iron for nitrate removal. Journal of Nanoparticle Research, 6(6): 639-647.

Comba S, Sethi R. 2009. Stabilization of highly concentrated suspensions of iron nanoparticles using shear-thinning gels of xanthan gum. Water Research, 43: 3717-3726.

Crane R A, Dickinson M, Popescu I C, et al. 2011. Magnetite and zero-valent iron nanoparticles for the remediation of uranium contaminated environmental water. Water Research, 45: 2931-2942.

Crane R A, Scott T B. 2012. Nanoscale zero-valent iron: Future prospects for an emerging water treatment technology. Journal of Hazardous Materials, 211-212: 112-125.

Dickinson M, Scott T B. 2011. The effect of vacuum annealing on the remediation abilities of iron and iron-nickel nanoparticles. Journal of Nanoparticle Research, 13: 3699-3711.

Duxin N, Stephan O, Petit C P, et al. 1997. Nanosized Fe-Cu-B alloys and composites synthesized in diphasic systems. Chemistry of Materials, 9: 2096-2100.

Ebadi M, Basirun J, Alias Y, et al. 2012. Investigation of electrodeposition of Ni-Co-Fe-Zn alloys in DMSO with MHD effect. Materials Characterization, 66: 46-55.

Feng H E, Zhao D. 2005. Preparation and characterization of a new class of starch-stabilized bimetallic nanoparticles for degradation of chlorinated hydrocarbons in water. Environmental Science and Technology, 39: 3314-3320.

Hahn H. 1997. Gas phase synthesis of nanocrystalline materials. Nanostructured Materials, 9(1): 3-12.

He N, Li P J, Ren W X, et al. 2008. Catalytic dechlorination of 2, 2′, 3, 4, 4′, 5, 5′-heptachlorobiphenyl in soil by Pd/Fe. Environmental Science, 29(7): 1924-1929.

Hoag G E, Collins J B, Holcomb J L, et al. 2009. Degradation of bromothymol blue by 'greener' nano-scale zero-valent iron synthesized using tea polyphenols. Journal of Materials Chemistry, 19: 8671-8677.

Hoch L B, Mack E J, Hydutsky B W, et al. 2008. Carbothermal synthesis of carbon-supported nanoscale zero-valent iron particles for the remediation of hexavalent chromium. Environmental Science and Technology, 42: 2600-2605.

Huang L L, Weng X L, Chen Z L, et al. 2014. Green synthesis of iron nanoparticles by various tea extracts: Comparative study of the reactivity. Spectrochimica Acta Part A-Molecular and Biomolecular Spectroscopy, 130: 295-301.

Jamei M R, Khosravi M R, Anvaripour B. 2013. Investigation of ultrasonic effect on synthesis of nano zero valent iron particles and comparison with conventional method. Asia-Pacific Journal of Chemical Engineering, 8: 767-774.

Jamei M R, Khosravi M R, Anvaripour B. 2014. A novel ultrasound assisted method in synthesis of NZVI particles. Ultrasonics Sonochemistry, 21: 226-233.

Kanel S R, Manning B, Charlet L, et al, 2005. Removal of Arsenic(III) from Groundwater by Nanoscale Zero-Valent Iron. Environmental Science and Technology, 39: 1291-1298.

Khadzhiev S N, Kadiev K M, Yampolskaya G P, et al. 2013. Trends in the synthesis of metal oxide nanoparticles through reverse microemulsions in hydrocarbon media. Advances in Colloid and Interface Science, 197-198: 132-145.

Khanna A S. 2005. Introduction to High Temperature Oxidation and Corrosion. Corrosion: the Journal of Science and Engineering, 61(9): 920.

Kharisov B, Dias R, Kharissova O, et al, 2012. Iron-Containing nanomaterials: Synthesis, properties, and environmental applications. RSC Advances, 2: 9325-9358.

Kim H S, Kim T, Ahn J Y, et al. 2012. Aging characteristics and reactivity of two types of nanoscale zero-valent iron particles (Fe^{BH} and Fe^{H2}) in nitrate reduction. Chemical Engineering Journal, 197: 16-23.

Köber R, Hollert H, Hornbruch G, et al. 2014. Nanoscale zero-valent iron flakes for groundwater treatment. Environmental Earth Science, 72: 1.

Komarneni S, Katsuki H, Li D, et al. 2004. Microwave-polyol process for metal nanophases. Journal of Physics-Condensed Matter, 16(14): S1305-S1312.

Kumar N, Auffan M, Gattacceca J, et al. 2014. Molecular insights of oxidation process of iron nanoparticles: spectroscopic, magnetic, and microscopic evidence. Environmental Science and Technology, 48: 13888-13894.

Lai B, Zhang Y, Chen Z, et al. 2014. Removal of *p*-nitrophenol (PNP) in aqueous solution by the micron-scale iron-copper (Fe/Cu) bimetallic particles. Applied Catalysis B-Environmental, 144: 816-830.

Li F, Vipulanandan C, Mohanty K K. 2003. Microemulsion and solution approaches to nanoparticle iron production for degradation of trichloroethylene. Colloids and Surfaces A: Physicochemical and Engineering Aspects, 223 (1): 103-112.

Li S, Yan W, Zhang W X. 2009. Solvent-free production of nanoscale zero-valent iron (nZVI) with precision milling. Green Chemistry, 11: 1618-1626.

Li X Q, Elliott D W, Zhang W X. 2006. Zero-valent iron nanoparticles for abatement of environmental pollutants: materials and engineering aspects. Critical Reviews in Solid State and Materials Sciences, 31: 111-122.

Li X Q, Zhang W X. 2006. Iron nanoparticles: The core-shell structure and unique properties for Ni (II) sequestration. Langmuir, 22: 4638-4642.

Li Y, Li T, Jin Z. 2011. Stabilization of Fe^0 nanoparticles with silica fume for enhanced transport and remediation of hexavalent chromium in water and soil. Journal of Environmental Sciences, 23 (7): 1211-1218.

Lien H L, Zhang W X. 1991. Transformation of chlorinated methanes by nanoscale iron particles. Journal of Environmental Engineering, 125 (11): 1042-1047.

Liu F L, Yang J H, Zuo J N, et al. 2014. Graphene-supported nanoscale zero-valent iron: Removal of phosphorus from aqueous solution and mechanistic study. Journal of Environmental Sciences, 26 (8): 1751-1762.

Liu Y, Choi H, Dionysiou D, et al. 2005. Trichloroethene hydrodechlorination in water by highly disordered monometallic nanoiron. Chemistry of Materials, 17: 5315-5322.

Lu L, Ai Z, Li J, et al. 2007. Synthesis and characterization of $Fe-Fe_2O_3$ core-shell nanowires and nanonecklaces. Crystal Growth and Design, 7: 459-464.

Machado S, Grosso J P, Nouws H P A, et al. 2014. Utilization of food industry wastes for the production of zero-valent iron nanoparticles. Science of the Total Environment, 496: 233-240.

Machado S, Pacheco J G, Nouws H P A, et al. 2015. Characterization of green zero-valent iron nanoparticles produced with tree leaf extracts. Science of the Total Environment, 533: 76-81.

Machado S, Pinto S L, Grosso J P, et al. 2013. Green production of zero-valent iron nanoparticles using tree leaf extracts. Science of the Total Environment, 445-446: 1-8.

Mackenzie K, Bleyl S, Georgi A, et al, 2012. Carbo-iron-an Fe/AC composite-as alternative to nano-iron for groundwater treatment. Water Research, 46: 3817-3826.

Malow, Koch C C. 1997. Grain growth in nanocrystalline iron prepared by mechanical attrition. Acta Materialia, 45 (5): 2177-2186.

Martin J E, Herzing A A, Yan W, et al. 2008. Determination of the oxide layer thickness in core-shell zerovalent iron nanoparticles. Langmuir, 24: 4329-4334.

Nurmi J T, Tratnyek P G, Sarathy V, et al. 2005. Characterization and properties of metallic iron nanoparticles: Spectroscopy, electrochemistry, and kinetics. Environmental Science and

Technology, 39: 1221-1230.

Peng S, Wang C, Xie J, et al. 2006. Synthesis and stabilization of monodisperse Fe nanoparticles. Journal of the American Chemical Society, 128: 10676-10677.

Phenrat T, Long T C, Lowry G V, et al. 2009. Partial oxidation（"aging"）and surface modification decrease the toxicity of nanosized zerovalent iron. Environmental Science and Technology, 43: 195-200.

Phenrat T, Saleh N, Lowry G V, et al. 2008. Stabilization of aqueous nanoscale zerovalent iron dispersions by anionic polyelectrolytes: Adsorbed anionic polyelectrolyte layer properties and their effect on aggregation and sedimentation. Journal of Nanoparticle Research, 10: 795-814.

Phenrat T, Saleh N, Sirk K, et al. 2007. Aggregation and sedimentation of aqueous nanoscale zerovalent iron dispersions. Environmental Science and Technology, 41: 284-290.

Phenrat T, Thongboot T, Lowry G V, et al. 2016. Electromagnetic induction of zerovalent iron （ZVI）powder and nanoscale zerovalent iron （NZVI）particles enhances dechlorination of trichloroethylene in contaminated groundwater and soil: Proof of concept. Environmental Science and Technology, 50: 872-880.

Ponder S M, Darab J G, Bucher J, et al. 2001. Surface chemistry and electrochemistry of supported zerovalent iron nanoparticles in the remediation of aqueous metal contaminants. Chemistry of Materials, 13: 479-486.

Qiu X Q, Fang Z Q, Yan X M, et al. 2012. Emergency remediation of simulated chromium （VI）-polluted river by nanoscale zero-valent iron: Laboratory study and numerical simulation. Chemical Engineering Journal, 193: 358-365.

Raychoudhury T, Tufenkji N, Ghoshal S. 2012. Aggregation and deposition kinetics of carboxymethyl cellulose-modified zero-valent iron nanoparticles in porous media. Water Research, 46: 1735-1744.

Ribas D, Cernik M, Marti V, et al. 2016. Improvements in nanoscale zero-valent iron production by milling through the addition of alumina. Journal of Nanoparticle Research, 18(7): 181.

Rose A, Oladosu G, Liao S Y, et al. 2007. Business interruption impacts of a terrorist attack on the electric power system of Los Angeles: Customer resilience to a total blackout. Risk Analysis, 27: 513-531.

Sarathy V, Tratnyek P G, Nurmi J T, et al. 2008. Aging of iron nanoparticles in water: Effects on structure and reactivity. The Journal of Physical Chemistry C, 112: 2286-2293.

Sasaki T, Terauchi S, Koshizaki N, et al. 1998. The preparation of iron complex oxide nanoparticles by pulsed-laser ablation. Applied Surface Science, 127: 398-402.

Schrick B, Hydutsky B W, Blough J L, et al. 2004. Delivery vehicles for zerovalent metal nanoparticles in soil and groundwater. Chemistry of Materials, 16(11): 2187-2193.

Signorini L, Pasquini L, Savini L R, et al. 2003. Size-dependent oxidation in iron/iron oxide core-shell nanoparticles. Physical Review B, 68: 195423.

Sun Y P, Li X Q, Cao J, et al. 2006. Characterization of zero-valent iron nanoparticles. Advances in

Colloid and Interface Science, 120: 47-56.

Sunkara B, Zhan J, He J, et al. 2010. Nanoscale zerovalent iron supported on uniform carbon microspheres for the *in situ* remediation of chlorinated hydrocarbons. ACS Applied Materials and Interfaces, 2: 2854-2862.

Tao N R, Sui M L, Lu J, et al. 1999. Surface nanocrystallization of iron induced by ultrasonic shot peening. Nanostructured Materials, 11: 433-440.

Tiraferri A, Chen K L, Sethi R, et al. 2008. Reduced aggregation and sedimentation of zero-valent iron nanoparticles in the presence of guar gum. Journal of Colloid and Interface Science, 324: 71-79.

Tomasevic D D, Kozma G, Kerkez D V, et al. 2014, Toxic metal immobilization in contaminated sediment using bentonite- and kaolinite-supported nano zero-valent iron. Journal of Nanoparticle Research, 16(8): 2548.

Wang C B, Zhang W X. 1997. Synthesizing nanoscale iron particles for rapid and complete dechlorination of TCE and PCBs. Environmental Science and Technology, 31: 2154-2156.

Wang C M, Baer D R, Amonette J E, et al. 2007. Electron beam-induced thickening of the protective oxide layer around Fe nanoparticles. Ultramicroscopy, 108: 43-51.

Wang C M, Baer D R, Amonette J E, et al. 2009. Morphology and electronic structure of the oxide shell on the surface of iron nanoparticles. Journal of the American Chemical Society, 131: 8824-8832.

Wang C M, Baer D R, Thomas L E, et al. 2005. Void formation during early stages of passivation: Initial oxidation of iron nanoparticles at room temperature. Journal of Applied Physics, 98: 094308.

Wang C, Luo H J, Zhang Z L, et al. 2014, Removal of As(III) and As(V) from aqueous solutions using nanoscale zero valent iron-reduced graphite oxide modified composites. Journal of Hazardous Materials, 268: 124-131.

Wang Q, Kanel S R, Park H, et al. 2009a. Controllable synthesis, characterization, and magnetic properties of nanoscale zerovalent iron with specific high Brunauer-Emmett-Teller surface area. Journal of Nanoparticle Research, 11(3): 749-755.

Wang Q, Snyder S, Kim J, et al. 2009b. Aqueous ethanol modified nanoscale zerovalent iron in bromate reduction: synthesis, characterization, and reactivity. Environmental Science and Technology, 43: 3292-3299.

Wang Q, Snyder S, Kim J, et al. 2009c. Aqueous ethanol modified nanoscale zerovalent iron in bromate reduction: Synthesis, characterization, and reactivity. Environmental Science and Technology, 43: 3292-3299.

Wang T, Jin X, Chen Z, et al. 2014. Green synthesis of Fe nanoparticles using eucalyptus leaf extracts for treatment of eutrophic wastewater. Science of the Total Environment, 466-467: 210-213.

Wilke M, Farges F, Petit P E, et al. 2001. Oxidation state and coordination of Fe in minerals: An Fe K-XANES spectroscopic study. American Mineralogist, 86: 714-730.

Wu C, Tu J, Liu W, et al. 2017. The double influence mechanism of pH on arsenic removal by nano zero valent iron: Electrostatic interactions and the corrosion of Fe^0. Environmental Science: Nano, 4(7): 1544-1552.

Xi Y F, Sun Z M, Hreid T, et al. 2014. Bisphenol A degradation enhanced by air bubbles via advanced oxidation using *in situ* generated ferrous ions from nano zero-valent iron/palygorskite composite materials. Chemical Engineering Journal, 247: 66-74.

Xiong Z, Zhao D Y, Pan G. 2007. Rapid and complete destruction of perchlorate in water and ion-exchange brine using stabilized zero-valent iron nanoparticles. Water Research, 41(15): 3497-3505.

Xu F, Deng S, Xu J, et al. 2012. Highly active and stable Ni-Fe bimetal prepared by Ball Milling for catalytic hydrodechlorination of 4-chlorophenol. Environmental Science and Technology, 46(8): 4576-4582.

Xu Y, You M, Qu J, et al. 2008. Strengthening and toughening of unsaturated polyester with silicon dioxide. Journal of South China University of Technology, 36: 106-110, 116.

Yan J C, Han L, Gao W G, et al. 2015. Biochar supported nanoscale zerovalent iron composite used as persulfate activator for removing trichloroethylene. Bioresource Technology, 175: 269-274.

Zheng T, Zhan J, He J, et al. 2008. Reactivity characteristics of nanoscale zerovalent iron-silica composites for trichloroethylene remediation. Environmental Science and Technology, 42: 4494-4499.

Zhu H J, Jia Y F, Wu X, et al. 2009. Removal of arsenic from water by supported nano zero-valent iron on activated carbon. Journal of Hazardous Materials, 172(2-3): 1591-1596.

第3章　纳米零价铁技术修复机理

图 3-1 为纳米零价铁对污染物的去除机理图，前人的研究针对不同污染物的修复机理，形成了不同的修复体系和方法，为纳米零价铁的实际应用提供了理论依据。

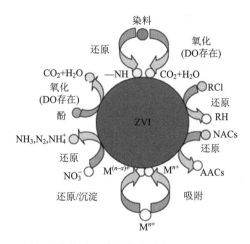

图 3-1　纳米零价铁对污染物的去除机理图（Fu et al., 2014）

3.1　纳米零价铁去除重金属离子

3.1.1　去除重金属离子的作用机理

重金属主要是指密度在 4.5g/cm³ 以上的金属，主要包括铜、铅、锌、铬、镉、镍等金属元素和砷、硒等准金属元素。重金属离子的化学形态非常复杂，其在环境中主要以阳离子和含氧阴离子的形式存在，在环境中有显著的毒性作用，难以被生物降解，通过食物链在人体中累积，对人体健康产生危害（黄潇月等，2017）。

溶液中的纳米零价铁与重金属离子的反应属于非均相反应，整个反应过程可分为传质过程、界面反应过程和固相反应过程三部分。溶解态的重金属离子首先需要扩散穿过液膜到达纳米零价铁表面，通过静电作用/表面络合作用吸附到表面，然后通过沉淀、还原等作用被进一步固定（黄潇月等，2017）。纳米零价铁对重金属离子的去除与铁的标准电极电位有关，去除机理主要包括吸附、还原和沉淀/共沉淀作用，如表 3-1 所示。Fe^{2+}/Fe 的标准电极电位 (E^0) 是 -0.44 V，根据 Fe 和重金属污染物的标准电极电位的大小，纳米零价铁对重金属离子的去除主要分为三种形式：一是重金属离子的标准电极电位低于 Fe^{2+} 时，去除机理主要是吸附，如 Zn^{2+} 和 Cd^{2+}；二是重金属离子的标准电极电位稍高于 Fe^{2+} 时，去除机理主要是吸附和还原，如 Pb^{2+} 和 Ni^{2+}；三是重金属离子的标准电极电位远大于 Fe^{2+} 时，去除机理主要是还原，如 Cr^{6+} 和 Cu^{2+}（刘晓龙和张宏，2018）。纳米零价铁与重金属离子的相互作用分为以下五类（O'Carroll et al.，2013）。

（1）还原：Cr, As, Cu, U, Pb, Ni, Se, Co, Pd, Pt, Hg, Ag；

（2）吸附：Cr, As, U, Pb, Ni, Se, Co, Cd, Zn, Ba；

（3）氧化/再氧化：As, U, Se, Pb；

（4）共沉淀：Cr, As, Ni, Se；

（5）沉淀：Cu, Pb, Cd, Co, Zn。

表 3-1　常见金属的标准电极电位（25℃水溶液）（O'Carroll et al.，2013）

水溶液	半反应	E^0 /V
Cr	$CrO_4^{2-} + 8H^+ + 3e^- \longleftrightarrow Cr^{3+} + 4H_2O$	1.51
Cr	$Cr_2O_7^{2-} + 14H^+ + 6e^- \longleftrightarrow 2Cr^{3+} + 7H_2O$	1.36
Pt	$Pt^{2+} + 2e^- \longleftrightarrow Pt$	1.19
Pd	$Pd^{2+} + 2e^- \longleftrightarrow Pd$	0.92
Hg	$Hg^{2+} + 2e^- \longleftrightarrow Hg$	0.86
Ag	$Ag^+ + e^- \longleftrightarrow Ag$	0.80
As（V）	$H_3AsO_4 + 2H^+ + 2e^- \longleftrightarrow HAsO_2 + 2H_2O$	0.56
Cu	$Cu^{2+} + 2e^- \longleftrightarrow Cu$	0.34
U	$UO_2^{2+} + 4H^+ + 2e^- \longleftrightarrow U^{4+} + 2H_2O$	0.27
As（III）	$H_3AsO_3 + 3H^+ + 3e^- \longleftrightarrow As + 3H_2O$	0.24
Cu^+	$Cu^{2+} + e^- \longleftrightarrow Cu^+$	0.16
Pb	$Pb^{2+} + 2e^- \longleftrightarrow Pb$	-0.13
Ni	$Ni^{2+} + 2e^- \longleftrightarrow Ni$	-0.25
Cd	$Cd^{2+} + 2e^- \longleftrightarrow Cd$	-0.40
Fe	$Fe^{2+} + 2e^- \longleftrightarrow Fe$	-0.44
Zn	$Zn^{2+} + 2e^- \longleftrightarrow Zn$	-0.76
Ba	$Ba^{2+} + 2e^- \longleftrightarrow Ba$	-2.92

吸附作用指的是水中的纳米零价铁氧化物壳被羟基官能团覆盖，能够通过静电作用和表面络合作用吸附重金属离子，将其固定于纳米零价铁表面。静电作用是由于纳米零价铁表面带负电的官能团与重金属离子发生反应，从而吸附重金属离子。表面络合作用是基于溶液中的配位化学反应平衡理论，使纳米零价铁氧化物壳上的羟基官能团与重金属离子发生反应，生成络合物，实现纳米零价铁表面的固定。

还原作用是指零价铁作为纳米零价铁的核心部位具有较强的还原性，能够作为电子供体，将氧化性强于 Fe^{2+} 的重金属离子还原到较低价态。Fe^{2+}/Fe 的标准电极电位较负，为–0.44V，因此铁的反应活性强，可以通过电子传递将电子给予标准电极电位比–0.44V 正的金属离子，这些金属离子得到电子被还原，从而使其浓度降低或从溶液中除去，与此同时，零价铁被氧化(张鑫，2010)。

沉淀/共沉淀作用是指反应系统中某些金属离子与 OH^- 在纳米零价铁粒子表面进行配合，生成沉淀。Fe^0 与水反应，腐蚀产生 OH^-，使整个体系呈碱性，尤其是纳米零价铁表面，OH^- 浓度较高，有利于重金属离子的表面沉淀。另外，Fe 腐蚀产生的 Fe(Ⅱ)和 Fe(Ⅲ)还能与 As(Ⅲ/Ⅴ)等含氧阴离子发生共沉淀作用，实现污染物的去除(黄潇月等，2017)。

3.1.2 纳米零价铁及对主要重金属离子的去除

纳米零价铁可去除铅、镍、锌、镉、六价铬、铜、砷和硒等重金属，部分示例如表 3-2 所示。

1. 铅

铅是一种有毒重金属，在土壤中能够长时间积存，并通过食物链进行营养富集，对人体的神经系统、血液循环系统等具有毒性作用。Pb^{2+} 的标准电极电位稍大于铁，能被铁还原的程度较弱，一部分被纳米零价铁还原为零价铅，另一部分则被吸附到纳米零价铁表面与 OH^- 配合，纳米零价铁对 Pb^{2+} 的去除主要是吸附和还原作用[式(3-1)]。

$$2Fe+3Pb^{2+}+4H_2O \longrightarrow 3Pb+2FeOOH+6H^+ \qquad (3-1)$$

2. 镍

镍及盐类的毒性较低，但由于它本身具有生物化学活性，故能激活或抑制一系列的酶而发挥其毒性。镍的标准电极电位与铅相近，而且更接近铁的标准电极电位，因此 Ni^{2+} 与 Pb^{2+} 的去除机理类似，主要是吸附和还原作用，Li 和 Zhang(2006)描述铁纳米颗粒去除镍的表面反应如式(3-2)～式(3-4)所示：

$$\equiv FeOH + Ni^{2+} \longrightarrow \equiv FeO—Ni^+ + H^+ \tag{3-2}$$

$$\equiv FeO—Ni^+ + H_2O \longrightarrow \equiv FeONi—OH + H^+ \tag{3-3}$$

$$\equiv FeO—Ni^+ + Fe + H^+ \longrightarrow \equiv FeOH—Ni + Fe^{2+} \tag{3-4}$$

3. 锌

锌是一种天然存在于环境中的重金属，锌在土壤和地下水中主要以 Zn^{2+} 形态存在，Zn^{2+} 的标准电极电位低于 Fe^{2+}，因此纳米零价铁对 Zn^{2+} 的去除主要是吸附作用。反应较长时间后，随着纳米零价铁被氧化，溶液 pH 逐渐升高，OH^- 得到聚集，产生 $Zn(OH)_2$ 共沉淀，因而 Zn^{2+} 得以去除。

4. 镉

镉是人体非必需元素，在自然中常以化合物状态存在，一般含量很低，正常环境状态下不会影响人体健康，当环境受到镉污染后，镉可在生物内富集，通过食物链进入人体引起慢性中毒。Cd^{2+}/Cd 的标准电极电位为 $-0.40\,V$，与 Fe^{2+}/Fe 非常接近，因此纳米零价铁对它的作用主要是吸附和形成络合物，沉淀在零价铁表面，与锌和纳米零价铁的反应类似。

5. 六价铬

六价铬 $[Cr(VI)]$ 在溶液中有两种主要存在形态，溶液 pH 在 $1\sim6$ 时主要以 $HCrO_4^-$ 的形态存在，溶液 pH 大于 6 时，主要以 CrO_4^{2-} 的形态存在，酸性条件更有利于 Cr^{6+} 去除。nZVI 可将致癌的、可溶性的和可迁移的 Cr^{6+} 还原为毒性较小的 Cr^{3+}，并通过沉淀为 $Cr(OH)_3$ 或与铁（氢）氧化物壳形成合金状 Cr^{3+}-Fe^{3+} 氢氧化物而固定。一些 Cr^{6+} 也会直接吸附在纳米零价铁的（氢）氧化物壳上。Cr^{6+} 与 nZVI 的相关反应如下。

(1) Cr^{6+} 还原为 Cr^{3+}：

$$3Fe^0 + Cr_2O_7^{2-} + 7H_2O \longrightarrow 3Fe^{2+} + 2Cr(OH)_3 + 8OH^- \tag{3-5}$$

(2) 形成混合 Cr^{3+}-Fe^{3+} 氢氧化物：

$$xCr^{3+} + (1-x)Fe^{3+} + 3H_2O \longrightarrow Cr_xFe_{1-x}(OH)_3 + 3H^+ \tag{3-6}$$

$$xCr^{3+} + (1-x)Fe^{3+} + 2H_2O \longrightarrow Cr_xFe_{1-x}OOH + 3H^+ \tag{3-7}$$

(3) Cr^{6+} 的吸附：

$$\equiv FeOH + Cr_2O_7^{2-} \longrightarrow \equiv Fe—Cr_2O_7^- + OH^- \tag{3-8}$$

混合 Cr^{3+}-Fe^{3+} 氢氧化物中 Cr 和 Fe 的原子比例取决于反应条件，如溶液 pH

和 Cr^{6+} 浓度。氧化后的 nZVI 表面层上形成 Cr^{3+}-Fe^{3+} 氢氧化物混合物,在反应后期可能会抑制铁核向 Cr^{6+} 的进一步电子转移,有利于 Cr^{6+} 吸附在 nZVI 表面,尤其是在 Cr^{6+} 浓度较高的情况下,这种还原反应的自抑制作用可以通过使用双金属纳米颗粒(如 Cu^0/Fe^0 和 Pd^0/Fe^0)来克服(O'Carroll et al.,2013)。

6. 铜

铜是动植物和人类必需的微量元素之一,当铜在生物体内积累到一定数量后,会引起人体的健康问题,导致高血压、冠心病等诸多不良后果。Cu^{2+}/Cu 的标准电极电位是 0.34 V,远大于 Fe^{2+}/Fe,纳米零价铁对 Cu^{2+} 的去除主要是还原作用,将 Cu^{2+} 还原为 Cu^0 [式(3-9)],纳米零价铁也可将 Cu^{2+} 还原为 Cu^+,形成 Cu_2O [式(3-10)]。

$$Cu^{2+} + Fe \longrightarrow Fe^{2+} + Cu \tag{3-9}$$

$$2Cu^{2+} + Fe + H_2O \longrightarrow Fe^{2+} + Cu_2O + 2H^+ \tag{3-10}$$

7. 砷

砷是一种致癌物质,在地下水中以砷酸盐(As^{5+})和亚砷酸盐(As^{3+})的形式存在。As^{3+} 比 As^{5+} 毒性更强,而且通常比 As^{5+} 更易迁移。纳米零价铁可将 As^{5+} 还原为 As^0 或 As^{3+},剩余的 As^{5+} 可以被吸附到铁纳米颗粒外层的氧化铁上。因此 As^{3+} 在纳米零价铁颗粒表面形成吸附或共沉淀。部分 As^{3+} 也可以通过羟基自由基或铁氧化物(Fe^0 氧化过程中形成)通过铁氧化物-As^{3+} 表面复合物的形成而氧化 As^{5+}。As^{3+} 和 As^{5+} 均通过与纳米零价铁的(氢)氧化物壳形成内球体复合物而吸附在纳米铁颗粒上(O'Carroll et al.,2013)。

8. 硒

硒通过矿物风化作用自然进入环境,通过采矿、农业、石化和工业生产以人为方式进入环境。硒的毒性和溶解度取决于氧化还原条件,氧化条件下有利于可溶性硒酸盐(SeO_4^{2-} 或 Se^{6+})和亚硒酸盐(SeO_3^{2-} 或 Se^{4+})的形成,还原条件下有利于不溶性元素硒(Se^0)和硒化物(Se^{2-})的形成。纳米零价铁将可溶性 Se^{6+} 还原为不溶性 Se^0,在热力学上是有利的,但不利于进一步还原为 Se^{2-}。Se^{6+} 的去除非常复杂,涉及还原、络合物形成、吸附和再氧化等多种去除机制。Se^{6+} 可以通过形成 Se^{4+} 和 Se^0 还原为 Se^{2-},Se^{4+} 和 Se^0 可以与 Fe^0 氧化产物络合形成硒化铁(FeSe),也可再氧化为 Se^0 和 Se^{4+}。Se^{4+} 可以通过球体内吸附与铁(氢)氧化物的结合而固定化,说明纳米零价铁在氧化成铁(氢)氧化物后仍能去除多种硒(O'Carroll et al.,2013)。

表 3-2　纳米零价铁去除重金属污染物

序号	污染物	材料	影响因素	去除效果	参考文献
1	Pb	nZVI	pH、nZVI 投加浓度、初始 Pb^{2+} 质量浓度、反应时间	Pb^{2+} 去除率为 99.8%，吸附量为 58.89 mg/g	王长柏等，2014
2	Pb	nZVI	离子初始浓度，溶液 pH	Pb^{2+} 去除率达 99% 以上	陈仰等，2017
3	Ni	nZVI	nZVI 的投加量、溶液 pH、温度和搅拌速度	Ni^{2+} 的去除率随着 nZVI 的投加量、温度和搅拌速度的升高增大	张珍等，2011
4	Pb、Cd、Cr、As	nZVI	初始浓度、pH	在 pH=2 与 pH=7 的条件下，去除效果较好，去除速率在前 30min 较快	张卫民等，2017
5	As、Se	nZVI	溶氧、纳米零价铁投加量、接触时间、溶液初始 pH	纳米零价铁的去除效果顺序依次为 Se(Ⅳ) > As(Ⅲ) > Se(Ⅵ) > As(Ⅴ)	夏雪芬等，2017

3.2　纳米零价铁去除有机污染物

3.2.1　去除有机污染物的作用机理

有机污染物主要来源于工业和农业废弃物，土壤和地下水中的有机污染物种类众多，包括卤代烃、多氯联苯、多环芳烃(PAHs)、偶氮染料、杀虫剂等，其中以持久性有机物为主的大部分有机污染物都具有较高的毒性，危害人类健康和生态环境。

应用纳米零价铁对氯代烃类污染物进行去除是从 20 世纪 90 年代开始的，之后关于纳米零价铁去除有机污染物的研究就发展起来了。纳米零价铁对有机污染物的去除受污染物的物理性质、化学性质和反应条件的影响，主要分为三类：一是纳米零价铁可以提供电子，发生还原反应，将污染物转化为无毒或易生物降解的化合物。二是在其他条件存在下发生氧化作用，高级氧化技术具有快速高效去除有机污染物的能力，氧化剂主要包括 H_2O_2、$S_2O_8^{2-}$、MnO_4^-、O_3 等，作为 Fe^{2+} 的替代来源，纳米零价铁可以被应用于活化 H_2O_2 和 $S_2O_8^{2-}$，产生 OH· 和 SO_4^-·，与氯代烃等有机污染物发生氧化反应，纳米零价铁较小的颗粒尺寸和较强的反应性，可以增强对氧化剂的活化。三是纳米零价铁对污染物的吸附作用，纳米零价铁氧化物壳被羟基官能团覆盖，能够通过静电作用和表面络合作用吸附带电荷的有机物，将其固定于纳米零价铁表面。

纳米零价铁对染料的去除机理包括在限氧条件下的还原作用和溶解氧存在下的氧化作用；纳米零价铁对有机卤代物的去除机理主要是还原脱卤；纳米零价铁对硝基芳香化合物的去除机理主要是将硝基转化为氨基的还原作用。表 3-3 梳理了纳米零价铁去除有机污染物的种类和去除机理。

表 3-3 纳米零价铁去除有机污染物的种类和去除机理

序号	污染物	材料	影响因素	结论	参考文献
1	TNT	nZVI	nZVI 剂量、初始 TNT 溶液、pH 和反应温度	TNT 的去除率＞99%，TNT 的降解动力学符合 Langmuir-Hinshelwood 动力学模型	Zhang et al., 2010
2	四氯化碳	nZVI	pH、nZVI 投加量、CCl$_4$ 初始浓度	pH＝3，30℃，初始 CCl$_4$ 浓度为 2.0 mg/L，nZVI 浓度为 1.0 g/L 时，去除率高达 96.7%	陈静等，2017
3	2-氯联苯	nZVI	nZVI 对 2-氯联苯的降解以及活性氧的产生和作用	在厌氧和好氧条件下，pH 为 5.0 时反应 4 h，2-氯联苯去除率分别是 65.5% 和 69.4%	Wang et al., 2018
4	金橙Ⅱ	nZVI	pH，nZVI 剂量，用 nZVI 和 H$_2$O$_2$ 同时和顺序降解金橙Ⅱ	nZVI 剂量大于 20 mg/L 时，脱色效率相似，达到 95%，nZVI 和 H$_2$O$_2$ 协同作用提高了 TOC 去除效率	Moon et al., 2011

3.2.2 主要有机污染物的去除

1. 还原

1）农药和染料

染料废水组分复杂、色度高、含量大，属于难降解污染物。纳米零价铁由于具有良好的反应性，在染料废水的处理方面得到了广泛应用。当偶氮染料与纳米零价铁在适宜条件下反应时，偶氮染料中的偶氮键会氢化断裂，发色基团会被破坏，最终达到脱色的目的（薛嵩，2015）。纳米零价铁与空气、超声辐射及厌氧微生物等条件结合有利于染料废水的修复。甲基橙是一种阴离子染料，具有偶氮键和亚硫酸基，具有颜色，在水中的溶解度高。溶液中的甲基橙可以被吸引到带正电荷的 Fe^0 表面，Fe^0 可将甲基橙的发色基团破坏成无色产物，生成磺胺酸、芳香胺和 Fe^{2+}（Han et al.，2015）。

$$\tag{3-11}$$

农药具有持久性和生物累积性，对人体危害极大。纳米零价铁是一种强还原剂，具有较大的表面积和较高的表面反应活性，是处理农药污染土壤和水体的有效还原剂。利用纳米零价铁降解农药的机理是农药接收 Fe^{2+}/Fe^0 和 Fe^{3+}/Fe^{2+} 还原电子，实现农药的去除。纳米零价铁可用于土壤和水体中 DDT 的还原脱氯(Han et al.，2016)，反应过程方程如式(3-12)所示。

$$(3-12)$$

2)有机卤代物

有机卤代物难降解、毒性大且容易在人体内富集，纳米零价铁对卤代物的去除机理主要是通过在其原位或异位发生氧化还原反应来实现的(刘晓龙和张宏，2018)。纳米零价铁可去除土壤和地下水中的三氯乙烯、四氯化碳、多氯联苯等多种有机卤代物。

氯代脂肪族化合物包括四氯化碳、三氯乙烯、氯化甲烷等。纳米零价铁通过还原脱氯同时或顺序脱去多个氯原子，降解形成危害性较小的物质。铁表面的还原脱氯主要包括二氯消除和氢解作用。二氯消除是指在不加氢的情况下，对氯原子的还原消去，发生在邻近的碳(β 消除)上，形成一个额外的 C—C 键，或发生在同一个碳(α 消除)上，形成一个快速反应的自由基。氢解作用是氯原子被氢原子所取代，并伴有两个电子的加入。

α 消除：$Cl_2C=CH_2+2e^- \longrightarrow H_2C=C:+2Cl^-$　　　　　　　　　(3-13)

β 消除：$ClHC{=}CCl_2{+}2e^- \longrightarrow HC{\equiv}CCl{+}2Cl^-$　　　　　　　　(3-14)

氢解：$ClHC{=}CCl_2{+}2e^-{+}H^+ \longrightarrow ClHC{=}CHCl{+}Cl^-$　　　　　　(3-15)

还原脱氯所需的电子可通过三种机制提供(肖佳楠，2015)，一是零价铁表面失去电子直接与污染物发生还原反应降解，是纳米零价铁表面直接的电子转移[式(3-16)]；二是具有弱还原性的 Fe^{2+} 将作为还原剂，当其吸附在氧化物的表层时，参与污染物的还原反应，是由纳米零价铁产生的 Fe^{2+} 进行还原[式(3-17)]；三是 H^+ 和 H_2O 在零价铁表面接受电子瞬间产生氢原子，而新生态的[H]具有较强的还原性，可将水体中的有机物还原降解，是由腐蚀过程中产生的 H_2 进行还原[式(3-18)]。

$$Fe^0{+}RCl{+}H^+ \longrightarrow Fe^{2+}{+}RH{+}Cl^- \tag{3-16}$$

$$2Fe^{2+}{+}RCl{+}H^+ \longrightarrow 2Fe^{3+}{+}RH{+}Cl^- \tag{3-17}$$

$$H_2{+}RCl \longrightarrow RH{+}H^+{+}Cl^- \tag{3-18}$$

3) 硝基芳香化合物

硝基芳香化合物包括硝基苯、三硝基甲苯、2,4-二硝基甲苯等，它们被应用于不同的工业领域，大多数具有毒性和致癌性。硝基能够抑制硝基芳香族化合物的生物降解，因此传统的生物学方法对硝基芳香化合物的降解效果不佳。nZVI可以还原硝基，将硝基苯转化为苯胺，如去除 2,4,6-三硝基甲苯(Zhang et al.，2010)。当硝基化合物分子被还原为氨基基团时，2,4,6-三硝基甲苯被还原为芳香胺化合物，芳香胺化合物虽然仍然有毒，但相对容易降解[式(3-19)]。

$$(3\text{-}19)$$

2. 氧化

1) H_2O_2 活化

芬顿(Fenton)反应系统(反应体系为 Fe^{2+} 和 H_2O_2)中，通过产生 $OH·(E^0{=}2.80\ V)$，可与多种污染物发生反应，导致有机污染物的有效降解和矿化。但在传统的 Fenton反应系统中，Fe^{2+} 反应过快，会产生大量铁泥，抑制 $OH·$ 的产生和反应的进行，纳米零价铁可以代替 Fe^{2+}，是处理 Fenton 反应系统中各种污染物的有效催化剂。纳米零价铁粒子比表面积大、反应活性高，在酸性溶液中容易释放 Fe^{2+}，从而活化 H_2O_2，在 Fenton 反应系统中产生 $OH·$。此外，反应生成的 Fe^{3+} 与 Fe^0 顺序反应，为类芬顿过程提供持续的 Fe^{2+} 供应。具体反应方程式如下：

$$Fe^0+H_2O_2+2H^+ \longrightarrow Fe^{2+}+2H_2O \tag{3-20}$$

$$Fe^{2+}+H_2O_2 \longrightarrow Fe^{3+}+OH\cdot+OH^- \tag{3-21}$$

$$2Fe^{3+}+Fe^0 \longrightarrow 3Fe^{2+} \tag{3-22}$$

2) $S_2O_4^{2-}$ 活化

过硫酸盐（$S_2O_4^{2-}$）是一种较强的氧化剂（E^0=2.01 V），由于可以产生具有强氧化性的 $SO_4^-\cdot$（E^0=2.6 V），可以氧化去除多种有机污染物。且产生的 $SO_4^-\cdot$ 具有较高的溶解度、稳定的结构和较长的寿命，因此过硫酸盐高级氧化技术被用作废水、地下水和土壤中有机污染物的修复。纳米零价铁由于其较大的比表面积和较高的反应活性被应用于活化过硫酸盐去除有机卤代物、染料等。在过硫酸盐溶液中，随着 Fe^{2+}/Fe^{3+} 氧化还原反应的进行，产生 $SO_4^-\cdot$，然后通过电子转移，生成 SO_4^{2-}。因此，反应过程中可能会产生 $FeSO_4$ 固体，具体反应方程式如下：

$$2Fe^0+O_2+2H_2O \longrightarrow 2Fe^{2+}+4OH^- \tag{3-23}$$

$$Fe^0+2H_2O \longrightarrow Fe^{2+}+2OH^-+H_2 \tag{3-24}$$

$$Fe^{2+}+S_2O_8^{2-} \longrightarrow Fe^{3+}+SO_4^-\cdot+SO_4^{2-} \tag{3-25}$$

$$Fe^0 + SO_4^{2-} + 2H_2O \longrightarrow FeSO_4(s) + 2OH^- + H_2 \tag{3-26}$$

$$Fe^{2+}+H_2O \longrightarrow Fe^{3+}+OH^-+1/2H_2 \tag{3-27}$$

$$Fe^{3+}+3OH^- \longrightarrow Fe(OH)_3 \tag{3-28}$$

$$Fe^{3+}+3H_2O \longrightarrow Fe(OH)_3+3H^+ \tag{3-29}$$

$$Fe(OH)_3 \longrightarrow FeOOH+H_2O \tag{3-30}$$

$$2FeOOH + 2SO_4^{2-} + 2H_2O \longrightarrow 2FeSO_4(s) + 4OH^- + H_2 + O_2 \tag{3-31}$$

3.3　纳米零价铁去除其他离子

3.3.1　去除阴离子的作用机理

土壤和地下水中的污染物除了重金属离子和有机污染物外，硝酸盐、溴酸盐等无机阴离子也是主要污染物，会引起水体富营养化。纳米零价铁对无机阴离子的去除机理主要是还原作用，如将硝酸盐还原为氨氮，将溴酸盐还原为溴离子，对磷酸盐的去除机理主要是吸附作用和化学沉淀作用。

3.3.2　主要无机阴离子的去除

1. 硝酸盐

污染地下水的无机物主要有硝酸盐和亚硝酸盐两种类型，硝酸盐和亚硝酸盐通过食物链进入人体后，可使人体中毒(刘雪妮等，2017)。常用的处理硝酸盐的方法有生物法、物理化学法和化学还原法。nZVI 对硝酸盐类化合物的去除机理主要是通过氧化还原反应，最终产物是氨氮，具体的反应方程式为(Rajab et al.，2017)

$$NO_3^- + 4Fe^0 + 7H_2O \longrightarrow 4Fe(OH)_2 + NH_4^+ + 2OH^- \tag{3-32}$$

2. 溴酸盐

矿泉水利用臭氧(O_3)或氯氧化消毒时，臭氧会快速同溴离子反应生成溴酸盐(BrO_3^-)，溴酸盐对人体是有害的，浓度越高，致病风险越大。nZVI 去除溴酸盐的反应方程式有(晏江波等，2017)

酸性条件：

$$BrO_3^- + 3Fe^0 + 6H^+ \longrightarrow Br^- + 3H_2O + 3Fe^{2+} \tag{3-33}$$

中性或碱性条件：

$$BrO_3^- + 3Fe^0 + 3H_2O \longrightarrow Br^- + 6OH^- + 3Fe^{2+} \tag{3-34}$$

$$BrO_3^- + 6Fe^{2+} + 6H^+ \longrightarrow Br^- + 3H_2O + 6Fe^{3+} \tag{3-35}$$

3. 磷酸盐

纳米零价铁由于具有粒径小、比表面积大、反应活性高等特点，对磷酸盐的去除机理不仅有吸附作用，还有化学沉淀作用，如表 3-4 所示。nZVI 去除磷酸盐的反应方程式如下(李松林等，2014)。

表 3-4　纳米零价铁去除磷酸盐

污染物	试剂	实验条件	结论	参考文献
磷酸盐	nZVI	批量实验：探究不同温度下制备的 nZVI 的去除性能，在环境温度下，研究了 pH、离子强度、初始 PO_4^{3-} 浓度及去除磷酸盐的氧含量对去除性能的影响。 柱实验：探究停留时间对去除磷酸盐的影响	批量实验：pH 从 2.0 增加到 11.0，PO_4^{3-} 的去除显著减少，而在 SO_4^{2-} 和 $S_2O_3^{2-}$ 的存在下，PO_4^{3-} 去除率显著增加。Cl^- 和 NO_3^- 的浓度超过 0.2 mmol/L 时，可促进磷酸盐的去除，去除过程符合准二级动力学方程，含氧量增加可促进 P 的去除。 柱实验：进一步证明了制备的 nZVI 对磷酸盐具有较高的去除能力	Zhang et al., 2017

$$Fe^0 + 2H_2O \longrightarrow Fe^{2+} + H_2(g) + 2OH^- \tag{3-36}$$

$$3Fe^{2+} + 2PO_4^{3-} + 8H_2O \longrightarrow Fe_3(PO_4)_2 \cdot 8H_2O \tag{3-37}$$

3.4 纳米零价铁材料的应用

纳米零价铁可以有效去除污染物(表 3-5)，但纳米零价铁因粒径小且表面具有磁性而极易团聚。团聚大大减小了其比表面积，使得反应活性急剧降低，同时，团聚会使纳米零价铁在地下水和土壤中的迁移性下降，减小其作用范围。纳米零价铁在空气中稳定性差，原子配位不足，暴露在空气中极易被氧化甚至会发生自燃，因此对反应的操作条件极为苛刻。纳米零价铁在去除污染物的同时，一般会有氢氧化铁等沉淀物生成并包覆其表面，从而抑制内部纳米零价铁的进一步反应，降低其反应活性，造成了材料的浪费。为了改善纳米零价铁在空气中的稳定性，防止在水中的团聚，并提高纳米零价铁对污染物去除的有效性，对纳米零价铁进行多种改性。最常见的纳米零价铁改性方法包括金属修饰、表面改性和载体改性(张唯等，2016)，如图 3-2 所示。

1)金属修饰

金属修饰指的是将一层薄薄的过渡金属如钯(Pd)、铜(Cu)、银(Ag)、镍(Ni)或铂(Pt)等在铁的表面沉积，形成双金属颗粒。形成的双金属颗粒可以促进纳米零价铁的氧化，高效快速地去除污染物，其中，Fe/Pd 双金属对污染物的去除效果最好。金属 Pd 负载与纳米零价铁上形成的 Fe/Pd 双金属材料如图 3-3 所示。双金属纳米材料对污染物的去除是金属还原法与催化加氢相结合的结果，Ni、Pd、Cu 等金属可以催化 H_2 产生 H·，对双键、C—Cl 键等有较强的破坏能力，因此双金属纳米材料在去除有机污染物方面可以发挥较好的作用，常用于有机卤代物、多环芳烃等有机污染物的去除。Wang 等(2009)研究了 Fe/Pd 双金属纳米颗粒对二氯甲烷、氯仿、四氯化碳和氯代甲烷的去除，Fe/Pd 双金属纳米颗粒的直径在 30～50 nm，具有明显的反应活性，适合于氯化甲烷的催化脱氯。当 Pd 在 Fe 上的负载量为 0.2％时，脱氯效率最大，且随着 Fe/Pd 双金属纳米颗粒添加量的增加，脱氯效率提高。

2)表面改性

通过加入聚合高分子电解质或表面活性剂，对纳米零价铁进行表面改性可以抵抗纳米零价铁颗粒之间的电荷吸力和偶极吸力，降低制备的纳米零价铁的平均粒径，纳米零价铁在聚合物或聚电解质存在下的合成中增强了纳米零价铁的反应活性，从而提高纳米零价铁去除污染物的能力(张茜茜等，2016)。典型的聚合物或聚电解质有羧甲基纤维素(CMC)、瓜尔胶和聚乙烯吡咯烷酮(PVP)等。与裸露

表 3-5 纳米零价铁材料去除污染物

序号	污染物	纳米零价铁材料	影响因素	去除效果	参考文献
1	Cr	nZVI/生物炭/海藻酸钠	pH、接触时间、Cr(VI)浓度和试剂用量	初始 Cr(VI)浓度低于 15 mg/L 时，去除率可能达 100%	Wu et al., 2018
2	Cr	nZVI/生物炭	pH、时间、生物炭热解温度	nZVI 与 400℃生物炭比例为 4:1 时去除效率最好	Qian et al., 2017
3	Cr	nZVI/生物炭	Fe/C、动力学、溶液 pH、Cr(VI)浓度	Fe/C 比为 2:1，pH 为 2 时，Cr(VI)去除率可达 99.9%	Zhang et al., 2020
4	Cd	nZVI/硫化物	pH、硫化物与 nZVI 的比例、温度、共存离子	S-nZVI 的 S/Fe 摩尔比为 0.3，pH 为 7，303 K 的情况下，镉去除能力约为 150 mg/g	Lv et al., 2018
5	Cu	nZVI/改性硅藻土	pH、复合材料投加量、Cu^{2+} 的初始质量浓度、吸附等温线	投加量为 0.075 g，pH=5，Cu^{2+} 初始质量浓度为 20 mg/L、溶液体积为 100 mL 时，去除率达 98.52%，最大吸附量为 74.29 mg/g	修瑞瑞等，2018
6	Cu	nZVI/膨润土/氧化石墨烯	材料、时间、温度、Cu^{2+} 的浓度	16 h 后去除达到 82%，符合 Langmuir 吸附模型	Shao et al., 2018
7	PAHs	nZVI/生物炭	将具有 nZVI(2 g/kg 10 g/kg 土壤)的生物炭或单独的 nZVI(2 g/kg 或 10 g/kg 土壤)添加到被 PAHs 污染的土壤和修复的土壤混合 7 天和 30 天后进行化学分析，测定样品中的 C_{tot} 和 C_{free} PAHs 含量	使用任何剂量的 nZVI 均未降低污染土壤 C_{tot} 或 C_{free} PAHs 的含量，但生物炭单独使用及和 nZVI 一起使用可显著降低 C_{tot} 和 C_{free} PAHs，添加 nZVI 的生物炭和 nZVI 的生物炭之间对 PAH 的降低没有显著差异	Oleszczuk and Koltowski, 2017
8	TCE	nZVI/生物炭	BC 热解温度、nZVI/BC 质量比和溶液 pH	BC 热解温度为 600℃，nZVI 和 BC 的比例为 1:5 时，TCE 去除率达到最大值	Dong et al., 2017b
9	草甘膦	nZVI/生物炭	接触时间、初始浓度、pH 和共存污染物	在 pH=4 时，最大吸附容量为 80 mg/g，符合 Langmuir 吸附等温线	Jiang et al., 2018
10	王基酚	nZVI/生物炭	初始 pH、PS 浓度和 nZVI/BC₃ 用量	120 min 内 NP(20 mg/L)的降解率为 96.2%	Hussain et al., 2017
11	甲基橙	nZVI/生物炭	初始 pH 和生物炭的比例、甲基橙的浓度、溶液 pH、共存离子	nZVI/BC 剂量增加产生更好的结果，在质量比为 1:5 时，nZVI/BC 的脱色率为 98.51%	Han et al., 2015

续表

序号	污染物	纳米零价铁材料	影响因素	去除效果	参考文献
12	氯霉素	nZVI/活性炭	动力学吸附、热力学吸附、氯霉素浓度	去除 CAP 最大化学容量为 545.25 mg/g，去除能力最高为 1563.97 mg/g	Wu et al., 2018
13	六氯苯 (HCB)	nZVI/活性炭	吸附等温、pH，阴离子 HCO_3^-、Cl^-、NO_3^-、SO_4^{2-}，阳离子 Mg^{2+}、Fe^{2+}、Cu^{2+}	低 pH 对脱氯有利，HCO_3^-、Cl^- 和 SO_4^{2-}、Fe^{2+} 和 Cu^{2+} 对六氯苯的去除有利。NO_3^- 与 HCB 会干扰对 HCB 的去除，Mg^{2+} 对反应没有显著影响	王瑛等，2015
14	硝酸盐	nZVI/生物炭	溶液 pH、还原剂投加量、铁/炭比和 NO_3^- 初始浓度	反应 2 h，nZVI 对 NO_3^- 的去除率为 75%，nZVI/BC 的去除率为 96%。nZVI 在较低 pH 下对 NO_3^- 有良好的去除效果，pH 为 7 和 8 时，2 h 去除率分别为 96% 和 87%	刘雪妮等，2017
15	硝酸盐	nZVI/淀粉	在厌氧条件下，在水溶液中存在 S_2O_3 的情况下，研究淀粉稳定的纳米零价铁（S-nZVI）作为额外的电子供体的生物脱氮效率以及温度和 S-nZVI 浓度对脱氮率的影响	在 35℃，500 mg/L 的条件下，生物脱氮率从 40.45% 提高到 78.84%。通过降低初始硝酸盐浓度，生物脱氮率增加。在生物反应器中，在 S-nZVI 浓度存在条件下，生物脱氮率 94.07%	Rajab et al., 2017
16	溴酸盐	nZVI/活性炭	采用浸润法制备活性炭负载纳米零价铁材料，考察不同反应条件下纳米零价铁-GAC 对溴酸盐的去除效果，探讨了其去除机理	一定范围内铁含量越高，去除效果也更大，溴酸盐初始浓度与去除率呈负相关，偏酸性条件下去除效果较好，阴离子 PO_4^{3-}、CO_3^{2-} 和 NO_3^- 的存在对其具有一定抑制作用，溴酸根最终被 nZVI-GAC 还原成无毒 Br^-	晏江波等，2017

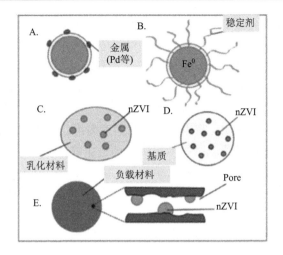

图 3-2　纳米零价铁的改性方法(Stefaniuk et al.，2016)

A、B、C、D、E 分别代表 Pd 掺杂纳米零价铁改性、羧甲基稳定素稳定纳米零价铁改性、构建氧化层核-壳结构
纳米零价铁改性、碳纳米管等基质支撑纳米零价铁改性及生物炭负载纳米零价铁改性方法

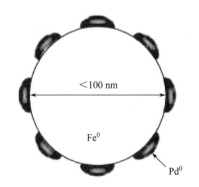

图 3-3　Fe/Pd 双金属材料(张唯等，2016)

nZVI 相比，聚合物表面改性一方面可以使纳米零价铁对环境因素的敏感性降低，另一方面可减少纳米零价铁与非目标地下水溶质(有机和离子物质)的相互作用，可能是因为聚电解质层中的 Donnan 电位对离子溶质分布的影响。Donnan 电位可以降低纳米零价铁表面的离子溶质浓度，从而降低它们的阻断效应。Qiu 等(2012)研究了用 CMC 修饰的纳米零价铁净化被 Cr(Ⅵ)污染的河水，观察到金属被有效地去除，用 CMC 修饰的纳米零价铁材料聚集性低，且对微生物无毒性。Tiraferri 等(2008)使用瓜尔胶来稳定纳米零价铁，瓜尔胶在 nZVI 的表面形成带负电的涂层，从而防止 nZVI 的聚集。

3) 载体改性

为了有效防止纳米零价铁颗粒的团聚，增强其反应活性，可以以某种材料为载体，使纳米零价铁分散均匀，稳定地分散负载于材料表面，形成负载型纳米零价铁。与普通的纳米零价铁相比，负载型纳米零价铁的稳定性更高，且降低了纳米零价铁颗粒之间的磁性吸引，使纳米零价铁不易团聚，增强其在水体中的迁移能力及其对污染物的亲和力。载体材料对纳米零价铁的固定可以通过将纳米零价铁固定在载体材料表面或困在孔隙内来实现。除了使纳米零价铁固定外，载体材料还会影响其物理化学性质。常用的负载材料有膨润土、沸石、活性炭、生物炭、石墨烯和碳纳米管等，且负载型纳米零价铁结合了载体材料优良的吸附性能和纳米零价铁较强的还原性能，增强对污染物的去除。Li 等(2011)利用沉积在二氧化硅上的纳米零价铁对地下水中 Cr(Ⅵ) 的去除进行了研究。结果表明，与未改性纳米零价铁相比，Cr(Ⅵ) 的去除效果提高了 22.5%。而且，二氧化硅降低了纳米零价铁的聚集，同时保留了纳米零价铁极高的反应活性。除了二氧化硅外，其他膨润土、高岭石或凹凸棒石等天然材料也是纳米零价铁的良好载体。纳米零价铁也可以沉积在活性炭、生物炭和碳纳米管等碳材料上，生物炭负载体纳米零价铁成功地用于去除水中的三氯乙烯(TCE)、重金属和染料等污染物。除纳米零价铁的作用外，生物炭具有较大的比表面积和众多的表面官能团，在污染物的吸附过程中起重要作用，因此生物炭也可以有效去除污染物。Qian 等(2017)研究表明生物炭上的羧基和硅颗粒为纳米零价铁提供了负载位点，有利于纳米零价铁对 Cr(Ⅵ) 的去除。

参 考 文 献

陈静, 陈海, 金歆, 等. 2017. 纳米零价铁降解水中四氯化碳的试验研究. 环境科学学报. 32(2): 610-616.

陈仰, 朱健, 王平, 等. 2017. 纳米零价铁液相还原制备及其对水中 Pb^{2+} 的去除作用. 中国粉体技术, 23(1): 1-6.

黄潇月, 王伟, 凌岚, 等. 2017. 纳米零价铁与重金属的反应: "核-壳"结构在重金属去除中的作用. 化学学报, 75(6): 529-537.

李松林, 周文, 雷轰, 等. 2014. 纳米零价铁去除磷酸盐机理研究. 四川环境, 33(5): 13-18.

李钰婷, 张亚雷, 代朝猛, 等. 2012. 纳米零价铁颗粒去除水中重金属的研究进展. 环境化学, 31(9): 1349-1354.

刘晓龙, 张宏. 2018. 纳米零价铁在污水处理中的应用及研究进展. 化工管理, (4): 90-91.

刘雪妮, 吴宏海, 张苑芳, 等. 2017. 生物质炭负载纳米零价铁对水中硝态氮的还原去除机理研究. 岩石矿物学杂志, 36(6): 842-850.

王琼, 陈维芳, 潘玲, 等. 2015. 纳米零价铁/活性炭复合材料去除水中六氯苯的影响因素研究. 水资源与水工程学报, 26(1): 91-95.

王长柏, 李小燕, 刘义保, 等. 2014. 纳米零价铁去除溶液中 Pb^{2+} 的研究. 环境科技, 27(3): 1-4.

夏雪芬, 滑熠龙, 黄潇月, 等. 2017. 纳米零价铁对水中砷和硒去除的比较研究. 化学学报,

75 (6)：594-601.

肖佳楠. 2015. 活性炭负载纳米零价铁的制备及其对难降解有机物去除性能的研究. 济南: 山东大学.

修瑞瑞, 何世颖, 宋海亮, 等. 2018. 改性硅藻土/纳米零价铁复合材料去除水中 Cu^{2+} 的研究. 环境污染与防治, 40 (4)：414-417.

薛嵩. 2015. 生物炭负载纳米零价铁对有机污染物的去除研究. 苏州: 苏州科技学院.

晏江波, 杨秀英, 何勇, 等. 2017. 活性炭负载纳米零价铁去除水中溴酸盐研究. 应用化工, 46 (2)：249-253.

张茜茜, 夏雪芬, 周文, 等. 2016. 纳米零价铁的制备及其在环境中的应用进展. 环境科学与技术, 39: 60-65.

张唯, 沈峥, 王晨璐, 等. 2016. 纳米零价铁的改性及其在废水处理中的应用综述. 净水技术 35: 23-30.

张卫民, 李志勇, 李亦然, 等. 2017. 纳米零价铁对溶液中铅镉铬砷的去除性能研究. 有色金属 (冶炼部分), (8)：63-70.

张鑫. 2010. 纳米零价铁去除水中重金属离子的研究进展. 化学研究, 21 (3)：97-100.

张珍, 金梦瑶, 孔晓霞, 等. 2011. 纳米级零价铁去除水中二价镍污染的研究. 2011 International Conference on Energy and Environment (ICEE).

Dong H R, Deng J M, Xie Y K, et al. 2017b. Stabilization of nanoscale zero-valent iron (nZVI) with modified biochar for Cr (VI) removal from aqueous solution. Journal of Hazardous Materials, 332: 79-86.

Dong H R, Zhang C, Hou K J, et al. 2017a. Removal of trichloroethylene by biochar supported nanoscale zero-valent iron in aqueous solution. Separation and Purification Technology, 188: 188-196.

Fu F L, Dionysiou D D, Liu H. 2014. The use of zero-valent iron for groundwater remediation and wastewater treatment: A review. Journal of Hazardous Materials, 267: 194-205.

Gil-Díaz M M, Pérez-Sanz A, Vicente M A, et al. 2013. Immobilisation of Pb and Zn in soils using stabilised zero-valent iron nanoparticles: Effects on soil properties. Clean-Soil Air, Water, 42 (12)：1776-1784.

Han L, Xue S, Zhao S C, et al. 2015. Biochar supported nanoscale iron particles for the efficient removal of methyl orange dye in aqueous solutions. PLoS One, 10 (7)：e0132067.

Han Y, Shi N, Wang H, et al. 2016. Nanoscale zerovalent iron-mediated degradation of DDT in soil. Environmental Science and Pollution Research, 23: 6253-6263.

Hussain I, Li M Y, Zhang Y Q, et al. 2017. Insights into the mechanism of persulfate activation with nZVI/BC nanocomposite for the degradation of nonylphenol. Chemical Engineering Journal, 311: 163-172.

Jiang X Y, Ouyag Z Z, Zhang Z F, et al. 2018. Mechanism of glyphosate removal by biochar supported nano-zero-valent iron in aqueous solutions. Colloids and Surfaces A, 547: 64-72.

Li X Q, Zhang W X. 2006. Iron nanoparticles: The core-shell structure and unique properties for Ni

（Ⅱ）sequestration. Langmuir, 22(10): 4638-4642.

Li Y C, Li T L, Jin Z H. 2011. Stabilization of Fe⁰ nanoparticles with silica fume for enhanced transport and remediation of hexavalent chromium in water and soil. Journal of Environmental Science, 23: 1211-1218.

Lv D, Zhou X X, Zhou J S, et al. 2018. Design and characterization of sulfide-modified nanoscale zerovalent iron for cadmium(Ⅱ)removal from aqueous solutions. Applied Surface Science, 442: 114-123.

Moon B H, Park Y B, Park K H. 2011. Fenton oxidation of Orange Ⅱ by pre-reduction using nanoscale zero-valent iron. Desalination, 268: 249-252.

O'Carroll D, Sleep B, Krol M, et al. 2013. Nanoscale zero valent iron and bimetallic particles for contaminated site remediation. Advances in Water Resources, 51: 104-122.

Oleszczuk P, Kołtowski M. 2017. Effect of co-application of nano-zero valent iron and biochar on the total and freely dissolved polycyclic aromatic hydrocarbons removal and toxicity of contaminated soils. Chemosphere, 168: 1467-1476.

Qian L B, Zhang W Y, Yan J C, et al. 2017. Nanoscale zero-valent iron supported by biochars produced at different temperatures: synthesis mechanism and effect on Cr(Ⅵ)removal. Environmental Pollution, 223: 153-160.

Qiu X, Fang Z, Yan X, et al. 2012. Emergency remediation of simulated chromium (Ⅵ)-polluted river by nanoscale zero-valent iron: Laboratory study and numerical simulation. Chemical Engineering Journal, 193-194: 358-365.

Rajab B M, Rasekh B, Yazdian F, et al. 2017. High nitrate removal by starch-stabilized Fe⁰ nanoparticles in aqueous solution in a controlled system. Engineering in Life Science, 18(3): 1-9.

Raman C D, Kanmani S. 2016. Textile dye degradation using nano zero valent iron: A review. Journal of Environmental Management, 177: 341-355.

Redzauddin N N I N, Kassim J, Amir A. 2015. Removal of zinc by nano-scale zero valent iron in groundwater. Applied Mechanics and Materials, 773-774: 1231-1236.

Shao J C, Yu X N, Zhou M, et al. 2018. Nanoscale zero-valent iron decorated on bentonite/graphene oxide for removal of copper ions from aqueous solution. Materials, 11(6): 945.

Stefaniuk M, Oleszczuk P, Ok Y S. 2016. Review on nano zerovalent iron (nZVI): From synthesis to environmental applications. Chemical Engineering Journal, 287: 618-632.

Tiraferri A, Chen K L, Srthi R, et al. 2008. Reduced aggregation and sedimentation of zero-valent iron nanoparticles in the presence of guar gum. Journal of Colloid and Interface Science, 324(1-2): 71-79.

Wang X Y, Chen C, Chang Y, et al. 2009. Dechlorination of chlorinated methanes by Pd/Fe bimetallic nanoparticles. Journal of Hazardous Materials, 161(2-3): 815-823.

Wang Y, Liu L H, Fang G D, et al. 2018. The mechanism of 2-chlorobiphenyl oxidative degradation by nanoscale zero-valent iron in the presence of dissolved oxygen. Environmental Science and

Pollution Research, 25: 2265-2272.

Wu B, Peng D H, Hou S Y, et al. 2018. Dynamic study of Cr(VI) removal performance and mechanism from water using multilayer material coated nanoscale zerovalent iron. Environmental Pollution, 240: 717-724.

Wu Y W, Yue Q Y, Ren Z F, et al. 2018. Immobilization of nanoscale zero-valent iron particles (nZVI) with synthesized activated carbon for the adsorption and degradation of Chloramphenicol (CAP). Journal of Molecular Liquids, 262: 19-28.

Yan J C, Han L, Gao W G, et al. 2015. Biochar supported nanoscale zerovalent iron composite used as persulfate activator for removing trichloroethylene. Bioresource Technology, 175: 269-274.

Yan J C, Qian L B, Gao W G, et al. 2016. Enhanced fenton-like degradation of trichloroethylene by hydrogen peroxide activated with nanoscale zero valent iron loaded on biochar. Scientific Reports, 7: 1-9.

Zhang Q, Liu H B, Chen T H, et al. 2017. The synthesis of nZVI and its application to the removal of phosphate from aqueous solutions. Water Air and Soil Pollution, 228: 321.

Zhang X, Lin Y M, Shan X Q, et al. 2010. Degradation of 2,4,6-trinitrotoluene (TNT) from explosive wastewater using nanoscale zero-valent iron. Chemical Engineering Journal, 158: 566-570.

Zhang Y T, Jiao X Q, Liu N, et al. 2020. Enhanced removal of aqueous Cr(VI) by a green synthesized nanoscale zero-valent iron supported on oak wood biochar. Chemosphere, 245: 125542.

Zou Y D, Wang X X, Khan A, et al. 2016. Environmental remediation and application of nanoscale zerovalent iron and its composites for the removal of heavy metal ions: A review. Environmental Science and Technology, 50(14): 7290-7304.

第 4 章　纳米零价铁迁移及风险分析

随着纳米零价铁在污染场地修复中得到广泛应用，除了对其降解污染物的效率及机制进行研究外，越来越多的研究者开始关注纳米零价铁本身对土壤、地下水环境、动植物以及人体健康的毒性风险。由于纳米尺度的颗粒物具有独特的物理化学特性，纳米零价铁用作修复试剂后在地下环境中进行的迁移与转化规律与普通修复试剂可能不同，并会对环境生态安全和人体健康产生不利风险。本章将对纳米零价铁在土壤和地下水中的迁移转化行为、影响因素、数值模拟进程进行归纳总结，并对其在生物毒性方面的研究进行综述，为纳米零价铁在工程中的有效及安全使用提供参考。

4.1　纳米零价铁在土壤和地下水中的迁移转化

纳米零价铁的迁移转化行为受自身以及地下环境中多种因素的影响，而该行为决定纳米零价铁对受污染土壤和地下水的修复效果。因此，掌握纳米零价铁在地下环境中的迁移转化过程有助于评价其修复性能以及可能带来的风险。本节就纳米零价铁在土壤和地下水环境中迁移转化行为的研究进展、分析及表征手段以及影响因素进行总结。

4.1.1　纳米零价铁在地下环境中的迁移转化行为

1. 纳米零价铁在地下环境中的迁移转化研究进程

纳米零价铁在地下环境中的迁移转化是指进入地下环境中的纳米零价铁颗粒在复杂的地球化学条件下的物理和化学过程，包括附着、脱附、扩散等物理过程和氧化还原等化学过程。1997 年，Wang 和 Zhang 首次提出使用纳米零价铁进行场地原位脱氯的概念，他们认为可以将纳米零价铁注入地下环境中以达到原位修复受污染的土壤和地下水的目的。由于氯代有机污染场地分布广泛、影响大，该理念引起了广泛的研究兴趣。2001 年，Elliott 和 Zhang 将纳米零价铁/钯注入某受氯代有机物污染的土壤和地下水的污染源区，评估纳米零价铁/钯在原位去除氯代污染物的能力及其对地下水物理化学性质产生的影响，他们在此次试验中通过分析监测注入井中的总铁和二价铁的含量间接获得了纳米零价铁迁移的距离。该研究证明了对纳米零价铁在地下环境中迁移转化行为进行研究是十分必要的。此后，国内外多个研究部门就提高纳米零价铁浆液的稳定性，纳米零价铁在地下环境的迁移距离，以及与土壤和地下水作用的物理化学过程等进行了大量研究，具体如表 4-1 所示。

表 4-1　纳米零价铁在地下环境迁移转化的研究

研究机构及研究人	研究内容	参考文献
奥本大学，何峰教授	纳米零价铁的稳定化方法、实验室及原位迁移实验	He and Zhao，2005 He et al.，2007，2009
杜克大学，V. Gregory 教授	纳米零价铁团聚和沉积的研究；增加纳米零价铁稳定性和迁移距离方法研究；地下环境物理化学性质对纳米零价铁在饱和多孔介质中迁移的影响；改性纳米零价铁的迁移模拟	Phenrat et al.，2007，2008 Liu and Lowry，2006 Hotze et al.，2010 Babakhani et al.，2018
都灵理工大学，Rajandrea Sethi 教授	(稳定)纳米零价铁在地下环境的迁移及迁移行为模拟	Tosco and Sethi，2010 Vecchia et al.，2009

有关纳米零价铁迁移转化行为的研究经历了从实验室柱实验及理论模拟到实地监测的过程。纳米零价铁在地下环境中迁移转化过程监测方法有两类：直接监测和间接监测。常用的直接监测方法包括电子显微镜、光谱、吸光度及测定总铁含量。由于无法做到原位分析且样品准备过程复杂，以上方法都不能提供快速有效的监测数据。尽管已有研究人员开发了原位直接监测工具，但是样品制备仍然需要耗费大量时间且容易误导结果。因此，目前场地尺度上的研究多使用间接监测方法。间接监测是基于纳米零价铁引入地下环境后会引起一系列环境物理化学性质的变化，主要有水化学参数(pH 和溶解氧，H_2 和铁离子)及电化学特性[如氧化还原电位(ORP)和电导率]。参数的变化仅能说明纳米零价铁所产生的影响，而不能作为纳米零价铁直接存在的证据。若将所有参数综合考虑，则可以体现出纳米零价铁在注入附近区域的迁移和反应过程。

2. 纳米零价铁在地下环境中的物理化学过程

在实际场地修复中，若纳米零价铁以浆液的形式原位注入地下环境中，其迁移会受到场地特征和地下环境因素的影响。其迁移过程通常如下：第一，由于注射时产生的惯性，其会沿着注射方向继续移动一段距离。当注射停止后，纳米颗粒会沿着地下水的流动方向进行迁移。但是，不管是在注射过程中还是在注射过程后，纳米零价铁颗粒会附着或因团聚效应沉积在环境颗粒表面，从而限制其迁移距离。由于复杂的地下环境，纳米零价铁在含水层多孔介质中的迁移距离通常只有 1～5 m，该距离即其有效影响半径。第二，由于纳米零价铁具有很高的还原性，在注射到地下水环境中易发生化学反应而转化为其他形式的铁，如地下环境中的氧化性物质如溶解氧或氯代有机物与其反应，在纳米颗粒的表面形成铁的氧化物层。此外，纳米零价铁接触到水以后，在纳米颗粒表面附近会释放铁和亚铁离子，如式(4-1)~式(4-3)所示(Li et al.，2016)。

$$Fe^0+2H_2O \longrightarrow Fe^{2+}+H_2+2OH^- \tag{4-1}$$

$$2Fe^0+2H_2O+O_2 \longrightarrow 2Fe^{2+}+4OH^- \tag{4-2}$$

$$4Fe^{2+}+4H^++O_2 \longrightarrow 4Fe^{3+}+2H_2O \tag{4-3}$$

在地下水的缺氧环境中，Fe^{2+}是优先从纳米零价铁表面释放的，随后会被氧化为Fe^{3+}，但最终二者都会转化成不可溶的矿物质沉积在地下环境中。随着化学反应的进行，最终纳米零价铁将会被完全氧化成为铁的氧化物，如式(4-4)~式(4-8)所示。其被氧化的速率由地下环境(包括阴离子组成、溶解氧含量及污染物浓度等)因素决定(Zhang et al.，2013)。

$$2Fe^{2+}+3H_2O/污染物 \longrightarrow \gamma\text{-}Fe_2O_3 \tag{4-4}$$

$$6Fe^{2+}+O_2+6H_2O \longrightarrow 2Fe_3O_4 \tag{4-5}$$

$$4Fe^{2+}+O_2+6H_2O \longrightarrow 4\gamma\text{-}FeOOH \tag{4-6}$$

$$4Fe_3O_4+O_2+6H_2O \longrightarrow 12\gamma\text{-}FeOOH \tag{4-7}$$

$$\gamma\text{-}FeOOH \longrightarrow \alpha\text{-}FeOOH \tag{4-8}$$

除上述过程外，纳米零价铁还可能发生的化学行为有将硝酸盐还原为氨，刺激生物硫化作用，产生FeS、$FeCO_3$、$Fe_3(PO_4)_2 \cdot 8H_2O$的沉淀等(Shi et al.，2016)。

如上所述，纳米零价铁在地下环境中的迁移转化过程的影响是双向的，即纳米零价铁随着时间发生物理化学变化的同时，地下环境特别是临近注入点的环境也在发生着改变。例如，附着或沉积在土壤颗粒表面的纳米零价铁或其转化后形成的含铁氧化物可能会减小多孔介质(如含水层)的孔隙度，此外，纳米零价铁具有强还原性，会消耗地下环境中的氧化性物质如溶解氧，导致缺氧环境以及 H_2和 pH 的上升等。但是，通常其对地下环境的影响局限于其影响半径以内，且随着时间的变化，这种影响会慢慢减弱甚至消失，但外源铁的加入导致地下环境铁含量的增加是不可逆过程。

4.1.2　影响纳米零价铁在地下环境中迁移转化的因素

纳米零价铁技术的成功与否很大程度上取决于其本身的稳定性和其是否能够有效地迁移到目标处理区。而在场地修复中，纳米零价铁的团聚和部分优先通道的存在往往会限制其迁移至目标区域。

研究发现，影响纳米零价铁迁移的主要因素有纳米颗粒(NPs)的团聚效应(受纳米零价铁颗粒尺寸、地下水离子强度等影响)、纳米零价铁颗粒-土壤颗粒的相互作用(受颗粒密度、土壤基质等影响)、场地地球化学特征(pH、氧化还原电位、竞争性氧化剂如硝酸盐等)、纳米零价铁表面性质、注入过程。通过表面改性抑制纳米零价铁的团聚效应以及在工程应用时采用尽量避免其氧化的手段可使纳米零价铁的修复效率达到最优。

1. 纳米零价铁颗粒的团聚效应

纳米零价铁颗粒具有团聚效应，即分离的颗粒倾向聚集在一起形成更大的颗粒或黏附在土壤颗粒上。该过程会减小纳米零价铁的比表面积从而减小其移动性和反应活性，进而限制了其修复范围(He et al.，2007)。纳米零价铁颗粒的浓度、纳米零价铁 Zeta 电位、地下水物理化学性质和磁性是影响团聚的主要因素(Phenrat et al.，2007，2009b)，如表 4-2 所示。

表 4-2　影响纳米零价铁团聚的主要因素

主要因素	影响	参考文献
纳米零价铁颗粒的浓度	浓度越高，越易团聚	Saleh et al.，2007
纳米零价铁颗粒的 Zeta 电位	Zeta 电位越接近 0，越易团聚	Zhang and Elliott，2006
地下水物理化学性质	pH 和离子强度影响颗粒 Zeta 电位从而影响团聚性	Saleh et al.，2008
磁性	饱和磁化强度越大越容易团聚	Phenrat et al.，2009b

1) 浓度

修复过程使用过高浓度纳米零价铁会增加颗粒的团聚(Saleh et al.，2007)。研究表明，平均粒径为 20 nm 的颗粒，在浓度为 2 mg/L 和 60 mg/L 时，10 min 即可团聚到 125 nm 和 1.2 μm(Phenrat et al.，2007)。30 min 后初始浓度为 60 mg/L 的纳米零价铁颗粒已经团聚到 20～70 μm。 若对纳米零价铁进行表面改性，则可减少较高浓度带来的团聚作用，如不论颗粒粒径分布范围及其磁性条件，其在浓度为 30 mg/L 下的迁移性优于更高浓度条件下(如 1～6 g/L)的迁移性(Phenrat et al.，2009b)。另外，使用高浓度则易通过磁性吸引力聚集在一起或土壤颗粒上，增加纳米零价铁沉积的可能性。并且纳米零价铁浓度会影响场地内污染物的还原去除和固定。因此，为了最大化该技术的性能，需要寻找各个变量之间的平衡关系。

2) Zeta 电位

Zeta 电位决定着颗粒间的吸引程度，即它们发生团聚的可能性。当 Zeta 电位接近零，颗粒倾向聚集，使其不易移动并降低反应性。当颗粒的 Zeta 电位大于

30 mV 或小于–30 mV 时，颗粒处于较稳定状态(Zhang and Elliott，2006)。不同方法制备出的纳米零价铁颗粒具有不同的 Zeta 电位。通过使用聚合物(聚电解质)或表面活性剂进行表面改性增加颗粒间的表面电荷和斥力也可改变纳米零价铁的 Zeta 电位，从而减少团聚效应(Saleh et al.，2008)。纳米零价铁本身具有磁性，也容易导致团聚效应增加。

　　3)地下水物理化学性质

　　(1)pH。研究表明，随着体系 pH 的升高，颗粒倾向于获得负电荷导致 Zeta 电位降低(Zhang and Elliott，2006)，这表明修复场地地下环境的 pH 会直接影响纳米零价铁去除污染物的性能。图 4-1 显示了 pH 在 8.1 周围时纳米零价铁的 Zeta 电位接近 0，这将会导致纳米零价铁在去除污染物时无法发挥最大效用。

　　(2)地下水的离子强度。在实验室进行纳米零价铁在水中分散稳定的研究中，多使用去离子水或是低离子强度的水，但这往往并不能代表实际地下水的情况(Saleh et al.，2008)。根据 Saleh 等(2008)的研究，地下水中一价阳离子(如 Na^+、K^+)的浓度通常在 1～10 mmol/L，二价阳离子(如 Ca^{2+}、Mg^{2+})的浓度通常为 0.1～2 mmol/L。采用模拟实际地下水的研究表明，水的离子强度影响了纳米零价铁的 Zeta 电位并降低了其在多孔介质中的流动性。如图 4-2 所示，随着水中正电荷离子浓

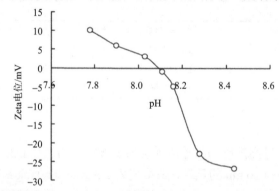

图 4-1　水中纳米零价铁的 Zeta 电位随 pH 的变化(Zhang and Elliott，2006)

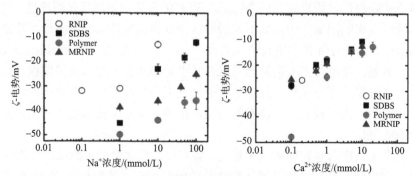

图 4-2　纳米零价铁的 Zeta 电位随阳离子浓度的变化(Saleh et al.，2008)

度的增加，Zeta 电位逐渐接近 0，该过程会导致纳米零价铁团聚形成大颗粒。表面改性后，纳米零价铁的迁移依然与离子强度密切相关。Zhang 和 Elliott(2006)的研究表明，纯纳米零价铁的 Zeta 电位稳定在–30 mV ± 3 mV。实验表明三嵌段共聚物改性的纳米零价铁具有较高的 Zeta 电位(–50 mV ± 1 mV)，而在试验的多孔介质(水饱和砂柱)中迁移性最好。

2. 纳米零价铁颗粒-土壤颗粒的相互作用

纳米零价铁的迁移与纳米颗粒-土壤颗粒相互作用直接相关(Saleh et al.，2007)。换言之，低移动性质可能受到纳米零价铁颗粒本身吸引力的影响，而在土壤或含水层的迁移距离则由土壤颗粒决定。将纳米零价铁注入土壤或含水层中后，纳米颗粒在土壤或含水层中将发生以下行为：自身团聚、附着在土壤颗粒表面或黏附在关注污染物上(Saleh et al.，2007)。纳米颗粒在土壤上的聚集会导致土壤孔隙的堵塞从而对纳米零价铁的迁移造成不利影响。图 4-3 显示了土壤颗粒的吸引和团聚共同作用减少纳米零价铁迁移距离的过程。纳米零价铁的表面改性(如对纳米零价铁进行包覆)可通过减少纳米颗粒-土壤颗粒之间的吸引和增加胶体稳定性来增强迁移能力。

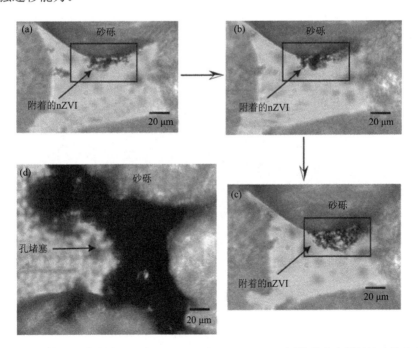

图 4-3　活性纳米零价铁颗粒(经 PMAA41-PMMA26-PSS462 改性)的含水悬浮液在饱和单层砂砾中的迁移过程(Saleh et al.，2007)

3. 场地地球化学特征

场地含水层地球化学特征对纳米零价铁在土壤和地下水中的迁移性能具有强烈的影响，如离子强度、离子组成、氧化还原电位、溶解氧和pH。反之，纳米零价铁的加入也会改变体系的地球化学特征。

注入地下水中纳米零价铁的团聚效应受到地下水pH的影响。pH也会影响纳米颗粒在土壤颗粒上的吸附强度。地下水介质中的离子强度和离子组成对纳米零价铁在含水层土壤上的吸附也产生影响。氧化还原电位和溶解氧影响纳米零价铁还原污染物的反应速率，此外，大量溶解氧的存在显著增加纳米零价铁的氧化速率，氧化形成的氧化铁会堵塞含水层孔隙从而降低纳米颗粒的迁移性。

4. 纳米零价铁的表面改性

为了克服纳米零价铁颗粒之间以及其与土壤颗粒之间的吸引力，同时通过降低颗粒团聚、沉降及表面侵蚀以增强反应活性和迁移性，可用表面包覆进行改性。Saleh等（2007）的实验表明，表面改性可以减少纳米零价铁颗粒-土壤吸引力（2～4倍）。Kim等（2009）研究表明，经聚电解质型包覆材料包覆后的纳米零价铁颗粒即使老化后也比裸露的纳米零价铁颗粒更具可移动性，且经解吸实验确定，经特定的聚电解质［如聚天冬氨酸（PAP）、羧甲基纤维素（CMC）、聚苯乙烯磺酸盐（PSS）］包覆的纳米零价铁在解吸8个月后，其迁移能力与新改性材料并无显著差异，说明表面改性的稳定性较好。图4-4显示了裸露的纳米零价铁和包覆型纳米零价铁颗粒之间的沉降速率差异。

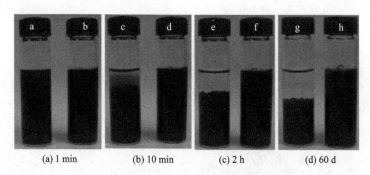

(a) 1 min　　　　(b) 10 min　　　　(c) 2 h　　　　(d) 60 d

图4-4　不同时间裸露纳米零价铁和稳定后的纳米零价铁沉积情况

工业化生产的纳米零价铁通常带有包覆的涂层以提供特定功能，如稳定化。释放到环境中的纳米颗粒也可以获得包覆型涂层，如天然有机质。有研究表明天然有机质包覆后可促进颗粒移动（Phenrat et al.，2009a；Johnson et al.，2009）。表面改性是目前研究最多、最有效的增加纳米零价铁稳定性和迁移性的手段，理想的包覆材料应该是可生物降解的，以减少外源污染。

　　表面包覆型改性可通过形成空间位阻，提供静电稳定和电位稳定来增加纳米零价铁的稳定性与迁移性，此外其还可以减少裸露纳米零价铁的高反应活性表面与周围介质中地球化学成分之间（如溶解氧）的相互作用（He at al.，2007），从而增加纳米零价铁的反应活性。研究表明，不同的包覆材料对纳米零价铁颗粒的反应性、迁移距离及稳定时间的影响不同，如表 4-3 所示。

表 4-3　不同改性材料对纳米零价铁活性和迁移性的影响

改性材料	研究污染物/介质	产生的影响	参考文献
天然生物聚合物			
淀粉	TCE 和多氯联苯（PCBs）	减弱团聚效应；增强脱氯性能	He and Zhao，2005
瓜尔胶	饱和石英砂柱	减弱团聚效应；增加迁移距离	Tiraferri et al.，2008；Tiraferri and Sethi，2009
生物聚合钙-藻酸盐	硝酸盐	减弱团聚；不影响反应活性	Bezbaruah et al.，2009
壳聚糖	1,2,4-三氯苯，Cr（Ⅵ）	不影响反应活性；可有效脱氯降解三氯苯；抑制 Fe（Ⅲ）-Cr（Ⅲ）沉淀	Zhu et al.，2006；Geng et al.，2009
羧甲基纤维素	TCE/饱和石英砂柱	减弱团聚；增强反应活性和迁移能力	He et al.，2007
腐殖酸	溴酸盐	降低反应活性	Xie and Shang，2005
聚电解质			
三嵌段聚合物	饱和石英砂柱	增加 Zeta 电位；增加迁移距离	Saleh et al.，2008
聚丙烯酸（PAA）	玻璃珠柱	减弱团聚；增加迁移性	Kanel and Choi，2007
聚苯乙烯磺酸盐	吸附实验	减弱团聚；减弱与土壤颗粒的黏附；增加迁移性	Sirk et al.，2009
表面活性剂			
十二烷基苯磺酸钠（SDBS）	石英砂柱/TCE	减弱团聚；增强迁移性；降低反应活性	Saleh et al.，2007
聚山梨醇酯 20	砂柱/As（Ⅲ）	减弱团聚；增强迁移性；没有对比反应活性	Kanel and Choi，2007
鼠李糖脂（JBR215）	饱和石英砂柱/TCE	减弱团聚；增强迁移性；降低反应活性	Basnet et al.，2013；Bhattacharjee and Ghoshal，2016
油乳化剂	实际场地/TCE DNAPLE	增强迁移至 DNAPL 中的性能	Quinn et al.，2005

1）天然生物聚合物

天然生物聚合物产生作用的主要机制是形成空间位阻，如若带有电荷，则还可以提供静电稳定。He 和 Zhao（2005）研究了水溶性淀粉对纳米零价铁稳定性和反应活性的影响。研究者在合成零价铁前先将铁离子分散在淀粉溶液中，使得铁离子与淀粉基质络合，随后加入强还原剂将络合的铁离子还原，从而在淀粉基质内形成纳米零价铁簇（平均直径 14.1 nm）。而淀粉中的羟基则起到防止已形成的纳米零价铁颗粒团聚的作用，从而使获得的纳米零价铁更稳定，以悬浮液状态可保持至少 2 天，且脱氯性能也远优于未改性的纳米零价铁。Tiraferri 和 Sethi（2009）则研究了商业纳米零价铁分散在瓜尔胶溶液中对其团聚沉积和迁移距离的影响。瓜尔胶可吸附在纳米零价铁上，形成略带负电荷的表面，从抑制纳米颗粒间的聚集和沉积并增强其在多孔介质中的迁移距离。这些天然生物聚合物环境友好，价格便宜，在工程应用上有很大前景。

2）羧甲基纤维素

羧甲基纤维素（CMC）是工程上使用较多的稳定剂，其通过羧酸基团络合以及羟基阻隔作用改善纳米零价 Fe/Pd 的团聚性，使其颗粒直径<17.2 nm。图 4-5 显示了该稳定剂包覆的 Fe/Pd 和裸露的 Fe/Pd 颗粒之间团聚的差异。在 He 等（2007）的研究中，CMC 吸附在纳米颗粒上并不会影响纳米零价铁的活性，且改性后纳米零价铁的稳定性和迁移距离均有增加。

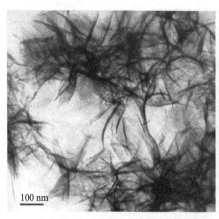 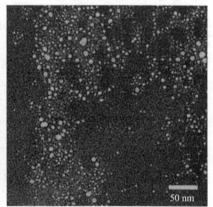

(a) 0.1g/L未稳定化　　　　　　　(b) 0.2%(质量分数)NaCMC稳定后

图 4-5　0.1 g/L 未稳定化和 0.2 %（质量分数）NaCMC 稳定后的 Fe/Pd 纳米颗粒投射
电镜图片（He et al.，2007）

3）天然有机质

一些天然有机质的存在可能在短时间降低纳米零价铁的还原能力，但从长时

间看，部分天然有机质由于含有还原性官能团(醌或酚)，可将 Fe(Ⅲ)还原为
Fe(Ⅱ)，从而提高某些污染物(如溴酸盐)的去除率。

4) 聚电解质

聚苯乙烯磺酸盐和聚丙烯酸分属强和弱阴离子型聚电解质，其可通过与纳米
零价铁及其前驱阴离子结合为纳米颗粒提供静电斥力阻止团聚以及和土壤颗粒之
间的黏附作用，且聚苯乙烯磺酸盐可将纳米颗粒等电点移动到典型地下水 pH 范
围外。Saleh 等研究认为三嵌段共聚物与其他改性剂(聚冬氨酸、十二烷基苯磺酸
钠)通过静电稳定化的作用不同，其通过提供电子稳定性来提升纳米零价铁的性
能。且电子稳定化作用对实际地下水中电解质浓度的变化具有较好的缓冲，在砂
质含水层中经此改性的纳米零价铁的迁移距离可达数十米(Kanel and Choi，2007；
Saleh et al.，2008；Sirk et al.，2009)。

5) 表面活性剂

将阴离子型表面活性剂十二烷基苯磺酸钠加入纳米零价铁悬浮液中，磺酸基
团的负电性使得改性后的纳米颗粒之间产生静电斥力从而避免团聚，而有利于其
在多孔介质中的迁移。但该表面改性方法降低了纳米零价铁与污染物的反应速率。
非离子型聚山梨醇酯也可增加纳米零价铁悬浮液的稳定性，并能有效地去除
As(Ⅱ)。由于传统表面活性剂潜在的危害性，Basnet 等(2013)、Bhattacharjee 和
Ghoshal(2016)测试了生物表面活性剂鼠李糖脂对纳米零价铁颗粒的稳定性及反
应活性的影响。室内柱实验表明采用鼠李糖脂进行包覆可显著增强纳米颗粒的迁
移能力，但在一定程度上降低了反应活性。

6) 油乳化剂

采用油基乳化剂进行表面改性的纳米零价铁主要用来处理 DNAPL。油膜包
裹的纳米零价铁颗粒可有效迁移至 DNAPL 区域并能与其混容，使得污染物与油
膜内的纳米零价铁颗粒接触得到降解。Quinn 等(2005)在由正辛烷、十六烷基三
甲基溴化铵(CTAB)、丁醇和水组成的油包水微乳液体系中通过微乳液法合成纳
米零价铁(平均尺寸<10 nm)，与商业非稳定化纳米零价铁相比，乳化纳米零价铁
对污染物的降解速度提高了 2.6 倍。Quinn 等(2005)采用改性后的纳米零价铁进行
了实际场地 TCE 的 DNAPL 修复，发现修复材料可有效迁移至目标处理区且污染
物降解效果好。

7) 其他改性

除表面包覆改性外，采用多孔材料如碳和硅材料改性纳米零价铁也是研究较
多的增强其迁移性的方法(Busch et al.，2015；HonetschlÄgerová et al.，2016)。欧
盟在 NanoRem 项目中使用的即是一种碳铁复合材料。该材料将活性炭胶体和直
径为 800 nm 的纳米零价铁(质量分数为 20%～30%)结合。与纯纳米零价铁相比，
碳铁复合材料具有的较低的密度、较适合的表面电荷以及活性炭载体的疏水性等

改善了颗粒在含水层的迁移性，产生更大的吸附面积，使碳铁复合材料胶体与非水相液体具有很高的亲和力。Busch 等(2015)将该材料应用在德国某实际场地中以研究其迁移性，结果发现碳铁复合材料在含水层中的迁移距离高于悬浮剂稳定的纳米零价铁。除碳材料外，二氧化硅也被认为是一种稳定低毒的改性材料。HonetschlÄgerová 等(2016)的研究表明二氧化硅可通过空间稳定降低纳米零价铁颗粒的团聚效应，且改性后材料对离子强度不敏感，表明其适合含水层环境中污染物的去除。随后，二氧化硅改性纳米零价铁在模拟多孔介质中的迁移性能也得到了验证，结果表明相对于未改性的纳米零价铁，二氧化硅改性后显著增加了迁移距离。在实验条件下(孔隙水流速 4 m/d，离子浓度 2 mmol/L)，100 mg/L 改性后的纳米零价铁材料(质量分数，50%~91%)可穿过 40 cm 实验填充柱，迁移距离随着浓度的增大有所减小。

　　某些表面改性仅适用于特定污染物降解，因此，实际应用前必须进行实验室小试。上述表面改性结果大多基于不同条件下的实验室柱实验得到，尽管上述结果对于评估改性的重要性有作用，但由于难以模拟每个潜在修复场地特有的地下条件和地下水差异，因此结果仅可作为参考。对于特定修复场地，需进一步进行中试实验来确定其最佳的改性方法。

5. 纳米零价铁注入过程

　　纳米零价铁修复受污染的土壤和地下水时，通常是将纳米零价铁的浆液注入受污染区域以达到修复目的。但是在注入前或注入过程中的不当操作也会限制纳米零价铁的反应性和迁移性。例如，注入过程暴露在空气中则导致纳米零价铁在到达需修复污染羽前即发生氧化和钝化。为了防止钝化的发生，一般在制备浆液和注入过程中尽量密闭以减少纳米零价铁在空气中的暴露时间。

4.2　纳米零价铁在多孔介质中的迁移模拟

　　纳米颗粒物具有与传统的溶质相比明显不同的物理化学性质，影响其在多孔介质中的迁移行为。因此，常用的溶质运移理论及模型并不完全适合纳米零价铁的迁移模拟。纳米零价铁作为被研究的众多纳米颗粒之一，其在含水层中的迁移机制与常见纳米颗粒基本一致，但改性纳米零价铁具有自身的特殊性。本节先简要介绍纳米颗粒在环境中迁移的理论基础，然后论述其在纳米零价铁迁移中的应用与发展，最后介绍纳米材料迁移的方式、纳米材料的数值模型及获得数值模型解的常用方法。

4.2.1　纳米颗粒在多孔介质中迁移模拟的理论基础

由于胶体环境行为(如稳定、团聚、分散及迁移等)的研究相对较明朗,因此,目前人们主要通过研究胶体的理论来解释和预测纳米材料的环境行为,包括团聚、分散和迁移等。研究胶体环境行为的理论主要有胶体稳定理论和胶体过滤理论。

1. 胶体稳定理论

由于布朗运动,溶液中的胶体通常处于热力学不稳定状态,但有些胶体却能长时间保持稳定。为解释胶体的稳定和聚沉现象,Derjaguin 和 Landau(1941)、Verwey(1947)、汪登俊(2014)分别提出关于带电胶体粒子在液相介质中的稳定性理论,简称 DLVO 理论。经典的 DLVO 理论用于定量解释液相分散体系中胶体团聚过程以及描述带电胶体-胶体以及胶体-固相表面相互作用力。该理论假设带电胶体(对于带同种电荷的单一胶态体系)之间的相互作用力包括范德瓦耳斯引力和双电层排斥力。总的相互作用能(Φ_{TOT})是范德瓦耳斯势能(Φ_{vdw})与双电层势能(Φ_{EDL})之和:

$$\Phi_{TOT} = \Phi_{vdw} + \Phi_{EDL} \tag{4-9}$$

除上述力外,胶体-胶体以及胶体-固相颗粒之间还存在其他非 DLVO 作用力,如水合力、疏水力、空间位阻力等(Pashley and Israelachvili, 1984),因此研究者提出了多种模型来定量描述这些 DLVO 力,并对上述 DLVO 理论加以修正,修正后的 DLVO 理论称为扩展的 DLVO 理论(XDLVO)。

DLVO 理论用来评价纳米材料环境行为时主要存在如下局限性(汪登俊,2014)。①粒径:当纳米材料尺寸足够小时,其表面曲率很大,而 DLVO 理论假定颗粒的表面形状为平板状;此外,纳米材料尺寸足够小时,其电子结构、表面电荷、表面活性等性质发生显著变化,不符合 DLVO 理论假定颗粒这些性质是保持不变的假设(Hochella et al., 2008)。②化学组成:包括纳米材料的组成、形貌、环境转化等。纳米材料分解、离子交换等化学转化会改变其表面电势;如果纳米零价铁等纳米材料具有核-壳结构,理论上不能用 DLVO 理论来解释(Hotze et al., 2010)。③晶体结构:纳米材料的晶体结构发生变化会使其 Hamaker 常数发生改变,此外,纳米材料的晶体结构中通常存在缺陷,导致其表面电荷分布不均。虽然存在着上述局限,但目前 DLVO 理论仍然是评价胶体以及纳米颗粒环境行为(如稳定、团聚、迁移等)主要的且有力的手段之一。

2. 胶体过滤理论

胶体过滤理论(colloid filtration theory，CFT)认为胶体在多孔介质中的滤除主要包括两个过程：①胶体从溶液向固相颗粒表面迁移的过程；②胶体被固相颗粒所捕获吸附。上述过程取决于三种基本机制：拦截、重力沉降和布朗扩散。当胶体在多孔介质中沿某一轨迹运动时，如果轨迹与固相颗粒表面之间的距离小于胶体半径时，就会发生拦截。沉降是指胶体粒子在重力的作用下吸附在固相颗粒表面，又称重力沉降。当胶体由于布朗运动到达固相颗粒表面，称为扩散(Yao et al.，1971)。由于纳米材料的布朗运动较强，因此它在迁移过程中主要受扩散作用控制。

3. 纳米零价铁迁移模拟理论

目前有三种用于评价纳米零价铁在多孔介质中迁移的理论模型：①力学模型，②经验模型，③连续尺度模型。根据所需结果的评估尺度(实验室尺度、孔隙尺度或区域尺度)，对上述模型进行评价以在简单性和准确性之间做出最适合的选择。

力学模型着重于单个粒子，并考虑粒子和作用介质之间的力，以及扭矩和能量作用(McDowell-Boyer et al.，1986；Adamczyk and Weroński，1999；Schijven and Hassanizadeh，2000；Grasso et al.，2002；Hotze et al.，2010；Adamczyk et al.，2013)。DLVO 理论可能是模拟纳米零价铁在多孔介质中迁移的最常用机械模型。该模型通常用来解释影响纳米零价铁迁移的因素，纳米零价铁迁移过程中多种现象并存，使得该模型在设计纳米零价铁迁移时存在技术挑战。另外，实际环境中存在的固有的复杂性和异质性，如表面粗糙度(Yao et al.，1971；Tufenkji and Elimelech，2004)、自然有机质(Hotze et al.，2010；Phenrat et al.，2010)、羟基氧化铁涂层(Tian et al.，2012；Wang et al.，2012；Liu et al.，2013)、细胞外聚合物和生物膜等(Jiang et al.，2013；Li et al.，2013；He et al.，2015)使得难以使用假设为均质的机械模型来模拟。这也表明，该模型在今后的挑战是在各种尺度上发展出具有异质性的颗粒相互作用的力学描述。

在纯力学模型的基础上发展了基于力学的经验模型。Elimelech(1991)首次提出了该模型并用以预测静电稳定状态下(裸露)胶体的沉积；半经验方法基于DLVO 理论，使用无量纲参数来模拟胶体在多孔介质中的碰撞效率，成功模拟了多个裸胶体颗粒过滤实验数据的黏着系数；Phenrat 等(2010)进一步扩展了该方法，用以模拟低和高颗粒浓度下聚电解质改性纳米零价铁的迁移。这些模型对实验室柱实验尺度和现场区域尺度均适用。

基于连续的模型是指基于系统的整体空间和时间域上的连续性原理(质量守恒定律或粒子数/体积的平衡)的偏微分方程，该系统连续或数值离散连续Adamczyk et al.，2013)。通常采用欧拉连续方程和拉格朗日方程进行描述。与处理力或能量的力学模型不同，连续模型处理速率。该模型取决于基于粒子数量浓度或粒子质量浓度接收不同类型数据的能力或内部转换数据变量的能力，并可以根据从简化的单（多）过程实验室试验或现实环境相关的实际测量中获得的各种可用数据类型以进行校准和验证（Krol et al.，2013）。更值得注意的是，该模型可以同时描述多种迁移现象（Saiers et al.，1994；Raychoudhury et al.，2012）。在过去的几十年的研究中，连续模型在模拟可混溶的污染物和经典的胶体迁移问题中得到广泛应用。近年来，它们也在模拟环境中纳米颗粒的迁移行为中有越来越广泛的应用。该模型对各种尺度如孔隙尺度、实验室柱实验尺度以及中试尺度都有很好的适应性（Seetha et al.，2015）。研究表明，基于连续的模型不仅可用于设计纳米零价铁的迁移，还可用于描述纳米零价铁释放到环境中的风险。

4.2.2　纳米颗粒在多孔介质中迁移的室内实验方法

目前主要利用两种手段来考察纳米材料迁移和滞留：填充柱（packed-bed column）和石英晶体微天平（quartz crystal microbalance，QCM）。填充柱应用较广，因为它可以考察纳米材料的多种滞留机制，如阻塞、固相颗粒的表面粗糙度和电荷异质性、次级势阱等，而 QCM 的优点则是操作简单、灵敏度高。QCM 是利用石英晶体谐振器的压电特性，将石英晶振电极表面质量变化（Δm）转化为石英晶体振荡电路输出电信号的频率变化（Δf），进而通过计算机等其他辅助设备获得高精度的数据。对于硬质薄膜，可以使用绍尔布莱公式，根据传感器振动计算吸附层的质量，进而得到纳米颗粒的沉降速率（r_d）：

$$r_d = \frac{\mathrm{d}\Delta f}{\mathrm{d}t} \tag{4-10}$$

当 QCM 的流动腔体为平行板结构时，可以利用斯莫鲁霍夫斯基-列维奇近似法计算沉降速率（$r_d{}^{SL}$）：

$$r_d{}^{SL} = 0.538 \frac{c_0 D_\infty}{a_p} \left(\frac{\mathrm{Pe}_{PP} h_C}{x} \right)^{1/3} \tag{4-11}$$

式中，D_∞ 为腔体比重；h_C 为平行板腔体的高度；Pe_{PP} 为平行板腔体的皮克数，计算公式为

$$\mathrm{Pe}_{PP} = \frac{3 v_{av} a_p^3}{2 D_\infty (h_C / 2)^2} \tag{4-12}$$

式中，v_{av} 为腔体的平均水流流速；a_p^3 为腔体水流加速度。

填充柱更接近于自然环境体系，认可度更广。目前柱迁移试验中的填充介质以玻璃珠、石英砂、硅砂及砂岩等规则的模型介质为主，这主要是由于土壤和地下水具有高度复杂性和异质性。例如，土壤颗粒的形状、粒径分布、土壤的矿物

组成、含量、表面粗糙度、表面电荷性质（铁、铝、镁等氧化物等）差异很大；土壤孔隙粒径分布、空间结构、优先流等性质高度变异，而且由于离子专性吸附、矿物沉淀或有机质等化学过程均会导致土壤表面电荷性质发生改变。因此，通常由模型介质得到的试验结果及延伸的迁移规律并不能完全解释和预测纳米粒子在自然环境中的迁移及滞留行为。但需要强调的是，模型介质的试验结果能够为预测纳米粒子的环境迁移和归趋提供前瞻性的结果。因此，当评价纳米粒子在环境中的迁移和归趋时，需要首先借助简单规则的模型介质来考察纳米粒子的迁移规律，然后进一步考察其在复杂环境中的迁移行为，即填充介质由简单向复杂过渡，以期为评价纳米粒子的环境迁移和归趋提供完整且准确可靠的数据支撑。当然也有少数的研究采用自然土壤作为填充介质，以期获得特定土壤特征条件下纳米颗粒迁移的规律（汪登俊，2014）。

4.2.3 纳米颗粒在多孔介质中迁移的数值模拟方法

1. 数值模型

纳米颗粒在地下水中分散和迁移时，受到土壤颗粒表面的吸附及其本身相互吸引的作用（图 4-6），其吸附解吸的动态过程受土壤颗粒和孔隙尺度上的物理定律支配，影响纳米颗粒在宏观（达西）尺度上的迁移行为。在宏观尺度，纳米颗粒在多孔介质中的迁移通常通过改进的平流-分散方程来描述，该方程考虑了物理和物理-化学相互作用导致的液相和固相之间的质量交换。

改进的平流-弥散方程：

$$\phi \frac{\partial c}{\partial t} + \sum_i \rho_b \frac{\partial s_i}{\partial t} + q \frac{\partial c}{\partial x} - \phi D \frac{\partial^2 c}{\partial x^2} = 0 \tag{4-13}$$

$$\rho_b \frac{\partial s_i}{\partial t} = \phi k_{att,i} f_{att,i} c - \rho_b k_{det,i} s_i \tag{4-14}$$

式（4-13）和式（4-14）中，c 为纳米颗粒在液相中的颗粒浓度（L^{-3}）；s 为纳米颗粒在固相中的颗粒浓度（M^{-1}）；ϕ 为孔隙度；ρ_b 为多孔介质固相的密度（M/L^3）；q 为达西流速（LT^{-1}）；D 为弥散系数（dispersion coefficient）（L^2/T）；k_{att} 为纳米颗粒附着速率（attachment rate）（T^{-1}）；k_{det} 为纳米颗粒脱附速率（desorption rate）（T^{-1}）；f_{att} 为函数，具体见图 4-6；下标 i 表示第 i 个保留机制：通常导致纳米颗粒滞留的原因有多个，如由于多孔介质的异质性，或者不同并存相（如大颗粒导致的 straing 效应和颗粒-颗粒相互接触导致的阻隔效应）。Concurrent phenomena 的添加（additive）效应通常假设为 $\rho_b \frac{\partial s}{\partial t} = \sum \rho_b \frac{\partial s_i}{\partial t}$。一般而言最多允许两个 concurrent phenomena，即 $i = 1$，2。

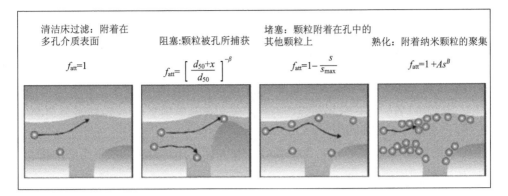

图 4-6　纳米颗粒在孔尺度下的滞留过程(Tosco et al., 2014)

d_{50} 表示多孔介质尺寸的中位数; x 表示纳米颗粒从入口点迁移的距离; β、A、B 表示拟合参数

工程操作(如注入流速)和自然条件(如孔隙水离子强度)均会影响纳米颗粒沉积到多孔基质上和从基质中释放的相互作用动力学。这些参数会根据应用区域和所涉及的地下地层(如在污染含水层中注入的纳米零价铁,伴随垃圾填埋场的渗滤液释放的纳米颗粒,在储水层中注入纳米颗粒以提高石油类污染物的修复率等)而发生显著变化。一个有效的、能够帮助设计场地尺度纳米颗粒应用的迁移模拟工具必须将这些因素考虑在内。以下是三个最为重要的因素。

(1)流速:在纳米零价铁颗粒注入的过程中(如通过注入井),从筛管中扩散出来的颗粒流速会随着离注射点距离的增加而降低,Tosco 等(2014)提出的 k_{att} 和 k_{det} 可作为孔隙水流速(v)的函数,如式(4-15)和式(4-16)所示。

$$k_{att}(v) = \frac{3}{2}\frac{1-\phi}{\phi d_{50}} p_{att}\eta_0 v \tag{4-15}$$

$$k_{det}(v) = p_{det}\mu v \tag{4-16}$$

式(4-15)和式(4-16)中, p_{att} 和 p_{det} 由拟合实验数据得到; μ 是流体黏度 $[M/(L\cdot T)]$; η_0 是单个收集器附着效率。

(2)离子强度:离子强度对纳米颗粒与颗粒之间以及纳米颗粒与多孔介质之间的接触有重要影响。在长时间尺度下,地下水中含盐量可能发生变化,这将对纳米颗粒长时间的迁移行为产生影响,如式(4-17)所示(Tosco et al., 2009):

$$k_{att}(C_{salt}) = \frac{k_{att\infty}}{1 + \left(\dfrac{CDC}{C_{salt}}\right)^{\beta_{att}}}$$

$$\tag{4-17}$$

$$k_{det}(C_{salt}) = \frac{k_{det0}}{1 + \left(\dfrac{C_{salt}}{CRC}\right)^{\beta_{att}}}$$

$$s_{i,\max}(C_{salt}) = \gamma s C_{salt}^{\beta_s}$$

其中，C_{salt} 是孔隙水中的盐浓度，其余为经验参数，可通过在 MNMs 软件中拟合程序得到。

(3) 流体黏度：为了使纳米零价铁颗粒在实际应用时更为稳定，通常会加入聚合物，如 CMC 等。含有这些稳定物的悬浮液具有非牛顿流体特征(随着流速的变化，剪切稀化-黏度会随着改变)。颗粒胶体的稳定性(其在多孔介质中的迁移性)受载流体黏度影响较大。此外，注入时，流体的黏度还将影响含水层系统的压力。

2. 数值模拟方法

1) 孔隙尺度模型

NanoPNM 是在 Raoof 和 Hassanizadeh(2010a)的孔隙网络模型基础上发展起来的一个用来模拟孔隙尺度纳米颗粒迁移的数值模块。在这个模型中，孔以晶格距离(LD)规则地排列在网格中。平均孔尺寸和标准偏差呈对数正态分布。每个孔都有可能与其相邻的 26 个孔相连(图 4-7)，实际连通度由消除率(E) ($0.8<E<0.9$) 随机定义。对砂质多孔介质而言，LD 是 0.3~0.4 mm 的倍数，30×30×100 节点经典模型网格代表长 3~4 cm、横截面积 0.8~1.4 cm^2 的 "柱"。计算模拟时间与节点数及模拟周期呈正相关，即更大型的孔隙网络模拟需要更长的计算时间。

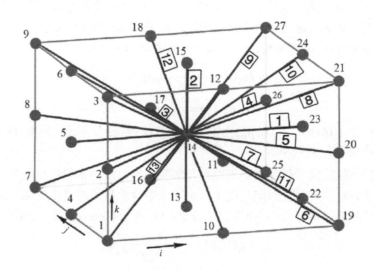

图 4-7　孔隙尺度模拟(Raoof and Hassanizadeh，2010a)

在孔隙尺度模型得到的示踪剂流动的升级方程的基础上，Raoof 和 Hassanizadeh(2010a)开发了一种优化工具，用于生成孔网络模型的输入参数，这些参数就孔隙度、水力传导率和分散性而言，能最好地代表实际柱实验结果，这使得 NanoPNM 能快速复制实验室柱实验。然后，孔隙网络模型可用于研究包括多孔介质的水力参数、纳米颗粒表面性质和浆料组成等不同的条件。实验室测试与 NanoPNM 模拟相结合可使有限的实验室可用性集中到关键的性质测试上。

2）流域尺度模拟

NanoRem 开发的模拟软件 MNMs 包含了有关纳米颗粒在一维（1D）笛卡儿（如纳米颗粒在柱实验中迁移的解释）和 1D 径向几何（如中试规模注入纳米颗粒的模拟）在流域尺度迁移模拟的相关特征。这些特征包括：①计算相互作用能量分布，以预测微米和纳米粒子在团聚和移动方面的行为；②单个收集器附着效率的计算（Messina et al.，2015）；③根据吸附平衡和一级降解模拟溶解物质的迁移；④模拟在瞬态离子强度条件下的颗粒迁移（Tosco et al.，2009）；⑤模拟多孔介质堵塞现象；⑥在非牛顿载流子存在下模拟颗粒迁移（Tosco and Sethi，2010）；⑦通过径向模拟工具模拟纳米颗粒浆料注入单井的情况（Tosco et al.，2014）（图 4-8）。

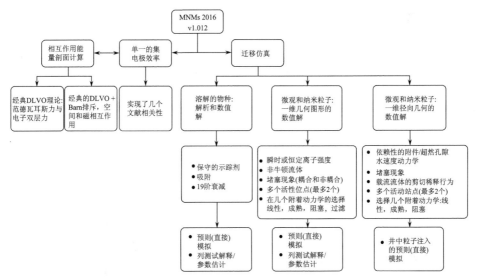

图 4-8 MNMs 的主要结构和特征（Tosco et al.，2014）

控制纳米颗粒迁移的机制无论在 1D、径向或三维（3D）上都是相同的，因此可以在较小的尺度上确定，然后应用于更大的尺度（径向或 3D）。通过使用 1D 模型进行柱实验校准的参数可直接转移到 3D 模型。在应用于基于纳米颗粒的修复设计时，MNMs 可用于辅助及整合柱实验结果。首先，评估尺寸特定和颗粒特异性，并使用场地材料（含水层粉砂）进行一些初步的柱实验，以探索颗粒在不同条件下（如不同的流速）的移动情况。然后使用 MNMs 对实验结果进行建模，并通过拟合实验数据获得动力学参数。当已经获得纳米颗粒迁移特征时，还可以运行一些额外的柱实验来验证该模型的预测能力（即将试验结果与特定条件的模型预测进行比较）。

在场地实际应用中，通常通过注入井或直接注入系统将纳米颗粒悬浮液注入地下，产生径向或类径向流动，其流动速度随着与注入点距离的增加而减小（Tosco et al.，2014）。为了模拟这种情况，可以使用 MNMs 软件中的径向工具，其包含由柱实验获得的纳米颗粒移动的所有信息，即流速对颗粒-多孔介质相互作用动力学的影响、最终孔隙的堵塞以及用于改善颗粒悬浮液稳定性和流动性的载体流体的非牛顿（剪切稀化）流变性质。采用 Tosco 等（2014）提出的经验关系表示沉淀和释放参数对流速的依赖性。

3）三维数值模拟

MNMs 的径向工具可以用于现场纳米颗粒注入的初步设计中，评估注入速率、颗粒浓度和注入持续时间如何在修复区域产生不同的影响半径和颗粒浓度。但是，对于全面的修复设计，则需要更复杂的建模工具。为了进行多孔介质中纳米颗粒的现场注入和迁移的三维数值模拟，将 MNMs 与众所周知的迁移模型 RT3D（Clement et al.，1998）结合起来，发展了 MNM3D 软件（Bianco et al.，2016）。

MNM3D 是都灵理工大学开发的独立数字代码。其可用于原位含水层修复设计（考虑纳米颗粒迁移对注入流速的依赖性以及受污染含水层的非均质性）并估算重要的操作参数（包括注入井周围的颗粒分布、影响半径、所需注入井的数量等）。图 4-9 显示了 MNM3D 模拟二维中试水槽中 Carbo-Iron®NPs 的迁移情况。注射在斯图加特大学的 VEGAS 设施中进行。此外，已将 MNM3D 的简化版本嵌入 Visual MODFLOW 中，可用于模拟地下水中纳米颗粒迁移的离子强度依赖性（Bianco et al.，2016）。

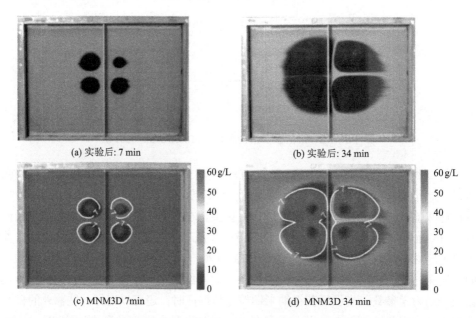

(a) 实验后: 7 min

(b) 实验后: 34 min

(c) MNM3D 7min

(d) MNM3D 34 min

图 4-9　应用 MNM3D 模拟 Carbo-Iron® NPs 注入二维中试尺度迁移情况（Bianco et al.，2016）

　　无论是对于现场规模注入的设计(短期)或是了解纳米颗粒是否以及在何种程度上可以在修复过程和修复后的环境中移动(长期)，理解和模拟注入纳米颗粒的迁移和沉淀对地下水修复而言都是至关重要的。在进行地下水修复时，通常在高流速下注入纳米颗粒，以促使注入井周围的颗粒扩散。然而，当注射停止时，颗粒仅受自然驱动而流动，传输速度通常变得很小。在这种条件下，地下水的地球化学特性和含水层的非均质性成为控制颗粒沉淀和释放过程的主要驱动力。MNM3D 可以通过提供关于预测的迁移距离和粒子通路的有用信息来评估用于地下水修复中的纳米颗粒在后修复过程中的迁移转化。图 4-10 显示了应用 MNM3D 在瞬态离子强度条件下颗粒迁移的长期模拟实例。模拟突出了颗粒行为和预测迁移距离是如何根据所应用的模型进行变化的，再次证明了地下水的地球化学性质对附着和释放速率的影响不容忽视。

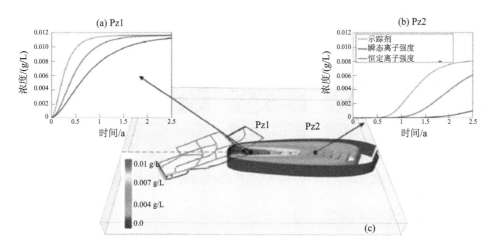

图 4-10　使用 MNM3D 模拟离子强度依赖性动力学条件下环境中纳米颗粒的释放过程

(a)和(b)为假定没有附着(示踪剂,蓝色曲线)、恒定离子强度模型(黑色曲线)以及瞬态离子强度模型(红色曲线)；
(c)为瞬态离子强度模型中从释放开始 2.5 年后的纳米颗粒迁移情况(Bianco et al.，2016)

4)其他模拟

　　纳米零价铁以及用聚丙烯酸稳定的纳米零价铁颗粒的迁移研究是关于纳米颗粒在二维尺度上模拟的第一项研究。研究采用可模拟变密度地下水流的 SEAWAT 程序进行模拟。该模型在证明密度效应对迁移的重要性方面具有较大意义，而这种效应无法在一维模拟和柱实验中获得。如图 4-11 所示，与水相比，纳米零价铁、稳定化纳米零价铁颗粒以及水示踪剂的移动均不同，而这与它们的密度有关。纳米颗粒在水柱内的移动规律对于确定该技术是否可用于覆盖整个污染羽以及纳米材料是否会迁移到场外具有重要意义。

　　建模之前，在含有二氧化硅颗粒(代表多孔介质)的流动容器中进行示踪剂迁移试验并与纳米零价铁和稳定化纳米零价铁颗粒在二维空间的迁移进行比较。由于在中性条件下纯纳米零价铁颗粒带有正电荷，而多孔介质带有负电荷，因此纯纳米零价铁颗粒能够附着并固定在介质上。如图 4-11 所示，稳定化的纳米零价铁颗粒首先向下移动，然后向左移动。示踪剂向左移动。示踪剂与稳定化的纳米零价铁颗粒之间的迁移差异是因为稳定化纳米零价铁的密度高于水(Kanel et al.，2008)。将实验结果与 SEAWAT 模拟结果进行对比发现，SEAWAT 精确地预测了稳定化纳米零价铁的迁移情况。该项研究表明密度对纳米颗粒具有重要影响，该结果对于在修复时纳米零价铁类型的选择具有参考意义。密度的改变，可能会导致颗粒穿过完整的污染羽或绕过污染羽并迁移到场外。另外，在尝试进行深层含水层修复时，了解密度的影响也很有用。传统的一维柱实验无法证实密度的全部影响，因此 SEAWAT 模型对于设计修复方案可能具有参考意义。

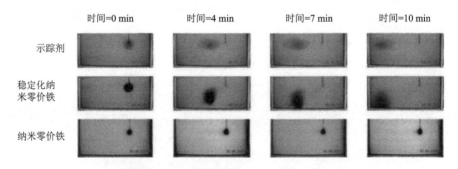

图 4-11　示踪剂、稳定化纳米零价铁、纳米零价铁在流动容器中的迁移情况(Kanel et al.，2008)

附：部分软件下载地址

MNMs 免费下载网址(http://areeweb.polito.it/ricerca/groundwater/software/MNMs.php)

4.3　纳米零价铁的风险分析

随着纳米零价铁在场地修复中扮演着越来越重要的角色，也有研究者开始关注外源引入的纳米零价铁及其转化后的物质对地下环境中生物的毒性、生物积累性和放大性，以及人类暴露于纳米零价铁中可能发生的身体健康风险等问题。

4.3.1　暴露途径

与污染物产生风险的机制相同，纳米零价铁产生风险的前提是敏感受体的暴露。使用纳米零价铁修复受污染土壤与地下水时，主要存在的敏感受体有人(工作人员、场地附近居民或工厂员工)、地下生态环境(土壤和地下水环境)，以及地表生态环境和生物。

1. 人体暴露途径

在评估化合物所带来的潜在风险时，了解可能的暴露途径极为重要。不同的暴露途径会影响身体的不同部位和功能。并且了解颗粒物进入人体的途径有助于实施安全保护措施，减少暴露并降低危害。

人体可能会通过皮肤接触、经口摄入或呼吸吸入途径暴露于纳米零价铁中。

(1) 皮肤接触：人类最可能暴露于纳米零价铁中的途径是在生产、应用和设备净化过程中的纳米零价铁粉末或浆液意外接触到皮肤。某些纳米颗粒由于尺寸小可以直接通过细胞膜进入细胞，这可能对重要的细胞功能造成干扰。一些纳米颗粒还可能通过血流输送。如果它们能够穿透皮肤并进入真皮，则可以积聚在器官中。

(2) 经口摄入：第二种暴露途径是人体通过饮用含有纳米零价铁颗粒的地下水(饮用水井)或地表水(溪流和湖泊)。然而，由于纳米零价铁的流动性差，若在修复工程时对注射纳米零价铁浆液的区域进行了有效的保护，将其影响半径控制在修复区域中，则人体不太可能通过该途径摄入纳米零价铁。

(3) 呼吸吸入途径：若纳米零价铁以浆液形式应用，人体不会通过该途径接触纳米零价铁。但是，在制造纳米零价铁粉末和浆料时，人体最有可能经呼吸吸入纳米零价铁颗粒，因此，该途径具有职业性。

研究者提出 20 μm 的粒径阈值，低于该阈值时，摄入的颗粒可能通过肠屏障并最终进入血流(Gatti and Rivasi, 2002)。纳米零价铁也会在人体中被氧化为铁的氧化物，铁氧化物迁移到低 pH 的胃环境中，就会以离子形态存在，这使得人体也暴露在 Fe^{2+} 和铁氧化物中。

表 4-4 总结了应用纳米零价铁各个阶段时，人体通过不同途径暴露的可能性，这种可能性在缺乏适当的保护措施时会有所提高。

表 4-4　人体在纳米颗粒中暴露的可能性(假设没有个人保护措施)

活动类型	经口摄入	呼吸吸入	皮肤接触
制作	低	高	中
运输	低	低	中
存储	低	低	低
调度	低	高	高
操作	低	中	低
散落	低	高	高
废弃	低	中	低

2. 地表和地下生态环境及生物暴露途径

对于地表水体而言，暴露途径有两条：一是将纳米零价铁直接用于污染的修复造成的直接暴露；二是与附近地下水存在水力联系，在附近地下水修复时受到可能的间接暴露。

对于地表生物而言，最主要的暴露途径是摄入含有纳米零价铁颗粒的水或食物。纳米零价铁高的氧化速率和较低的迁移能力，使得高等生物暴露的可能性小。然而，若将纳米零价铁直接用于湖泊或溪流等地表水的修复，则野生动物通过摄入途径暴露于纳米零价铁的风险将提高。

地下生态环境包括修复目标区和非目标区。对于目标区而言，人为有计划地施入纳米零价铁是地下环境的主要暴露途径。根据施入方式的不同，暴露的规模有所差异。若把氧化还原电位形式引入纳米零价铁，则实施可渗透反应墙(PRB)区域以及下游的土壤、地下水及生物将受到一定影响，但下游的风险主要来自铁离子和铁氧化物。若以原位注入方式引入纳米零价铁，则在原位注入的影响半径以内的土壤、地下水以及生物都将暴露在纳米零价铁环境中。具体的影响半径与场地特征参数有关。对于非目标修复区域，受到暴露的可能性来自目标区纳米零价铁的迁移，但是一般而言，纳米零价铁迁移距离有限，非目标修复区的暴露风险很小。

4.3.2　纳米零价铁的毒性机制

纳米零价铁的毒性是指暴露于含有纳米零价铁颗粒或其转化产物中的微生物、植物和动物对生长或健康产生不利影响甚至死亡的现象。

1. 纳米零价铁毒性的来源

纳米零价铁产生毒性的来源如下：①纳米颗粒本身具有的毒性；②其释放的铁离子的毒性；③二者的综合作用。但是，目前对于纳米零价铁毒性的存在及来源仍有争议，本节仅对已有研究进行综述。

铁是一种部分可溶的金属，一些体外研究表明，纳米零价铁的可溶性部分可能会产生与颗粒相同的毒性，这表明毒性可能来自释放的离子而不是颗粒本身(Chen et al.，2013a；Keenan et al.，2009；Phenrat et al.，2009b)。例如，人体的支气管上皮细胞暴露在纳米零价铁中所受的毒性和内部活性氧的产生与暴露于相同浓度的 Fe^{2+} 中一致(Keenan et al.，2009)。然而，大肠杆菌菌株 JM109 暴露于纳米零价铁悬浮液(1000 mg/L)的滤液(过0.22 μm滤膜)时，被灭活的细菌只占14%，这又说明溶解出的 Fe^{2+} 对所观察到的毒性影响并不占主导作用(Chaithawiwat et al.，2016a)。在基于七种铁基纳米颗粒对藻类毒性的研究中，并没有检测到溶解的铁相(Lei et al.，2016)，这意味着铁基纳米颗粒在培养基中的溶解不是造成研究对象细胞毒性的原因。这些相悖的研究结论可能是由于不同研究者使用了不同纳米零价铁(不同的合成方法、粒径等)、不同实验条件，尤其是实验的 pH 和目标生物耐受性质不一致。

2. 纳米零价铁产生毒性的机理

1)活性氧物种(reactive oxygen species，ROS)机制

迄今为止，所观察到的铁基纳米颗粒在体内和体外、从细胞到整个生物体水平的纳米毒性主要与 ROS 诱导的氧化应激相关。氧化应激是铁基纳米颗粒被广泛接受的毒性机制(Lewinski et al.，2008；Liu et al.，2013；Wu et al.，2014)。基于铁的纳米颗粒可以产生细胞外和细胞内 ROS(图 4-12)，并且细胞外的 ROS 将激活产生细胞内 ROS 的响应(von Moos and Slaveykova，2014)。

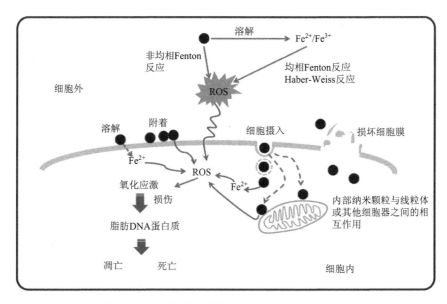

图 4-12　铁基纳米颗粒可能的毒性机制(von Moos and Slaveykova，2014)

铁基纳米颗粒通过 Fenton 反应和 Haber-Weiss 反应诱导 ROS 产生的机制如下 (Wang et al.，2013)。

Fenton 反应：

$$2Fe^{2+}+H_2O_2 \longrightarrow 2Fe^{3+}+\cdot OH +OH^- 或者 Fe(\text{IV})+H_2O$$

$$Fe^{3+}+H_2O_2 \longrightarrow FeOOH^{2+}+H^+$$

$$FeOOH^{2+} \longrightarrow Fe^{2+} + HO_2 \cdot$$

$$Fe^{2+} + H_2O_2 \longrightarrow Fe^{3+} + \cdot OH + OH^-$$

Haber-Weiss 反应：

$$Fe^{3+} + O_2^- \cdot \longrightarrow Fe^{2+} + O_2$$

$$Fe^{2+} + H_2O_2 \longrightarrow Fe^{3+} + \cdot OH + OH^-$$

均相和非均相 Fenton 过程分别依赖于纳米颗粒释放的铁离子和表面 Fe(0)/Fe(Ⅱ)/Fe(Ⅲ)。在低 pH 条件下(pH<4.2)，均相 Fenton 反应过程在·OH 产生中占主导地位，而在中性 pH 下，·OH 的产生则主要通过表面铁的非均相催化分解 H_2O_2(Wang et al.，2013)。丙二醛(MDA)的增加、过氧化氢酶(CAT)和谷胱甘肽(GSH)的减少以及不同研究中超氧化物歧化酶(SOD)的变化(Li et al.，2009；Chen et al.，2012，2013b)证明了在铁基纳米颗粒存在下 ROS 的增加会诱导氧化性损伤和毒性。研究发现，所有缺乏氧化应激防御基因的大肠杆菌 BW25113 突变体(如 rpoS，一种全局应激调节蛋白)比野生型对纳米零价铁更敏感(Chaithawiwat et al.，2016a)。这从分子水平上揭示了 ROS 诱导的氧化应激在纳米零价铁毒性机制中的意义。

2)其他潜在毒性机制

鉴于纳米零价铁的纳米尺寸，其直接被人体摄入并由纳米颗粒导致的毒性被认为是可能的毒性机制之一。一方面,细胞摄入的铁可能引发细胞内 ROS 的产生,影响细胞功能，并在细胞内累积大量铁时导致细胞的死亡(Liu et al.，2013；von Moos and Slaveykova，2014)。另一方面，纳米颗粒在各种器官或组织中的累积和分布可能诱导它们形态和功能的改变，这被认为是其对动物毒性的主要机制(Chen et al.，2012；Li et al.，2009；Liu et al.，2013)。例如，研究表明纳米零价铁对青鳉鱼的毒性是青鳉鱼摄入纳米零价铁颗粒并在鳃和消化道中积累造成的(Chen et al.，2012)。

此外，铁基纳米颗粒对细胞膜的强亲和力可导致膜完整性的破坏或对电子和/或离子转运链的干扰，从而对细胞产生负面作用(Auffan et al.，2008；Xiu et al.，2010a)。铁基纳米颗粒在细胞表面的积累会抑制光合作用，这是纳米粒子对藻类的潜在毒性机制(Long et al.，2012；Toh et al.，2014)。对植物而言，铁纳米颗粒在其根表面的积累会阻塞膜孔并干扰水和养分的吸收过程，从而导致植物产生毒性(Ma et al.，2013)。此外，添加纳米零价铁进入水溶液导致的缺氧也是其对水生生物产生毒性的原因(Chen et al.，2011b，2012)。

总之,纳米零价铁可能会通过以下机制产生毒性：①铁基纳米颗粒通过 Fenton 反应或直接与细胞膜或细胞器之间的相互作产生的 ROS；②铁基纳米颗粒在生物体中的累积；③由纳米颗粒附着引起的细胞膜的破坏；④释放的铁离子产生的毒性。

纳米颗粒对生物产生毒性作用的必要条件是其与生物的直接接触，因此，可以开发抑制铁基纳米颗粒对生物体的亲和力的方法以减少纳米零价铁的不利影响。

4.3.3　纳米零价铁对生物的影响

铁几乎是所有物种生长的必需元素，缺铁会带来各种不利影响，如红细胞数降低。但是，过多的铁也可能会导致中毒，人类暴露在高浓度铁环境中可能导致肝脏受损(Valko et al.，2005)。值得注意的是环境中天然存在的铁纳米颗粒无处不在。但是，尺寸在 30 nm 以下纳米颗粒的环境行为可能与自然存在的不同，且可能具有细胞毒性(Handy et al.，2008；Wiesner et al.，2006)。研究表明尺寸小于 30 nm 的纳米颗粒具有尺寸依赖性结晶，这使得它们具有与块状材料明显不同的性质(Auffan et al.，2009)。由于大多数工程应用纳米零价铁尺寸在 10～100 nm，目前对于它们产生毒性是否超过传统零价铁还有争议。实验室的研究观察到纳米零价铁颗粒对不同生物群体(如细菌、藻类、鱼类、蚯蚓和植物)在不同水平上(DNA、个体细胞、生物器官及生物体)的不利影响，如表 4-5 所示。

1. 纳米零价铁对微生物的影响

纳米零价铁对细菌细胞具有毒性(Li et al.，2010；Auffan et al.，2006；Macé et al.，2006)。与氧化铁纳米颗粒相比，纳米零价铁因铁氧化还原状态的差异而在短期内显示出急性杀菌性(大肠杆菌活性受到抑制)(Auffan et al.，2008)。在限氧情况下，大肠杆菌在 9 mg/L 的纳米零价铁中暴露时，细胞膜表现出显著的物理损伤。在氧化条件下，由于表面氧化速率较高，60～70 mg/L 的纳米零价铁才能对细菌达到相同的损害。在限氧条件下，也观察到 Fe^{2+} 对大肠杆菌的灭活作用，这表明纳米零价铁氧化过程中释放 Fe^{2+} 可能是纳米零价铁对细菌产生损害的原因。然而，在空气饱和实验条件下没有观察到 Fe^{2+} 对大肠杆菌的毒性作用，这可能是 Fe^{2+} 在空气中被快速地氧化为 Fe^{3+} 的缘故。图 4-13 显示了在细菌生长中添加的 Fe^{2+} 和纳米零价铁时不同的形态变化，图 4-13(c) 和图 4-13(d) 显示 Fe^{2+} 进入细胞并可能产生活性氧以诱导氧化，其本身被氧化为氧化铁。图 4-13(e) 和图 4-13(f) 显示了细菌细胞膜的显著破坏以及细胞内容物与纳米零价铁相互作用产生渗漏。Lee 等(2008)认为是纳米零价铁诱导蛋白质中的官能团和外膜脂多糖的分解，从而对细胞产生毒性，或者是纳米零价铁在细胞内的氧化，发生 Fenton 反应导致细胞的氧化性损伤。

表 4-5 纳米零价铁对不同生物的毒性效应

生物种类	纳米零价铁性质	纳米零价铁浓度	实验条件	毒性效应	参考文献
细菌类					
大肠杆菌 (Escherichia coli) −	nZVI 10~80 nm, 自制	1.2~110 mg/L	2~60 min 暴露, 搅拌, 好氧/厌氧	厌氧条件下严重毒性; 有氧条件下轻微毒性; 细胞损伤显著	Lee et al., 2008
大肠杆菌 (Escherichia coli) −	nZVI 320 nm±30 nm	7~700 mg/L	1 h 暴露, 有氧	严重毒性 (>70 mg/L 时, 细菌 75%失活)	Auffan et al., 2008
荧光假单胞菌 (Pseudomonas fluorescens) −	nZVI 20~30 nm, 自制	100~10000 mg/L	5min 暴露, 震荡, 好氧/厌氧	所有测试条件下细菌被灭火, 细胞表面发现铁沉淀物	Diao and Yao, 2009
枯草芽孢杆菌 (Bacillus subtilis) +	nZVI 20~30 nm, 自制	100~10000 mg/L	5 min 暴露, 震荡, 好氧/厌氧	随着 nZVI 浓度的增高, 表现出的毒性增强。nZVI 浓度 10000 mg/L, 1000 mg/L, 100 mg/L 时, 约 100%, 90%, 75%的细菌灭活	Diao and Yao, 2009
大肠杆菌 (Escherichia coli) −	nZVI (Toda Kogyo Corp., 日本) 50 nm~5 μm	1000 mg/L	1~4 h 暴露, 震荡, 有氧	严重毒性 (分别在暴露 1 h, 2 h 和 4 h 后 60%, 70%, ~100%灭活)	Chen et al., 2011a
枯草芽孢杆菌 (Bacillus subtilis) +	nZVI (Toda Kogyo Corp., 日本) 50 nm~5 μm	1000 mg/L	1~4 h 暴露, 震荡, 有氧	较轻毒性 (分别在暴露 1 h, 2 h 和 4 h 后 20%, 70%, ~90%灭活)	Chen et al., 2011b
克雷伯氏菌 (Klebsiella planticola) −	nZVI (NANOFER 25Sa) < 50 nm	1000~10000 mg/L	0.2~24 h 暴露, 有氧	对细菌生存能力和活动没有影响, nZVI 附着于细胞表面, 没有产生明显的细胞损伤	Fajardo et al., 2012
芽孢杆菌 (Bacillus nealsonii) +	nZVI (NANOFER 25Sa) < 50 nm	1000~10000 mg/L	0.2~24 h 暴露, 有氧	高毒性: 细胞代谢活动减少; 在 5000 mg/L 和 10000 mg/L 时有轻微和细胞内容物泄漏	Fajardo et al., 2012

续表

生物种类	纳米零价铁性质	纳米零价铁浓度	实验条件	毒性效应	参考文献
施氏假单胞菌 (Pseudomonas stutzeri)	nZVI (NANOFER 25Sa) < 50 nm	1000~10000 mg/L	0.2~48 h 暴露，有氧	0.2h 暴露后出现轻微毒性，氧化应激反应增加，膜转运蛋白下降，氧化应激反应蛋白上调，nZVI 在细胞表面的附着	Saccà et al., 2014
土壤杆菌属 (Agrobacterium sp.)	nZVI, CMC-nZVI, 80~120 nm, 自制	100~250 mg/L	1~6 h 暴露，震荡，有氧	显著毒性（分别暴露的 nZVI 1 h 后存活率为 53.2%和 CMC-nZVI 和裸露的 nZVI 1 h 后存活率为 53.2%和 5.3%），细胞膜严重受损	Zhou et al., 2014
恶臭假单胞菌 (Pseudomonas putida)	nZVI (Toda Kogyo Corp., 日本) 10~70 nm	1000 mg/L	5~60 min 暴露，搅拌，有氧	对指数和衰退生长阶段的毒性更严重	Chaithawiwat et al., 2016a
大肠杆菌 (Escherichia coli)	nZVI (Toda Kogyo Corp., 日本) 10~70 nm	1000 mg/L	5~60 min 暴露，搅拌，有氧	对指数和衰退生长阶段的毒性更严重	Chaithawiwat et al., 2016b
真菌类					
杂色曲霉菌 (Aspergillus versicolor)	nZVI 20~30 nm, 自制	100~10000 mg/L	5 min 暴露，剧烈摇晃，有氧	未发现毒性，观察到细胞表面黄色附着	Diao and Yao, 2009

续表

生物种类	纳米零价铁性质	纳米零价铁浓度	实验条件	毒性效应	参考文献
哺乳动物细胞 啮齿动物小胶质细胞和神经元	nZVI (Toda Kogyo Corp., Japan) 28 nm	25~100 mg/L	暴露时间1~24 h	裸露的nZVI对两种细胞造成的负面影响最大，nZVI的表面改性和老化可减轻毒性	Phenrat et al., 2009a
植物					
白芥子 (*Sinapis alba*)	Nanofer25	0~1000 mg/L	种子25℃静置暴露72 h	毒性非常小	Marsalek et al., 2012
香蒲、杂交杨树	nZVI, 366 nm, 自制	0~1000 mg/L	植物幼苗，暴露4周，每周更换一次新鲜nZVI	暴露浓度高于200 mg/L时，香蒲和杂交杨树显示出毒性迹象	Ma et al., 2013
拟南芥	nZVI (Toda Kogyo Corp., 日本；Nanofer25)	0.005 g/L, 0.05 g/L 以及0.5 g/L	植物种子，22℃，湿度30%，暴露7~14 d	nZVI的存在促进了根系的长度	Kim et al., 2014

注：-表示革兰氏阴性菌，+表示革兰氏阳性菌。

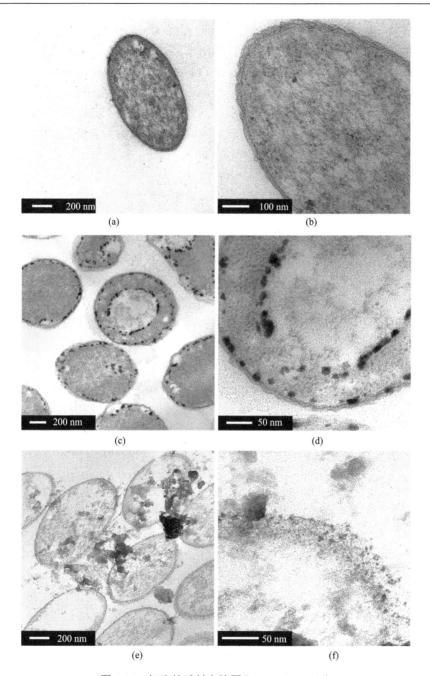

图 4-13　细胞的透射电镜图（Lee et al.，2008）

　　大多数研究使用革兰氏阴性菌如大肠杆菌作为模式微生物来研究纳米零价铁的毒性作用。而革兰氏阳性细菌具有较厚细胞壁，能提供一定保护作用，故在短时间内比革兰氏阴性菌更耐受纳米零价铁的影响（Chen et al.，2011a；Diao and Yao，2009）。例如，纳米零价铁对革兰氏阴性荧光假单胞菌的毒性比对革兰氏阳性枯草芽孢杆菌的更高。但是也存在例外，如纳米零价铁浓度低于 10 mg/kg 时，对革兰氏阴性克雷伯氏菌没有毒性，但相似浓度的纳米零价铁对革兰氏阳性菌芽孢杆菌存在负面影响（Fajardo et al.，2012）。此外，真菌由于其以几丁质为主要成分的坚硬细胞壁使其比以肽聚糖为主要细胞壁成分的细菌具有更优良的纳米零价铁耐受性，即使暴露于 10 g/L 的纳米零价铁中，真菌曲霉菌也未被灭活（Diao and Yao，2009）。

因此，纳米零价铁的选择性毒性与不同微生物细胞壁的组成和结构有关，也有研究表明，革兰氏阳性细菌和革兰氏阴性细菌对纳米零价铁的不同耐受性是由不同 ROS 的作用机制导致的，包括金属调节蛋白和 ROS 清除剂的产生（Chen et al.，2013b）。此外，纳米零价铁对细菌的影响不仅依赖于种属和菌株，也与细菌的生长期相关。有研究表明，纳米零价铁对细菌细胞的毒性在其生长的指数期和衰退期比在静止期更高（Chaithawiwat et al.，2016a）。

此外，常用于生态毒理学研究的微生物是藻类。纳米零价铁对淡水绿藻小球藻（*Chlorella pyrenoidosa*）的毒性大于相似粒径的氧化铁纳米颗粒（Lei et al.，2016），与藻类相比，蓝细菌对纳米零价铁更敏感（Marsalek et al.，2012）。商业化的纳米零价铁 Nanofer 25S 在浓度为 3.0 mg/L 时，对海洋微藻（*Marine microalgae*）产生明显的负面影响（Keller et al.，2012）。另一项研究中，在通用 f/2 培养基中添加与 Fe-EDTA 等摩尔浓度的 Nanofer 25S（即 0.66 mg/L）则不会损害球等鞭金藻的生长、形态或细胞脂质含量（Kadar et al.，2012）。相悖的研究结果间接证实了铁基纳米颗粒毒性的剂量依赖效应。

除了研究纳米零价铁对纯细菌的毒性外，评估其对来自天然和工程环境中（包括河水、含水层沉积物、土壤、活性污泥和原位注入位点）的复杂微生物群落影响的研究也越来越多。多数研究结果表明，纳米零价铁缺乏广泛的杀菌作用是由于纳米零价铁的选择性毒性及其本身易被氧化的性质，但纳米零价铁的加入可能影响微生物群落的结构（Barnes et al.，2010；Fajardo et al.，2012；Kirschling et al.，2010）。土壤类型会对铁基纳米颗粒诱导微生物群落结构的改变产生影响（Ben-Moshe et al.，2013）。在壤质砂土中添加纳米零价铁略微降低了 a-和 b-变形菌的丰度，而在含砂量较高的土壤中，却发现噬细胞菌属细菌和厚壁菌门的减少以及放线菌的增加。纳米零价铁对土壤微生物群落的影响取决于有机质含量和土壤矿物质。与黏质土壤相比，砂质土壤中微生物结构类型更容易受到影响。在纳米零价铁的具体应用中，多数研究者都关注了其对特定功能群落的影响，特别是涉及脱卤的本土微生物群落（Lefevre et al.，2016；Kocur et al.，2015，2016；Tilston et al.，2013）。纳米零价铁的引入会创造有利于卤代化合物生物降解的强还原条件。

在实验室规模的实验中，纯纳米零价铁表现出对 TCE 降解微生物活性的抑制作用（Xiu et al.，2010）。相反，在注射 CMC-纳米零价铁的田间中试实验中，挥发性有机化合物表现出明显的高降解，且观察到微生物群落的明显变化，脱氯细菌属有明显的增加（Kocur et al.，2015，2016）。不同的结果可能是由于纳米零价铁的包覆材料、黏土、天然有机质或环境中其他成分的影响。它们可能吸附纳米零价铁并限制纳米零价铁与微生物的接触，从而减轻纳米零价铁对原位降解微生物群落的负面影响（表 4-6）。

2. 纳米零价铁对植物的影响

纳米零价铁对不同植物（如大麦、亚麻、白杨和大米）的发芽和生长（如根、茎、叶和幼苗）具有抑制作用（El-Temsah et al.，2016；Ma et al.，2013；Wang et al.，2016a；Wu et al.，2016）。除由纳米零价铁诱导的氧化应激外，纳米零价铁在根表面的直接沉积和积累会阻断植物细胞膜孔并干扰水和养分的吸收过程（Ma et al.，2013），这也是造成植物中毒的原因之一。例如，土壤中 500 mg/kg 的纳米零价铁会严重损害根皮层组织，并阻断活性铁从根部运输到芽的过程，从而导致植物缺铁性萎黄（Wang et al.，2016a）。纳米零价铁还会抑制木本杂交杨树幼叶的生长，并导致其老叶的腐烂（Ma et al.，2013）。考虑到纳米零价铁的纳米尺寸，一些研究记录了植物对纳米零价铁的摄取和转运过程（Libralato et al.，2016；Ma et al.，2013；Wang et al.，2016b）。例如，纳米零价铁可以渗透到杨树植物的根细胞中，而在细胞壁中含有相对较高木质素的宽叶香蒲根细胞中却未检测到（Ma et al.，2013），这是由于木质素是阻止外来物质进入细胞的屏障。

此外，也有报道表明纳米零价铁对植物生长及发育具有低剂量刺激和高剂量抑制作用（Li et al.，2015；Ma et al.，2013）。例如，17.92 mg/L 纳米零价铁对花生植物落花生（*Arachis hypogaea*）表现出植物毒性，而较低浓度（4.48 mg/L）的纳米零价铁通过穿透花生外壳增加水分吸收不仅刺激了花生植物的生长，还促成了其种子萌发（Li et al.，2015）。在另一些案例研究中甚至观察到高剂量纳米零价铁的正面效应，例如 33560 mg/L±153 mg/L 纳米零价铁对白芥子（*Sinapis alba*）的生物刺激作用（Libralato et al.，2016）；0.5 g/L 的纳米零价铁促进拟南芥的根伸长增加 150%～200%。该研究证明了纳米零价铁诱导产生的非原质体的 ·OH 可以降解细胞壁中的果胶多糖以释放纵向的张力应力，从而导致细胞壁松动和植物根的伸长（Kim et al.，2014）。

3. 纳米零价铁对动物的影响

甲壳类水生动物是进行铁基纳米颗粒的毒性试验的模式物种。大型溞（*Daphnia magna*）的死亡率会随着纳米零价铁浓度的增加（0.5～1.0 mg/L）而增加（Keller et al.，

表 4-6　纳米零价铁对不同介质微生物群落的影响 (Lefevre et al., 2016)

实验介质	纳米零价铁性质	纳米零价铁浓度	实验条件	影响	参考文献
农业用土壤	nZVI (NANOFER 25S) < 50 nm	34 g Fe⁰/kg	72 h 暴露, 摇晃, 有氧	群落构成发生较大变化; 对反硝化群体和基团表达水平没有影响	Fajardo et al., 2012
棕地土壤	nZVI (NANOFER 25S)	100 g/kg	13 d 暴露	β-和 ε-变形菌分别增加和减少; katB 基因 (编码过氧化氢酶) 过度表达和 pykA (编码糖酵解酶) 的低表达。narG (编码硝酸还原酶) 和 nirS (编码亚硝酸还原酶) 表达水平没有变化	Fajardo et al., 2015
耕地砂质壤土和黏土	CMC-nZVI (10±5.2) nm, 自制	0.27 g Fe⁰/kg	4 个月暴露, 15℃, 黑暗条件	沙土群落组成变化明显, 仅黏土群落功能发生变化。革兰氏菌和丛枝菌根黄菌有所减少	Pawlett et al., 2013
耕地土壤	PAA-nZVI (Golder Associates Inc., 美国) (12.5 ± 0.3) nm	10 g/kg	28 d 暴露, 25℃, 黑暗条件	群落组成发生变化, 生物脱氯有所减弱	Tilston et al., 2013
壤土	nZVI (NANOFER 25S) < 50 nm	17 g/kg	7 d 暴露, (21±0.5) ℃, 黑暗条件	群落组成未发生明显变化。katB 和 pykA 出现过度表达	Saccà et al., 2014
含水层土壤	PAA-nZVI, nZVI (Toda Kogyo Corp., 日本) 27.5 nm	1500 mg/L	250 d 暴露, 摇晃, (23±2℃), 黑暗条件	katB 和 pykA 出现过度表达, 微生物群落组成发生明显变化, 硫酸盐还原菌和产甲烷菌增加	Kirschling et al., 2010
含水层土壤	nZVI (Toda Kogyo Corp., 日本) 70~100 nm	500~3000 mg/L	130 d 暴露, (16±2)℃, 黑暗条件, 缺氧	微生物群落发生变化	Kumar et al., 2014a, 2014b
活性污泥	nZVI, 自制	20~200 mg/L	9 h 暴露, 序批式反应器, 缺氧/有氧	微生物群落未发生变化, ROS 随着 nZVI 投加量的增加而增加。nZVI 不影响乳酸脱氢酶的释放	Wu et al., 2013

2012)。纳米零价铁可能在大型溞的表面聚积从而对水蚤的移动产生不利影响(Schiwy et al.,2016)。模糊网纹溞(*Ceriodaphnia dubia*)可在摄入过程将氧化铁纳米颗粒积累在肠道中的。当测试的生物体暴露于没有纳米颗粒的清洁环境时，其会对已积累的铁进行净化，并且可以通过添加食物来加速净化过程(Hu et al.,2012)。

　　鱼类作为较高等的水生动物，其对铁基纳米颗粒的敏感度通常低于大型溞(Keller et al.,2012；Marsalek et al.,2012；Schiwy et al.,2016)。青鳉(*Oryzias latipes*)是评估铁基纳米颗粒在水生环境中毒性的模型生物。铁基纳米颗粒对青鳉幼体的急性毒性为 Fe^{2+}> CMC-纳米零价铁> 纳米零价铁> 纳米四氧化三铁，实验表明，纳米零价铁诱导的缺氧，Fe^{2+}毒性和 ROS 介导的氧化应激是纳米零价铁产生毒性的原因(Chen et al.,2011a，2012a)。由于强的氧化还原反应性，CMC-纳米零价铁对青鳉胚胎的发育毒性高于纳米四氧化三铁(Chen et al.,2013a)。纳米零价铁可以在整个暴露期间抑制 SOD 活性并诱导青鳉胚胎中 MDA 的产生，而抗氧化则仅在成年青鳉暴露的早期观察到，这是由于成年青鳉的高自愈能力，表明生物的年龄也可能影响它们对纳米零价铁的耐受性。

　　除了直接暴露外，纳米零价铁还可能通过食物链中的营养转移对生物体产生毒性作用。由于铁基纳米颗粒具有较大的生物利用性，它们可能进入食物链，并对高营养水平的生物体构成威胁。最近的一项研究探索了纳米零价铁从藻类到水蚤的营养转移，即使在 18 mmol/L 的高浓度(即 1.0 g/L)下也没有观察到纳米零价铁的生物放大作用(Bhuvaneshwari et al.,2017)。该研究领域目前还处于起步阶段，需要进行更多研究。

　　仅有少数研究调查了纳米零价铁对土壤动物的影响，观察到纳米零价铁的浓度依赖毒性。例如，纳米零价铁(500 mg/kg)的高剂量暴露导致赤子爱胜蚓和蚯蚓(*Lumbricus rubellus*)体重减轻或死亡，低剂量暴露(100 mg/kg)影响它们的繁殖(El-Temsah and Joner，2012b)。作为一种生活在土壤水域中的线虫，秀丽隐杆线虫由于其生命周期短、与人类基因组具有高度相似性而被越来越多地被用作模式土壤生物，暴露在高浓度 CMC-纳米零价铁和纳米四氧化三铁(100 mg/L)24h 后没有发生显著死亡现象。但是，由于 ROS 的产生，5 mg/L 纳米颗粒的存在抑制其繁殖能力，减少后代数量。此外，由于 F0 代中的 ROS 产生以及 Fe^{2+}和铁的积累(Yang et al.,2016a，2016b)，CMC-纳米零价铁的多代生殖毒性直至 F3 和 F4 代。体外研究报道了纳米零价铁对生物体体长和后代的不利影响，然而，在土壤实验中并没有观察到对秀丽隐杆线虫生长和繁殖的抑制，甚至还观察到了促进作用(Yang et al.,2016a，2016b)。这表明，当生物体在复杂的环境条件暴露于纳米零价铁时，体外研究的结果可能并不适用，需要更多关于天然环境中纳米零价铁毒性的案例研究。

目前关于纳米零价铁对哺乳动物毒性的研究还比较少。少量的研究使用人和啮齿动物细胞进行模拟皮肤暴露、摄入或吸入途径下接触到纳米零价铁的危害。结果表明纳米零价铁可以通过氧化应激引起人体支气管上皮细胞活力的降低（Keenan et al.，2009），表明纳米零价铁的吸入可能会引起肺部刺激，且纳米零价铁还会破坏人体角质细胞膜的完整性。在对啮齿动物小胶质细胞和神经元进行纳米零价铁的暴露培养后发现了胶质细胞中线粒体肿胀、凋亡和神经毒性（Phenrat et al.，2009b）。目前，纳米零价铁对人体的直接毒性研究还很少。有研究者通过体外人体共培养模型发现即使在低浓度（10 mg/L）下吸入纳米零价铁也有可能引起肺和心血管毒性（Sun et al.，2016）。另外，由于纳米零价铁迁移距离的有限性（目前改性纳米零价铁具有最远迁移距离为 100 m 的可能），目前尚无数据表明纳米零价铁可能会渗透到修复区以外的饮用水系统中。此外，纳米零价铁在迁移过程中可能已经转化为氧化铁纳米粒子，因此，对氧化铁纳米颗粒的毒性研究可能比对纳米零价铁颗粒更具有实际意义。

4. 纳米零价铁的持久性、生物积累以及生物放大作用

纳米颗粒可能与悬浮固体或沉积物结合，并因此被微生物吸收、累积，进入食物链后产生生物放大作用。这些迁移过程与颗粒物本身以及环境系统的特征有关。但是，关于纳米零价铁在生物体中的持久性和累积性或是在食物链中的生物放大作用的数据很少。纳米零价铁使用后产生的终端产物即纳米级氧化物由于其低溶解度可能在生物系统中持续存在。然而，对生物体的慢性作用（如致突变性）却知之甚少（Auffan et al.，2006）。USEPA 也提出了纳米粒子生物放大的可能性，然而，目前很少有数据证明或反驳这一假设。不同的纳米颗粒在不同生物体中的累积情况不尽相同。例如，Ag 纳米颗粒在赤子爱胜蚓中没有生物累积。但是，尽管 Co 纳米颗粒移动速率低于离子型 Co，但是在赤子爱胜蚓中具有生物累积性，Co 的生物累积性可能是因为它是血液成分。由于铁也是血液的成分，因此纳米零价铁的生物累积也是可能的。有证据表明，纳米零价铁在青鱼中胚胎的生物蓄积性，并且氧化后生物累积的速率高于未氧化的纳米零价铁。

由于纳米零价铁并不会快速大量地进入注射区，纳米颗粒的整体生物累积和生物放大不太可能发生。同时，因纳米零价铁颗粒不太可能迁移到注射区外围，在注射区外围发生生物暴露的概率很小（Keane，2009）。

4.4 纳米零价铁迁移案例分析

4.4.1 场地概况

场地位于德国萨克森-安哈尔特州洛伊纳市附近,在大型工业区下游。目前工业区已建立超过 100 年且目前化工厂和精炼厂依然正常运行。前期污染物处理不当引起周边土壤和地下水严重污染。经调查,主要污染物为苯(20 mg/L)、甲基叔丁基醚(3.9 mg/L)及铵(55 mg/L)。尽管 Carbo-Iron 胶体对上述污染物主要去除作用是吸附,但从迁移性研究的角度来说,该场地提供了较好的含水层条件及真实的野外环境。对提取井进行岩性分析:顶部至地面下 2.94 m 为砂层和粉砂层,2.94~3.94 m 为砂层,3.94~6.04 m 为砾石层,6.04 m 下为淤泥层。

在沿着地下水流动方向相距 6 m 安装止水墙,如图 4-14 所示。在选定的含水层带内,分别安装了注入井和提取井,两井相距 5.3 m。此外,观测井安装在注入井与提取井之间,在注入井和提取井直线向外距离为 30 cm。井位置及模拟流场图如图 4-14 所示。注入井的过滤层位于地面下 3.04~6.04 m。由于所构建的含水层通过止水墙与周围的含水层实现了水力分离,且该含水层底部与其下方含水层之间的黏土层阻断二者之间的联系。在实验含水层中,背景水通量为 1 m³/d。根据注入井的过滤层位置、地下水位及承压含水层位置,示踪剂和修复材料将注入地面下 3.34~6.04 m 含有沙和砾石的位置。

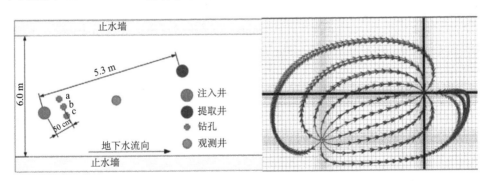

图 4-14 井位置及模拟流场图(Busch et al.,2015)

4.4.2 中试实验设置

1. 含水层水动力特征测试

水动力特征测试采用荧光示踪剂,具体如下:在注入井以 500 L/h 的速度注入自来水,同时从提取井中抽取等量的水。调节流速恒定并监测数小时后,将 5 g

示踪剂稀释到 200 L（25 mg/L）自来水中，然后以上述注入速率将溶液注入井中并再次向井中注入自来水，以维持地下水流场。在提取井上的泵连接到自动采样系统，每小时采取样品并将其存储在 1 L 玻璃瓶中。瓶子用铝箔覆盖，以避免荧光素的光解降解。额外可每 30 min 手动取样一次。样品采用现场荧光光度计（MKT-2，Sommer，奥地利）测试。由于水的理化参数影响示踪剂的荧光强度，因此使用当地地下水、自来水和去离子水对示踪剂的荧光测量进行了多次校准。

2. 沉积物样品采集

实验结束后，于距注入井下游 0.5 m 处，在含水层的砂砾层 4～8 m 深度处采集声波岩心样品。之前研究发现纳米零价铁沉积会导致沉积物颜色发生视觉变化，但对于 Carbo-Iron 胶体，如果与预期相符，其具有良好的迁移性，则会在含水层带中分散，因此注入的 Carbo-Iron 胶体可能不会在沉积物上形成可见沉积。从另一角度分析，若从 0.5 m 距离的沉积物心中发现可见的 Carbo-Iron 胶体沉积物则表明迁移及分散不足。

3. Carbo-Iron 胶体准备及注入

于 3 个 1 L 容器中配置 1 g/L 羧甲基纤维素（CMC）并对其中一个容器进行脱氧。现场在氮气气氛下，于 60 L 容器中配置浓度为 200 g/L 的 Carbo-Iron 胶体（零价铁质量为 15%）。使用两个 Ultra-Turrax（T25D，IKA，Stauffenberg，德国）装置，将 1.2 kg 上述 Carbo-Iron 胶体分批分散在两个 5 L 容器中，用自来水及上述脱氧 CMC 溶液以 1∶3 的比例分批稀释 30 min。悬浮液储存在厌氧容器中，直到所有批次的 Carbo-Iron 胶体均得到处理。最终用于注射的悬浮液中 Carbo-Iron 胶体和 CMC 浓度分别为 1 g/L 和约 1.2 g/L。

在注射 850 L 的 Carbo-Iron 胶体悬浮液之前，先注射 200 L 的含 CMC 的水。注入 Carbo-Iron 胶体后，使用 1.5 L 含 CMC 的溶液冲洗系统，然后用自来水冲洗，所有注入速度均为 500 L/h。储罐中的初始悬浮液的电导率为 1.1 μS/cm，pH 为 9.8，氧含量低于检测极限。

4. 胶体和地下水样品处理

通过自动采样系统每小时从地下水采样一次，每隔 3 min 手动取样一次。使用 0.2 μm 过滤器真空过滤后，通过重量分析法测定胶体浓度。为了确定注入前后的地下水样品中的总铁，将样品彻底混匀，取出 10 mL 等分试样，并与 10 mL 浓盐酸混合用以溶解 Fe，用 0.45 μm 过滤器过滤处理后的水样品，通过电感耦合等离子体发射光谱法（ICP-OES）对液体样品中的铁进行分析。

4.4.3 迁移实验结果

1. 岩心表观

在如图 4-15 所示的距离注入井为 50 cm 的 a、b、c(位置见图 4-14)进行钻孔取样，结果并未发现沉积的黑色物质。

图 4-15　注入井下游 50 cm 处钻孔表观(Busch et al.，2015)

从上至下分别对应图 4-14 中 a、b、c

2. 提取井水样特征变化

提取井水样中的 pH 在实验阶段较为稳定，为 7.5 左右。电导率及溶解氧变化如图 4-16 所示。

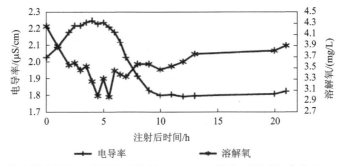

图 4-16　提取井水样电导率及溶解氧在注射 Carbo-Iron 胶体后随时间变化(Busch et al.，2015)

电导率及溶解氧的变化可间接反映 Carbo-Iron 胶体的迁移情况，即约在注入后 5 h 时大量悬浮液到达提取井。

3. Carbo-Iron 胶体迁移

通过从提取井水样的颜色可以直接判断 Carbo-Iron 胶体迁移情况，如图 4-17 所示。为了量化 Carbo-Iron，将样品过滤并称重。将 0 h 重量作为背景重量，如图 4-18 和图 4-19 所示。由图 4-19 发现，提取井水样中 Carbo-Iron 在注射后 1 h 内开始增加，并在 7 h 后达到最高点，然后在 12 h 后降至 0。峰高对应的 Carbo-Iron 浓度为 15～25 mg/L。另外，测得的总铁浓度变化如图 4-20 所示，结果显示背景总铁浓度低于检出限 (0.1 mg/L)。在 180 min 时达到最高 0.74 mg/L，此后浓度降低，直到测得的浓度再次降至检测极限。

图 4-17　注入 Carbo-Iron 后 5 h 内每 30 min 提取井水样图片

从左至右时间递增

0 h　　　　　　　1 h　　　　　　　2 h

3 h　　　　　　　4 h　　　　　　　5 h

图 4-18　不同时间提取井水样过滤图片 (Busch et al., 2015)

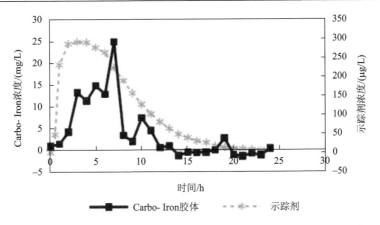

图 4-19　提取井不同时间样品中 Carbo-Iron 含量(Busch et al., 2015)

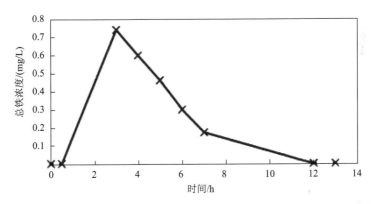

图 4-20　提取井水样中总铁浓度在注射后随时间变化(Busch et al., 2015)

4.4.4　结论

　　总体而言，根据胶体浓度及样品中总铁含量，在天然含水层中 Carbo-Iron 的穿透距离超过 5 m。此外，Carbo-Iron 穿透曲线也与惰性示踪剂所观察到的曲线、氧含量和电导率在提取井处的变化曲线相吻合。一般而言，在使用 Carbo-Iron 修复时应考虑两种特征：①注入期。高渗流速度及高的颗粒和稳定剂浓度。②注入结束时期。此时地下水流动状况取决于较低的渗流速度(通常为 0.1~1 m/d)，同时地下水稀释作用导致悬浮液浓度降低以及稳定剂的解吸。本次现场测试中应用的条件代表了注入期，即施加了高渗透速度和高浓度的悬浮稳定剂 CMC。在典型的地下水流动条件下，颗粒的进一步运输将被限制在较短的距离内。本中试实验表明，通过在足够的空间内注入 Carbo-Iron 对实际场地修复是可行的。

4.5 本 章 小 结

本章首先总结了纳米零价铁在土壤和地下水环境中迁移转化行为的研究进展,对纳米零价铁用于含水层修复时影响其迁移能力的主要因素(纳米颗粒的团聚效应、土壤基质、地下水的离子强度、含水层的水力特性、地下水水位深度、有机质以及 pH、氧化还原电位、竞争性氧化剂等地球化学特征)以及如何改善其稳定性及增强其迁移性的方法(表面改性)进行了总述,并详细介绍了其在进入含水层后可能发生的物理化学转化。其次总结了纳米零价铁在多孔介质(模拟含水层介质)中迁移转化的理论(胶体稳定和胶体过滤机制)、常用模拟方法(填充柱和石英晶体微天平)及数值模型(孔隙及流域尺度模型)。最后对纳米零价铁进入土壤或含水层环境后可能存在的潜在风险进行了分析。从综述目前研究得到的纳米零价铁对生物产生的毒性机制(纳米零价铁颗粒本身的毒性,其释放铁离子的毒性及二者的综合作用)到其对一般细菌真菌、微生物群落结构、植物、水生鱼类、哺乳动物及人体细胞的危害研究中总结了已有纳米零价铁对人体和环境健康潜在风险。

根据本章总结内容对未来提出以下展望:

(1)纳米颗粒在多孔介质中的迁移转化已是近年的研究热点,如何更为准确地模拟复杂含水层环境或者采用一定手段将实验室小规模实验结果近似对等到流域尺寸将是未来研究方向之一。

(2)多孔介质负载纳米零价铁颗粒是解决其团聚和提高反应活性的手段之一,但目前负载方法产量较小,只适合实验室研究使用。亟须寻找合适的可规模化的负载方法。

(3)目前,污染物的减少是纳米零价铁用于场地修复后的首要关注目标,还未发现大量纳米零价铁用于场地修复后对土壤与地下水环境健康的风险及风险长期跟踪研究的实例。

参 考 文 献

葛兴彬, 王振虹, 郭楚奇, 等. 2015. 纳米零价铁的生态毒性效应研究进展. 生态毒理学报, 10: 28-37.

赖健, 安达, 王月, 等. 2017. 纳米零价铁的微生物毒性效应研究进展. 生态毒理学报, 12: 129-137.

李璇. 2015. 纳米零价铁在土壤中的迁移转化及其对花生幼苗生长的影响. 泰安: 山东农业大学.

李梓涵. 2014. 分散型纳米零价铁的制备及去除地下水中的 Cr(VI)的研究. 北京: 轻工业环境

保护研究所.

柳飞. 2019. 土壤纳米颗粒迁移及其与菲和五氯酚共迁移的研究. 杭州: 浙江大学.

柳听义. 2011. 包埋型纳米零价铁(NZVI)的制备及其去除废水中铬(Cr(Ⅵ))的研究. 天津: 天津大学.

吕雪艳. 2015. 纳米材料在饱和多孔介质中的运移及其数值模拟. 南京: 南京大学.

汪登俊. 2014. 生物炭胶体和几种人工纳米粒子在饱和多孔介质中的迁移和滞留研究. 北京: 中国科学院大学.

夏泽阳, 刘爱荣. 2017. 纳米零价铁在环境中的毒性研究进展. 生态毒理学报, 5: 35-43.

Adamczyk Z, Nattich-Rak M, Sadowska M, et al. 2013. Mechanisms of nanoparticle and bioparticle deposition—Kinetic aspects. Colloids and Surfaces A: Physicochemical and Engineering Aspects, 439: 3-22.

Adamczyk Z, Weroński P. 1999. Application of the DLVO theory for particle deposition problems. Advances in Colloid and Interface Science, 83: 137-226.

Auffan M, Achouak W, Rose J, et al. 2008. Relation between the redox state of iron-based nanoparticles and their cytotoxicity toward Escherichia coli. Environmental Science and Technology, 42: 6730-6735.

Auffan M, Decome L, Rose J, et al. 2006. In vitro interactions between DMSA-coated maghemite nanoparticles and human fibroblasts: A physicochemical and cyto-genotoxical study. Environmental Science and Technology, 40: 4367-4373.

Auffan M, Rose J, Bottero J Y, et al. 2009. Towards a definition of inorganic nanoparticles from an environmental, health and safety perspective. Nature Nanotechnology, 4: 634-641.

Babakhani P, Doong R, Bridge J, et al. 2018. Significance of early and late stages of coupled aggregation and sedimentation in the fate of nanoparticles: Measurement and modeling. Environmental Science and Technology, 52: 8419-8428.

Barnes R J, van der Gast C J, Riba O, et al. 2010. The impact of zero-valent iron nanoparticles on a river water bacterial community. Journal of Hazardous Materials, 184(1-3): 73-80.

Basnet M, Ghoshal S, Tufenkji N. 2013. Rhamnolipid biosurfactant and soy protein act as effective stabilizers in the aggregation and transport of palladium-doped zerovalent iron nanoparticles in saturated porous media. Environmental Science and Technology, 47: 13355-13364.

Ben-Moshe T, Frenk S, Dror I, et al. 2013. Effects of metal oxide nanoparticles on soil properties. Chemosphere, 90: 640-646.

Bezbaruah A N, Krajangpan S, Chisholm B J, et al. 2009. Entrapment of iron nanoparticles in calcium alginate beads for groundwater remediation applications. Journal of Hazardous Materials, 166: 1339-1343.

Bhattacharjee S, Ghoshal S. 2016. Phase transfer of palladized nanoscale zerovalent iron for environmental remediation of trichloroethene. Environmental Science and Technology, 50: 8631-8639.

Bhuvaneshwari M, Kumar D, Roy R, et al. 2017. Toxicity, accumulation, and trophic transfer of chemically and biologically synthesized nano zero valent iron in a two species freshwater food chain. Aquatic Toxicology, 183: 63-75.

Bianco C, Tosco T, Sethi R. 2016. A 3-dimensional micro-and nanoparticle transport and filtration model(MNM3D) applied to the migration of carbon-based nanomaterials in porous media. Journal of Contaminant Hydrology, 193: 10-20.

Biswas P, Wu CY. 2005. Nanoparticles and the environment. Journal of the Air and Waste Management Association, 55(6): 708-746.

Boxall A, Tiede K, Chaudhry Q. 2008. Engineered nanomaterials in soils and water: How do they behave and could they pose a risk to human health? Nanomedicine, 2(6): 919-927.

Bradford S A, Torkzaban S. 2008. Colloid transport and retention in unsaturated porous media: A review of interface-, collector-, and pore-scale processes and models. Vadose Zone Journal, 7: 667-681.

Busch J, Meißner T, Potthoff A, et al. 2015. A field investigation on transport of carbon-supported nanoscale zero-valent iron(nZVI) in groundwater. Journal of Contaminant Hydrology, 181: 59-68.

Chaithawiwat K, Vangnai A, McEvoy J M, et al. 2016a. Impact of nanoscale zero valent iron on bacteria is growth phase dependent. Chemosphere, 144: 352-359.

Chaithawiwat K, Vangnai A, McEvoy J M, et al. 2016b. Role of oxidative stress in inactivation of Escherichia coli BW25113 by nanoscale zero-valent iron. Science of The Total Environment, 565: 857-862.

Chen J W, Xiu Z M, Lowry G V, et al. 2011a. Effect of natural organic matter on toxicity and reactivity of nano-scale zero-valent iron. Water Research, 45: 1995-2001.

Chen P J, Su C H, Tseng C Y, et al. 2011b. Toxicity assessments of nanoscale zerovalent iron and its oxidation products in medaka(Oryzias latipes) fish. Marine Pollution Bulletin, 63: 339-346.

Chen P J, Tan S W, Wu W L. 2012. Stabilization or oxidation of nanoscale zerovalent iron at environmentally relevant exposure changes bioavailability and toxicity in medaka fish. Environmental Science and Technology, 46: 8431-8439.

Chen P J, Wu W L, Wu K C W. 2013a. The zerovalent iron nanoparticle causes higher developmental toxicity than its oxidation products in early life stages of medaka fish. Water Research, 47: 3899-3909.

Chen Q, Li J, Wu Y, et al. 2013b. Biological responses of Gram-positive and Gram-negative bacteria to nZVI(Fe^0), Fe^{2+} and Fe^{3+}. RSC Advances, 3: 13835-13842.

Clement T P, Sun Y, Hooker B, et al. 1998. Modeling multispecies reactive transport in ground water. Groundwater Monitoring and Remediation, 18: 79-92.

Clement T P. 1999. A Modular Computer Code for Simulating Reactive Multi-species Transport in 3-Dimensional Groundwater Systems. Richland: Pacific Northwest National Lab.

Coutris C, Hertel-Aas T, Lapied E, et al. 2012. Bioavailability of cobalt and silver nanoparticles to the earthworm Eisenia fetida. Nanotoxicology, 6: 186-195.

Derjaguin B V, Landau L D. 1941. Theory of the stability of strongly charged lyophobic sols and the adhesion of strongly charged particles in solutions of electrolytes. Acta Physico-chimica Sinica, 14: 633-662.

Diao M, Yao M. 2009. Use of zero-valent iron nanoparticles in inactivating microbes. Water Research, 43: 5243-5251.

Elimelech M, Jia X, Gregory J, et al. 1995. Particle Deposition and Aggregation: Measurement, Modelling and Simulation. Amsterdam: Elsevier.

Elimelech M. 1991. Kinetics of capture of colloidal particles in packed beds under attractive double layer interactions. Journal of Colloid and Interface Science, 146: 337-352.

El-Temsah Y S, Joner E J. 2012a. Ecotoxicological effects on earthworms of fresh and aged nano-sized zero-valent iron (nZVI) in soil. Chemosphere, 89: 76-82.

El-Temsah Y S, Joner E J. 2012b. Impact of Fe and Ag nanoparticles on seed germination and differences in bioavailability during exposure in aqueous suspension and soil. Environmental Toxicology, 27: 42-49.

El-Temsah Y S, Sevcu A, Bobcikova K, et al. 2016. DDT degradation efficiency and ecotoxicological effects of two types of nano-sized zero-valent iron (nZVI) in water and soil. Chemosphere, 144: 2221-2228.

Fajardo C, Gil-Díaz M, Costa G, et al. 2015. Residual impact of aged nZVI on heavy metal-polluted soils. Science of the Total Environment, 535: 79-84.

Fajardo C, Ortíz L, Rodríguez-Membibre M, et al. 2012. Assessing the impact of zero-valent iron (ZVI) nanotechnology on soil microbial structure and functionality: A molecular approach. Chemosphere, 86: 802-808.

Fajardo C, Saccà M L, Martinez-Gomariz M, et al. 2013. Transcriptional and proteomic stress responses of a soil bacterium Bacillus cereus to nanosized zero-valent iron (nZVI) particles. Chemosphere, 93: 1077-1083.

Gatti A M, Rivasi F. 2002. Biocompatibility of micro-and nanoparticles. Part I: in liver and kidney. Biomaterials, 23: 2381-2387.

Geng B, Jin Z, Li T, et al. 2009. Kinetics of hexavalent chromium removal from water by chitosan-Fe^0 nanoparticles. Chemosphere, 75: 825-830.

Grasso D, Subramaniam K, Butkus M, et al. 2002. A review of non-DLVO interactions in environmental colloidal systems. Reviews in Environmental Science and Biotechnology, 1: 17-38.

Handy R D, Von der Kammer F, Lead J R, et al. 2008. The ecotoxicology and chemistry of manufactured nanoparticles. Ecotoxicology, 17: 287-314.

He F, Zhang M, Qian T, et al. 2009. Transport of carboxymethyl cellulose stabilized iron nanoparticles in porous media: Column experiments and modeling. Journal of Colloid and Interface Science, 334: 96-102.

He F, Zhao D Y, Liu J C, et al. 2007. Stabilization of Fe-Pd nanoparticles with sodium carboxymethyl cellulose for enhanced transport and dechlorination of trichloroethylene in soil and groundwater. Industrial and Engineering Chemistry Research, 46: 29-34.

He F, Zhao D Y. 2005. Preparation and characterization of a new class of starch-stabilized bimetallic nanoparticles for degradation of chlorinated hydrocarbons in water. Environmental Science and Technology, 39: 3314-3320.

He J Z, Li C C, Wang D J, et al. 2015. Biofilms and extracellular polymeric substances mediate the transport of graphene oxide nanoparticles in saturated porous media. Journal of Hazardous Materials, 300: 467-474.

Hochella M F, Lower S K, Maurice P A, et al. 2008. Nanominerals, mineral nanoparticles, and Earth systems. Science, 319: 1631-1635.

HonetschlÄgerová L, Janouškovcová P, Kubal M, 2016. Enhanced transport of Si-coated nanoscale zero-valent iron particles in porous media. Environmental Technology, 37: 1530-1538.

Hotze E M, Phenrat T, Lowry G V. 2010. Nanoparticle aggregation: Challenges to understanding transport and reactivity in the environment. Journal of Environmental Quality, 39: 1909-1924.

Hu J, Wang D M, Wang J T, et al. 2012. Bioaccumulation of Fe_2O_3 (magnetic) nanoparticles in *Ceriodaphnia dubia*. Environmental Pollution, 162: 216-222.

Hydutsky B W, Mack E J, Beckerman B B, et al. 2007. Optimization of nano- and microiron transport through sand columns using polyelectrolyte mixtures. Environmental Science and Technology, 41: 6418-6424.

Israelachvili J N. 2011. Intermolecular and Surface Forces. New York: Academic Press.

Jiang X J, Wang X T, Tong M P, et al. 2013. Initial transport and retention behaviors of ZnO nanoparticles in quartz sand porous media coated with Escherichia coli biofilm. Environmental Pollution, 174: 38-49.

Johnson R L, Johnson G O B, Nurmi J T, et al. 2009. Natural organic matter enhanced mobility of nano zerovalent iron. Environmental Science and Technology, 43: 5455-5460.

Jośko I, Oleszczuk P. 2013. Manufactured nanomaterials: The connection between environmental fate and toxicity. Critical Reviews in Environmental Science and Technology, 43: 2581-2616.

Kadar E, Rooks P, Lakey C, et al. 2012. The effect of engineered iron nanoparticles on growth and metabolic status of marine microalgae cultures. Science of the Total Environment, 439: 8-17.

Kanel S, Choi H. 2007. Transport characteristics of surface-modified nanoscale zero-valent iron in porous media. Water Science and Technology, 55: 157-162.

Kanel S, Goswami R, Clement T, et al. 2008. Two dimensional transport characteristics of surface stabilized zero-valent iron nanoparticles in porous media. Environmental Science and Technology, 42: 896-900.

Keane E. 2009. Fate, transport and toxicity of nanoscale zero-valent iron (nZVI) used during superfund remediation. Durham: Duke University.

Keane E. 2010. Fate, transport and toxicity of nanoscale zero-valent iron (nZVI) used during superfund remediation. Durham: Duke University.

Keenan C R, Goth-Goldstein R, Lucas D, et al. 2009. Oxidative stress induced by zero-valent iron nanoparticles and Fe(II)in human bronchial epithelial cells. Environmental Science and Technology, 43: 4555-4560.

Keir G, Jegatheesan V, Vigneswaran S. 2009. Deep bed filtration: Modeling theory and practice// Saravanamuthu V. Water and wastewater treatment technologies. Oxford: EOLSS Publishers: 264-307.

Keller A A, Garner K, Miller R J, et al. 2012. Toxicity of nano-zero valent iron to freshwater and marine organisms. PloS One, 7(8): e43983.

Kim H J, Phenrat T, Tilton R D, et al. 2009. Fe^0 nanoparticles remain mobile in porous media after aging due to slow desorption of polymeric surface modifiers. Environmental Science and Technology, 43: 3824-3830.

Kim J H, Lee Y, Kim E J, et al. 2014. Exposure of iron nanoparticles to Arabidopsis thaliana enhances root elongation by triggering cell wall loosening. Environmental Science and Technology, 48: 3477-3485.

Kirschling T L, Gregory K B, Minkley J, et al. 2010. Impact of nanoscale zero valent iron on geochemistry and microbial populations in trichloroethylene contaminated aquifer materials. Environmental Science and Technology, 44: 3474-3480.

Kocur C M, Lomheim L, Boparai H K, et al. 2015. Contributions of abiotic and biotic dechlorination following carboxymethyl cellulose stabilized nanoscale zero valent iron injection. Environmental Science and Technology, 49: 8648-8656.

Kocur C M, Lomheim L, Molenda O, et al. 2016. Long-term field study of microbial community and dechlorinating activity following carboxymethyl cellulose-stabilized nanoscale zero-valent iron injection. Environmental Science and Technology, 50: 7658-7670.

Krol M M, Oleniuk A J, Kocur C M, et al. 2013. A field-validated model for *in situ* transport of polymer-stabilized nZVI and implications for subsurface injection. Environmental Science and Technology, 47: 7332-7340.

Kumar N, Auffan M, Gattacceca J, et al. 2014a. Molecular insights of oxidation process of iron nanoparticles: Spectroscopic, magnetic, and microscopic evidence. Environmental Science and Technology, 48: 13888-13894.

Kumar N, Omoregie E O, Rose J, et al. 2014b. Inhibition of sulfate reducing bacteria in aquifer sediment by iron nanoparticles. Water Research, 51: 64-72.

Lee C, Kim J Y, Lee W I, et al. 2008. Bactericidal effect of zero-valent iron nanoparticles on Escherichia coli. Environmental Science and Technology, 42: 4927-4933.

Lefevre E, Bossa N, Wiesner M R, et al. 2016. A review of the environmental implications of *in situ* remediation by nanoscale zero valent iron (nZVI): Behavior, transport and impacts on microbial communities. Science of the Total Environment, 565: 889-901.

Lei C, Zhang L, Yang K, et al. 2016. Toxicity of iron-based nanoparticles to green algae: Effects of particle size, crystal phase, oxidation state and environmental aging. Environmental Pollution,

218: 505-512.

Lewinski N, Colvin V, Drezek R. 2008. Cytotoxicity of nanoparticles. Small, 4: 26-49.

Li H, Zhou Q, Wu Y, et al. 2009. Effects of waterborne nano-iron on medaka (Oryzias latipes):
    Antioxidant enzymatic activity, lipid peroxidation and histopathology. Ecotoxicology and
    Environmental Safety, 72: 684-692.

Li X, Ai L, Jiang J. 2016. Nanoscale zerovalent iron decorated on graphene nanosheets for
    Cr(VI) removal from aqueous solution: Surface corrosion retard induced the enhanced
    performance. Chemical Engineering Journal, 288: 789-797.

Li X, Yang Y C, Gao B, et al. 2015. Stimulation of peanut seedling development and growth by
    zero-valent iron nanoparticles at low concentrations. PloS One, 10(4): 1-12.

Li Z, Greden K, Alvarez P J, et al. 2010. Adsorbed polymer and NOM limits adhesion and toxicity of
    nano scale zerovalent iron to E. coli. Environmental Science and Technology, 44: 3462-3467.

Li Z, Hassan A A, Sahle-Demessie E, et al. 2013. Transport of nanoparticles with dispersant through
    biofilm coated drinking water sand filters. Water Research, 47: 6457-6466.

Libralato G, Devoti A C, Zanella M, et al. 2016. Phytotoxicity of ionic, micro-and nano-sized iron in
    three plant species. Ecotoxicology and Environmental Safety, 123: 81-88.

Liu G, Gao J, Ai H, et al. 2013. Applications and potential toxicity of magnetic iron oxide
    nanoparticles. Small, 9: 1533-1545.

Liu Y, Lowry G V. 2006. Effect of particle age (Fe^0 content) and solution pH on NZVI reactivity: H$_2$
    evolution and TCE dechlorination. Environmental Science and Technology, 40: 6085-6090.

Long Z F, Ji J, Yang K, et al. 2012. Systematic and quantitative investigation of the mechanism of
    carbon nanotubes' toxicity toward algae. Environmental Science and Technology, 46:
    8458-8466.

Ma X M, Gurung A, Deng Y. 2013. Phytotoxicity and uptake of nanoscale zero-valent iron (nZVI) by
    two plant species. Science of the Total Environment, 443: 844-849.

Macé C, Desrocher S, Gheorghiu F, et al. 2006. Nanotechnology and groundwater remediation: A
    step forward in technology understanding. Remediation Journal: The Journal of Environmental
    Cleanup Costs, Technologies and Techniques, 16: 23-33.

Mahmoudi M, Hofmann H, Rothen-Rutishauser B, et al. 2012. Assessing the in vitro and in vivo
    toxicity of superparamagnetic iron oxide nanoparticles. Chemical Reviews, 112: 2323-2338.

Marsalek B, Jancula D, Marsalkova E, et al. 2012. Multimodal action and selective toxicity of
    zerovalent iron nanoparticles against cyanobacteria. Environmental Science and Technology, 46:
    2316-2323.

McDowell-Boyer L M, Hunt J R, Sitar N. 1986. Particle transport through porous media. Water
    Resources Research, 22: 1901-1921.

Messina F, Marchisio D L, Sethi R. 2015. An extended and total flux normalized correlation equation
    for predicting single-collector efficiency. Journal of Colloid and Interface Science, 446:
    185-193.

Němeček J, Lhotský O, Cajthaml T. 2014. Nanoscale zero-valent iron application for *in situ* reduction of hexavalent chromium and its effects on indigenous microorganism populations. Science of the Total Environment, 485: 739-747.

Pashley R M, Israelachvili J N. 1984. DLVO and hydration forces between mica surfaces in Mg^{2+}, Ca^{2+}, Sr^{2+}, and Ba^{2+} chloride solutions. Journal of Colloid and Interface Science, 97: 446-455.

Pawlett M, Ritz K, Dorey R A, et al. 2013. The impact of zero-valent iron nanoparticles upon soil microbial communities is context dependent. Environmental Science and Pollution Research, 20: 1041-1049.

Petosa A R, Jaisi D P, Quevedo I R, et al. 2010. Aggregation and deposition of engineered nanomaterials in aquatic environments: Role of physicochemical interactions. Environmental Science and Technology, 44: 6532-6549.

Phenrat T, Kim H J, Fagerlund F, et al. 2009a. Particle size distribution, concentration, and magnetic attraction affect transport of polymer-modified Fe^0 nanoparticles in sand columns. Environmental Science and Technology, 43: 5079-5085.

Phenrat T, Liu Y, Tilton R D, et al. 2009b. Adsorbed polyelectrolyte coatings decrease Fe^0 nanoparticle reactivity with TCE in water: Conceptual model and mechanisms. Environmental Science and Technology, 43: 1507-1514.

Phenrat T, Saleh N, Sirk K, et al. 2007. Aggregation and sedimentation of aqueous nanoscale zerovalent iron dispersions. Environmental Science and Technology, 41: 284-290.

Phenrat T, Saleh N, Sirk K, et al. 2008. Stabilization of aqueous nanoscale zerovalent iron dispersions by anionic polyelectrolytes: Adsorbed anionic polyelectrolyte layer properties and their effect on aggregation and sedimentation. Journal of Nanoparticle Research, 10: 795-814.

Phenrat T, Song J E, Cisneros C M, et al. 2010. Estimating attachment of nano- and submicrometer-particles coated with organic macromolecules in porous media: Development of an empirical model. Environmental Science and Technology, 44: 4531-4538.

Quinn J, Geiger C, Clausen C, et al. 2005. Field demonstration of DNAPL dehalogenation using emulsified zero-valent iron. Environmental Science and Technology, 39: 1309-1318.

Raoof A, Hassanizadeh S M. 2010a. A new method for generating pore-network models of porous media. Transport in Porous Media, 81: 391-407.

Raoof A, Hassanizadeh S M. 2010b. Upscaling transport of adsorbing solutes in porous media: Pore-network modeling. Vadose Zone Journal, 9(3): 624-636.

Raoof A, Nick H, Hassanizadeh S M, et al. 2013. PoreFlow: A complex pore-network model for simulation of reactive transport in variably saturated porous media. Computers and Geosciences, 61: 160-174.

Raychoudhury T, Tufenkji N, Ghoshal S. 2012. Aggregation and deposition kinetics of carboxymethyl cellulose-modified zero-valent iron nanoparticles in porous media. Water Research, 46: 1735-1744.

Ryan J N, Elimelech M. 1996. Colloid mobilization and transport in groundwater. Colloids and

Surfaces A: Physicochemical and Engineering Aspects, 107: 1-56.

Saccà M L, Fajardo C, Costa G, et al. 2014. Integrating classical and molecular approaches to evaluate the impact of nanosized zero-valent iron (nZVI) on soil organisms. Chemosphere, 104: 184-189.

Saiers J E, Hornberger G M, Liang L. 1994. First- and second-order kinetics approaches for modeling the transport of colloidal particles in porous media. Water Resources Research, 30: 2499-2506.

Saleh N, Kim H J, Phenrat T, et al. 2008. Ionic strength and composition affect the mobility of surface-modified Fe^0 nanoparticles in water-saturated sand columns. Environmental Science and Technology, 42: 3349-3355.

Saleh N, Phenrat T, Sirk K, et al. 2005. Adsorbed triblock copolymers deliver reactive iron nanoparticles to the oil/water interface. Nano Letters, 5: 2489-2494.

Saleh N, Sirk K, Liu Y, et al. 2007. Surface modifications enhance nanoiron transport and NAPL targeting in saturated porous media. Environmental Engineering Science, 24: 45-57.

Schijven J K, Hassanizadeh S M. 2000. Removal of viruses by soil passage: Overview of modeling, processes, and parameters. Critical Reviews in Environmental Science and Technology, 30: 49-127.

Schiwy A, Maes H M, Koske D, et al. 2016. The ecotoxic potential of a new zero-valent iron nanomaterial, designed for the elimination of halogenated pollutants, and its effect on reductive dechlorinating microbial communities. Environmental Pollution, 216: 419-427.

Seetha N, Kumar M M, Hassanizadeh S M, et al. 2014. Virus-sized colloid transport in a single pore: Model development and sensitivity analysis. Journal of Contaminant Hydrology, 164: 163-180.

Seetha N, Majid Hassanizadeh S, Mohan Kumar M, et al. 2015. Correlation equations for average deposition rate coefficients of nanoparticles in a cylindrical pore. Water Resources Research, 51: 8034-8059.

Shi F, Zhang L, Yang J, et al. 2016. Polymorphous FeS corrosion products of pipeline steel under highly sour conditions. Corrosion Science, 102: 103-113.

Sirk K M, Saleh N B, Phenrat T, et al. 2009. Effect of adsorbed polyelectrolytes on nanoscale zero valent iron particle attachment to soil surface models. Environmental Science and Technology, 43: 3803-3808.

Sun Z, Yang L, Chen K F, et al. 2016. Nano zerovalent iron particles induce pulmonary and cardiovascular toxicity in an in vitro human co-culture model. Nanotoxicology, 10: 881-890.

Tian Y, Gao B, Wang Y. 2012. Deposition and transport of functionalized carbon nanotubes in water-saturated sand columns. Journal of Hazardous Materials, 213: 265-272.

Tilston E L, Collins C D, Mitchell G R, et al. 2013. Nanoscale zerovalent iron alters soil bacterial community structure and inhibits chloroaromatic biodegradation potential in Aroclor 1242-contaminated soil. Environmental Pollution, 173: 38-46.

Tiraferri A, Chen K L, Sethi R, et al. 2008. Reduced aggregation and sedimentation of zero-valent iron nanoparticles in the presence of guar gum. Journal of Colloid and Interface Science, 324:

71-79.

Tiraferri A, Sethi R. 2009. Enhanced transport of zerovalent iron nanoparticles in saturated porous media by guar gum. Journal of Nanoparticle Research, 11: 635.

Toh P Y, Ng B W, Chong C H, et al. 2014. Magnetophoretic separation of microalgae: The role of nanoparticles and polymer binder in harvesting biofuel. RSC Advances, 4: 4114-4121.

Tosco T, Gastone F, Sethi R. 2014. Guar gum solutions for improved delivery of iron particles in porous media(Part 2): Iron transport tests and modeling in radial geometry. Journal of Contaminant Hydrology, 166: 34-51.

Tosco T, Sethi R. 2010. Transport of non-Newtonian suspensions of highly concentrated micro-and nanoscale iron particles in porous media: A modeling approach. Environmental Science and Technology, 44: 9062-9068.

Tosco T, Tiraferri A, Sethi R. 2009. Ionic strength dependent transport of microparticles in saturated porous media: Modeling mobilization and immobilization phenomena under transient chemical conditions. Environmental Science and Technology, 43: 4425-4431.

Tufenkji N, Elimelech M. 2004. Correlation equation for predicting single-collector efficiency in physicochemical filtration in saturated porous media. Environmental Science and Technology, 38: 529-536.

Turabik M, Simsek U B. 2017. Effect of synthesis parameters on the particle size of the zero valent iron particles. Inorganic and Nano-Metal Chemistry, 47: 1033-1043.

Valko M, Morris H, Cronin M. 2005. Metals, toxicity and oxidative stress. Current Medicinal Chemistry, 12: 1161-1208.

Vecchia E D, Coïsson M, Appino C, et al. 2009. Magnetic characterization and interaction modeling of zerovalent iron nanoparticles for the remediation of contaminated aquifers. Journal of Nanoscience and Nanotechnology, 9: 3210-3218.

Verwey E J W. 1947. Theory of the stability of lyophobic colloids. The Journal of Physical and Colloid Chemistry, 51: 631-636.

von Moos N, Slaveykova V I. 2014. Oxidative stress induced by inorganic nanoparticles in bacteria and aquatic microalgae-state of the art and knowledge gaps. Nanotoxicology, 8: 605-630.

Wang B, Yin J J, Zhou X, et al. 2013. Physicochemical origin for free radical generation of iron oxide nanoparticles in biomicroenvironment: Catalytic activities mediated by surface chemical states. The Journal of Physical Chemistry C, 117: 383-392.

Wang D, Bradford S A, Harvey R W, et al. 2012. Humic acid facilitates the transport of ARS-labeled hydroxyapatite nanoparticles in iron oxyhydroxide-coated sand. Environmental Science and Technology, 46: 2738-2745.

Wang J, Fang Z Q, Cheng W, et al. 2016a. Higher concentrations of nanoscale zero-valent iron(nZVI)in soil induced rice chlorosis due to inhibited active iron transportation. Environmental Pollution, 210: 338-345.

Wang J, Fang Z Q, Cheng W, et al. 2016b. Ageing decreases the phytotoxicity of zero-valent iron nanoparticles in soil cultivated with *Oryza sativa*. Ecotoxicology, 25: 1202-1210.

Wiesner M R, Lowry G V, Alvarez P, et al. 2006. Assessing the risks of manufactured nanomaterials. Environmental Science Technology, 40(14): 4336-4345.

Wu D, Shen Y, Ding A, et al. 2013. Effects of nanoscale zero-valent iron particles on biological nitrogen and phosphorus removal and microorganisms in activated sludge. Journal of Hazardous Materials, 262: 649-655.

Wu H, Yin J J, Wamer W G, et al. 2014. Reactive oxygen species-related activities of nano-iron metal and nano-iron oxides. Journal of Food and Drug Analysis, 22: 86-94.

Wu J, Xie Y, Fang Z, et al. 2016. Effects of Ni/Fe bimetallic nanoparticles on phytotoxicity and translocation of polybrominated diphenyl ethers in contaminated soil. Chemosphere, 162: 235-242.

Xie L, Shang C. 2005. Role of humic acid and quinone model compounds in bromate reduction by zerovalent iron. Environmental Science and Technology, 39: 1092-1100.

Xiu Z M, Gregory K B, Lowry G V, et al. 2010. Effect of bare and coated nanoscale zerovalent iron on *tceA* and *vcrA* gene expression in *Dehalococcoides* spp. Environmental Science and Technology, 44: 7647-7651.

Yang Y F, Chen P J, Liao V H C. 2016a. Nanoscale zerovalent iron(nZVI)at environmentally relevant concentrations induced multigenerational reproductive toxicity in *Caenorhabditis elegans*. Chemosphere, 150: 615-623.

Yang Y F, Cheng Y H, Liao C M. 2016b. *In situ* remediation-released zero-valent iron nanoparticles impair soil ecosystems health: A *C. elegans* biomarker-based risk assessment. Journal of Hazardous Materials, 317: 210-220.

Yao K, Habibian M T, O'Melia C. 1971. Water and waste water filtration: concepts and applications. Environmental Science and Technology, 5: 1105-1112.

Zhang W X, Elliott D W. 2006. Applications of iron nanoparticles for groundwater remediation. Remediation Journal: The Journal of Environmental Cleanup Costs, Technologies and Techniques, 16: 7-21.

Zhang Y, Su Y, Zhou X, et al. 2013. A new insight on the core–shell structure of zerovalent iron nanoparticles and its application for Pb(II)sequestration. Journal of Hazardous Materials, 263: 685-693.

Zhao Z S, Liu J F, Tai C, et al. 2008. Rapid decolorization of water soluble azo-dyes by nanosized zero-valent iron immobilized on the exchange resin. Science in China Series B: Chemistry, 51: 186-192.

Zhou Y, Gao B, Zimmerman A R, et al. 2014. Biochar-supported zerovalent iron for removal of various contaminants from aqueous solutions. Bioresource Technology, 152: 538-542.

Zhu B W, Lim T T, Feng J. 2006. Reductive dechlorination of 1, 2, 4-trichlorobenzene with palladized nanoscale Fe^0 particles supported on chitosan and silica. Chemosphere, 65 (7): 1137-1145.

Zhu B W, Lim T T, Feng J. 2008. Influences of amphiphiles on dechlorination of a trichlorobenzene by nanoscale Pd/Fe: Adsorption, reaction kinetics, and interfacial interactions. Environmental Science and Technology, 42: 4513-4519.

第 5 章　纳米零价铁技术体系及施工工艺

纳米零价铁技术是目前污染场地土壤和地下水修复领域的研究热点技术之一。1988 年 Senzaki 等提出利用零价铁治理受有机物污染的水体,之后 Orth 和 Gillham(1996)提出将颗粒状金属零价铁应用于受三氯乙烯污染的地下水的原位修复技术。作为一项具有成本-效益解决方案的新技术,其技术体系及施工工艺的研发对纳米零价铁技术的"小试—中试—工程"的逐渐推广和应用具有重要的现实意义。

掌握了纳米零价铁材料的制备、表征,纳米零价铁的修复机理,以及纳米零价铁材料的迁移转化规律后,如何将这些理论联系起来并应用到后期的修复工程中去,进而形成一个完整的纳米零价铁技术体系,纳米零价铁技术体系的设计就显得尤为重要。此外,了解纳米零价铁技术体系,对于修复技术的选择、修复参数的获取等环节至关重要,关系到修复工程的成败。

本章首先重点回顾了纳米零价铁技术和施用工艺的历史演变,以及近 20 年从实验室测试到中试再到场地工程示范的进展。其次对纳米零价铁技术国内外主要的研究进展进行系统评述总结。最后对技术的原理、进展及最新的研究进行详细介绍。

5.1　纳米零价铁技术发展历程

纳米零价铁技术主要是在前期调查和实验室研发的基础上,结合污染场地水文地质特征分析,选择合适的修复手段,将纳米零价铁材料引入受污染的土壤或地下水环境介质中,达到相应环境介质的修复目的。纳米零价铁技术可应用于氯化溶剂、重金属、苯系物(BTEX)、无机阴离子、药物、印染废水等多种污染物的去除中,纳米零价铁是一种绿色的新兴环境友好型纳米材料。

5.1.1　纳米零价铁技术的发展历史

在过去 25 年的时间里,纳米零价铁技术因其丰富、经济、环保、易操作等优点,在环境污染治理中得到了广泛的应用。铁粉/铁屑从不稳定的纳米零价铁发展到稳定的纳米零价铁,该技术在土壤和地下水的修复方面取得了长足的进步。

Gould(1982)最早报道了零价铁的环境保护用途,研究了金属铁丝还原六价铬的反应动力学。1991 年研究人员首次进行了粒状零价铁的研究并将其应用于原位修复加拿大受三氯乙烯(TCE)和四氯乙烯(PCE)污染的地下水场地；O'Hannesin和 Gillham 于 1992 年将零价铁应用于可渗透反应墙中，这一举动成功推动了零价铁在 PRB 技术中快速应用和发展；他们于 1994 年开创了纳米零价铁应用于还原脱氯领域的系统研究，并开启了一个长期的科研研究过程。到 2003 年，约 70 家颗粒铁生产商应用 PRB 降解氯代烃。

　　2001 年，纳米零价铁技术首次应用于中试和场地规模研究(Elliott and Zhang，2001)。2009 年和 2013 年，分别有 44 个和 59 个含氯挥发性有机物(CVOCs)污染场地采用纳米零价铁技术修复。2017 年，基于纳米零价铁技术修复的场地数量达到 77 个。与此同时，纳米零价铁-生物炭复合材料也于 2017 年首次应用于天津的某 CVOCs 污染场地(Qian et al.，2020)。可以看出，在全球范围内，基于纳米零价铁技术的场地实际应用实例呈逐年增多趋势。由于在这些场地应用过程中，纳米零价铁材料种类、注射技术、场地水文地质条件存在差异，所采取的注射技术各有不同。表 5-1 系统总结了 2001～2017 年中试和场地规模应用研究中纳米零价铁种类、注射技术、场地水文地质条件等信息。

　　如表 5-1 所示，首次实际应用的纳米零价铁为 2001 年应用的未修饰纳米零价铁和双金属纳米零价铁材料，随后在 2005 年和 2006 年，乳化零价铁、聚合物(特别是羧甲基纤维素钠)修饰的纳米零价铁得到越来越多的场地应用(Elliott and Zhang，2001；Quinn et al.，2005；Gavaskar et al.，2005；O'Hara et al.，2006；Henn and Waddill，2006)。2015 年开始，负载型纳米零价铁复合材料，如纳米零价铁/活性炭、纳米零价铁-生物炭等复合材料，逐渐在实际场地修复中得到应用(Busch et al.，2015；Phenrat and Lowry，2019；Qian et al.，2020)。2001～2017年，基于纳米零价铁材料的场地修复技术目标污染物绝大多数为 CVOCs，纳米零价铁主要被应用于污染源附近。在中试和场地规模应用研究中，纳米零价铁的用量分布在 0.34～200 kg 的范围内。纳米零价铁主要被应用于砾石和含砂含水层，尽管如此，也有研究将其应用于黏土砂和黏土粉砂，甚至腐泥土和风化岩石场所。如表 5-1 所示，已经在含水层导水率为 1.3～105 m/d 的多个场地对纳米零价铁的修复性能进行了研究和评价。

5.1.2　纳米零价铁技术的演变及案例

　　Elliott 和 Zhang(2001)通过单井重力注入法将纳米零价铁/钯双金属颗粒用于地下水三氯乙烯和其他氯化脂肪烃污染场地修复。这是首次报道的关于纳米零价铁的场地规模的试验。据报道，在这次工程示范中，在 4 周的监测期内，通过纳米零价铁注入井监测数据的观察，得知三氯乙烯还原效率最高值高达 96%。此次场地试验使用了低浓度裸露的纳米零价铁双金属材料分散液(0.75 g/L 和 1.5 g/L)，目的是减少纳米零价铁的团聚作用导致的对地下多孔隙介质的堵塞。这些纳米颗

表5-1 2001～2017年纳米零价铁技术在场地应用研究中的材料种类、材料用量、目标污染物、注射技术、场地位置、含水层导水率等信息总结

应用时间	注射技术	地层结构	材料种类	材料用量	目标污染物	场地位置	含水层导水率	参考文献
2001年	重力注射（单注射井）3.7～7.5 L/min	—	未修饰双金属纳米零价铁(Fe/Pd)	第一次：1.5 g/L (1.34 kg) 第二次：0.75 g/L (0.34 kg)	三氯乙烯和其他CVOCs	美国新泽西州特伦顿市(Trenton)的制造工厂	修复前后皆为0.2 cm/s	Elliott and Zhang, 2001
2005年	压力脉冲技术 (pressure pulse technology, PPT) (8个注射井)	含水层地下水位为地表以下13.7 m处，包括上层砂层、中层细粒砂层和下层砂层	乳化零价铁(EZVI)	2.54 m³ EZVI(由44.3%水、37.2%油、1.5%表面活性剂和17%铁组成)	三氯乙烯（重质非水相液体）	美国NASA的第34号发射场	修复前 0.015 cm/s 修复后 0.013 cm/s	Quinn et al., 2005
2005年	直推式注射 (10个注射井)	—	双金属纳米零价铁	2 g/L (1.36 kg)	四氯乙烯、三氯乙烯、1,1,1-三氯乙烷、三氯乙烯、氯乙烯	美国新泽西州克赫斯特海军航空工程站	—	Gavaskar et al., 2005
2006年	PPT(8个注射井)，并研究了四种注入技术：(a)气动压裂，(b)水力压裂，(c)压力脉动，(d)直推式注入	含水层，包括上砂单元、中细粒单元和下砂单元。大多数DNAPL存在上砂单元5.3～7.9 m	EZVI	0.66 m³ EZVI(由349 kg纳米零价铁和6.16 m³场地地下水组成)	三氯乙烯（重质非水相液体）	美国NASA的第34号发射场，美国佛罗里达州卡纳维拉尔角空军基地	—	O'Hara et al., 2006

续表

应用时间	注射技术	地层结构	材料种类	材料用量	目标污染物	场地位置	含水层导水率	参考文献
2006年	1. 直推式注射和重力注射（10个注射井）2. 4个注入井和3个提取井的闭环再循环系统（2个循环）	非承压含水层主要由黏土质砂和粉砂，由低渗透黏土包埋的细砂组成	钯掺杂和聚合物包覆纳米零价铁	第一次循环：2 g/L 增至 4.5 g/L[136.1 kg纳米零价铁，13 m³循环水（2个孔隙体积）] 第二次循环：4.5 g/L [15.9 m³循环水（2.5个孔隙体积）] DP和重力注射：10 g/L	四氯乙烯、三氯乙烯、1,1,1-三氯乙烷	美国佛罗里达州杰克逊维尔海军航空站	修复后降低 1.3~0.7 m/d	Henn and Waddill, 2006
2010年	1. 重力注射（单注射井）2. 压力注射（<34.5 kPa）	水深 4.6 m，无承压含水层，主要由坚硬的粉砂质黏土构成，但在近入点附近有有砂砾	CMC 修饰纳米零价铁	1. 0.2 g/L（114 g纳米零价铁）2. 1 g/L（568 g纳米零价铁）	四氯乙烯、三氯乙烯、二氯乙烯、多氯联苯	美国加利福尼亚州前加工厂	0.002 cm/s	He et al., 2010
2010年	Packer 推拉井注射	饱和沉积物，主要是粉砂和黏土；水深 3 m 的封闭区域，水深 4.1 m 和 9.5 m：d_{10}=0.37 mm；d_{60}=0.22 mm 和 1.9 mm 和 2.3 mm	CMC 修饰纳米零价铁	序批实验 1：0.69 g/L 序批实验 2：0.21 g/L 序批实验 3：0.34 g/L	三氯乙烯、四氯乙烯	美国加利福尼亚州某航空航天设施	105 m/d	Bennett et al., 2010
2010年	重力注射（3个注射井）	一种不承压的含水层，中粗砂和一些淤泥	1. 商业纳米零价 2. 硼氢化钠法合成纳米零价铁	1. 40 kg (2.25 m³) 2. 20 kg (8.5 m³)	CVOCs	中国台湾高雄某化工园	0.275 cm/s	Wei et al., 2010

续表

应用时间	注射技术	地层结构	材料种类	材料用量	目标污染物	场地位置	含水层导水率	参考文献
2011年	直推式注射：11个注射井，搭配一活塞泵提供52 bar压力	由薄层冲积层覆盖的61 m渗水砂砾石向外沉积；地下水的深度：12.2~13.4 m bgs	商业纳米零价铁：钯掺杂纳米零价铁与溶胀性有机硅的复合物	52 kg (0.57 m³)	三氯乙烯	美国俄亥俄州某工业园	0.002~0.02 cm/s	Edmiston et al., 2011
2014年	直推式注射	第四纪砂层	聚乙二醇包裹纳米零价铁	10 g/L (280 kg)	四氯乙烯	德国不伦瑞克某干洗店	0.05~0.1 cm/s	Köber et al., 2014
2015年	重力注射法	从顶部剖面深度2.9 m,分别识别出砂层和粉砂层，然后是3.9 m的砂层和6 m的砾石层，最后是粉砂层	CMC修饰铁炭复合材料胶体	1.4 g/L (1.2 kg)	苯，甲基叔丁基醚，铵	德国萨克森-安哈尔特州吕纳市	—	Busch et al., 2015
2017年	重力注射法（5个注射井）	厚度约10 m的第四纪砂和砾石，下面为黏土弱透水层；地下水位：4 m bgs	单乙二醇包裹纳米零价铁 (FerMEG12)	10 g/L (100 kg)	四氯乙烯、三氯乙烯、六氯乙烷	捷克	—	Stejskal et al., 2017
2017年	直推式注射法	—	商业铁炭复合材料 Carbon-Iron®	10~15 g/L (176.8 kg), 1.5 g/L CMC	四氯乙烯、三氯乙烯	瑞士苏威	—	Phenrat and Lowry, 2019
2017年	重力注射法（3个注射井）	约3 m厚的第四纪冲积矿床、砂砾和大圆石。局部半承压含水层。在含水层下有渗透性较差、非常坚硬的石炭系页岩和砂岩	商业纳米零价铁 NANOFER STAR	250 kg	CVOCs，五价砷	西班牙	—	Otaegi and Cagigal, 2017
2017年	直推式注射和Packer注射	—	纳米零价铁生物炭复合材料	30 g/L	三氯乙烯	中国天津某化学试剂厂	3.07 m/d	Qian et al., 2020

粒的直径为 100～200 nm，特别适合快速降解氧化还原易受污染的污染物，并能进行最佳的地下迁移和分散。以重力注入的方式向地下输送纳米粒子，证明了该技术的可移植性及其用于处理污染点和/或污染源区域的适用性。此外，因为纳米颗粒能够在一定程度上与地下水"流动"，理论上，纳米颗粒可以到达许多传统方法无法到达的污染区域（如建筑物下面和机场跑道下）。所选测试区域位于一个相对清晰的地上三氯乙烯储罐的羽流下降梯度内。重力注入技术示意图如图 5-1所示。测试区域的尺寸约为 4.5 m×3.0 m，饱和厚度约为 6.0 m。受污染地表含水层的地下水通常在地表以下 1.8～2.1 m 处，延伸至约 9 m 处的砂砾岩黏土和基岩。注射井（DGC-15）作为测试的注入点（图 5-1）。试验区还在沿地下水流动主方向注入井向下梯度 1.5 m 处安装了三对嵌套式水压计。水压计对被指定为 PZ-1S 和 1D、PZ-2S 和 2D、PZ-3S 和 3D，其中 S 和 D 分别代表浅部和深部。DGC-15 的筛检范围为 3～4.5 m，一般对应羽流污染最严重的区域。

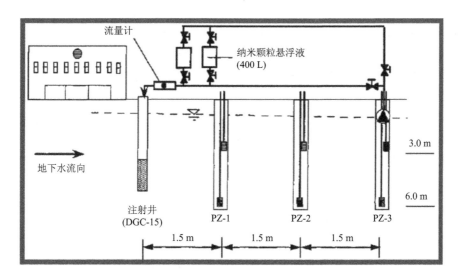

图 5-1　纳米双金属颗粒原位单井重力注入技术示意图（Elliott and Zhang，2001）

2003 年美国新泽西州莱克赫斯特海军航空工程站利用 Geoprobe 直推技术（direct-push technology，DPT）进行了一项中试研究，评估使用双金属纳米零价铁颗粒作为现场修复技术，减少或消除 I 和 J 地区所关注的污染物的可行性（Gavaskar et al.，2005）。采用 Geoprobe 直推技术将双金属纳米零价铁溶液注入在北部羽流的 10 个地点（NP-6～NP-15）和南部羽流的 5 个地点（NP-1～NP-5）进行探测。在每个注射点将共计 20 lb[①] 的双金属纳米零价铁溶液与 4800 L 水混合。利用地球探测

---

① 1 lb（磅）=0.45 kg。

潜水泵将双金属纳米零价铁溶液注入地下水。每隔 4 m 注入一段，向约 960 L 的水中加入 4 lb 双金属纳米零价铁颗粒，得到的双金属纳米零价铁颗粒浓度约为 2 g/L。对于每个注入点，钢质注入棒被推进到最深的处理区间，在那里注入 960 L 的溶液。然后注入棒被缩回 4 ft[①]，在那里又注入了 960 L 的双金属纳米零价铁溶液。这个过程一直持续到双金属纳米零价铁被注入整个 20 ft 的处理区域。每个点的注射间隔为 66～70 in[②]、62～66 in、58～62 in、54～58 in、50～54 in。

2005 年美国佛罗里达州杰克逊维尔海军航空站 (Naval Air Station Jacksonville) H1K 地块采用两种方式进行了纳米零价铁的注入：①利用直推技术战略性地直接注入已知的"热点"；②"闭环"再循环过程（"closed-loop" recirculation process）。首先在 10 个"热点"位置使用 DPT 直接注入纳米零价铁。利用再循环系统将纳米零价铁注入剩余的可疑源区域。地质钻孔表明，场地的不饱和带似乎是由均匀的细粒到中粒砂填充。在地下水位 6～12 ft 处及下方有一薄层黏土砂和/或粉砂，下面是 10～17 ft 处的细粉砂和中等粉砂。在 H1K 内的大多数地点，20～24 ft bgs 会遇到大量的淤泥和黏土。在 24 ft bgs 以下的深度达到 54 ft bgs 时，会遇到坚硬、致密、渗透率极低的黏土。该矿区地表含水层为 7～24 ft bgs，有向东南方向流动的趋势。实验室结果表明，在铁浓度为 1.25～13.75 g/L 的条件下，纳米零价铁对 H1K 现场氯化有机物的去除率在 96%～98%。再循环系统的设计包括 4 口注入井和 3 口抽采井，包括用于初始注入纳米零价铁的 2 口现有注入井 (IW-1 和 IW-6)。由于纳米零价铁悬浮液的黏度与地下水相似（由于铁浓度低），水仅通过重力流进入含水层。注入管钻进水槽，使铁排放到污染物浓度升高的目标深度区间。DPT 注射时，将铁悬浊液稀释至 10 g/L，采用 7.5～23.0 ft bgs 泵直接注入 DPT 井眼，相当于每个井眼注入约 4.2 lb 铁。在第一次再循环过程中，水通过重力作用被再循环到 4 口注入井中 (H10MW-28、H10MW-29、H10MW-30 和 H10MW-31) 和现有的 2 口化学氧化注入井 (IW-1S 和 IW-6D)。利用这些井，再循环系统连续运行了大约 23 h。实验室研究结果表明，开始时的铁浓度为 2 g/L，后来增加到 4.5 g/L，根据现场观察表明，纳米零价铁顺利进入含水层，没有堵塞或在井中滞留的现象出现。化学氧化注入井 (IW-1S 和 IW-6D) 共注入 17 h。在第二次再循环过程中，水只再循环到 4 口新注入井 (H10MW-28、H10MW-29、H10MW-30 和 H10MW-31) 约 21.5 h。使铁浓度维持在 4.5 g/L。化学氧化注入井 (IW-1S 和 IW-6D) 由于在第一次再循环过程中遇到沉积物沉积而没有用于注入。

Quinn 等 (2005) 发展了压力脉冲技术，评估了纳米级乳化零价铁注入饱和区以增强含有三氯乙烯的致密非水相液体的原位脱卤效果。EZVI 是一种表面活性

---

① 1 ft(英尺)=30.48 cm。

② 1 in(英寸)=2.54 cm。

剂稳定的、可生物降解的乳液，在水中形成乳状液滴，由油液膜包围零价铁颗粒组成。采用压力脉冲注射方法，在一个更大的 DNAPL 污染源区域内的示范测试区，经过 5 天的时间，EZVI 被注入了 8 口井。现场示范中使用的 EZVI 混合物由44.3%的水、37.2%的油、1.5%的表面活性剂和 17.0%的铁组成。使用压力脉冲技术的注入方法，EZVI 被注入 8 个独立的 3 in 直径的井中(图 5-2)，每口井有两次注入间隔(16～20.5 ft bgs 和 20.5～24 ft bgs)。PPT 注射工具由两个可移动的 3 ft长的充气封隔器之间的穿孔注射管组成。在向下部注入时，将底部封隔器移除，顶部封隔器放置在 17.5～20.5 ft bgs，并充气以隔离 20.5～24 ft bgs 区域。井底封隔器和井上封隔器都用于注入 16～20.5 ft bgs 区间，井底封隔器的注入范围为

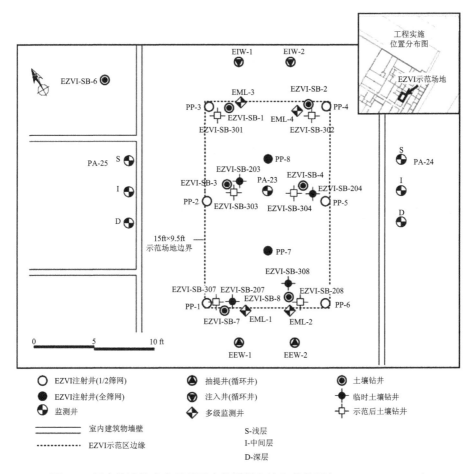

图 5-2　压力脉冲技术在示范区内的采样和注入井位置(Quinn et al.，2005)

20.5～23.5 ft bgs，井上封隔器的注入范围为 13～16 ft bgs。PPT 将振幅较大的压力脉冲应用于多孔介质，使多孔介质中的孔喉"瞬时"膨胀，从而增加流体流量，最大限度地减小流体注入饱和介质时的"指进"效应(Davidson et al.，2004)。

He 等(2010)采用"重力注射+压力注射"的联用技术对位于美国南部的一个废弃制造工厂氯化溶剂污染进行现场修复。以羧甲基纤维素稳定零价铁纳米粒子(微量钯作为催化剂)为实验对象，对氯化乙烯进行了原位修复。选择了一个大约长 15 ft、宽 10 ft 的测试区域，该区域位于一个相对特征良好的石灰岩残渣次生源区域内。图 5-3 介绍了 4 口测试井的含水层标高和位置的剖面图，包括沿地下水流方向安装的 4 口测试井(间隔 5 ft)，包括 1 口注入井(IW)、1 口上梯度监测井(MW-3)和 2 口下梯度监测井(MW-1 和 MW-2)。注入井将稳定的纳米零价铁颗粒悬浮液注入地下。注入井的筛分范围从地下 45 ft 到岩石正上方 50 ft。土壤主要由坚硬的粉质黏土组成，但筛分带的沙子和砂砾的存在使筛分带相对透水，主要是因为其是一种由淤泥、硅质石灰石、砾石碎片和一小部分黏土混合而成的混合物。所选含水层包含地下水水流的主流和含水层的氯化乙烯通量。3 口监测井排列如下：1 口监测井(MW-3)在注入井上浓度梯度 5 ft 处，另外 2 口监测井(MW-1 和 MW-2)分别在注入井下浓度梯度 5 ft 和 10 ft 处。MW-1 和 MW-3 的筛分范围为 45～50 ft bgs，MW-2 的筛分范围为 40～45 ft bgs，这是由于基岩高度从 50 ft bgs 到 40 ft bgs 的变化。在现场制备稳定的纳米颗粒悬浮液，并注入 50 ft 深的无承压含水层。大约 150 gal 0.2 g/L 的 Fe-Pd 通过 IW-1 重力注入 4 h(注射#1)。一个月后，另将 150 gal 1.0 g/L 的 Fe-Pd(CMC = 0.6 wt%，Pd/Fe =0.1 wt%)以注射压力<5 psi[①]的压

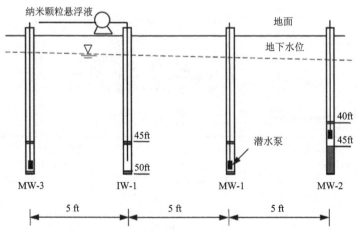

图 5-3 测试现场含水层的剖面图和原位注入 CMC 稳定化 Fe-Pd 纳米粒子的示意图(He et al.，2010)

① 1 psi=6.89×10⁴ Pa。

力注射法注入 IW-1 中(注射#2)。当与示踪剂对比时,在注射#1 和注射#2 中分别检测到了注入 Fe 的 37.4%和 70.0%,这证实了纳米颗粒在含水层中的土壤流动性,并且在较高压力下注入时,观察到颗粒流动性更高。

　　Qian 等(2020)使用"直推式注射+Packer 注射"技术应用于天津某化学试剂厂氯代烃污染修复,这是我国首次将生物炭负载纳米零价铁复合材料应用于氯代烃污染地下水修复。该示范场地主要污染物为三氯乙烯、三氯甲烷等氯代溶剂。地质情况如下:表层是由砾石充填物或棕色粉砂组成,其深度约为 2.5 m bgl,然后是 0.5 m 厚的粉砂黏土,可以作为一个储水池。第三层由层间砂或近似的砂粉组成,厚 2.5 m,代表浅水层。冰川泥沙/黏土位于第三层之下,其渗透性明显较低,可作为另一个弱透水层。详细的现场调查表明,地下水由西南向东北流动,与附近河流呈水力连续关系。该地点含水层的渗透系数确定为 3 m/D,表明该地层具有合理的渗透性。地下水位大致位于饱和厚度约为 2.5 m 的地表以下 3 m。根据地下水流动方向和污染物分布情况,在已知重污染区上游选取约 15 m×15 m的试验区域。在试验区设计建造了 16 个注入井和 10 个监测井(图 5-4)。试验区内共设置 11 口直推式注入井(DPW),5 口封隔器注入井(PKW),5 口微泵监测井(MPW),试验区外有 1 口对照井(CK)。MPW 井和 PKW 井也被用作注入前和注入后的监测点。在示范区设计了纳米零价铁和生物炭-纳米零价铁两种注射剂。在

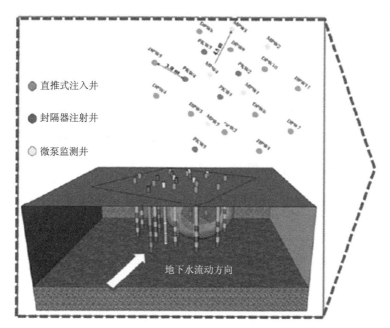

● 直推式注入井
● 封隔器注射井
○ 微泵监测井

地下水流动方向

图 5-4　"直推式注射+Packer 注射"技术井位布置图(Qian et al.,2020)

纳米零价铁试注的情况下，利用高速匀浆机将干燥的铁颗粒分散在自来水中制备悬浮液，形成 200 g/L 的悬浮液。最终制得浓度为 10 g/L 的纳米零价铁溶液。在封隔器注入井和直推式注入井的 3.5 m bgl、4.5 m bgl 和 5.5 m bgl 深度下，采用水力适应压力，以防止沉积物剪切破坏和隧道侵蚀，注入速度约为 1 m³/h。在生物炭-纳米零价铁注射的情况下，于第一次注入纳米零价铁 14 d 后开始，按预定的间隔在封隔器中注入注入井中，生物炭-纳米零价铁的悬浮浓度为 30 g/L。具体案例介绍详见第 7 章。

5.1.3　纳米零价铁技术的适用条件

由于输送技术和粒子移动性的进步，纳米零价铁技术已成功应用于北美、亚洲和欧洲的数十个场地修复项目中。在这些污染场地中，纳米零价铁并没有被用于全场区的修复，而是作为一种为将来的应用开发的中试试点实验。从纳米零价铁应用的众多案例中可以明显看出，为了大面积处理污染的区域，有必要预先进行小范围的中试实验。由于在特征污染源区或二次污染源下，发生了意外溢漏或非水相液体的再移动的污染点，或者可能有一些区域没有使用其他技术加以修复，这些"热点"可能需要处理。在所有这些场景中，当修复目标需要缩短时间时，纳米零价铁是一个可行的备选方案。图 5-5 展示了几种适合利用纳米零价铁技术修复的污染场景，其中可行的修复方案有限。

5.1.4　纳米零价铁技术的方法原理

使用纳米零价铁修复污染地下水的两种方法的基本原理如图 5-6 所示，图 5-6(a)中显示了通过注射纳米材料处理 DNAPL 污染。在图 5-6(b)中，一系列纳米零价铁的注射形成了一个反应性处理区。这些注入造成了颗粒的重叠区域，这些颗粒被滞留在原生含水层物质中(Tratnyek and Johnson，2006)。

5.1.5　纳米零价铁技术的应用概况

纳米零价铁修复过程中存在较多的变量。迄今为止，纳米零价铁技术主要应用于原位化学还原或原位化学氧化技术(ISCR/ISCO)。然而，它也可以作为一种原位稳定技术，并且有很好的证据表明，一些方法可以增强原位厌氧生物修复过程。影响效果取决于所选用的纳米零价铁的类型。表 5-2 列出了国际上常见的实验室和现场应用的纳米零价铁材料类型，这些材料在商业上是可用的，并且已经准备好一系列的现场应用。

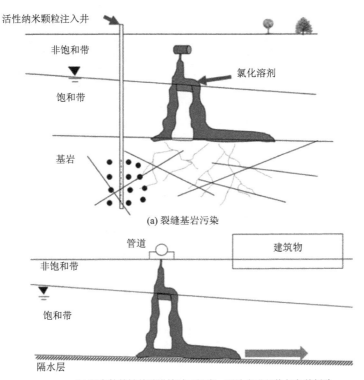

(a) 裂缝基岩污染

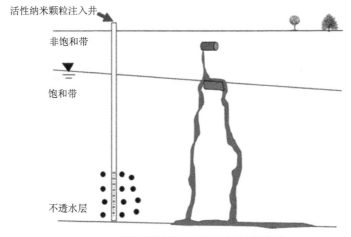

(b) 现有的关键基础设施过于昂贵，无法在进行修复之前拆除

(c) 污染达到其他修复技术无法达到的深度

图 5-5　适合利用纳米零价铁技术修复的三种污染场景(Phenrat and Lowry，2019)

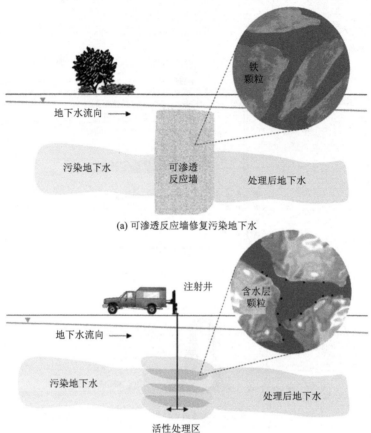

(a) 可渗透反应墙修复污染地下水

(b) 原位注射纳米零价铁修复污染地下水

图 5-6 利用纳米零价铁修复地下水的两种方法示意图（Tratnyek and Johnson，2006）

表 5-2 目前已投入市场的纳米零价铁颗粒总结

名称	颗粒类型	污染物去除过程	目标污染物	生产商
NANOFER 25s	nZVI 的水分散体	还原	卤代烃和重金属	捷克 NANO IRON s.r.o.
NANOFER STAR	空气稳定粉末，nZVI	还原	卤代烃和重金属	捷克 NANO IRON s.r.o.
FerMEG12	机械研磨 nZVI 颗粒	还原	卤代烃	德国 UVR-FIA GmbH
Carbo-Iron	Fe⁰ 与活性炭的复合物	吸附+还原	卤代烃	德国 ScIDre GmbH
Nano-Goethite	腐殖酸稳定原始氧化铁	氧化(生物修复的催化效应)+重金属吸附	生物可降解(最好是非卤化)有机物，如 BTEX、重金属	德国杜伊斯堡-埃森大学(University of Duisburg-Essen)

虽然最早在 2000 年就已经在该领域开发使用纳米修复技术,但与随后的其他 ISCR/ISCO 技术相比,其采用率一直较低。全世界已经进行了 100 多次实地部署,其中大多数是实地测试,而不是实际的商业技术部署。纳米零价铁材料的研究工作包括各种纳米零价铁颗粒在欧洲的多次现场试验,这些试验都得到了很好的证明,如表 5-3 所示。

5.1.6　纳米零价铁技术的核心要素

纳米零价铁原位修复技术有可能成为一种处理大范围污染物污染水体的重要方法。纳米零价铁颗粒表现出极高的反应活性,表现在对 70 多种环境污染物的有效转化,例如,多氯代烃,高毒性物质如 As(Ⅲ)、As(Ⅴ)、Cu(Ⅱ)、Co(Ⅱ)、Cr(Ⅵ)、亚硝酸盐、化学战剂和蓝藻等。

虽然有很大的修复潜力,但纳米零价铁进入市场有三个主要障碍:相对较高的成本、纳米颗粒的反应性和流动性及为优化而验证的大规模性能数据。以前使用的纳米颗粒并不是特别稳定,而且氧化得相当快,这影响了颗粒的安全性及存储和运输。此外,纳米零价铁颗粒易于凝聚和附着在固体表面,导致其在地下水中的迁移受限。因此在实际应用前需要对修复材料进行筛选。

1. 材料的筛选及改性研究

目前在世界市场上供应的纳米零价铁产品主要是通过在氢气中氧化物的高温还原生产的,这种生产方法成本昂贵。纳米零价铁的第一次改进是通过定向表面纳米零价铁氧化来实现表面稳定的。这种纳米零价铁可以长期以干燥的形式储存在空气中。这些颗粒正在大规模生产,就像干/湿磨产生的颗粒一样。为了防止纳米零价铁颗粒对含水层物质的团聚和吸附,从而提高运移距离,对多种表面改性方法进行了试验。

2. 水文地质条件

纳米颗粒对地下水的原位修复效果在很大程度上取决于其在地下的流动性。由于它们的聚集(由于粒子-粒子的相互作用)和它们在含水层基质表面的沉积(由于粒子-收集器的相互作用),纳米颗粒的流动性限制在几分米或几米范围内。纳米颗粒的聚集和沉积受原位水文地质因素的影响。提高对颗粒-颗粒和颗粒-固体基质相互作用的认识:纳米颗粒的组成和表面性质与水化学和水文地质条件有关,包括含水层表面的非均质性及其改变的可能性。这些知识将有助于在特定水文地质条件下选择最适用的纳米颗粒和现场修复方案。

表 5-3 欧盟 NanoRem 修复场地

场地名称	所属国家	使用现状	污染说明(源/羽)	主要污染染物	含水层类型	渗透系数/(m/s)	渗流速度/(m/d)	使用的纳米颗粒	供应商	注入量	注射系统
Spolchemie I	捷克	工业	溶解羽	氯化碳氢化合物	多孔、无侧限	$10^{-6}\sim10^{-4}$	0.2	NANOFER 25S/NANOFER STAR	NANO IRON s.r.o.	200 kg/300 kg	直推技术
Spolchemie II	捷克	工业	残留相和溶解羽	BTEX	多孔、无侧限	$10^{-6}\sim10^{-4}$	0.9	Nano-Goethite	杜伊斯堡-埃森大学	300 kg	直推技术
Solvay	瑞士	工业/棕地	混合相和溶解羽	氯化碳氢化合物	多孔、无侧限	$2\times10^{-5}\sim8\times10^{-3}$	$5\sim20$	FerMEG12	UVR-FIA GmbH	500 kg	Packers注射
Balassagyarmat	匈牙利	棕地	溶解羽	PCE、TCE、DCE	多孔、无侧限	$2\times10^{-8}\sim5\times10^{-3}$	0.3	Carbo-Iron	ScIDre GmbH	176.8 kg	直推技术
Neot Hovav	以色列	工业	裂缝中的相位和羽流	TCE、cis-DCE、甲苯	断裂带	—	—	Carbo-Iron	UFZ	5 kg	Packers注射
Nitrastur	西班牙	棕地	含重金属的人为回填土	砷、铅、锌、铜、钒、镉	多孔、无侧限	$10^{-5}\sim2\times10^{-4}$	1	NANOFER STAR	NANO IRON s.r.o.	250 kg	Packers注射

3. 迁移性和持续性

纳米零价铁的相互作用会降低迁移率，表面涂覆聚合物、聚电解质或表面活性剂对纳米零价铁颗粒表面进行修饰，是提高纳米颗粒流动性的一种方法，同时可能降低颗粒的反应活性。纳米颗粒在天然多孔介质中的反应性研究较少，但对设计现场应用至关重要。因此，必须评估纳米颗粒在天然饱和多孔介质中的反应性和转运过程中的归趋。

5.2　纳米零价铁技术的施工工艺

纳米零价铁最早是通过重力注入的，但最近直推技术似乎很受欢迎，因为它可以增强纳米零价铁材料的迁移和分布（Gavaskar et al.，2005；Edmiston et al.，2011；Köber et al.，2014；Stejskal et al.，2017）。此外，纳米零价铁的注入采用了纳米零价铁的闭环再循环技术（Henn and Waddill，2006；Wei et al.，2012），与典型的重力进给或单直接推注相比，这种技术增强了纳米零价铁的分布。

5.2.1　纳米零价铁活化工艺

纳米零价铁具有典型的"核-壳"结构，这是由于纳米零价铁暴露在水溶液或者空气环境中自发的氧化过程生成的厚度可控（2～4 nm）的铁氧化物层包裹在零价铁外部而形成的（黄潇月等，2017）。而颗粒大小、合成方法、保存条件等对氧化层的组成结构有较大影响。例如，根据 Lee 等（2014）发现液相还原法合成的纳米零价铁氧化层化学组成与 FeOOH 相似，而气体还原法合成的纳米零价铁氧化层主要由 Fe_3O_4 组成（Lu et al.，2007）。随着纳米零价铁表面铁氧化层厚度的增加，核内部活性较高的纳米零价铁向外传输电子受阻，不利于材料性能的发挥。

纳米零价铁还原活性很强，化学性质不稳定，易被氧化。尽管纳米零价铁在环境污染物的去除方面取得了较好的效果，但主要通过表面反应行为途径来降解氯代有机污染物的纳米零价铁，其去除效率受零价铁传质能力的限制，液相中纳米零价铁与疏水性有机物的不同极性将导致零价铁与污染物间电子转移效率低而难以充分发挥作用。另需注意的是，纳米零价铁的制备过程容易发生团聚，制备完成后极易被氧化，这种特点也影响了它的实际应用效果。对于某些污染物，尤其是持久性有机污染物，单独使用纳米零价铁并不能得到满意的效果，甚至在降解过程中会转化为毒性更大的污染物。因此，纳米零价铁活化及工艺的研究至关重要。捷克 NANO IRON s. r. o.公司生产的纳米零价铁在欧洲等一些国家有广泛的应用，且其在欧盟氯代烃等有机污染场地土壤和地下水修复中表现出优良的修复效果和应用前景。该零价铁修复体系于 2017 年由中国科学院南京土壤研究所陈梦舫团队首次引入我国某化学试剂污染场地修复中。

　　NANOFER STAR 是新型空气稳定纳米零价铁粉末，由表面稳定的纳米粒子 Fe^0 组成（图 5-7）。与不稳定的纳米零价铁纳米材料 NANOFER 25P 相比，该产品更容易储存、运输、处理和加工，也更安全，但它仍能与水环境中可去除的污染物保持极端的反应活性。它的优势在于薄无机表面层稳定的纳米零价铁在与空气接触时不会快速氧化。尽管表面稳定，该产品在水中保持最高的反应活性。运输成本节省高达 80%：相比水泥浆产品（由 20% 的纳米颗粒和 80% 的水组成），只有活性物质被运输，并可长期储存在封闭的包装内。CMC 的可选改性改善了迁移性能。此纳米零价铁性质参数如表 5-4 所示。

图 5-7　NANOFER STAR 产品及包装

表 5-4　纳米零价铁性质参数表

参数	内容
商标	NANOFER STAR
EC 编号	231-096-4
CAS 编号	7439-89-6
产地	捷克
Fe 含量	≥65%
Fe_3O_4 含量	≤35%
外观	固体粉末（纳米级材料）
颜色	黑色
粒径	$d_{50} < 50$ nm
比表面积	> 25 m²/g
密度	$1.15 \sim 1.25$ g/cm³（20℃）
表面电荷	0
pH	$11 \sim 12$
LD_{50}	30000 mg/kg

此纳米零价铁产品在实际应用过程中，需对干粉物质进行活化处理，以提高其处理污染物的活性。干粉纳米零价铁活化设备见图 5-8。在此过程中，含有氧化铁钝化层的纳米零价铁逐渐剥离表面的钝化层，将活性的纳米零价铁完全暴露出来，形成稳定性好、活性高的纳米零价铁悬浮液。纳米零价铁悬浮液的制备设备见图 5-9。

图 5-8　干粉纳米零价铁活化设备(容量：50 L)　　　图 5-9　纳米零价铁悬浮液的制备设备

5.2.2　纳米零价铁施工工艺

由于较高的潜在经济效益，原位修复污染土壤及地下水通常是较佳的修复方式。原位修复要求有效地将修复药剂输送到污染区域并与污染物充分接触并发生反应。污染场地地理位置及布局、水文地质条件、污染物的种类和浓度以及材料注射的施工工艺都将影响场地修复效果。因此，需要通过对这些场地因素的综合评估来选取合适的纳米零价铁的注射方式。目前，成功应用的原位修复注射工艺主要包括：直接注射法(临时/永久注入井注射工艺、直推式注射工艺、Packer 注射工艺)、水力压裂注射工艺、循环井注射法以及可渗透反应墙技术等。

纳米零价铁材料在现场的应用具有场地特异性。注入的方法、注入点的间隔和分布，将取决于处理区的地质类型、污染物的类型和分布，以及将要注入的纳米材料的形式。纳米零价铁的注入通常是通过重力进给或压力下的直接注入来完成。直接注入可以通过几种方式进行，包括但不限于直推技术，也可以通过各种类型的井(如临时注入井或永久注入井)进行。再循环是另一种选择，它涉及注入纳米级材料，同时抽取地下水并将其注入处理区，可能在此过程中添加更多纳米级材料。这种原位应用的方法使含水层中的水与纳米零价铁保持接触，并防止较大的结块铁颗粒沉降，促进与污染物的连续接触。另一种常见的纳米零价铁现场应用方法是直推注射法。驱动直推杆的大小类似于小型钻机，逐步深入地下。这种方法不需要安装永久井就可以注入材料。

应用纳米材料进行现场处理的其他方法和工艺包括压力脉冲技术、液体雾化喷射、气动压裂和水力压裂。压力脉冲技术是利用大振幅的压力脉冲将纳米零价铁泥浆注入地下水位处的多孔介质中；然后压力刺激介质，增加液面和流量。液体雾化注入技术是 ARS Technologies 公司的专利技术，该公司专门从事气动压裂和注入领域的服务。它利用载气将一种纳米零价铁-流体混合物引入地下，可实现有效分散，该方法可应用于低渗透地层。压裂注入(气动或水力)是一种高压注入技术，使用压缩气体(气动)或水基高黏性含砂泥浆(水力)，压裂岩石或其他低渗透地层，允许液体和蒸气快速通过管道输送。气动压裂利用压缩气体在注入点周围的岩石中形成一个优先流动路径的裂隙网络，使液体和蒸气能够快速通过裂隙岩石；气动压裂改善了污染物的获取，并允许液体自由流动。

1. 直接注射法

直接注射法主要通过临时注入井、永久注入井、直推式注射或 Packer 注射工艺的方法将纳米零价铁注射到目标修复区域。如图 5-10 所示，直接注射原位修复法的主要步骤如下。

(1)地面药剂与净水按一定比例混合；

(2)适量药剂注射至含水层。

1)注入井注射工艺

场地需要大量注入点时，一般选择建设注入井方式进行注入，结合相应的注入动力设备进行注入修复，注入系统包括注入井、注入集成控制系统、抽提系统(图 5-10 和图 5-11)。

注入井注射工艺的优点：

(1)在注射点位较多、注射量较大的情况下，可降低总修复成本；

(2)不受注射深度限制；

(3)在注入井设计及安装合理的情况下，能够减少药剂的注射量。

注入井注射工艺的缺点：

(1)建井成本较高；

(2)如果需要在注入井以外区域实时观测污染物浓度变化或注入井影响范围受水文地质条件影响而较小时，通常需要增加注入井的数量；

(3)长时间范围内需要进行多次注射时，可能造成井管污堵。

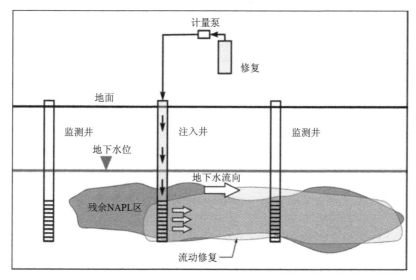

图 5-10 直接注射示意图

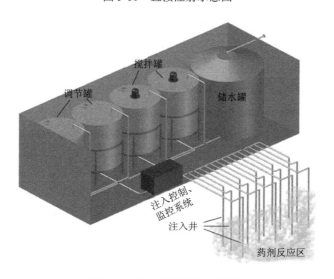

图 5-11 注入井注射法示意图

2)直推式注射工艺

直推式注射不需要建立注入井，能实现修复材料的直接注入。其主要由药剂混合槽、定量加料系统、压力泵和注射系统组成(图 5-12)。

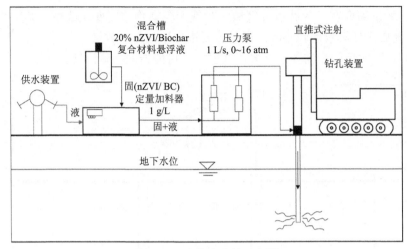

图 5-12　直推式注射示意图

1 atm=1.013×10^5 Pa

直推式注射工艺主要有如下优点：

(1)成本低廉；

(2)非常适用固结碎裂基岩的地质条件；

(3)可根据现场需要灵活移动注入；

(4)对于正在运营的场地，能在不影响其正常运作的同时，进行注入修复。

直推式注射工艺主要有如下缺点：

(1)当需要多次注射时，可能导致成本增加；

(2)材料的影响半径较小；

(3)通常注射深度不超过 100 ft；

(4)可能在注射裂隙区域造成堵塞，阻碍药剂的加入。

3) Packer 注射工艺

Packer 注射系统主要由 Packer 气囊、药剂混合槽、定量加料系统、压力泵组成，如图 5-13 所示。气囊之间为注射目标层段，充气或液压系统将氮气或净水输送到上下气囊中，使气囊膨胀，达到止水的目的。将修复材料注射进入目标层段间的过滤器后，进而扩散到含水层中。

Packer 注射工艺主要有如下优点：

(1)成本低廉；

(2)能较好地解决定深、分层注射，促进了修复材料在潜水层中均匀分布；

(3)适用于碎裂基岩地质条件。

Packer 注射工艺主要有如下缺点：

(1)需要建设注入井，成本较直推式注射工艺高；

(a) 空压式注射Packer

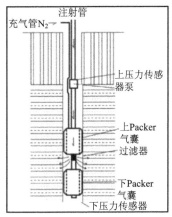

(b) Packer系统工作原理图

图 5-13　Packer 注射系统示意图

（2）灵活性、移动性较差。

是否选用直接注射法注射纳米零价铁材料，需要综合考虑修复区的水文地质条件。直接注射法能充分连同地下孔隙，使修复材料能充分扩散到修复区域。因此，适用固结碎裂基岩的地质条件。然而，低渗透性的黏土、粉黏土地质条件则限制了直接注射法的使用，通常这需要进行高压注射。

2. 水力压裂注射工艺

如图 5-14 所示，水力压裂注射工艺包括钻进系统和注入系统两部分，钻进系统钻进到预定深度位置，开启高压注入系统，将纳米零价铁喷射入土壤中，在瞬时高压作用下，纳米零价铁呈射流状由中心向外围喷射，可在预定深度内形成均匀的用剂层，继而在对流、弥散和机械扩散的作用下迁移并与目标污染物接触反应，达到修复饱和土层污染的目的。

水力压裂注射工艺主要有如下优点：

（1）施工设备简单，一体化优势明显，可以定点、定深、定量地进行用剂注入；

（2）能提高修复效率，缩短修复时间；

（3）对不同区域、不同污染浓度的修复更有针对性。

水力压裂注射工艺主要有如下缺点：

（1）如果目标注射区域埋设有公共设施，则无法使用水力压裂注射；

（2）通常注射深度不超过 100 ft。

图 5-14　水力压裂注射工艺

3. 循环井注射法

循环井(circulating well，CW)技术是为地下水创造三维环流模式而进行原位修复工艺。该系统通过不断抽取地下水，添加和混合修复试剂和基质，并将修复后的水重新注入含水层形式，使污染地下水能多次流经修复药剂弥散区域，从而提高修复效率。其主要操作步骤如下：

(1)注入井及抽提井建井；

(2)注入井纳米零价铁注入；

(3)抽提井地下水抽出；

(4)注入井纳米零价铁及抽出地下水循环注入；

(5)监测井污染物浓度动态监控。

循环井注射系统的设计通常如图 5-15 所示，抽取井位于污染羽下游方向，注入井位于污染羽上游方向，二者之间为构筑的反应区域，且反应区域与地下水流平行。此外，还可在目标修复区域外围构建多口地下水抽提井，并将抽出的地下水重新注入修复区域的中心。地下水渗透系数是循环井注射系统设计的关键影响参数。通常，地下水渗透系数需要大于 10^{-4} cm/s 才能确保能够抽出足量的地下水进行循环。

循环井注射工艺主要有如下优点：

(1)适用于地下水中尤其是挥发性有机物的治理；

(2)可以快速弥散吸附药剂、还原剂或生物菌种，实现快速修复；

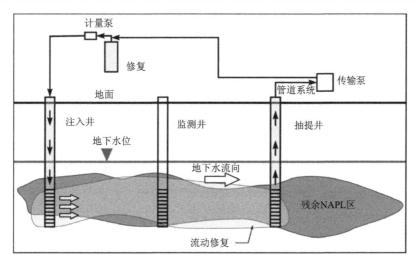

图 5-15　典型循环井注射工艺

（3）处置效率高，不需要抽提地下水，不需注射和排放，不存在扩散或者转移风险。

循环井注射工艺主要有如下缺点：

（1）成本相对较高；

（2）安装工艺较为复杂，很多情况下需要根据特定场地水文地质条件构建地下水模型；

（3）地下水渗透系数需要大于 10^{-4} cm/s 才能确保能够抽出足量的地下水进行循环注射。

4. 可渗透反应墙技术

纳米零价铁技术在地下水污染物去除领域的研究和应用始于 20 世纪 90 年代，最初是将颗粒状的零价铁应用于可渗透反应墙技术中。当受污染的地下水通过 PRB 时，污染物在零价铁表面沉淀、吸附、转化（贾汉忠等，2009）。

PRB 技术是一种以原位渗透处理带作为修复主体的地下水修复技术。USEPA 对其的定义为 PRB 是个填充有活性反应材料的被动反应区，当污染地下水通过时污染物能被降解或污染物靠自然水力传输通过预先设计好的介质时，溶解的有机物、金属、核素等污染物被降解、吸附、沉淀或去除。屏障中含有降解挥发性有机物的还原剂、固定金属的络合剂、微生物生长繁殖所需要的营养物质和氧气用于增强生物处理或其他试剂。其在纳米零价铁技术中的主要原理是在地下构筑渗透墙，将铁墙体横跨于待修复的污染地下水污染羽的迁移路径上，墙体中通常填充铁屑、纳米零价铁等还原修复试剂，使得污染地下水通过该墙体。由于墙体具有可渗透性，污染地下水流动并通过渗透墙时，污染物会与纳米零价铁等修复试剂充分接触并发生还原反应、沉淀作用、降解、吸附或离子交换等作用，从而去除目标污染物，进而使污染组分转化为环境可以接受的形式，以达到阻隔和修复污染羽的目的。零价铁作为渗透反应性屏障用于地下水处理已有二十多年的时间。可渗透反应墙可广泛用于去除地下水中铬、铅、铜、汞、镉、镍、银等无机重金属污染和氯代烃等有机污染物。

　　PRB 可被安装为永久性或半永久性单元。连续反应带是一种最常见的 PRB结构类型，由一系列包含修复填料的反应区间组成。如图 5-16 所示，在理想情况下，连续反应带的建立是挖掘一定规模和深度的沟槽，并在沟槽中回填纳米零价铁或其他活性填料。反应带厚度必须能有效修复所关注的污染物，使污染物浓度降低至目标浓度；而在长度和深度上，则能分别有效截留污染羽的横向和纵向截面。

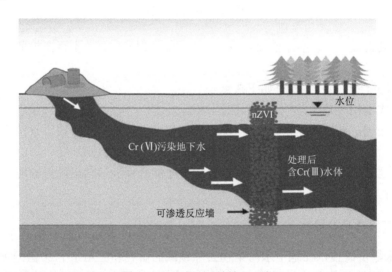

图 5-16　反应渗透墙施工工艺

　　可渗透反应墙技术主要有如下优点：

　　(1)不需要外源动力。无须外加动力的被动处理系统，不需要持续供应能量，避免了能量供给的限制。

　　(2)造价低廉性。PRB 技术造价低廉、维护简单，对于处理各种地下水污染具有良好的效果，且该技术体系是在原位对地下水进行直接的处理，无须抽出、储存、运输、清理等工作，较大地节省了运转成本。

　　(3)可持续性。PRB 技术反应介质消耗很慢，有几年甚至几十年的处理能力，除了需长期监测外，几乎不需运行费用，能够长期有效运作，对生态环境影响较小。

(4)修复填料可更换性。PRB 系统容许对反应介质进行更新,从而保证其长期有效地使用。

(5)不占用地上空间。该处理系统的运转是在地下进行的,避免了抽出处理法的抽出处理过程及可能产生的二次污染,对地面生态环境干扰较小;PRB 系统是在地下部分运作,不占用地上空间,且比传统的异位泵抽出处理技术要便捷、经济。

可渗透反应墙技术主要有如下缺点:

(1)PRB 系统在长期实验过程中,由于细颗粒截留、填料、与地下水组分沉淀及微生物繁殖等,从而造成堵塞,影响 PRB 的使用寿命;

(2)随着有毒金属、盐和生物活性物质在 PRB 中不断地沉积和积累,PRB 会逐渐失去其活性,超过其吸附过滤的容量,所以需要定期地更换反应介质;

(3)PRB 不能保证把污染物完全按人们的要求予以拦截和捕捉且难以确定反应介质在多长时间范围内对目标污染物的固定作用仍然有效,也很难确定哪些环境条件可能发生改变,导致被固定的污染物重新活化而进入环境;

(4)PRB 技术一次性建设成本投入较高,所以在安装之前需进行正确的设计、评估、预测,选择合适的安装方法,以降低其费用投入。

为保障 PRB 长期有效的使用,其设计需考虑很多因素,且不同反应材料和处理机制对墙体设计的考虑因素亦各不相同。主要的考虑因素包括墙体水体特征、系统长期运行几十年后反应材料的更新、墙体内的一般管道系统设计、对系统进行监测与检查和材料更新使用的开口部分。在实际应用过程中,PRB 技术需考虑三大模块:活性填料选择、墙体形式设计、关键参数设计等(郭丽莉等,2020)。墙体形式设计和关键参数设计又受水文地质条件、污染羽特点等因素的影响。

如图 5-17 所示,PRB 的设计通常从研究出发,根据施工区域的地区适用性、水文地质特征、污染物的类别和浓度、数学模型模拟结果及实验室柱体实验模拟等参数,确定 PRB 的结构尺寸、配置、安装位置、监测方案、使用寿命等,并对投资总费用进行估算(崔亚伟和刘云根,2009)。

PRB 的施工一般包括土体的挖掘和反应材料的回填两大部分。其中土体的挖掘是 PRB 系统施工的重点,施工方法要综合考虑污染区域的污染状况、水文地质特征、其周围建筑情况、施工过程产生的废弃物的处置、施工过程对人员健康与安全的影响等方面的因素。在 PRB 施工埋深不高时,往往选用履带式连续挖掘或挖掘机施工等方法。当挖掘深度大于 10 m 时,一般采用水力压裂、深土混合、连续打桩、高压喷射、泥浆墙法等施工技术来降低成本,替代费用较高的挖掘技术。

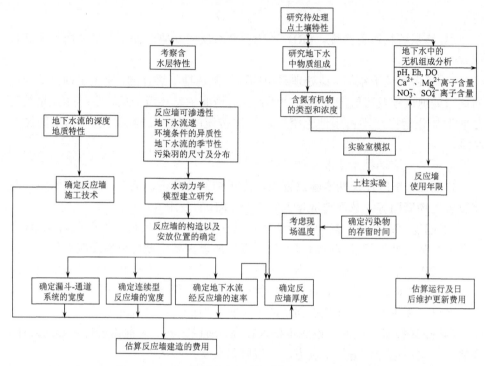

图 5-17 PRB 的设计流程（崔亚伟和刘云根，2009）

5.3 纳米零价铁技术体系设计

如果纳米零价铁技术被认为对污染场地修复是有益的，那么提供设计标准并列出要监测的参数对促进该技术的成功应用是非常重要的。确定最合适的纳米修复技术方法，以实现修复实践的跨越式变化。使用模型系统(纳米颗粒+模拟真实环境条件的条件)，研究流动性、反应活性(污染物的破坏、转化或吸收)、寿命和反应产物。确定纳米颗粒在地下的移动和迁移潜力，并将其与潜在的用途和潜在的危害联系起来。流动性和迁移潜力的实验范围从实验室规模，到大型实验室系统，再到现场测试。

纳米零价铁技术体系是由纳米零价铁材料与修复技术的匹配选择、场地使用条件、修复技术参数、经济技术要素等几大部分组成的相互联系、密不可分的有机整体。纳米零价铁技术体系的构建是保障修复工程实施的重要环节，对修复工程的顺利实施起到至关重要的作用。纳米零价铁技术修复原理如图 5-18 所示。纳米零价铁技术在场地中的应用受许多复杂因素的限制，如稀释、氧化和与离子的相互作用，在设计处理技术时必须考虑这些因素的影响。对修复效果的充分评价往往受到场地特征不佳的阻碍，这使情况更加复杂。因此对以往纳米零价铁实际应用的案例来说明纳米零价铁技术应用后评估交付和性能监控所涉及的重要事项显得尤为重要。纳米零价铁技术具体包括以下内容。

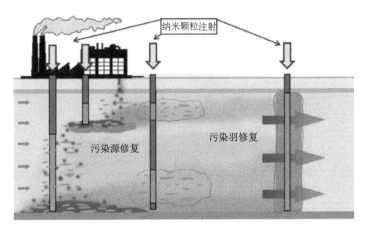

图 5-18　利用纳米零价铁技术进行原位修复的原理图

5.3.1　场地概念模型建立

　　确定场地污染的范围对场地概念模型的建立是至关重要的。在进行钻孔调查时，通常要详细记录场地岩性，用于指导后期的工程应用，如确立注入井的安装位置。对于环境修复领域来说，污染物的描述与场地环境地质条件、岩性和水文条件同等重要，为纳米零价铁技术的实施提供决策依据。

　　场地特征必须包括污染源识别、潜在的迁移途径和相态之间的转移，以及在选择修复备选方案和修复监测计划时必须考虑的现场条件。了解高渗透和低渗透区域内污染物的分布情况，可以进行针对性地修复，了解污染物通量的现状，可以更好地预测场地中污染物的归趋。场地的年龄和被释放的污染物的质量也是场地特征鉴定要考虑的重要因素。

　　图 5-19 展示了一个受 DNAPL 影响的污染场地概念模型示例(ITRC，2011)，模型考虑了污染物质量在不同相态的分布(表 5-5)，不同地层简化为高、低水力传导率(K)区域。最初，污染物通过高水力传导率区(可能是 DNAPL)进入系统，然后吸附并扩散到低水力传导率区介质中。因此，该模型可以理解为污染物在污染区持续存在、迁移和降解时所发生的污染物通量。一个准确的概念模型，包括污染物如何影响污染源、污染物持续多久、水相污染羽延伸到什么长度，以及准确的岩性和介质剖面，是纳米零价铁技术高效修复的第一步。

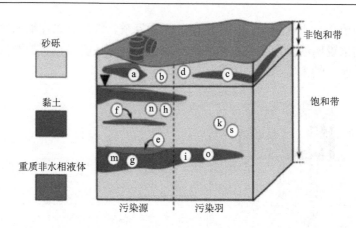

图 5-19 地下污染的场地概念模型中可能的污染相态：DNAPL、吸附相、溶解态液相和挥发态气相(ITRC，2011)

表 5-5 场地概念模型中污染的相态在 14-单元模型中的分布

污染区域	污染源		污染羽	
	低水力传导区域	高水力传导区域	低水力传导区域	高水力传导区域
挥发态气相	a	b	c	d
DNAPL	e	f		
溶解态液相	g	h	i	k
吸附相	m	n	o	s

注：14-单元模型是评价纳米零价铁技术修复氯化溶剂场地的一个示例工具；方框表示可以被纳米零价铁修复的污染物；表中的字母对应的区域见图 5-19。

5.3.2 场地特征分析

结合前期场地环境调查，明确该场地潜水含水层污染状况，确定场地潜水含水层地下水修复目标和范围，为后续场地潜水含水层地下水修复提供数据支持。具体规划如下：①监测场地内潜水含水层监测井地下水水位，分析确定场地内潜水含水层地下水流向；②开展场地微水试验，确定场地潜水含水层渗透系数；③在场地内采集潜水含水层地下水样品，分析场地地下水污染特征，确认场地污染物种类、分布规律和污染区域。

污染场地现场调查和历史活动记录调查可以确定潜在的污染源。场地拓扑信息和岩性信息可以在区域、局部和场地层面从钻孔中收集，并可用于建立场地概念模型。通过进一步的调查，可以识别概念模型中更详细的元素，并做出修复决策。场地特征包括地下介质类型、水力梯度、场地边界和基础设施，有助于筛选和设计修复方案。决定修正的注射修复方法是否合适，需要有关渗透性介质的信息。本节总结了一些在使用纳米零价铁技术前应考虑的特征鉴定方法。岩性、污染深度、目标污染物和可能的共存污染物，以及场地特定的考虑因素(如地上和地下基础设施)，将对设计产生很大影响。

为了进行环境污染调查监测，需要对饮用水提取井进行改进。几十年来对超级基金现场调查的研究发现,传统的监测井无法充分和精确表征污染特征。图 5-20 提供了一个典型的长筛监测井的例子，以及应用于环境修复时的一些缺点(Einarson,2005)。表 5-6 描述了监测井设计对现场 CVOCs 污染概念模型的影响。示例污染物等高线可表示在水基质中采样的任何可溶性化合物。例如，对于纳米零价铁技术来说，溶质可以是含氯挥发性有机物(如 TCE)。在一些场地，井管滤管长度可达 20 ft，这可能导致场地概念模型和实际场地条件之间的巨大差异。

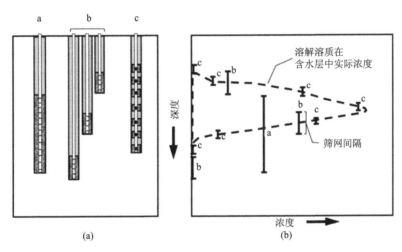

图 5-20 三种不同筛管长度(长筛段、中筛段和多级筛)的图解(a)和用这些不同的筛选间隔测量可能的溶质浓度示例(b)(Einarson，2005)

表 5-6 监测井设计对现场 CVOCs 污染概念模型的影响(Einarson，2005)

监测井偏差	场地概念模型的含义	纳米零价铁修复的结果影响
长井网稀释了样品中 CVOCs	最大浓度被低估	纳米零价铁可能未处理大多数受污染区域
井网仅部分捕捉污染间隔	CVOCs 最大浓度位置不准确	纳米零价铁注射目标深度可能会错过污染物
复杂的介质分层出现较长的井网	污染物分布信息未知	注射可能只进入大多数导电介质，但错过了污染区域
出现长井安装和垂直水力梯度	在井网内污染物可能向上或向下迁移	纳米零价铁注射(通常是黏性的)可能会使污染物向下移动

　　地下含水层性质（如蓄水、水力传导性和地下水方向）的量化在概念模型开发中至关重要。相关的地下水文地质参数有一系列已确定的技术来严格评价。泵送试验可以提供有关水力传导率、渗透率和单位产水量（对于非承压含水层）或储水量（对于承压含水层）的信息，以及井或层的连通状态。段塞流测试可以在裸眼井中进行，也可以通过在多个离散区间使用封隔器来估算渗透率，最终确定水力传导率。与建立场地水力概念模型有关的其他考虑因素还包括地下水位的位置和季节波动。由于地下水位的季节性变化可能会改变地下水流动的方向和幅度，因此在某些地点可能需要修改概念模型。

　　示踪剂测试可以利用井间到达时间来确定水平水力传导性。这些信息随后可用于对保守示踪剂进行溶质输运基准测试（Bennett et al.，2010；He et al.，2010）。这有助于量化给定介质的吸附和解吸程度。示踪剂在柱状试验中用于比较水流和纳米零价铁的迁移，也被用作中试实验中纳米零价铁注入的基础比较（He et al.，2010；Kocur et al.，2014）。

　　注入流体中的组分也可用作保守示踪剂。修正注入的电信号可作为示踪剂，用于监测偏移程度（Wei et al.，2010）。聚合物修正迁移的程度也被证明与纳米零价铁的迁移密切相关（Kocur et al.，2014）。反应性示踪剂采用对油/水界面具有已知吸附特性的示踪剂，可以与保守性示踪剂结合使用，以量化非水相液体/水的表面积。任何对纳米零价铁技术反应性和迁移率影响的示踪剂都应在现场应用前加以考虑。

　　场地调查的替代方法根据情况可以大大帮助或取代常规方法。当永久井基础设施不可行（如小溪或河床，以及其他容易发生洪水的低洼地区）或不被监管机构允许时，替代技术可能是唯一可用的场地特征鉴定方法。这些替代方法包括一系列探测技术：Waterloo 断面仪（Waterloo profiler）、膜界面探测器（membrane interface probe，MIP）、水喷射测试（hydrosparge）、原位溶剂注入和萃取（in situ solvent injection and extraction）、井下显微镜/相机（downhole microscope/camera）、激光诱导荧光（laser-induced florescence，LIF）。

　　最近在纳米零价铁技术现场应用探针的一个例子是 Bennett 等（2010）的研究，他们在向被 PCE 和 TCE 污染的分层砂含水层注入纳米零价铁之前，成功地使用 MIP 进行水相采样（图 5-21）。另一套场地特征分析技术是可以在地面上或钻孔中使用的地球物理方法。地球物理方法的信息可以提供连续的现场数据，适当地校准井眼数据。探测技术还有一个额外的好处，那就是减少浪费，因为只有样品才能被带到地表，这可以降低在高污染场地的暴露。

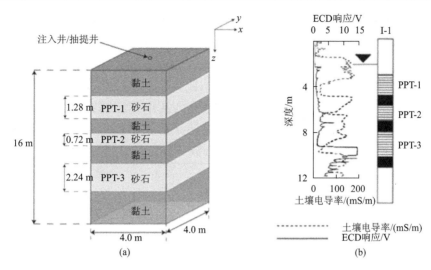

图 5-21　场地岩性示意图(a)和电导率与土壤膜界面探针结果(b) (Bennett et al.，2010；
Krol et al.，2013)

ECD 表示电子俘获检测器

5.3.3　纳米零价铁技术实验参数获取

根据场地概念模型和场地特征分析结果以及未来场地用途规划，结合技术筛选分析，初步确定了修复技术。为了验证所选修复技术对该待修复地块治理的有效性，需进行实验室小试和现场中试，以期为后续的修复工程实施提供必要的技术参数。

在了解颗粒-颗粒、颗粒-含水层、颗粒-生物膜相互作用的基础上，优化纳米颗粒的输运，为计算建模提供有效的纳米颗粒输运参数。提供有关纳米颗粒反应活性的现场信息，并为计算建模提供反应动力学参数。提供有关纳米粒子的尺寸转换、分解、性能和长期命运的相关信息。制定标准化的实验方案，以促进纳米颗粒流动性和归趋研究的实验室间比较，决定最适合特定应用和特定现场条件的颗粒。

1. 纳米零价铁注射与迁移性评价

注入井中纳米零价铁的注入遵循达西定律：

$$q = \frac{k\rho g}{\mu}\frac{\mathrm{d}h}{\mathrm{d}r} \tag{5-1}$$

式中，q 为达西速度；k 为渗透率；ρ 为流体密度；μ 为流体黏度；h 为水头压力；r 为离井半径。

可以使用以下技术注入纳米零价铁：恒压头注入井或蓄水池的恒压头。重力注入是一种固定压头的注入方式，它受注入井高度的限制，只允许压头从竖管喷出。恒定的流量注射确保达西流量在整个注入过程中通过保持适当的水头是恒定的。

在柱试验中，通过达西定律计算了整个柱的线性水头损失，使得整个柱的速度恒定。从注入井流出的径向流通常被理想化为从井中流出的柱状流。在径向流动中，随着注入井半径的增大，达西速度会随着整个系统的水头下降而减小。因此，从一口井出发的半径可以用式(5-2)预测：

$$\mathrm{ROI_{Fluid}} = \sqrt{\frac{V}{\pi nL} + r_{\mathrm{well}}^2} \tag{5-2}$$

式中，$\mathrm{ROI_{Fluid}}$ 为注入的最大范围或注入量；V 为注入体积；L 为筛长；n 为孔隙度；r_{well} 为水井半径(Bennett et al.，2010)。

1) 影响半径

第一次纳米零价铁场地试验采用了重力注入，并报告了重力注入的纳米零价铁迁移距离，由于纳米零价铁悬浮稳定性差，纳米零价铁只有几英尺的迁移距离(Elliott and Zhang，2001)。遗憾的是，在这些研究中，评估纳米零价铁迁移的方法还没有很好地建立起来，很可能影响半径更接近几英寸而不是几英尺(Sun et al.，2007)。颗粒稳定性的进步使得纳米零价铁悬浮液更容易处理和注入(He et al.，2009，2010)。以高速率注入大量纳米零价铁的最成功方法是增加注射头压力，从而获得更大的流量。通过使用恒压头或恒流量注入技术，可以达到 5~7 ft 的影响半径(Quinn et al.，2005；Krug et al.，2010)，而使用重力注入的影响半径为 2~3 ft (He et al.，2010；Krug et al.，2010)。

2) 黏度的影响

提高纳米零价铁悬浮液黏度有利于提高纳米零价铁悬浮液的稳定性。许多使用聚合物(Tiraferri and Sethi，2009；Kocur et al.，2013)、剪切稀化聚合物(Tosco and Sethi，2010)和水包油乳液(Berge and Ramsburg，2009)的实验室研究都注意到了这一点。尽管由于流动性的提高，黏度的增加可能会增大影响半径，但即使是适度的黏度增加也会显著增加注入压力(Krol et al.，2013)。黏性流体的注入也提高了注入前缘的稳定性；然而，黏度的增加也会导致非水相液体(NAPL)的流动(Pennell et al.，1994；Johnson et al.，2009；Abriola et al.，2011)。

3) 渗透性

当直接污染或通过高渗透层的长期扩散输送污染时，低渗透层可以作为长期污染源。反扩散早就被认为是浓度长时间渐近下降的原因，这在场地关闭方面造成了特殊的问题，而且由于低渗透区域的扩散通量，依赖基于浓度的标准可能导致监测范围的扩大。目前正在利用几种不同的方法探索获取和修复渗透性较差区域的先进技术。使用剪切稀释聚合物电子供体的传递研究已经诞生了许多修复技术，包括纳米零价铁和微米零价铁(MZVI)修复技术。在柱状实验、沙箱实验和场地中研究了注射纳米零价铁的剪切稀释聚合物。剪切速率与速度(v)、渗透率(k)和孔隙度(n)有关。

2. 纳米零价铁在多孔介质中的迁移预筛

通过理想多孔介质的输运已经测试了许多纳米零价铁配方，并且人们对纳米零价铁/介质相互作用的理解越来越多。然而，在现场计划的各种条件下，使用从现场回收的渗透性介质进行实验室测试，是预先确定场地多孔介质中纳米零价铁可移动性的最佳方法。Kocur 等(2013)讨论了在实验室试验中重复现场条件以避免高估现场纳米零价铁输运的重要性。

许多研究在实验室试验中使用了不切实际的高孔隙水速度来确定现场运移的范围。在现场调查过程中，可以通过岩心测井和测试来估算现场预期的导水性范围，并选择合适的条件进行柱试验。此外，应确定可能影响纳米零价铁流动性的地下水和土壤成分(如高黏土含量和矿物学异常)。例如，纳米零价铁在富含碳酸钙的土壤中流动性有限(Laumann et al.，2013)，以前的研究也注意到其在自然土壤中的流动性下降(He et al.，2009)。

在一系列的纳米零价铁配方和现场条件下，纳米零价铁修复系统的设计和升级从批量到实验室，到中试规模已经完成。Bennett 等(2010)用单井试井方法为试井提供模型。纳米零价铁注射与萃取耦合生成了有关纳米零价铁吸附、相互作用以及与多孔介质反应的重要信息。这与以往研究不同，对于场地尤为重要。

3. 现场应用

现场试验最好是根据实验室试验结果设计的，或者如果没有这类数据，最好是根据供应商提供的水文地质化学和现场调查中获得的污染物信息设计的。实地测试的主要目的是明确特定条件的操作应用程序的设计和实现纳米颗粒的正确选择，评估选定的纳米颗粒的效率和寿命，从而缩短修复计划的预测持续时间。

解释现场数据需要一个有效的概念模型，这包括对自然还原剂需求和可能干扰目标污染物降解的额外金属或污染物的贡献的了解。当在现场或多组分体系中存在高浓度的 CVOCs 时，由于对反应位点的竞争，可能会产生副产物。由于微生物介导的降解，副产物也可能已经在现场出现。利用场地的土壤和地下水进行适当的实验室规模试验可能表明副产物的潜在影响，但是重现精确的现场规模条件(流动的水和微生物)是困难的。

1)剂量

在每土壤体积单位基础上给定污染水平的适当纳米零价铁剂量还没有进行系

统的研究，因此没有定量的剂量指标。供应商和从业者可能有针对特定情况的经验规则；然而，合适的剂量可能是场地特异性的，因为没有两种情况是相同的。在某修复处理区域，铁土比为 0.004 g/kg 或 4 g/kg 的土壤已被用作达到低 ORP（如 −400 mV）的定性阈值（Gavaskar et al.，2005）。这个估算的零价铁负载自最初的 PRB 安装以来没有显著变化，尽管一些颗粒 PRB 的负载可高达 10%～22% 的土壤重量（Gillham et al.，2010）。据估计，在 0.4% 零价铁负载情况下，PRB 运营足以持续几十年，如果这种负载已经被柱实验证实。原位土壤混合应用的目标是铁负载量在 0.5%～2%（Cantrell et al.，1997）。

2）转运

令人关切的是，无法按所需剂量提供纳米零价铁和微米零价铁，以便在原位污染源区进行处理。Gavaskar 等（2005）的文献中与土壤混合和 PRB 应用有关的铁土比无法通过注射方法获得。这是基于在开发聚合物涂层之前，早期现场研究的有限成果得出的。考虑到许多中试注射涉及 0.3～1 g/L 剂量的纳米零价铁，可能需要多次注射。微米零价铁和纳米零价铁的转运已取得重大进展（Quinn et al.，2005；O'Hara et al.，2006；Köber et al.，2014；Luna et al.，2015）。与不稳定的料浆相比，添加稳定剂的优势是允许更多的时间转运，并且能够稳定高浓度的纳米零价铁（Kocur et al.，2013）。如前所述，提高稳定性会带来更好的移动性（He et al.，2009；Phenrat and Lowry，2009；Kocur et al.，2013），这就提供了通过多次注入或使用更浓的泥浆注入更多纳米零价铁的机会。必须考虑多次注入可能造成的堵塞。已经制定了向地下注入修正剂的方法；然而，评估和准确分析转运和性能的方法还有待发展。

3）纳米零价铁反应寿命

根据注入的零价铁的质量，在污染物大规模破坏之前，电子供体的损失将导致污染物浓度的反弹。这在早期纳米零价铁的现场研究中经常报道，注入井附近挥发性有机化合物（VOCs）浓度下降 80%～99%，但几个月后反弹。这是由于注入过程将被污染的孔隙水推出测试区域（Bennett et al.，2010）。在这种情况下，注射混合物的稀释可能会导致纳米零价铁与溶解氧和水的氧化，造成零价铁质量的消耗。有研究建议，纳米零价铁注入最适合用于固定相污染，对反应寿命的估计各不相同，这取决于地下条件和注入纳米零价铁的量。批量实验研究已经证实了纳米零价铁反应活性可达数月，但在沉积物水混合物中的反应活性仅持续约 1 个月。然而，原地反应的寿命还有待于充分探索。污染物与沉积的纳米零价铁的相互作用和降解尚未得到充分的研究，仍然是一个未解决的问题。这是一个必须要跨越的重要知识鸿沟，以便确定应用策略和条件，提供使用纳米零价铁的最佳修复策略。

4）实验室测试

在现场使用纳米零价铁之前，可以对地下条件进行纳米零价铁兼容性评估。

可以设计批量试验，以评估纳米零价铁与现场特定污染物的可行性。地球化学参数是一个很好的起点，因为纳米零价铁在还原环境中，pH 为中性或略碱性效果最好。量化天然还原剂的需求和简单估计地下污染物质量分布可用于技术选择。批量试验可以评估预处理或添加催化剂的需要，批次实验可以减少纳米零价铁剂量。纳米零价铁配方可以在实验室模型或现场的柱试验中测试，以确定流动性。浆体可以使用几种不同的方法注入，以确定最佳的输送方式，或用不同的设备筛选承包商。考虑到关闭场地前不可避免地需要进行一些抛光处理，可以对场地地下水进行筛选，确定对微生物种类的影响。

4. 全尺度设计

在中试的基础上，结合数值模型设计一种全尺寸的纳米修复方法。设计的关键部分是将污染物的分布和库存与纳米颗粒的特定目标相匹配。全尺寸设计的主要挑战是平衡技术和经济问题，如均匀的纳米颗粒分布与注入点数量的关系。

5.3.4　现场安装及颗粒注射

纳米零价铁技术现场安装包括地面安装和地下安装。如果现场已建有可注射的监测井，或者在纳米颗粒部署过程中正在使用的井，而且在地下允许使用直接推注技术，则可以预先布置地下安装。地面安装包括流动设备，包括混合容器、分散剂、泵等。对于地面安装的设计，特别是在运行过程中，与其他类型的现场修复一样，工人的健康和安全问题需要优先考虑，其次是技术和经济问题（如查阅材料安全数据表，并遵循良好的做法）。

纳米零价铁材料注射修复技术主要实施过程包括以下几点：①获取场地参数和污染物特征，选择合适的修复试剂和输送系统；②合理设计并安装注入井、监测井和抽水井（如需要），尽可能使注入的修复材料能影响所有处理区域；③安装修复试剂制备/储存和输送系统；④注射修复材料，并对注射过程进行监控，以保证安全运行；⑤对污染物浓度、pH、氧化还原电位等参数进行监测，如果污染物浓度出现反弹，可能需要进行二次或三次注射。

纳米零价铁泥浆的注入方式因地质、水文地质场地条件和污染分布而异。不同类型地下含水层作为松散沉积物和固结裂隙基岩需要不同的注入方法。

根据现场的技术规格、污染分布、水力和流体力学、修复的目标（如污染源修复或污染羽修复）和场地概念模型（CSM）或修复概念的任何其他要求，有多种方法可以将颗粒带入地下，以下列举几种方法供参考：通过全筛孔无压力渗透；在使用或不使用封隔器的井中采用变压注入；部分监测井通过排水管渗入地表；直接推进和水力压裂系统；反梯度/顺梯度注射；污染源区阵列注入；隔时间围栅源环形喷射，防止集中源喷射过程中的污染扩散等。不恰当的注入技术可能导致水力污染位移，并可能导致松散沉积物内的剪切破坏和隧道/土壤管道侵蚀。在任何情况下，方法和技术必须根据现场要求定制。如有必要，应进行注射试验，以调整注射技术和设备的操作。

5.3.5　纳米零价铁技术效果评价及后期监测

　　成功的纳米零价铁技术的测试和确认是通过长期监测实现的。在这一阶段，地下水需进行污染物、反应产物、代谢物和一般环境参数的定期(每月)监测，以验证修复效果的成功与否。监测的重点是调查所期望的反应在减少地下水中污染物浓度、减少排放或污染物质量方面的效率。决定纳米零价铁技术修复是否成功的标准必须事先确定，并相应地选择一个监测方案。监测结果将与预注入阶段确定的状态进行比较。最后，监测方案的设计应能对修复工作的成功做出肯定的证明，或决定是否和何时需要重新注入纳米零价铁颗粒。

　　设置不同类型监测井的目的：获取污染物和修复材料在平面和垂向上的空间分布特征；评估注射的纳米零价铁材料对污染羽的捕获能力，确保出水水质对下游没有影响；评价注入井的设计是否合理，如污染物在反应区间的停留时间是否能满足降解反应的需要；估计注入井及修复材料的寿命。根据污染物反应前后浓度的变化，计算污染物的去除率，判断修复后的地下水是否达标，评价示范工程的修复效果。具体内容详见第 6 章。

5.4　本 章 小 结

　　随着科学技术的进步，纳米零价铁技术体系及施工工艺在不断探索发展与演变。根据待修复场地地质条件、污染物性质等特征，选择最佳的修复技术及施工工艺。此外，随着修复经验的不断积累、各类技术的研发，纳米零价铁技术呈现精细化发展的趋势。

　　纳米零价铁技术在以下方面可进一步加强。

　　(1)纳米多元金属体系。例如，在纳米零价铁的表面负载钯、镍或铜等金属元素形成二元金属体系，从而提高其电子传递速率及污染物去除效率。钯、镍等金属都是良好的加氢催化剂，作为过渡金属的它们均有空轨道，可以在氢的转移过程中起到不可忽略的作用。同时钯等金属可以收集零价铁腐蚀过程中产生的氢气，强化其还原作用。

　　(2)纳米零价铁的改性制备技术将是一个新的研究方向，可以有效避免钝化膜的产生，提高纳米零价铁的活性。

参 考 文 献

白薇扬, 李红億, 郑佳敏, 等. 2022. 柠檬皮渣负载纳米零价铁去除搬迁厂厂区土壤中铬污染. 广东化工, 49(4): 133-136.

陈梦舫, 韩璐, 罗飞. 2017. 污染场地土壤与地下水风险评估方法学. 北京: 科学出版社.

陈梦舫, 钱林波, 晏井春. 2017. 地下水可渗透反应墙修复技术: 原理、设计及应用. 北京: 科学出版社.

崔亚伟, 刘云根. 2009. 污染地下水原位处理 PRB 技术研究进展. 地下水, 31(141): 100-102.

付全凯, 王琪, 姜林. 2019. 氯代烃污染土壤的纳米零价铁厌氧修复研究. 环境科学与技术, 42(8): 110-117.

郭丽莉, 康绍果, 王祺, 等. 2020. 渗透式反应墙技术修复铬污染地下水的研究进展. 环境工程, 38(6): 9-15.

韩依飏, 张秀娟, 魏通, 等. 2022. 水热法制备 Fe/C 复合材料及其对地下水中三氯乙烯的降解性. 精细化工, 39(4): 812-818, 827.

何娜, 李培军, 范淑秀, 等. 2007. 零价金属降解多氯联苯(PCBs). 生态学杂志, 5: 749-753.

胡劲召, 陈少瑾, 吴双桃, 等. 2005. 零价铁对土壤中六氯乙烷还原脱氯研究. 广东化工, 8: 28-31.

黄潇月, 王伟, 凌岚, 等. 2017. 纳米零价铁与重金属的反应: "核-壳"结构在重金属去除中的作用. 化学学报, 75(6): 529-537.

贾汉忠, 宋存义, 李晖. 2009. 纳米零价铁处理地下水污染技术研究进展. 化工进展, 28(11): 2028-2034.

李广贺. 2010. 污染场地环境风险评价与修复技术体系. 北京: 中国环境科学出版社.

梁文, 周念清, 代朝猛, 等. 2021. 纳米零价铁协同技术降解双氯芬酸试验研究. 安全与环境工程, 28(3): 123-129.

林正峰, 陈艳, 黄圣南. 2017. 基于纳米零价铁的类芬顿体系降解土霉素的研究. 化学工程师, 31(11): 35-40.

刘学敏. 2018. 基于高级氧化/纳米零价铁降解多环芳烃的研究. 大连: 大连理工大学.

滕应, 陈梦舫. 2016. 稀土尾矿库地下水污染风险评估与防控修复研究. 北京: 科学出版社.

熊兆锟, 张恒, 刘杨, 等. 2021. 基于零价铁的高级氧化技术与装备. 材料导报, 35(21): 21012-21021.

Abriola L R, Ramsbury A, Pennell K. 2011. Development and Optimization of Targeted Nanoscale Iron Delivery Methods for Treatment of NAPL Source Zones. Strategic Environmental Research and Development Program. Medford: Tufts University.

Anipsitakis G P, Dionysiou D D. 2004. Degradation of organic contaminants in water with sulfate radicals generated by the conjunction of peroxymonosulfate with cobalt. Environmental Science and Technology, 37(20): 4790.

Bennett P, He F, Zhao D, et al. 2010. *In situ* testing of metallic iron nanoparticle mobility and reactivity in a shallow granular aquifer. Journal of Contaminant Hydrology, 116: 35-46.

Berge N D, Ramsburg C A. 2009. Oil-in-water emulsions for encapsulated delivery of reactive iron particles. Environmental Science and Technology, 43: 5060-5066.

Busch J, Meißner T, Potthoff A, et al. 2015. A field investigation on transport of carbon-supported nanoscale zero-valent iron (nZVI) in groundwater. Journal of Contaminant Hydrology, 181: 59-68.

Cantrell K J, Kaplan D I, Gilmore T J. 1997. Injection of colloidal size particles of Fe^0 in porous media with shearthinning fluids as a method to emplace a permeable reactive zone. Washington DC: US Department of Energy: 9-12.

Davidson B, Spanos T, Zschuppe R. 2004. Pressure Pulse Technology: An Enhanced Fluid Flow and Delivery Mechanism. Presented at the Fourth International Conference on Remediation of Chlorinated and Recalcitrant Compounds, Monterey, CA.

Dong H Y, Li Y, Wang S C, et al. 2020. Both Fe(IV) and radicals are active oxidants in the Fe(II)/peroxydisulfate process. Environmental Science and Technology, 7: 219-224.

Edmiston P L, Osborne C, Reinbold K P, et al. 2011. Pilot scale testing composite swellable organosilica nanoscale zero-valent iron—Iron-Osorb®—for *in situ* remediation of trichloroethylene. Remediation Journal, 22: 105-123.

Einarson M. 2005. Multilevel ground-water monitoring. Practical handbook of environmental site characterization and ground-water monitoring. 2nd. Boca Raton, FL: CRC Press: 807-848.

Elliott D W, Zhang W X. 2001. Field assessment of nanoscale bimetallic particles for groundwater treatment. Environmental Science and Technology, 15: 4922-4926.

Fan G, Cang L, Qin W, et al. 2013. Surfactants-enhanced eletro-kinetic transport of xanthan gum stabilized nano Pd/Fe for the remediation of PCBs contaminated soils. Separation and Purification Technology, 114: 64-72.

Gavaskar A, Tatar L, Condit W. 2005. Cost and Performance Report: Nanoscale Zero-valent Iron Technologies for Source Remediation. Port Hueneme, CA: Naval Facilities Engineering Service Center.

Gillham R W, Vogan J, Gui L, et al. 2010. Iron barrier walls for chlorinated solvent remediation// Stroo H F, Ward C H . *In Situ* Remediation of Chlorinated Solvent Plumes. New York: Springer: 537-572.

Gould J P. 1982. The kinetics of hexavalent chromium reduction by metallic iron. Water Research, 16: 871-877.

He F, Zhang M, Qian T, et al. 2009. Transport of carboxymethyl cellulose stabilized iron nanoparticles in porous media: Column experiments and modeling. Journal of Colloid and Interface Science, 334: 96-102.

He F, Zhao D, Paul C. 2010. Field assessment of carboxymethyl cellulose stabilized iron nanoparticles for *in situ* destruction of chlorinated solvents in source zones. Water Research, 44: 2360-2370.

Henn K W, Waddill D W. 2006. Utilization of nanoscale zero-valent iron for source remediation—a case study. Remediation Journal, 16: 57-77.

Hussain I, Zhang Y, Huang S, et al. 2012. Degradation of *p*-chloroaniline by persulfate activated with zero-valent iron. Chemical Engineering Journal, 203: 269-276.

Ibrahem A, Abdel M, Mustafa Y, et al. 2012. Degradation of trichloroethylene contaminated soil by zero-valent iron nanoparticles. ISRN Soil Science.

ITRC (Interstate Technology and Regulatory Council). 2011. Technical and Regulatory Guidance: Integrated Strategies for Chlorinated Solvent Sites. ITRC, Washington, D. C.

Johnson R L, Johnson G O B, Nurmi J T, et al. 2009. Natural organic matter enhanced mobility of nano zerovalent iron. Environmental Science and Technology, 43: 5455-5460.

Keenan C R, Sedlak D L. 2008. Factors affecting the yield of oxidants from the reaction of nanoparticulate zero-valent iron and oxygen. Environment Science and Technology, 42 (4): 1262.

Köber R, Hollert H, Hornbruch G, et al. 2014. Nanoscale zerovalent iron flakes for groundwater treatment. Environment and Earth Science, 72: 3339-3352.

Kocur C M D, Lomheim L, Molenda O, et al. 2016. Long-term field study of microbial community and dechlorinating activity following carboxymethyl cellulose-stabilized nanoscale zero-valent iron injection. Environmental Science and Technology, 50: 7658-7670.

Kocur C M, Lomheim L, Boparai H K, et al. 2015. Contributions of abiotic and biotic dechlorination following carboxymethyl cellulose stabilized nanoscale zero valent iron injection. Environmental Science and Technology, 49: 8648-8656.

Kocur C M, O'Carroll D M, Sleep B E. 2013. Impact of nZVI stability on mobility in porous media. Journal of Contaminant Hydrology, 145: 17-25.

Kocur C, Chowdhury A I, Sakulchaicharoen N, et al. 2014. Characterization of nZVI mobility in a field scale test. Environmental Science and Technology, 48: 2862-2869.

Krol M M, Oleniuk A J, Kocur C M, et al. 2013. A field-validated model for *in situ* transport of polymer-stabilized nZVI and implications for subsurface injection. Environmental Science and Technology, 47: 7332-7340.

Krug T, O'Hara S, Watling M, et al. 2010. Final report: Emulsified zero-valent nano-scale iron treatment of chlorinated solvent DNAPL source areas ESTCP. DOI: 10. 21236/ada571690.

Laumann S, Micić V, Lowry G V. 2013. Carbonate minerals in porous media decrease mobility of polyacrylic acid modified zero-valent iron nanoparticles used for groundwater remediation. Environmental Pollution, 179: 53-60.

Lee H, Lee H, Kim H E, et al. 2014. Oxidant production from corrosion of nano- and microparticulate zero-valent iron in the presence of oxygen: A comparative study. Journal of Hazardous Materials, 265 (2): 201-207.

Li X Q, Elliott D W, Zhang W X. 2006. Zero-valent iron nanoparticles for abatement of environmental pollutants: Materials and engineering aspects. Critical Reviews in Solid State and

Materials Sciences, 31(4): 111-122.

Lu L, Ai Z, Li J, et al. 2007. Synthesis and characterization of Fe-Fe$_2$O$_3$ core-shell nanowires and nanonecklaces. Crystal Growth and Design, 7(2): 459-464.

Luna M, Gastone F, Tosco T, et al. 2015. Pressure-controlled injection of guar gum stabilized microscale zerovalent iron for groundwater remediation. Journal of Contaminant Hydrology, 181: 46.

O'Hara S, Krug T, Quinn J, et al. 2006. Field and laboratory evaluation of the treatment of DNAPL source zones using emulsified zero-valent iron. Remediation Journal, 16: 35-56.

Orth W S, Gillham R W. 1996. Dechlorination of trichloroethene in aqueous solution using Fe^0. Environmental Science and Technology, 30(1): 66-71.

Otaegi N, Cagigal E. 2017. NanoRem Pilot Site-Nitrastur, Spain: Remediation of arsenic in groundwater using nanoscale zero-valent iron. NanoRem Bulletin. CL: AIRE, UK: 1-6.

Pennell K D, Jin M, Abriola L M, et al. 1994. Surfactant enhanced remediation of soil columns contaminated by residual tetrachloroethylene. Journal of Contaminant Hydrology, 16: 35-53.

Phenrat T, Lowry G V. 2019. Nanoscale Zerovalent Iron Particles for Environmental Restoration: From Fundamental Science to Field Scale Engineering Applications. Berlin: Springer International Publishing.

Qian L B, Chen Y, Ouyang D, et al. 2020. Field demonstration of enhanced removal of chlorinated solvents in groundwater using biochar-supported nanoscale zero-valent iron. Science of the Total Environment, 698: 134-215.

Quinn J, Geiger C, Clausen C, et al. 2005. Field demonstration of DNAPL dehalogenation using emulsified zero-valent iron. Environmental Engineering Science, 39: 1309-1318.

Singh R, Misra V, Mudiam M, et al. 2012. Degradation of γ-HCH spiked soil using stabilized Pd/Fe^0 bimetallic nanoparticles: Pathways, kinetics and effect of reaction conditions. Journal of Hazardous Materials, 237: 355-364.

Singh R, Misra V, Singh R. 2011. Remediation of γ-Hexachlorocyclohexane contaminated soil using nanoscale zero-valent iron. Journal of Bionanoscience, 5(1): 82-87.

Stejskal V, Lederer T, Kvapil P, et al. 2017. NanoRem Pilot Site – Spolchemie I, Czech Republic: Nanoscale zero-valent iron remediation of chlorinated hydrocarbons. NanoRem Bulletin. CL: AIRE, UK: 1-8.

Sun Y P, Li X Q, Zhang W X, et al. 2007. A method for the preparation of stable dispersion of zero-valent iron nanoparticles. Colloids and Surfaces A: Physicochemical and Engineering Aspects, 308: 60-66.

Tiraferri A, Sethi R. 2009. Enhanced transport of zerovalent iron nanoparticles in saturated porous media by guar gum. Journal of Nanoparticle Research, 11: 635-645.

Tomas L, Marton S. 2017. NanoRem Pilot Site – Balassagyarmat, Hugary: In situ groundwater remediation using Carbo-Iron nanoparticles. NanoRem Bulletin. CL: AIRE, UK: 10.

Tosco T, Sethi R. 2010. Transport of non-Newtonian suspensions of highly concentrated micro- and nanoscale Iron particles in porous media: A modeling approach. Environmental Science and Technology, 44: 9062-9068.

Tratnyek P G, Johnson R L. 2006. Nanotechnologies for environmental cleanup. Nano Today, 1: 44-48.

Velimirovic M, Tosco T, Uyttebroek M, et al. 2014. Field assessment of guar gum stabilized microscale zerovalent iron particles for *in-situ* remediation of 1, 1, 1-trichloroethane. Journal of Contaminant Hydrology, 164: 88-99.

Verwey E J W. 1947. Theory of the Stability of Lyophobic Colloids. The Journal of Physical and Colloid Chemistry, 51: 631-636.

Wang C, Zhang W. 1997. Synthesizing nanoscale iron particles for rapid and complete dechlorination of TCE and PCBs. Environmental Science and Technology, 31(7): 2154-2156.

Wang Z, Qiu W, Pang S Y, et al. 2019. Further understanding the involvement of $Fe(IV)$ in peroxydisulfate and peroxymonosulfate activation by $Fe(II)$ for oxidative water treatment. Chemical Engineering Journal, 371: 842-847.

Wang Z, Qiu W, Pang S, et al. 2020. Relative contribution of ferryl ion species $(Fe(IV))$ and sulfate radical formed in nanoscale zero valent iron activated peroxydisulfate and peroxymonosulfate processes. Water Research, 172: 115504.

Wei Y T, Wu S C, Chou C M, et al. 2010. Influence of nanoscale zero-valent iron on geochemical properties of groundwater and vinyl chloride degradation: A field case study. Water Research, 44: 131-140.

Wei Y T, Wu S C, Yang S W, et al. 2012. Biodegradable surfactant stabilized nanoscale zero-valent iron for *in situ* treatment of vinyl chloride and 1,2-dichloroethane. Journal of Hazardous Materials, 211-212: 373-380.

Yang S, Lei M, Chen T, et al. 2010. Application of zerovalent iron (Fe^0) to enhance degradation of HCHs and DDX in soil from a former organochlorine pesticides manufacturing plant. Chemosphere, 79(7): 727-732.

Zhang M, He F, Zhao D, et al. 2011. Degradation of soil-sorbed trichloroethylene by stabilized zero valent iron nanoparticles: Effects of sorption, surfactants, and natural organic mater. Water Research, 45(7): 2401-2414.

Zheng Z, Yuan S, Liu Y, et al. 2009. Reductive dechlorination of hexachlorobenzene by Cu/Fe bimetal in the presence of non-ionic surfactant. Journal of Hazardous Materials, 170(2-3): 895-901.

第6章 纳米零价铁技术性能监测及评价

基于纳米零价铁修复体系功能目标的实现以及满足保护公众及环境关切的相关法规要求这两方面的考虑，有必要针对纳米零价铁技术性能进行监测，以便实时评价修复效能、优化技术设计、维护相应修复设施，最终达到修复目标。监测对象主要包括污染物处理效果、水力性能、地球化学及微生物环境条件变化和地下水水质。通常情况下，根据纳米零价铁修复目标，修复场地监测目标主要包括：①基线特征描述，为修复系统设计及未来性能对比提供基准；②过程监测，评估更改修复系统设定的必要性并实时根据性能变化情况优化操作；③性能监测，以评估并确认纳米零价铁修复系统的有效性，考察其是否能达到修复目标。与其他地下水污染修复技术类似，纳米零价铁技术的监测工作主要分为三个阶段：实施前、实施中和实施后。

本章着重描述纳米零价铁技术监测网络设计及相应监测内容和技术，并重点讨论污染物、纳米零价铁、水力性能、地球生物化学条件的监测与评价方法，并介绍纳米零价铁实际场地修复应用监测技术的研究历程和监测评价应用实例。

6.1 纳米零价铁场地应用监测技术研究历程

在全球范围内，纳米零价铁技术的场地应用实例呈逐年增多趋势，监测系统是这些应用的必不可少的部分。表 6-1 系统总结了 2001～2017 年中试和场地规模应用中纳米零价铁种类、注射技术、场地水文地质条件等信息，可见在这些场地应用过程中，纳米零价铁材料种类、注射技术、场地水文地质条件存在差异，因此，所采取的监测体系和修复性能各有不同。

如表 6-1 所示，在纳米零价铁注射后，地下水氧化还原电位和 pH 通常会分别急剧降低和增加。聚合物修饰后的纳米零价铁的影响半径为 1～5 m，含水层中的优先通道或含水层阻塞会导致水流旁路，从而导致纳米零价铁迁移距离有限，作用效能降低(Busch et al.，2015；Su et al.，2013；Wei et al.，2010)。但是，目前场地应用中，对纳米零价铁的影响半径的定义随中试场地条件不同而不同，标准化定义影响半径将有助于未来应用过程中对纳米零价铁在不同含水层介质中的作用范围有更清晰预判。同时，从表 6-1 中 CVOCs 浓度的反弹现象可以明显看出，大多数纳米零价铁材料在实际场地应用过程中仅表现出有限的非生物反应寿命，非生物反应寿命通常为 2 周(He et al.，2010)至 1 年(Köber et al.，2014)，具体取决于

表 6-1　2001～2017 年纳米零价铁技术场地应用中监测系统及性能

应用时间	监测系统	性能表现	参考文献
2001 年	注射井下方布置 3 个间距 1.5 m 的压力计	在监测的 4 周中，三氯乙烯的去除效率高达 96%，同时氧化还原电位和 pH 分别急剧下降和增加	Elliott and Zhang, 2001
2005 年	设置一系列的 4 级监测井，每个监测井有 5 个单独的采样间隔，1 个完整的筛选出的挥发性有机化合物 (VOCs)，分析土壤和地下水样品中的挥发性有机化合物 (VOCs)，以评估 VOCs 的质量、浓度和质量通量的变化	在注射后 90 d 内，67% 土壤样品中三氯乙烯浓度降低了 80% 以上；地下水中三氯乙烯的浓度降低了 57%～100%。在乳化零价铁的所有注入深度，地下水样品均检出顺式二氯乙烯，氯乙烯和三氯乙烷的浓度显著增加，表明成功实现了包括生物降解在内的脱氯反应	Quinn et al., 2005
2005 年	根据双金属纳米零价铁材料注入的目标修复区深度，在地下 15.2～21.3 m 设置 14 个监测井，进行 7 次采样活动	在注射 1 周后的第 1 轮采样中，约 50% 的监测井中 VOCs 浓度明显增加。随后，两种主要关注污染物 (即三氯乙烯和三氯乙烯) 浓度分别平均下降了 79% 和 83%，VOCs 浓度平均下降 74%。在最后一次采样中，RW1-1 井中的最高氯化物浓度 (脱氯证据) 为 31.5 mg/L；在整个监测期间，其他井中的氯化物平均浓度约为 7 mg/L。氧化还原电位如预期下降。因此，这可能表明未注入足够的纳米零价铁来创造非生物还原 CVOCs 所需的强烈还原条件。另外，酸性条件可能导致氧化还原低法氧化还原电位。进一步的平均 pH (pH = 4) 低于基线采样期间的 pH (pH = 5)	Gavaskar et al., 2005
2006 年	设置一系列的 4 级监测井，每个监测井有 5 个单独的采样间隔，1 个完整的筛选出的 VOCs，分析土壤和地下水样品中的 VOCs，以评估 VOCs 的质量、浓度和质量通量的变化	在土壤和水相中，三氯乙烯浓度分别降低了 80% 和 60%～100%。乳化零价铁比单独的纳米零价铁更能降低三氯乙烯浓度。纳米零价铁注射后引起氧化还原电位和溶解氧浓度略有下降。乳化零价铁注入 18 个月后所收集的地下水样品中，三氯乙烯浓度显著降低，这主要由于乳化零价铁中油和表面活性剂的存在促进了生物降解。同时，气压压裂和直接推压是最好的注入技术，与压力脉冲技术相比，这些方法并未引起目标修复区域上方或下方的乳化零价铁损失，并且促进乳化零价铁的更好分布	Hara et al., 2006

续表

应用时间	监测系统	性能表现	参考文献
2006 年	设置 7 个监测井，监测 CVOCs 浓度、溶解氧浓度、氧化还原电位和 pH 变化，通过视觉观察纳米零价铁的分布	注射纳米零价铁后，氧化还原电位从−100～100 mV 的范围下降到−550～−200 mV 的范围。在许多监测井中，溶解氧浓度从 1 mg/L 降低到小于 0.2 mg/L。在部分分抽出井中观察到灰水和黑水，表明纳米零价铁的异质迁移。在最初的 5 周内，污染源附近监测井中的溶解铁浓度增加了近 1 个数量级，而其他井中的溶解铁浓度有所降低；井且污染源附近监测井的前 40 d 内，硫酸盐浓度减少率为 8%～92%，但地下水中的污染物浓度仍然保持不变或反弹。土壤样品的总污染物浓度减少或反弹。这可能因为存在 DNAPL 源区，纳米零价铁作用量不足，不利于纳米零价铁与 DNAPL 之间的接触，并且地下水介质异质性导致纳米零价铁分布不均以及纳米零价铁过快钝化	Henn and Waddill, 2006
2010 年	注入井上游 1.5 m 处设置 1 个监测井，下游 1.5 m 和 3.0 m 分别设置 1 个监测井，总共 3 个监测井。采用具有流通池的多参数测量探头测量样品	在第一次注射期间，在第 1 个监测井（1.5 m）中观察到约 37.4%的注入纳米零价铁，而在第 2 个监测井中观察到约 3%的注入纳米零价铁。在第二次注射期间，在第 1 个和第 2 个监测井中分别观察到 84%和 <3%的注入纳米零价铁。较高压力的注射井下观察到纳米零价铁颗粒较高的迁移率。注射井下游的第 1 个和第 2 个监测井中的氧化还原电位在注入 2 h 后分别从基准值的−63 mV 降至−355 mV 和从−73 mV 降至−179 mV，并在随后 6 d 内均保持较低水平；8～10 d 后，氧化还原电位恢复到注射前水平。第 1 周，四氯乙烯和三氯乙烯的降解率最高；注射后约 2 周，氯乙烯浓度恢复到注射前水平。尽管纳米零价铁在注射 2 周后就已消耗完毕，但有证据表明 CVOCs 的长期生物降解受到刺激	He et al., 2010
2010 年	利用现有抽出井作为监测井	注射 13 h 后，纳米零价铁基本不迁移。氯乙烯迅速降解，但是由于注入的纳米零价铁价铁悬浮液将氯乙烯推离，氯乙烯的去除量很低	Bennett et al., 2010
2010 年	在每个注入井的下游方向设置 13 个嵌套的多级监测井	氯乙烯的降解率为 50%～99%。纳米零价铁注射后氧化还原电位降低约 4 倍。基于悬浮固体和总固体分析结果，纳米零价铁的有效迁移距离至少有 3 m	Wei et al., 2010

续表

应用时间	监测系统	性能表现	参考文献
2011 年	1.设置 6 个采样点，监测超过 4 个月 2.设置 8 个采样点，监测超过 3 个月 3.设置 8 个采样点，监控 6 个月以上	1. 注射失败，未达到地下水净化标准，可能原因归于注入的纳米零价铁量不足。 2. 注射失败，仅观察到三氯乙烯浓度降低了 20%~30%。在注射井周围 30 cm 处没有注入浆液的迹象。然而，距离注射点到 1~1.2 m 处发现浓度很低的纳米零价铁。 3. 在大多数注射井中，三氯乙烯浓度均显著降低(>50%)，60 d 后达到低浓度地下水质量标准，仅有部分脱氯产物为顺式二氯乙烯(1~3 μg/L)，地下水的低浓度污染持续共 120 d。尽管所注入的纳米零价铁材料没有随地下水迁移，但根据第 1 阶段和第 2 阶段效果优化后的纳米零价铁方法使注入的纳米零价铁泥浆分布更广	Edmiston et al., 2011
2012 年	监测 2 年	1. 对于博恩海姆基地场地，CVOCs 浓度降低了 90%，而还原产物(如三氯乙烯和二氯乙烯)浓度没有增加。注射后 2 年，未观察到反弹，并且仍然存在污染地的纳米级零价铁，该场地的成功修复归于纳米级和微米级微米零价铁，但是因为同时使用了纳米级和微米级零价铁不能明确地归因于纳米零价铁的趋势。 2. 对于 Hořice 站点(捷克)，污染物浓度降低了 60%~75%，扩散羽流范围减小超过 90%	Mueller et al., 2012
2013 年	设置 6 个全屏蔽监测井(直径为 5.08 cm)和 7 个多层监测井(直径为 1.27 cm)以 7 个深度同隔监测 2.5 年	注射井下游监测井中四氯乙烯和三氯乙烯的浓度和质量通量显著降低(>85%)，降解产物浓度(乙烯)相应增加，总 CVOCs 质量降低了 86%。气动注射的纳米零价铁最大迁移距离为 2.1m，直接注射的纳米零价铁最大过移距离为 0.89 m。乳化零价铁的迁移距离为变化，DNAPL 以>0.04 m/d 的达西流速度在细砂中迁移	Su et al., 2013
2013 年	在距注入井 1.2~12.2 m 的位置设置 7 个监测井组成监测网络，溴化钾示踪剂用于研究流体动力学，通过收集氧化还原电位和 pH 数据来表征纳米零价铁原位影响区域	最初的还原条件很强，氧化还原电位非常低(−728 mV)，在 2 年内反弹，但在所有注入井中均保持负值；pH 遵循相同的趋势，注射后较高(>10)，并且在 2 年内缓慢下降。在 1 个月内四氯乙烯几乎完全去除，产生顺式二氯乙烯副产物，并以乙烷为主要副产物，检出的乙烷显示存在 β-消除途径。2.5 年后，氯乙烯和顺式二氯乙烯的浓度下降。结果显示纳米零价铁影响半径至少为 2.44 m，但其推定义导致某些井的堵塞，较低的注入浓度(10~15 g/L)可提高纳米零价铁的物理测量。注射导致堵塞风险。纳米零价铁注射后继续注入降低铁的迁移率，降低结垢阻塞风险。纳米零价铁注射后继续注入降低铁的分布并降低注入中结垢水也可以增强纳米零价铁注入并降低在注入井中结垢的风险	Jordan et al., 2013

续表

应用时间	监测系统	性能表现	参考文献
2014年	建立5个新型纳米零价铁现场监测系统，利用钻机线性土壤采样研究纳米零价铁的影响半径。监测时间为1年	当纳米零价铁浓度为6～160 g/kg时，迁移距离至少为190 cm。在80%的污染区域中观察到纳米零价铁浓度范围为1～100 g/kg。纳米零价铁活性持续时间超过1年，四氯乙烯浓度从20～30 mg/L降低到0.1～2 mg/L。机械注入附近的NAPL相四氯乙烯是造成纳米零价铁注射初始四氯乙烯浓度增加的可能原因	Köber et al., 2014
2015年	在6个月内每1～2周进行一次监测	在6个月的监测内，没有观察到明显的pH变化，而氧化还原电位在6个月后显著下降并反弹。纳米零价铁注射后1个月内，四氯乙烯浓度下降了80%，并在5个月后逐渐反弹。三氯乙烯和氯乙烯逐渐降低。总体而言，所有目标污染物的减少量为40%～50%	Lacina et al., 2015
2015年	在注入井和抽出井中间设置1个监测井，每时使用自动采样系统定期采集地下水样品，每隔30 min手动取样一次	目视观察到纳米零价铁-炭复合材料的穿透，在距注射点5 m的抽出井中发现了约注射剂量12%的复合材料。没有观察到pH的显著变化。这些数据表明，与未负载修饰的纳米零价铁相比，纳米零价铁-生物炭复合材料具有更好的迁移性	Busch et al., 2015
2016年	由多个监测井组成监测系统	第一次注入测试的最初2.5个月，距离注射井4 m的监测井中四氯乙烯浓度大幅下降。最初发现副产品（如二氯乙烯）的浓度很快降低且很低，但未观察到氯乙烯。10周后，四氯乙烯浓度再次稳定初增加，但仍远低于初始值。纳米零价铁-生物炭复合材料的反应活性超出预期，乙烷和乙烯的浓度显著增加，表明存在生物降解刺激作用。第二次注射期间，在200 d后四氯乙烯浓度从19 mg/L降低到1.5 μg/L	Mackenzie et al., 2016
2017年	设置6个多级监测井（带微型泵），并搭配15个用于磁化率原位测量的传感器；氯化锂作为示踪剂与纳米零价铁一起注入，以便监测纳米零价铁的迁移	对于NANOFER 25S（第一次注射）：污染区的监测井中的铁浓度显著增加，地下水中的氧化还原电位显著降低（从+400 mV降至-300 mV），但这仅持续了20～50 d。112 d后，氧化还原电位稳定在+100 mV附近。纳米零价铁第一次注射导致所有监测井中的氧化还原电位立即降低，乙烯和乙烷的浓度则增加。此后，纳米零价铁浓度迅速降低，这种下降趋势至少持续了250 d。四氯乙烯浓度最初的还原降解 对于NANOFER STAR（第二次注射）：NANOFER STAR的第二次注射导致所有监测井中的氧化还原电位显著下降（从+200 mV降至-100 mV）。注射NANOFER STAR后总氯乙烯浓度立即降低，乙烯浓度显著下降了95%以上，没有反弹，但二氯乙烯浓度反弹。四氯乙烯和三氯乙烯浓度下降后出现了一些反弹，这可能是由于四氯乙烯和三氯乙烯降解后产生的一些反应	Stejskal et al. 2017

续表

应用时间	监测系统	性能表现	参考文献
2017 年	8 个连续多级管道监测井	在距注入井 0.5 m 处观察到纳米零价铁-生物炭复价材料 (Carbo-Iron®胶体)。在最接近注射点的监测井中检测到四氯乙烷和乙烷浓度显著降低，微生物降解化学降解过程得到增强，但作为非生物降解指标的乙烯浓度仅在注入后被检测到并维持在低浓度。与四氯乙烯浓度变化相比，检测到的三氯乙烯、二氯乙烯浓度略有增加。较差的 CVOCs 非生物降解表明部分 Carbo-Iron® 由于优先的迁移速径或阻塞而绕过了目标区域而未参与污染物的去除反应	Phenrat and Lowry, 2019
2017 年	由多个监测井组成监测系统	在注射后最初的 24 d 中，纳米零价铁将五价砷 [As(V)] 有效地还原为准金属砷 [As(0)]。注射后 24~180 d，多数纳米零价铁被氧化并沉淀，形成一个可以吸收溶解态 As 的反应区。在一些监测井中还观察到注入 60~120 d 后，部分砷被解吸并重新进入地下水，这可能与当地不同的水文地质环境或某种程度的纳米零价铁腐蚀有关。因此，长期监测对于评估砷的部分解吸程度至关重要	Otaegi and Cagigal, 2017
2017 年	注射前阶段，在整个化工厂场地设置 41 口监测井，用于监测场地内潜水含水层地下水位，分析场地污染地下水层地下水流向、污染物种类分布规律及污染区域等。注射前阶段的监测频率为 1 月 1 次，共计 2 次；注射后阶段，在注射后 1 d、3 d、5 d、8 d、12 d、16 d、20 d、30 d、40 d、50 d、60 d 内分别在 8 口监测井进行采样测试。现场监测指标有 pH、氧化还原电位、电导率等；实验室检测指标包括溶解氧、氯代烃类污染物及其降解产物、地下水无机组分等	第一次注射纳米零价铁后 24 h，三氯乙烯浓度显著降低，但在接下来的两周下出现反弹；但是注射纳米零价铁-生物炭复合材料的增加表明三氯乙烯因还原反应而被去除。溶解态铁和氢离子浓度表现出更长的活性持续时间 (42 d)。	Qian et al., 2020

场地地下条件和纳米零价铁的注入量。然而，当联合使用微米级零价铁或多元羧酸稳定化纳米零价铁时，目标污染物 CVOCs 在修复两年后也没有出现反弹现象（Mueller et al.，2012）。与之类似，分别应用单甘醇分散的 NANOFER STAR（Stejskal et al.，2017）和 FerMEG12（Otaegi and Cagigal，2017）超过 250 天和 1 年后，目标污染物也未出现反弹。研究表明，纳米零价铁可在场地含水层中刺激目标污染物的生物降解，这个现象首次出现在 2006 年一个基于乳化零价铁的场地修复应用（Hara et al.，2006）。并且，2015 年的某场地应用中首次发现纳米零价铁具有长期的生物刺激效应（Kocur et al.，2015），这主要得益于纳米零价铁的非生物反应会先降解生物降解性较低的化合物（如氯仿）并消耗溶解氧并产生 H_2，为厌氧微生物创造良好的地球化学条件；随后与纳米零价铁一起注入的聚合物等稳定剂（如 CMC）的发酵反应和生物质的缓慢释放刺激了脱卤拟球菌等脱卤微生物的生长以生物降解氯乙烯。

6.2　监测内容与技术

铁是地球地壳中含量很高的金属元素之一，污染场地普遍具有较高的铁环境背景值。因此，为更准确地监测纳米零价铁颗粒在场地地下环境介质中的行为，需多关注自然背景中铁胶体物质的干扰等，而这对基于纳米零价铁技术来说是一个潜在挑战。因此，基于原位检测纳米零价铁分析方法的发展和应用，实现有效修复性能监测成为近年来场地污染地下水纳米零价铁技术的一个主要目标。

近十年来，国内外展开了大量纳米零价铁应用于土壤地下水污染修复的实验室研究及场地工程实践，大量的场地修复性能监测技术得到了发展，包括场地调查、常规的纳米颗粒表征方法以及特定的纳米零价铁的磁化率和稀土元素检测方法等。而通常根据不同修复阶段选择不同监测技术和监测内容，例如，在注射纳米零价铁之前，通常对修复场地进行调查和表征；在注射纳米零价铁过程中及结束后，监测纳米颗粒的迁移和在地下水介质中的分布，以确定纳米颗粒是否到达目标修复区域、浓度是否满足理论要求以及颗粒是否迁移出核心应用区域；注射纳米零价铁结束后，监测纳米颗粒的转化及反应活性，以评估修复效果并决定是否需要优化注射参数。

6.2.1　注射前阶段

对污染场地采取纳米零价铁材料修复之前，首先需要设计监测井，进行详细的场地调查，构建场地概念模型，确定场地污染特征、污染物种类及分布、具体的修复区域，以及计算修复污染物所需的药剂用量等。该阶段应用的监测技术基本采用化学工程或水利工程中应用的标准方法，包括布置取样井和注入井、原位传感器等，在这个过程中需考虑修复装置的安装对地下水环境的扰动。

经过场地详细调查得到的场地概念模型有助于修复系统的设计、监测系统的建立、修复效果的有效评价以最终达到修复目标。一个有效的场地概念模型必须详细说明场地污染特征，主要包括岩性和含水层介质的种类及分布、污染源位置、潜在迁移路径、污染物相间转化等，例如，14 室模型即为 CVOCs 等污染场地的典型污染特征概念模型(ITRC，2011；Phenrat and Lowry，2019)，该模型考虑了污染物在水力传导性不同的含水层介质中不同相间的分布情况，起初污染物通过高水力传导性介质进入含水层，可能还会形成 DNAPL，随后吸附在含水层介质并扩散进低水力传导性介质。针对场地中可能存在的 NAPL 相有机污染物，还需监测分析 NAPL 相的存在，USEPA 的研究表明，由于 DNAPL 的不均匀分布，地下水在取样井中发生混合以及有效溶解度低，DNAPL 污染场地的地下水浓度通常低于 DNAPL 最大溶解度的 1%～10%。一般根据地下水特征污染物的浓度值是否大于有效溶解度的 1%，来判断监测点位是否存在 DNAPL。

设置监测井是场地表征的常用方法，但是当存在场地位于不利地理条件如小溪和河床附近，或者其他易发生洪水的低洼地区，以及当地政策不允许等致使不能通过设置监测井来刻画场地污染特征的特殊情况，需选择其他替代技术，目前已有应用的替代技术如下所示。

Waterloo 剖面仪：带有加工孔和筛网的 Geoprobe 尖端，可在将探头打入地下时以离散的间隔进行相对的水力传导率测试。表面的蠕动泵可以反转方向以允许收集样品，地球化学(如电导率)分析可以指示岩性；

膜界面探测器：在探头进入地下时，膜套对挥发性有机化合物进行采样。当针尖遇到水中高浓度的污染物或非水相液体(NAPL)时，泵送至膜内部的惰性气体会将挥发性化合物带到地表，在带有相应检测器的便携式气相色谱仪上进行分析；

水喷射测试：探头允许水进入位于不连续深度的内部腔室，在样品中产生气泡，气泡通过样品直到地表，随后气体分析系统测试样品中的挥发性化合物；

原位溶剂注入和萃取：与水喷射测试相似，但不同的是探头将某种溶剂注入地层，然后由探头收集并在地表进行分析；

井下显微镜/相机：基于颜色(通常为黑色)，获取 NAPL 在地下不同深度存在的视觉证据；

激光诱导荧光：发射目标污染物(通常为多氯联苯和多环芳烃)特定波长的激光，通过荧光探测器识别这些污染物在地下的分布。

6.2.2　注射阶段

本阶段主要关注纳米零价铁颗粒在地下水介质中的影响半径、注射点(井)附近的迁移距离和分布均匀性等迁移行为。这个阶段需要保持较高测量频率，一般会持续数小时到数天。由于纳米零价铁是以悬浮液的形式被注射进地下水介质中，悬浮液中的固相与液相可能表现出不一样的特点，因此应对该两种相态中的纳米颗粒进行监测，以提供整体修复效率的相关数据。针对液相态，可以采用较为简单的监测方法，如温度测定(通常被注射的液体温度与地下水温度不一样)或者添加示踪物质(如某些染料或示踪离子)；而针对固相态的纳米颗粒在大多数情况下仍然需要依赖现场取样后进行分析。通常对纳米颗粒悬浮质的检测相对比较简单，并容易在现场进行。这些方法通常结合了现场取样和参数分析(如浊度、电导率、氧化还原电位、温度及铁含量等)，或者一些原位方法(如磁化率、氢气检测法等)(Shi et al.，2015)。而在这些方法之中，测定纳米零价铁材料的磁化率、浊度和总铁浓度通常是这个阶段最合适的监测方法。

磁化率测定法是为数不多的原位监测纳米零价铁方法，它有助于连续监测纳米零价铁材料的修复效果。磁化率传感器可与其他取样或者监测装置一起使用，可监测传感器附近纳米零价铁材料的磁化性质的变化。德国斯图加特大学开发了一种磁化传感探针，用于纳米零价铁地下水污染修复应用中的监测，该探针由两个交织的电感器组成，其中外层电感器产生一个交变电磁场，从而在内层电感器中引发一个电压，该电压与探针附近环境的磁化率成正比(图 6-1)。在捷克Spolchemie I 地下水修复场地，该磁化传感探针与温度传感器和取样点一起组成一个阵列被安装在修复区域中(图 6-2)，成功监测到了注射过程中的纳米零价铁材料。虽然由此类磁化传感探针组成的监测阵列通常情况下具有检测限较高及设

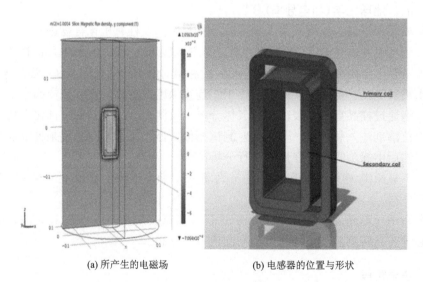

(a) 所产生的电磁场　　　　　(b) 电感器的位置与形状

图 6-1　基于理论计算的磁化传感探针示意图

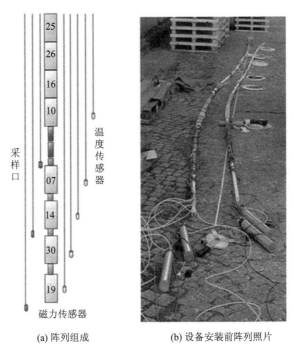

(a) 阵列组成 　　　　　　(b) 设备安装前阵列照片

图 6-2　磁化传感探针阵列示意图

备成本较大的特点，但是凭借其能提供连续监测数据的优势，它仍是一种有用的纳米零价铁原位监测方法。与之类似，根据注入的纳米零价铁诱导含水层电极化率变化的原理，建立的电传导成像法也可实时原位监测纳米零价铁(Flores et al., 2015)。

　　而以总铁浓度、浊度、pH、温度和电导率等为代表的纳米零价铁注射悬浮液的化学特性变化可提供针对纳米零价铁颗粒的时空分布较快且直接的评估依据，测定这些参数的仪器设备(如测定浊度的浊度仪 2100N IS 和测定总铁浓度的分光光度计 Hach DR2000 等)也具有便携性且经济性的特点。

　　另外，值得注意的是，在纳米零价铁材料的不同注射过程之间还存在系统恢复阶段。在这个阶段里，含水层的水力体系会发生较大的扰动，存在恢复成自然地下水水流条件的趋势。在这个阶段，针对材料颗粒和污染物的密集分析活动所得到的结果通常会有偏差，这是因为溶解态化合物此时处于高度瞬时状态。因此，这个阶段，监测频率应该适当降低，仅需要监测一些水力参数和某些主要的化学参数(如溶解性有机碳、氯离子、硫酸根离子等)，以判别自然地下水水流条件重新建立的时间点。

6.2.3 注射后阶段

注射纳米零价铁后，有必要进行大量长期监测以确认是否达到修复目标。这个过程中，除了监测分析纳米颗粒，还应包括污染物、反应产物、微生物代谢产物以及常规的环境参数(如 pH、氧化还原电位等)(Shi et al.，2015)。具体来讲，注射后阶段的监测除了提供总铁浓度数据，还应包括铁种类如铁离子(Fe^{2+} 或 Fe^{3+})、铁矿物(Fe_3O_4、$FeOOH$)变化，以更好地了解被注入的纳米零价铁颗粒在地下水环境中的归趋及化学反应情况。可通过酸消解后采用分光光度法测定总铁浓度，具体酸消解方法需根据不同的场地特点进行调整，而所有方法的检测限具有场地特异性，很大程度取决于铁的背景浓度。相关数据可结合其他方法(如 X 射线光电子能谱、透射电镜或扫描电镜、X 射线衍射、X 射线荧光光谱等)测定的纳米零价铁颗粒结构以及氧化价态等数据进一步揭示纳米零价铁的颗粒形态及反应活性随时间的变化规律。另外，这个阶段还需监测纳米颗粒是否迁移出处理区域，而此时则需要应用敏感度更高的方法，便于从背景介质中辨别出低浓度的纳米零价铁颗粒。采用电感耦合等离子体质谱方法测定纳米颗粒和背景地下水场地样品中的镧系元素及其他痕量元素，可获得针对被注射纳米零价铁颗粒的指示元素，然后结合主分量分析等多变量数据统计方法，与单独测定总铁浓度的方法相比，可能会更准确地从环境背景中识别出纳米零价铁颗粒。

所有监测结果应该与注射前阶段的状态进行对比。如果监测结果显示单次注射不能达到修复目标，则需考虑进行再次或多次注射。考虑到场地地下含水层水文地质等环境性质的复杂性，还需根据监测数据进行相应的维护与管理工作，以保证修复工程的正常进行并最终达成场地污染修复目标。为确保监测井能持续正常工作，需定期测量监测井井深一次，当监测井内淤积物淤没滤水管或井内水深小于 1 m 时，应及时清淤，清淤可使用气提法。并在修复工程期限内，每年定期对监测井进行一次透水灵敏度试验，当向井内注入灌水段 1 m 井管容积的水量，水位复原时间超过 15 min 时，应进行洗井；对于潜在污染风险较大的区域，为防止污水扩散，可考虑使用微水试验测定。

同时，纳米零价铁技术的运行过程常出现一些问题，如运行过程中产生沉淀阻塞介质、环境 pH 等理化参数发生较大变化以及污染物发生浓度反弹现象等。在地下水环境中与污染物发生反应时，纳米零价铁发生溶蚀反应产生 Fe_2O_3、Fe_3O_4等矿物质，进而在环境 pH 升高情况下，生成难溶于水的铁氢氧化物等物质，阻塞反应活性区的地下多孔介质，降低介质渗透系数，从而影响地下水的流动和污染羽的迁移；当纳米零价铁与过硫酸盐、过氧化氢等氧化剂联合应用于有机污染场地修复时，修复过程易导致环境 pH 降低的现象，从而引发环境中非修复目标物质(如重金属等)重新溶出并进入环境，造成重金属物质超标。随着修复系统的运行，地下水中水溶态的污染物逐渐被降解或固定化，水中浓度逐渐降低，由于吸附平衡，原先吸附于地下多孔介质表面或裂隙中的污染物发生解吸作用，重新溶于水中，相应污染物浓度出现反弹现象等。当此类问题及其他问题出现时，相应参数的监测频率应该增加，为采取相应完善措施的决策提供更翔实的数据。

如出现以下情况，应对相应监测井进行报废处理：①由于井的结构性变化，造成监测功能丧失的监测井，包括井结构遭到自然(如洪水、地震等)或人为外力(如工程推倒、掩埋等)因素严重破坏，不可修复；井壁管/滤水管有严重歪斜、断裂、穿孔的情况；井壁管/滤水管被异物堵塞，无法清除，并影响到采样器具进入的情况；井壁管/滤水管中的污垢、泥沙淤积，导致井内外水力连通中断，井管内水体无法更新置换的情况；其他无法恢复或修复的井结构性变化。②由设置不当造成地下水交叉污染的监测井(如污染源中贯穿隔水层造成含水层混合污染的监测井)。③经主管部门评估认定监测功能丧失的监测井(如监测对象不存在、监测任务取消等情况)。

6.3　监测网络设计

地下水纳米零价铁技术设计应包括配置足够的监测网络，以记录修复系统的运行状况并评价其是否能达到修复目标并评估长期运行与维护需求。

6.3.1　监测点位

监测点位及监测频率应根据污染场地特征来确定，但通常情况下，纳米零价铁注射修复区域的上游、区域内、下游及侧方区域应设置相应监测点，这些监测点可用来监测地下水化学(如溶解氧、氧化还原电位、溶解无机离子和有机物质等)、土壤矿物组成及有机质含量、总铁浓度等随时间及距离的变化，以判断纳米零价铁在注射区域的分布范围等，并且下游监测点位所取地下水样品中的污染物浓度变化可用来判断修复效果。

在确定监测点位及点位间距时，应当考虑地下水流速及所期望的性能监测频率。相比于地下水流速更大的污染场地，低流速地下水的场地配置间距更小的监测点位以及设置更小监测频率可实现相应监测目标。传统的监测井取样仅能获得污染物或修复材料在整个含水层的平均水平，无法准确判断原位注射修复的效果；而分层采样能获取目标含水层中污染物和修复材料在垂向不同深度的浓度分布，便于更好地了解其迁移扩散规律。例如，微泵监测井系统采用分层取样的形式，其原理示意如图 6-3 所示。将微型泵按 1 m 的间隔固定在监测井的不同位置，并将其他部分做止水处理，然后通过便携式蠕动泵将不同深度的水样抽出。采用微泵监测井系统可同时获取不同深度和不同含水层的水头、水温、水质等相关资料，节省了采样时间，为系统研究潜水层水质的空间分布特征等提供资料。

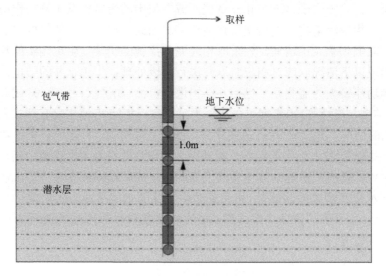

图 6-3 微泵监测井系统原理示意

2019 年 6 月，生态环境部发布的《污染地块地下水修复和风险管控技术导则》(HJ 25.6—2019)对修复监测井和风险管控监测井分别提出了监测井布设要求。

1)修复监测井布设

(1)根据场地水文地质条件、地下水污染特征和采取的修复技术进行布设，分为对照井、污染羽内部的监测井和控制井。

(2)对照井设置在污染羽地下水流向上游，应反映区域地下水质量。

(3)控制井设置于地下水污染羽边界的位置，一般布设在污染羽的上游、下游以及垂直于径流方向污染羽两侧的边界位置。当污染地下水可能影响临近含水层时，需针对该含水层设置监测井，以评估修复工程对该含水层的影响；当周边存在敏感点时，需在地下水污染羽边缘和敏感点之间设置监测井。

(4)内部监测井设置于污染羽内部，反映修复过程污染羽浓度变化情况。内部监测井可结合环境调查结果，间隔一定距离，按三角形或四边形布设。

(5)监测井数量需满足污染羽特征刻画、工程运行状况分析的要求。对照井至少设置 1 个，控制井至少设置 5 个，内部监测井至少设置 2 个。

(6)当含水层厚度大于 6 m 时，应分层设置监测井。

2)风险管控监测井布设

根据场地水文地质条件、地下水污染特征和采取的风险管控技术，一般在风险管控范围的上游、下游，以及潜在二次污染区域、风险管控薄弱位置和周边环境敏感点设置监测井。监测井结构、位置、数量要充分满足用于评估风险管控效果的监测和采样要求，原则上不少于 6 个，可充分利用地下水环境调查评估、工程运行阶段设置的监测井，但原监测井数量不应超过效果达标评估阶段监测井总数的 60%。以上内容对纳米零价铁技术的监测井布设具有较大的指导意义。

6.3.2　监测频次

纳米零价铁修复性能监测按监测时间可分为短期监测和长期监测，修复工程运行期间的地下水监测应涵盖地下水修复和风险管控工程运行的完整周期。监测频次应根据工程运行阶段、效果、监测指标种类、场地水文地质条件等合理确定。

（1）工程运行初期应采用较高的监测频次，稳定运行期及后期可适当降低监测频次。一般要求工程运行初期每半个月监测 1 次；运行中期每月监测 1 次；运行后期可适当增加监测时间间隔，修复工程运行监测时间间隔一般不大于 3 个月，风险管控工程运行监测频次取决于风险管控技术的类型。

（2）当存在修复或风险管控效果低于预期、局部区域修复和风险管控失效、污染羽扩散等不利情况时，应适当提高监测频次。

短期监测应该在目标处理污染物、副产物和其他指标参数（如溶解氧、pH 等）中体现趋势的一致性，所有这些参数最好能表明强烈还原和非生物反应条件。而直到氧化还原电位恢复至修复前水平（即纳米零价铁耗尽）之后，目标处理污染物及其副产物的浓度持续降低，长期监测也很有必要。至此，才能明确修复区域内剩余的污染源物质（Gavaskar et al.，2005）。无论采取何种监测频率，监测结果应该体现修复区域周边及区域内的地下水流动和污染物扩散情况、纳米零价铁修复材料的注入是否影响了地下水的流场及流动、修复材料注入后修复的效果以及循环注射修复材料的时间等信息，并且最终给出成功实现修复目标的证据。

针对污染场地地下水修复效果评估，《污染地块地下水修复和风险管控技术导则》（HJ 25.6—2019）提出初步判断地下水中污染物浓度稳定达标时，且地下水系统达到稳定状态，可开始修复效果评估。修复达标评估阶段最少采集 8 个批次的样品，原则上采样频次为每季度一次，两个批次之间间隔不得少于一个月。对于地下水流场变化较大的场地，可适当提高采样频次。一般地下水风险管控效果评估阶段需采集 16 个批次的地下水样品数据，采样周期至少 8 年或达到设计使用年限，建议每半年采集一次。若地下水中污染物均未检出或浓度低于修复目标值，则初步判断达到修复目标；若部分浓度高于修复目标值，可采用均值检验和趋势检验方法分析污染物浓度趋势，当均值的置信上限低于修复目标值且浓度稳定或持续降低时，则初步判断达到修复目标。当发现地下水水质异常时，应加大取样频次，查明原因及时进行补救。

6.3.3 监测孔(井)设计

安装监测孔有多种不同目的。在安装监测孔时，首先通过土层钻探或采集岩心样品来确定当地的基本地质情况。在进行正式设计之前，必须明确监测孔的用途，如测量水位标高、测定含水层中承压水水位、采集水样进行污染物或地球化学参数分析、采集重质非水相液体(DNAPL)或轻质非水相液体(LNAPL)样品、测试含水层或隔水层的渗透性、为测试其他参数的物探设备提供通道等。监测井按结构类型区分，包括单管单层监测井、单管多层监测井、巢式监测井、丛式监测井。常用单管单层监测井的结构如图 6-4 所示。

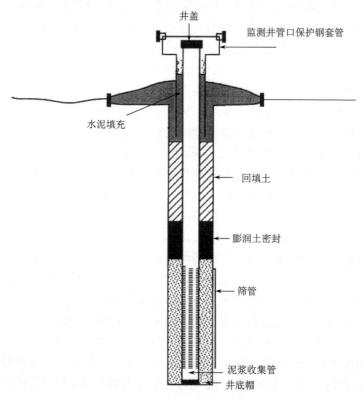

图 6-4　常用单管单层监测井结构示意图(来源：Einarson，2006)

根据美国超级基金场地的多年修复经验可知，传统的长筛管监测井无法充分表征场地污染特征(Einarson，2006)。如表 6-2 所示，监测井的不同设计对场地污染特征表征和修复性能均有不同影响。监测井筛管长度过长可能会导致场地概念模型不能准确反映实际场地条件，有研究指出多级监测井组成的截面可提供场地污染范围的详细信息，如图 6-5 所示。

表 6-2　监测井不同设计对 CVOCs 场地污染特征概念模型和纳米零价铁修复效果的影响
（Einarson，2006）

监测井设计的几种不同情景	对场地概念模型的影响	纳米零价铁修复效果
监测井筛管过长稀释样品中 CVOCs	CVOCs 最大浓度被低估	注入的纳米零价铁可能未能修复大部分的污染区域
监测井筛管仅部分捕获污染断面	CVOCs 最大浓度的位置不准确	纳米零价铁的注入深度可能未到达污染区域
因含水层介质呈复杂分层状态，监测井筛管较长	CVOCs 分布信息缺失	注入的纳米零价铁可能仅进入高水力传导区域，而未到达污染区域
监测井过长，存在垂直的水力梯度	CVOCs 也许会在监测井筛管中上下迁移	注入纳米零价铁也许会促使污染物向下迁移

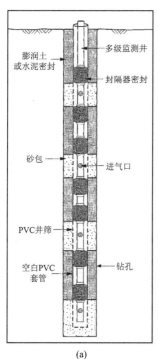
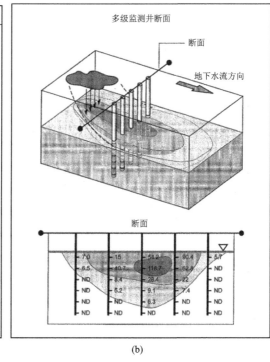

图 6-5　多级监测井（a）和由多个多级监测井所组成监测断面（b）（Einarson，2006）
ND 表示低于检出限

　　在设计监测井时，应考虑以下这些因素：套管的材料类型、套管直径、有无过滤器或是开口井（若有开口井，套管表层应设置在多深的位置；在分隔的含水层之间应避免交叉连接）、套管长度、井深、过滤器位置与长度、过滤器直径、过滤器材料、过滤器槽口、是否需要人工滤层(砂石过滤层)、砂砾石填充物质的分选性、井和过滤器的安装方法、用来封堵套管和井壁之间环形空间的物质、保护性套管或井阀等。不管监测孔是带过滤器的井孔还是基岩的开口井孔，所有都应有套管。套管指从地面延伸至过滤器位置或开口井孔底部的一根固定管子，其目的是使土壤和水只能从过滤器或开口井孔位置进入监测孔。套管也能防止不同含水层之间水的串层现象。套管的直径和材质等根据监测孔的设计目的和场地污染物等性质而定。井孔应当是水力有效(即地下水流进井孔时其能量损失最小)并应使含有的淤泥和黏土尽量少，过滤器的滤层填充材料的选择应根据过滤器周围的地层特征来确定。同时，钻孔中位于填充滤层之上的环形空间必须封孔以防止地表水向下进入滤层，封孔也可阻止地下水从一个区域到另一个区域的垂直运动或用来隔离不相邻的采样区。监测孔安装工作完成后，必须进行成孔工作。成孔就是将过滤器位置处的细砂、淤泥和黏土清除的过程。成孔的目的是在井中采样时不会抽到淤泥和黏土，同时成孔还可在过滤器附近形成一个渗透性大于当地土层的区域，而且使土层稳定而不让细粒沉积物进入滤层填充物中(Fetter，1993)。

　　监测井所采用的构筑材料不应改变地下水的化学成分，即不能干扰监测过程中对地下水中化合物的分析。监测井筛管要求，丰水期需要有 1 m 的筛管位于水面以上；枯水期期间需有 1 m 的筛管位于地下水面以下。井管的内径要求不小于 50 mm，以能够满足洗井和取水要求的口径为准。在监测井建设完成后必须进行洗井。所有的污染物或钻井产生的岩层破坏以及来自天然岩层的细小颗粒都必须去除，以保证出流的地下水中没有颗粒。常见的方法包括超量抽水、反冲、汲取及气洗等。洗井后应使监测井至少稳定 24 h 之后才能采集水样。监测井取水位置一般在井中储水的中部，但当水中含有重质非水相液体时，取水位置应在含水层底部和不透水层的顶部；当水中含有轻质非水相液体时，取水位置应在含水层的顶部。

　　为保护监测井，防止地表水及污染物质进入监测井内，应建设监测井井口配套保护设施。井口保护装置包括井口保护筒、井台或井盖、警示柱和井口标识等部分。井口保护筒应使用不锈钢材质，依据不同井管直径保护筒内径为240～300 mm；井盖中心部分应用高密度树脂材料，避免数据无线传输信号被屏蔽；井口锁头应用异型锁，避免被盗；保护筒高 50 cm，下部应埋入水泥平台中 10 cm 起到固定作用。警示柱直径 4 cm，用碳钢材质，长 1 m，漆成黄黑相间色，其中高出水泥平台 0.5 m，埋在水泥平台下 0.5 m。水泥平台为厚 15 cm，边长为 50～100 cm 的正方形水泥台，水泥台四角须磨圆，并各设置一根警示柱。

6.4　监测与评价指标

纳米零价铁技术的监测和评价指标主要包括目标污染物和纳米零价铁的迁移转化、场地水力条件和地球生物化学性能变化。为取得可靠的性能评价结果，现场所取样品的妥善保存或者取样后迅速现场检测分析是必要的前提条件。

6.4.1　污染物

采取纳米零价铁材料修复受污染土壤和地下水的根本目的是将有毒有机物 (如三氯乙烯等)转化为无毒或毒性更小的物质，通过还原或吸附、共沉淀等作用固定重金属[如 $Cr(VI)$]等，因此，直接对目标污染物进行监测是评价该修复技术性能的直接方式之一。而监测目标污染物主要包括监测污染物在引入纳米零价铁到修复区域前后及修复区域下游的浓度变化和相关反应产物。例如，针对以 $Cr(VI)$ 为代表的重金属，引入纳米零价铁材料后，修复区域及其下游 $Cr(VI)$ 浓度显著减小，且监测出难溶性氢氧化铬或其氧化物[$Cr(OH)_3$，Cr_2O_3]，则表明纳米零价铁材料通过还原及共沉淀成功实现了修复效果。

与之类似，针对典型土壤和地下水三氯乙烯，若纳米零价铁材料的引入使得修复区域三氯乙烯浓度显著降低，也表明该区域三氯乙烯被材料有效地还原去除。同时，如果经过一段时间修复后，三氯乙烯浓度出现反弹，则说明修复区域内地下多孔介质中吸附的三氯乙烯重新解吸至地下水中。但是，当监测出三氯乙烯降解产物中存在氯乙烯、二氯乙烯时，则表明此时修复区域内三氯乙烯浓度的降低主要是生物降解的作用，而引入的纳米零价铁材料用量不足以起到主要作用，此时可考虑增加材料的投加量。

6.4.2　纳米零价铁

纳米零价铁的监测主要关注其在地下含水层修复过程中的迁移与转化，在实际场地环境下，经常只能采用间接方法评价纳米零价铁的迁移转化性能，这主要是基于纳米零价铁高反应活性，污染物的去除和纳米零价铁氧化常引起地球化学性质发生变化。但是为了更加可靠地理解纳米零价铁在场地修复过程中的性能变化机制，有必要将该间接评价方法与多方面的数据分析做相互支撑。

关于纳米零价铁迁移转化的场地数据获取存在一定不确定性，主要表现如下：①单独的一个监测井不能完全代表其周围更大的区域，纳米零价铁颗粒会优先选择高水力传导性的通道迁移，很有可能从安装在水力传导系数更低区域的监测井旁边绕行，从而使得该监测井检测不到纳米零价铁样品，因此有限的监测井可能不能有效地监测到纳米零价铁颗粒的迁移。②数据分析时需考虑样品稀释过程的影响，某些颗粒分析方法限制了可检测的最低颗粒数量，稀释的过程增加了样品检测的不确定性。有研究指出通过在注入之前确定高透射率区域以及使用多级井进行离散间隔采样，可以减少稀释样品的影响。③在监测井中检测到的溶解性铁可能会被误认为是纳米零价铁颗粒迁移的结果，在大量研究中，总铁浓度一直被用来刻画纳米零价铁的分布范围(Karn et al.，2009；Kocur et al.，2014)，但是纳米零价铁在注入后会被快速氧化，总铁浓度的变化不一定就是纳米零价铁颗粒迁移的指标，因为地下的地球化学转变使铁的氧化形态比零价形态更易移动(Shi et al.，2015)。

多年的纳米零价铁场地应用研究总结出大量的方法以表征和评价纳米零价铁颗粒，主要包括侵入式方法(intrusive method)和非侵入式方法(nonintrusive method)。侵入式方法主要是基于光学、光散射、形貌和能谱等手段。

(1)光学方法。水溶液呈深黑色常被视为纳米零价铁颗粒在水中存在的指示，纳米零价铁在其浓度低至 20 mg/L 时仍可见(Elliott and Zhang，2001；Shi et al.，2015)。如图 6-6 所示，纳米零价铁悬浮液在注射前和从下游某监测井中所取样品皆呈深黑色。但是，实际场地样品中常含有淤泥和天然矿物质(如硫化铁、含锰矿物)等黑色或深色的物质，会干扰纳米零价铁的颜色判断。因此，仅靠颜色判断不足以提供纳米零价铁存在的确切证据。在针对纳米零价铁稳定性和柱迁移等实验室研究中，常采用紫外/可见分光光度法定量测定纳米零价铁，研究表明纳米零价铁在 508 nm 有明显吸光度(He et al.，2010；Karn et al.，2009)。目前，已有标准方法用来区分溶解性铁盐和总铁浓度，如邻菲啰啉显色法(Viollier et al.，2000)。氧化态铁和纳米零价铁可通过紫外/可见分光光度法来区分，这主要是基于纳米零价铁颗粒和氧化态铁分别在 800 nm 和 325 nm 处有较强吸光度，但是该方法在实施中需要进行样品的稀释，致使数据分析变得更加复杂(Johnson et al.，2013)。同时，地下介质中存在的其他天然颗粒也可能会干扰该分光光度法的测定，需和其他方法相结合以得到更可靠的数据。

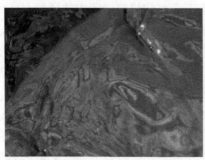

图 6-6　纳米零价铁悬浮液在注射前(左)和从下游某监测井中所取样品(右)的颜色对比(Shi et al.，2015)

(2) 光散射法。动态光散射 (dynamic light scattering，DLS) 和 Zeta 电位的测量是已被广泛用作溶液中颗粒表征分析的光散射方法 (Kocur et al.，2014)。该方法是表征胶体颗粒尺寸和表面电性的有效方法,常用于实验室测定纳米零价铁颗粒。当场地更大的背景颗粒数量有限时，该方法可被用于实际场地分析，但是较大背景胶体颗粒的存在会影响尺寸更小的纳米零价铁颗粒测定的准确性 (Phenrat and Lowry，2019)。除此之外，某些新型的方法也被应用于颗粒电性和尺寸的测定。例如，折射激光分析是另一种微观方法，可针对低浓度的纳米粒子 (包括纳米零价铁) 计算出 Zeta 电位和粒径，该方法使用图像分析来跟踪单个纳米粒子以计算相应参数，其可被用于进行纳米零价铁颗粒的跟踪分析，与 DLS 方法相比，其受实际场地的背景胶体颗粒的影响更小 (Adeleye et al.，2013；Raychoudhury et al.，2014)。尽管如此，光散射法具有与分光光度法类似的缺陷，即其测试样品常需要稀释，颗粒浓度必须足够低以使激光能发生有效散射，并且该方法也不能区分样品中不同的胶体类型。

对于所有光学技术的现场应用，样品都需要仔细的采样程序，以最大限度地减少样品中沉积物、淤泥或黏土的存在。低流量采样程序会收集到更适用于紫外/可见分光光度法和光散射方法测定的样品。

(3) 形貌和能谱方法。表征纳米零价铁的形貌和能谱技术方法详见本书第 2 章。在规范取样程序的前提下，这些方法可一定程度上应用于场地实地研究。但是，由于场地介质条件更复杂，针对其数据的解释将更加困难，测量值还会受样本偏差的影响。零价铁与水或者酸消解反应转化成铁离子的同时会产生氢气，通过测定氢气的产量可推算出零价铁的含量。气相色谱法为测定氢气的常用方法；样品体积很大时，也可考虑采用气体置换的方法测定氢气含量。实际场地应用过程中，很大一部分纳米零价铁颗粒通过与含水层介质相互作用停留在某一区域而不发生迁移 (Bennett et al.，2010；Köcur et al.，2014)，这部分纳米零价铁颗粒通常不能仅凭地下水样品来监测，此时可考虑增加土壤表面分析手段以评估这部分纳米零价铁的反应活性。

除了以上所述纳米零价铁表征和评价的侵入式方法，某些非侵入式方法可被用于将上述监测结果结合成连续尺度的评价手段。在过去几十年的应用中，研究人员探索了遥感、传感器、探针等技术在研究大容量流体特性与纳米零价铁迁移或者纳米零价铁反应活性和氧化钝化等方面的实用性。例如，基于污染羽与地下水之间的电化学性质或电磁性质，探地雷达和电阻层析成像被辅助应用于浅层地下水的监测。磁化率监测为一种远距离监测纳米零价铁的地球物理手段，Vecchia 等 (2009) 曾利用电磁共振技术进行实验室柱实验中的纳米零价铁含量的定量实验，Köber 等 (2014) 则在场地应用中利用磁化线圈检测注射纳米零价铁后的土壤核心样，以刻画纳米零价铁在地下介质中的沉积剖面。

6.4.3　水力性能

　　水力性能的监测目的是评价基于注射的纳米零价铁反应活性区对污染区域（即污染羽和/或污染源）的覆盖情况，以及评价注射纳米材料之后对原先地下环境的水力性能产生的可能影响。

　　地下水水力性能监测的主要内容包括含水层水位、地下水流速、地下水流向、含水层渗透系数等，目前已有多种方法被用来评估场地该类地下含水层水文地质参数（Pinder and Celia，2006）。抽水试验可用来测量水力传导系数、非承压含水层的给水度或者承压含水层的地下室储量、岩层的联通性等。同时，微水试验是测定包括导水系数和释水系数等水文地质参数的常用野外试验方法，通过瞬时向钻孔注入一定水量（或其他方式）引起水位突然变化，观测钻孔水位随时间恢复规律，与标准曲线拟合，进而确定钻孔附近水文地质参数。根据试验过程，可分为降水头微水试验（使孔内水位瞬时上升，然后记录水位下降恢复）和升水头微水试验（使孔内水位瞬时下降，然后等待水位上升恢复）（万伟锋等，2018），如图 6-7 所示。由于微水试验时间短、不需要抽水和附加的观测孔，故既经济又简便，对地下水正常观测的影响也较小，几乎不造成任何污染。但是该方法只能在饱和含水层中进行试验，确定的含水层参数仅代表井筒附近小范围岩土体的渗透性。

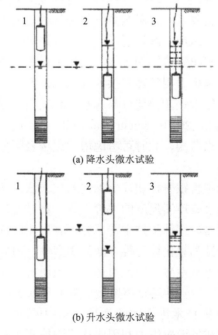

(a) 降水头微水试验

(b) 升水头微水试验

图 6-7　微水试验过程示意图

另外，通过测量所注射纳米零价铁形成的反应活性区域的水位动态变化，可评价区域内水力梯度的变化，结合地下水流向，可有效指示注射修复材料后对修复区域地下水流场的改变，绘制沿水力梯度方向的等水位线图可初步估计修复材料的作用范围。示踪实验是利用示踪剂在两个监测井之间的到达时间差异判断水平水力传导性，获得的信息可用于对溶质迁移行为做基准测试，其可用来评价纳米零价铁修复区域的渗透性和材料的修复效能（Bennett et al.，2010；He et al.，2010）。同时也有报道荧光素示踪实验可直接监测纳米零价铁迁移路径（Johnson et al.，2013），结合含水层地球化学参数分析，可综合判断纳米零价铁在含水层中的迁移情况。示踪实验通常在修复区域的上游监测井中投加一种稳定的无机化合物（如溴化钠、碘化钠等）作为示踪剂，然后在纳米零价铁材料注射区域内部及附近的监测井中测定示踪剂的含量，该方法可在局部范围内提供较为准确的结果。也有研究表明与纳米零价铁一起注射的纳米零价铁稳定剂等物质也可作为保守示踪剂，Kocur 等（2014）研究显示纳米零价铁的聚合物稳定剂的迁移范围与纳米零价铁的一致。

6.4.4　地球生物化学性能

为评价纳米零价铁注射区域的修复性能，需收集场地地下水的无机化学组分等参数以监测相应地球化学性能变化情况。其具体目的是查明引入纳米零价铁材料之后，材料是否维持了对目标有机污染物或重金属降解或还原吸附的活性以及材料的引入是否对场地地下环境造成了不利影响。需监测的参数主要包括无机阳离子（如 Fe^{2+}、Mn^{2+}、As^{3+}、Ca^{2+} 等）、无机阴离子（如 Cl^-、NO_2^-、NO_3^-、SO_4^{2-}、PO_4^{3-}、CO_3^{2-} 等）、气体（如 O_2、H_2、C_2H_4、C_2H_6、CH_4 等）、氧化还原电位、pH、电导率、温度及某些生物指示剂等（Henn and Waddill，2006；Karn et al.，2009；Kocur et al.，2014；Mueller et al.，2012；Wei et al.，2010）。

对无机阳离子进行监测，特别是针对 As^{3+}，主要是为了查明引入纳米零价铁材料之后在修复区域创造的高度还原条件是否促进了其他非目标阳离子特别是 As^{3+} 的迁移，以及相应阳离子浓度是否符合地下水质量标准。同时，相应参数数据可用于地球化学模型的建立，以便更好地评价修复性能。另外，锰离子为指示自然衰减的常见阳离子，监测其浓度分布及变化，有助于分析确定纳米零价铁场地修复过程中自然衰减的潜力及过程变化。具体对 Fe^{2+} 的监测有助于查明纳米零价铁材料还原降解污染物的反应是否在进行，因为零价铁可被 H_2O、溶解氧 DO 及许多含卤有机污染物氧化成 Fe^{2+}，同时可用来评估地下含水层是否足以支持纳米零价铁材料及 Fe^{2+} 的还原活性。

对无机阴离子进行监测，可将相应参数用于地球化学建模或评价场地相应矿物沉淀的可能性，例如，硝酸根离子（NO_3^-）、氯离子（Cl^-）、硫酸根离子（SO_4^{2-}）等为指示自然衰减的常见阴离子。NO_3^- 可被零价铁还原成氨或铵根离子，修复区域内 NO_3^- 浓度的剧烈降低可表明纳米零价铁材料具有活性。SO_4^{2-} 可被硫酸根还原细菌还原成硫化物，SO_4^{2-} 浓度的急剧降低则可表明修复区域存在该微生物降解反应。Cl^- 是含氯有机污染物发生脱氯反应后的重要产物，纳米零价铁材料对含氯有机污染物的还原作用可增加地下水中 Cl^- 的浓度，但是在某些场地，Cl^- 背景浓度要远大于该还原反应增加的 Cl^- 浓度，增大了该指标的监测难度（Navy，2003）。

溶解氧可用于判断地下水好氧或厌氧环境，高溶解氧值可大大限制纳米零价铁在修复区域内及下游的分布，这是因为溶解氧与零价铁有较高的反应活性，将零价铁氧化成 Fe^{2+}。溶解性氢气（H_2）、乙烯（C_2H_4）、乙烷（C_2H_6）、甲烷（CH_4）为卤代乙烯、卤代乙烷和卤代甲烷的生物降解和非生物降解的指示性参数，这是因为零价铁对该类有机污染物的非生物还原反应可产生 H_2，而 CH_4 是微生物降解反应的重要产物，C_2H_4 和 C_2H_6 则是卤代乙烯和乙烷发生厌氧生物降解和零价铁的非生物还原反应的最终产物。通常这些溶解性气体在监测污染物浓度的同时进行测量。

氧化还原电位为指示地下水还原环境的重要参数，纳米零价铁材料的大量分布通常会引起修复区域内氧化还原电位的明显降低。理论上低于–400 mV 的氧化还原电位值代表较好的还原环境，表明零价铁材料分布状况较好，而高于–200 mV 的氧化还原电位则表明材料的较差分布。但是也有研究表明，低氧化还原电位不一定就意味着 CVOCs 等氯代有机物的还原脱氯反应的发生，仅能说明该反应可能发生（Bennett et al.，2010），还原脱氯反应和 β-消去反应都同时需要电子和氢气，因此还需补充其他分析来支持氧化还原电位的监测结果（Shi et al.，2015）。

目标有机污染物与纳米零价铁材料的反应通常会提高修复区域地下水的 pH，这同时有利于相关重金属离子的沉淀固定作用，因此，对 pH 的监测可对材料修复性能的评估提供较好的支持。

电导率可用来评价纳米零价铁修复区域的溶解态离子浓度是否发生变化，而相应溶解态离子浓度的增加可影响重金属的化学沉淀过程或抑制生物降解过程。有研究表明修复区域中纳米零价铁材料附近的电导率应该会降低，因此该参数可作为零价铁材料是否存在的指示性参数。

温度则是影响纳米零价铁材料与污染物发生化学反应的重要因素，通常情况下较低温度会降低材料与污染物的反应速率，从而减弱修复效果。尽管如此，指示纳米零价铁氧化的地球化学指标（如 pH、氧化还原电位、溶解氧、水溶性铁离子等）并不是纳米零价铁颗粒在某一监测井中存在的确切证据，仅能说明该监测井周围受到了铁氧化产物的影响，还需结合其他监测方法以更加准确地评价纳米零价铁的迁移转化和作用效能。

　　除了上述常规监测指标，针对纳米零价铁可能的长期环境效应，近年来有研究利用某些生物指示剂来监测场地修复注入纳米零价铁之后在短期和长期阶段对场地环境的影响。利用某些细菌基因受纳米零价铁影响引起细菌发生相应响应行为及某些土壤生物相应的生态毒理学性质变化，监测纳米零价铁在地下环境中的迁移范围及长期环境归趋。例如，关于在含纳米零价铁的环境中三种新型基因 *tnaA*、*sodB* 和 *trx* 的转录行为以及秀丽隐杆线虫的毒理学特征变化的研究结果显示，主要控制生成吲哚的 *tnaA* 基因在纳米零价铁存在下发生增量上调，细菌利用吲哚物质向其余群落传递因纳米零价铁引入引起的环境变化信息，引导土壤细菌产生相应的细胞应激反应，以应对环境中氧化还原条件等变化，增加编码活性氧物质淬灭酶的基因表达。而秀丽隐杆线虫在暴露于纳米零价铁存在的环境中生存则未受太大影响，生物量反而增加(Fajardo et al.，2016)。因此，根据不同生物指标对纳米零价铁响应的不同来监测纳米零价铁修复后土壤环境的变化。

6.5　性能监测与评价应用实例

6.5.1　美国新泽西州特伦顿市 TCE 污染场地

　　2001 年，在特伦顿市的一个工厂过去放置 TCE 储存罐的地下水下游方向，建立了一个中试规模的纳米零价铁/钯双金属材料原位注射工程。测试区域面积为 4.5 m×3 m，并包含 6 m 厚的饱和含水层。在受污染的地表含水层中的地下水分布在地下 1.8~2.1 m 与地下 9 m 左右的腐泥土和基岩之间。在纳米材料注射点设置了一个监测井和三个嵌套组的测压计(测压计位于监测井下游，间隔 1.5 m)，每组测压计分别设置了位于地下 3 m 和 6 m 的测压管，以分别监测浅层和深层地下水(图 6-8)。含水层水力传导系数(K)为 0.2 cm/s，孔隙度为 0.25，预估水力梯度为 0.001，地下水自然渗流速度预估为 0.3 m/d 左右，测试区域地下水预估体积为 14.1 m^3 左右。十年之内，定期监测该场地地下水中多种氯代烃污染物[如 PCE、TCE、顺式二氯乙烯(*cis*-DCE)等]，其中在纳米零价铁/钯双金属材料原位注射工程研究之前，TCE 浓度为 445~800 μg/L，并利用 Horiba U-22 多参数仪和流动单元在现场直接测定某些水质参数(如 pH、氧化还原电位等)，而一些其他水质参数(如挥发性有机物、总铁和溶解态铁等)则是现场取样送到实验室测定。

　　监测结果表明，虽然该场地测试区域在两天之内仅注射了 1.7 kg 的纳米材料，但是该小剂量的纳米材料仍致使四周监测期内 96%的 TCE 被还原去除，并且纳米材料的注射并没有影响含水层的渗透性。

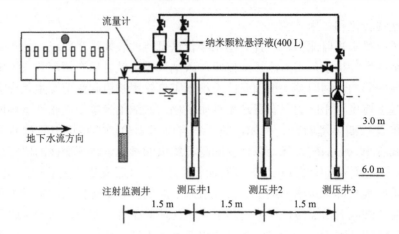

图 6-8　特伦顿市场地中试规模原位注射纳米零价铁/钯材料工程应用监测井及测压管分布示意图（Elliott and Zhang，2001）

6.5.2　美国南部某有机氯溶剂污染场地

该有机氯溶剂污染场地以前为化工企业，主要污染物为氯代烃和多氯联苯等，修复材料为 CMC 稳定纳米零价铁/钯材料（0.2 g/L，CMC = 0.1 wt%，Pd/Fe=0.1 wt%），示范区域面积为 13.9 m^2，区域水力传导系数为 1.98×10^{-3} cm/s，总孔隙度为 0.3，地下水流速为 6.7 cm/d，共设置一个注入井和三个监测井（图 6-9）。监测指标为污染物浓度（PCE、TCE、PCB1242）、pH、电导率、氧化还原电位、溶解氧和温度，监测井中的取样设备为 12 V 潜水泵，注入井中的取样设备为蠕动泵（其同时用于

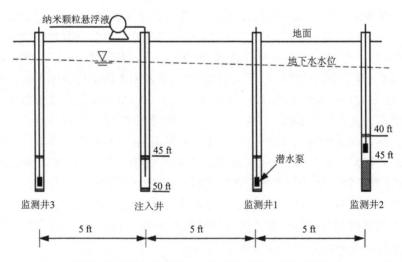

图 6-9　CMC 稳定纳米零价铁/钯材料注入井和监测井分布示意图（He et al.，2010）

注射修复材料）。监测结果显示在注射修复材料一周后污染物去除率达到最大，两周后氯代烃浓度缓慢增至注射前浓度，但是随着时间继续延长，氯代烃浓度重新降低，表明注射的 CMC 稳定纳米零价铁/钯材料促进了原位生物降解，这主要是由于 CMC 作为碳源，纳米零价铁还原生成的氢是电子供体为微生物降解活性增大提供了条件（Kocur et al.，2015，2016）。596 天后，总氯代烃浓度降低了 40%～61%，PCB1242 浓度降低了 87%。

6.5.3 西班牙 EI Terronal 汞/砷污染场地

EI Terronal 汞/砷污染场地位于西班牙北部城市 Asturias，该场地在 20 世纪 60 年代为西班牙第二大的汞生产企业，1974 年停产，但尾矿及采矿设备仍保留至 2002 年，遗留大量冶金粉尘和炉渣，以及其他采矿废物，造成该场地土壤和地下水污染，主要污染物为汞、砷、苯并芘等多环芳烃。选择该场地 A、B 两个区域，利用纳米零价铁进行针对其表层土（0～20 cm）中的汞及砷等污染物的修复示范研究，场地及修复区域地理位置及现场修复照片等相关信息见图 6-10。区域 A 的汞砷浓度高于区域 B，纳米零价铁用量为 2.5%，修复时长为 32 个月，监测内容主要为汞/砷浓度，采用连续提取法测定汞/砷浓度，采样时间点分别为 0 小时、72 小时、1 个月、2 个月、8 个月、12 个月、17 个月、24 个月、32 个月。研究结果表明，区域 A 中，加入纳米零价铁 72 小时后，砷浓度从 1000 mg/kg 快速减至 600 mg/kg，汞浓度从 800 mg/kg 降为 400 mg/kg，随着修复时间达到 32 个月，其浓度分别缓慢降至 400 mg/kg 和 200 mg/kg；区域 B 中，砷和汞的浓度皆从修复前的 100 mg/kg 左右降至 72 小时后的 20 mg/kg，随后浓度几乎维持不变。表明实际场地条件下，纳米零价铁对表层土中砷或汞等（类）重金属污染物有较明显的修复去除效果，其修复效率受污染物浓度影响较大。

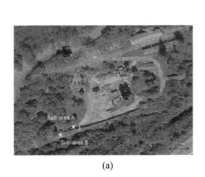
(a)

(b)

图 6-10 EI Terronal 汞/砷污染场地鸟瞰图（a）及示范区域的纳米零价铁修复现场照片（b）
（Gil-Díaz et al.，2019）

6.5.4 中国上海某汽车生产厂污染场地

该汽车生产厂污染场地位于中国上海浦东新区某汽车生产厂，主要污染物为氯代烃[TCA、二氯乙烯(DCE)、氯乙烯(VC)等]，地下水中 1,1,1-TCA、1,1-DCE、VC 的最大浓度高达 240.1 mg/L、15.9 mg/L、10.5 mg/L，污染羽可分为六个区域(图 6-11)。地下水位在地下 0.4~1.8 m，地下水流向为从西南往东北，地下含水层水力传导系数为 5.73×10^{-6} cm/s，平均水力梯度为 1.5‰，地下水流速为 0.26 cm/d。从上往下，场地含水层主要由表层素填土(0~2.6 m)、粉质黏土(2.6~5.5 m)、淤泥质黏土(5.5~19.5 m)、粉质黏土(19.5~46.8 m)、沙质淤泥(46.8~60.0 m)，污染含水层位于地下 6~8 m。2012 年 3 月实施了修复材料 EHC(商业修复材料，美国 Peroxychem 公司生产，主要由零价铁和有机碳组成)的修复示范研究，示范区域为污染羽 AOC1 中 MW-18 监测井周围，面积为 30 m²，研究时长为 270 天，MW-18 周围设置三个示范监测井，详细位置见图 6-12。监测采样时间为修复材料注射后 0 天、5 天、90 天、180 天、270 天，采样设备为便携式低流速采样泵(MicroPurge^{TM}，QED，USA)，监测指标为溶解氧、氧化还原电位、pH、电导率、污染物浓度、总有机碳、二价铁离子。270 天后，示范区域中 1,1,1-TCA、VC、1,1-DCE 的平均去除率分别为 99.6%、99.3%、73.3%。

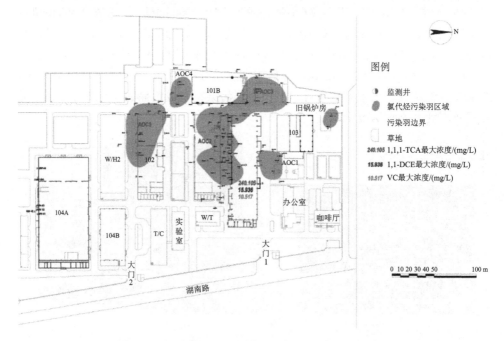

图 6-11 场地位置及污染物分布图(Yang et al.，2018)

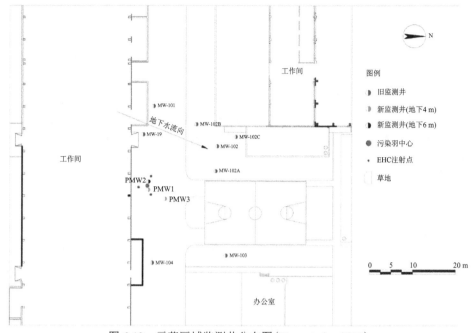

图 6-12　示范区域监测井分布图(Yang et al.，2018)

　　根据示范研究的结果,2013 年 9 月在污染羽 AOC4(污染羽中心 1,1,1-TCA 浓度为 18.1 mg/L)实施了全面的场地修复工程,面积为 1000 m²,设置 100 个注入井、13 个监测井,取样时间为注射材料后 0 天、30 天、90 天、180 天。监测指标除示范研究的监测指标以外,还有含氯有机物降解微生物脱卤拟球菌的丰度。全面修复 30 天以后,AOC4 污染羽中 1,1,1-TCA 的最大浓度降至荷兰设定的干预值(DIV,0.3 mg/L)以下(图 6-13)。

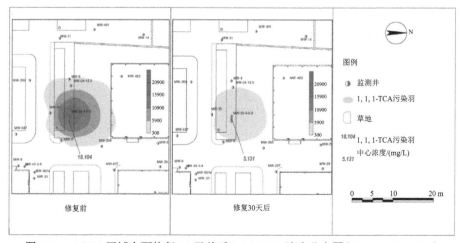

图 6-13　AOC4 区域全面修复 30 天前后 1,1,1-TCA 浓度分布图(Yang et al.，2018)

6.5.5 中国台湾某石油化工厂污染场地

该石油化工厂污染场地位于中国台湾高雄市某工业区，主要包括石油化工厂和氯乙烯生产厂，纳米零价铁修复示范场地位于氯乙烯生产厂南部地下水下游方向，面积为 200 m², 污染羽中主要污染物为 VC(0.62～4.56 mg/L)、TCE(0.053～0.682 mg/L)、1,1-DCE(0.042～0.134 mg/L)、1,2-DCE(0.027～1.15 mg/L)、DCA(0.055～0.27 mg/L)，VC 为最主要的污染物。场地为非承压含水层，主要由粗砂和少量淤泥组成，厚度为 4～18 m。水力传导系数为 0.275 cm/s，地下水流速为 28.5 cm/d，自然水力梯度为 0.0012 m/m。示范区域共设置 3 口注入井和 13 口嵌套的多级监测井，注入井全部 18 m 深，并带有 15 m 的帷幕，嵌套监测井由 3 个分别深 6 m、12 m、18 m 的独立井组成，并带有 3 m 的帷幕(图 6-14)。监测指标有氯乙烯浓度、总铁浓度、总固体浓度、悬浮固体浓度、氧化还原电位等，监测时间 6 个月。结果显示，氯乙烯整体去除率为 50%～99%，注入纳米零价铁之后，场地含水层中总铁浓度、总固体浓度和悬浮固体浓度皆增加，并且总铁浓度与总固体浓度和悬浮固体浓度之间呈现较好相关性，氧化还原电位从–100 mV 降至–400 mV，氧化还原电位为指示纳米零价铁活性的重要指标。

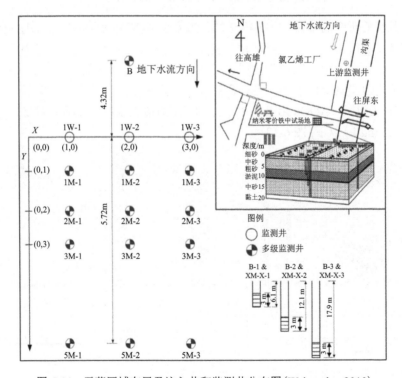

图 6-14　示范区域布局及注入井和监测井分布图(Wei et al., 2010)

6.5.6   中国天津化学试剂一厂场地

该场地位于天津化学试剂一厂，某生产车间附近有一口监测井，在其周围
15 m×15 m 范围内对纳米零价铁–生物炭复合材料修复污染地下水进行了技术工
程示范研究。注射前阶段，在整个化工厂场地设置41口监测井，用于监测场地内潜
水含水层地下水水位，分析确定场地含水层地下水流向、分析场地地下水污染特征、
污染物种类分布规律及污染区域等，场地监测井具体分布情况如图6-15 所示，所

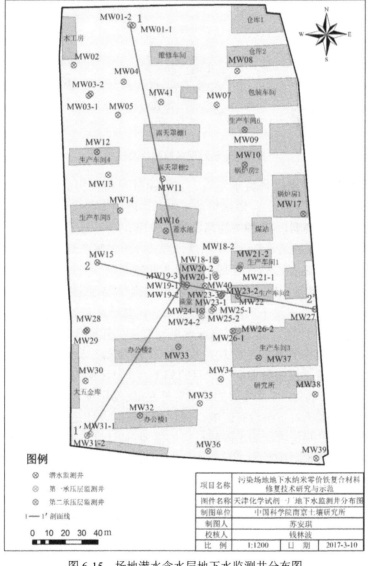

图 6-15   场地潜水含水层地下水监测井分布图

用现场监测仪器设备主要有地下水水位温度自动检测仪、声光报警水位尺、多参数水质测定仪（图 6-16）。根据监测结果，41 口监测井中共检出 VOCs 类污染物 52 种，以氯代烃和氯代芳香烃为主。场地潜水层污染整体比较严重，对场地的未来开发造成安全隐患，对周边水环境有潜在风险。根据场地原工厂生产工艺特点、污染源特征、污染物检出浓度分布特点、各污染物毒性特点以及本项目研究的需求，选取氯乙烯、氯乙烷、1,1-二氯乙烯、反式-1,2-二氯乙烯、1,1-二氯乙烷、顺式-1,2-二氯乙烯 、1,1,1-三氯乙烷、1,2-二氯乙烷、三氯乙烯、1,1,2-三氯乙烷、四氯乙烯、1,1,2,2-四氯乙烷以及氯仿 13 种污染物为关注污染物。

图 6-16　场地现场监测仪器设备

示范区内潜水含水层具微承压性，主要由砂质粉土构成，平均渗透系数为 3.07 m/d，平均厚度为 5.0 m。潜水层地下水总体流向为西南至东北。该监测井位于重污染区上游污染羽，13 种关注污染物共检出 11 种[分别为氯乙烯、1,1-二氯乙烯、反式-1,2-二氯乙烯、1,1-二氯乙烷、顺式-1,2-二氯乙烯、1,2-二氯乙烷、三氯乙烯、1,1,2-三氯乙烷、四氯乙烯、1,1,2,2-四氯乙烷、三氯甲烷（氯仿）]，其中 8 种超过地下水修复目标值。布置了 5 口微泵监测井（示意图如图 6-3 所示）、2 口空压式注射/监测井，以及 1 口场地现有监测井，共计 8 口地下水监测井。其中，5 口微泵监测井可对潜水含水层不同深度进行取样；其余 3 口监测井用于监测污染物及修复材料整个含水层的平均浓度。示范区监测井与注入井位置示意图如图 6-17 所示。设置不同类型监测井的目的如下：获取污染物和修复材料在平面和垂向上的空间分布特征；评估注射的纳米零价铁-生物炭复合材料对污染羽的捕获能力，确保出水水质对下游没有影响；评价注入井的设计是否合理，如污染物在反应区间的停留时间是否能满足降解反应的需要；估计注入井及修复材料的寿命。

注射前阶段的监测频率为 1 月 1 次，共计 2 次；注射后阶段，在注射后 1 天、3 天、5 天、8 天、12 天、16 天、20 天、30 天、40 天、50 天、60 天内分别在 8 口监测井进行采样测试。现场监测指标有 pH、氧化还原电位、电导率等；实验室检测指标包括溶解氧、氯代烃类污染物及其降解产物、地下水无机组分等，具体见表 6-3。基于这些监测数据，最终确认了纳米零价铁与生物炭的复合材料对该场地的地下水修复取得了预期效果。

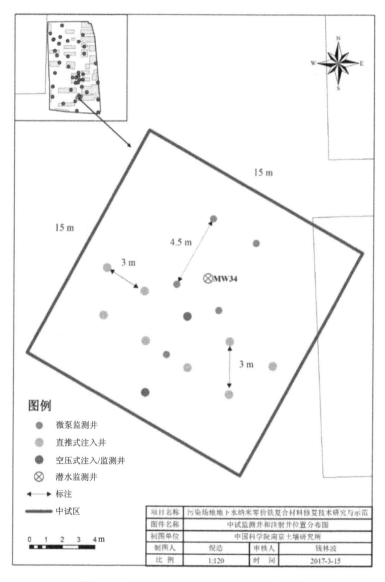

图 6-17　示范区监测井与注入井位置示意图

表 6-3　监测指标

项目	监测指标
现场监测	pH、Eh、电导率
实验室检测	溶解氧、甲烷、氯乙烯、氯乙烷、1,1-二氯乙烯、反式-1,2-二氯乙烯、1,1-二氯乙烷、顺式-1,2-二氯乙烯、1,1,1-三氯乙烷、1,2-二氯乙烷、三氯乙烯、1,1,2-三氯乙烷、四氯乙烯、1,1,2,2-四氯乙烷、氯仿等；Cl^-、SO_4^{2-}、NO_3^-、Fe^{2+}、Mn^{2+}

综上几个案例，可得出如下几个特点：

(1) 所有案例均依据纳米零价铁注射前阶段的监测数据刻画出场地的基本条件和污染特征，为后续的修复提供了基础；

(2) 多个监测井组成的监测网络有助于提供更全面的监测数据；

(3) 几乎所有案例的注射后阶段的监测内容重点为目标污染物的浓度变化，并以此评价修复效能；

(4) 仅有少数案例的监测指标考虑了地球化学参数(如 pH、氧化还原电位、电导率、溶解氧等)、纳米零价铁相关参数(如总铁浓度等)以及微生物丰度变化；

(5) 缺乏针对纳米零价铁注射导致的场地地下环境水力传导特性变化的监测数据；

(6) 大部分纳米零价铁应用案例集中在地下水修复，而较少涉及土壤修复，与之对应，针对纳米零价铁修复土壤的监测系统设计与应用的信息相对不足。

6.6　本章小结

针对水力传导性能、物理化学性质和微生物性质的详细监测，可为全面了解场地地下环境条件在注入纳米零价铁材料前期、中期和后期的变化情况与纳米零价铁的时空效应，以及可靠的修复效果评价结论提供依据。足够的监测井数量、合理的监测网络设计以及规范的样品采集方法是获取可靠的性能监测数据的先决条件。地下水是纳米零价铁场地修复监测的最重要区域，因此在详细的前期场地调查的基础上，监测井网络必须覆盖污染区域和纳米零价铁影响范围；同时，土壤和土壤气也是重要的监测对象。监测频次也需根据场地实际情况做灵活调整。通常情况下，为评估纳米零价铁修复的状态和结果，所有涉及的方面都应包括在监测指标内，但是考虑到实际工程应用的经济成本，所设计的监测指标不应超过实际需要。虽然经过二十余年的场地应用，纳米零价铁技术的监测方法得到很大扩展和深入研究，特别是针对纳米零价铁迁移转化的现场监测技术，但是从已有案例的实际修复效果可知，目标污染物在纳米零价铁修复后的一定时间范围内基本都会出现反弹现象。因此，有必要加强纳米零价铁技术的长期监测方法的研究和应用，为场地修复效果的长期保持提供数据支撑。

参 考 文 献

万伟锋，李清波，曾峰，等. 2018. 微水试验研究进展. 人民黄河，40(8)：99-104.

Adeleye A S, Keller A A, Miller R J, et al. 2013. Persistence of commercial nanoscaled zero-valent iron(nZVI) and by-products. Journal of Nanoparticle Research, 15(1)：1418.

Bardos P, Bone B, Daly P, et al. 2014. A risk/benefit appraisal for the application of nano-scale zero valent iron (nZVI) for the remediation of contaminated sites. London: NanoRem Project.

Bennett P, He F, Zhao D, et al. 2010. *In situ* testing of metallic iron nanoparticle mobility and reactivity in a shallow granular aquifer. Journal of Contaminant Hydrology, 116(1): 35-46.

Busch J, Meißner T, Potthoff A, et al. 2015. A field investigation on transport of carbon-supported nanoscale zero-valent iron (nZVI) in groundwater. Journal of Contaminant Hydrology, 181: 59-68.

Edmiston P L, Osborne C, Reinbold K P, et al. 2011. Pilot scale testing composite swellable organosilica nanoscale zero-valent iron—Iron-Osorb®—for *in situ* remediation of trichloroethylene. Remediation Journal, 22(1): 105-123.

Einarson M. 2006. Practical handbook of environmental site characterization ground-water monitoring. Floride: CRC Press: 808-845.

Elliott D W, Zhang W X. 2001. Field assessment of nanoscale bimetallic particles for groundwater treatment. Environmental Science Technology, 35(24): 4922-4926.

Fajardo C, Costa G, Nande M, et al. 2016. Three functional biomarkers for monitoring the nanoscale zero-valent iron (nZVI)-induced molecular signature on soil organisms. Water, Air, and Soil Pollution, 227(6): 1-9.

Fetter C W. 1993. Contaminant Hydrogeology. 2nd. Illinois: Waveland Press.

Flores O A, Velimirovic M, Tosco T, et al. 2015. Monitoring the injection of microscale zerovalent iron particles for groundwater remediation by means of complex electrical conductivity imaging. Environmental Science and Technology, 49(9): 5593-5600.

Gavaskar A, Tatar L, Condit W. 2005. Cost and performance report nanoscale zero-valentiron technologies for source remediation. Port Hueneme, CA. DOI:10.21236/ADA446916.

Gil-Díaz M, Rodríguez-Valdés E, Alonso J, et al. 2019. Nanoremediation and long-term monitoring of brownfield soil highly polluted with As and Hg. Science of the Total Environment, 675: 165-175.

Hara S O, Krug T, Quinn J, et al. 2006. Field and laboratory evaluation of the treatment of DNAPL source zones using emulsified zero-valent iron. Remediation Journal, 16(2): 35-56.

He F, Zhao D, Paul C. 2010. Field assessment of carboxymethyl cellulose stabilized iron nanoparticles for *in situ* destruction of chlorinated solvents in source zones. Water Research, 44(7): 2360-2370.

Henn K W, Waddill D W. 2006. Utilization of nanoscale zero-valent iron for source remediation—A case study. Remediation Journal, 16(2): 57-77.

ITRC. 2011. Integrated DNAPL site strategy. Washington, DC: Interstate Technology and Regulatory Council, Integrated DNAPL Site Strategy Team.

Johnson R L, Nurmi J T, O'Brien J G S, et al. 2013. Field-scale transport and transformation of carboxymethylcellulose-stabilized nano zero-valent iron. Environmental Science and Technology, 47(3): 1573-1580.

Jordan M, Shetty N, Zenker M J, et al. 2013. Remediation of a former dry cleaner using nanoscale zero valent iron. Remediation Journal, 24 (1): 31-48.

Karn B, Kuiken T, Otto M. 2009. Nanotechnology and *in situ* remediation: A review of the benefits and potential risks. Environmental Health Perspectives, 117 (12): 1813-1831.

Köber R, Hollert H, Hornbruch G, et al. 2014. Nanoscale zero-valent iron flakes for groundwater treatment. Environmental Earth Sciences, 72 (9): 1.

Kocur C M D, Lomheim L, Boparai H K, et al. 2015. Contributions of abiotic and biotic dechlorination following carboxymethyl cellulose stabilized nanoscale zero valent iron injection. Environmental Science and Technology, 49 (14): 8648-8656.

Kocur C M D, Lomheim L, Molenda O, et al. 2016. Long-term field study of microbial community and dechlorinating activity following carboxymethyl cellulose-stabilized nanoscale zero-valent iron injection. Environmental Science and Technology, 50 (14): 7658-7670.

Kocur C M, Chowdhury A I, Sakulchaicharoen N, et al. 2014. Characterization of nZVI mobility in a field scale test. Environmental Science and Technology, 48 (5): 2862-2869.

Lacina P, Dvorak V, Vodickova E, et al. 2015. The application of nano-sized zero-valent iron for *in situ* remediation of chlorinated ethylenes in groundwater: A field case study. Water Environment Research, 87 (4): 326-333.

Mackenzie K, Bleyl S, Kopinke F D, et al. 2016. Carbo-iron as improvement of the nanoiron technology: From laboratory design to the field test. Science of the Total Environment, 563-564: 641-648.

Mueller N C, Braun J, Bruns J, et al. 2012. Application of nanoscale zero valent iron (NZVI) for groundwater remediation in Europe. Environmental Science and Pollution Research, 19 (2): 550-558.

Navy. 2003. Pilot Test Final Report: Bimetallic Nanoscale Particle Treatment of Groundwater at Area I, Volume I of III: Naval Air Engineering Station Site. Lakehurst, New Jersey.

Otaegi N, Cagigal E J C. 2017. NanoRem Pilot Site–Nitrastur. Spain: Remediation of Arsenic in Groundwater Using Nanoscale Zero-Valent Iron: 1-6.

Phenrat T, Lowry G V. 2019. Nanoscale Zerovalent Iron Particles for Environmental Restoration: From Fundamental Science to Field Scale Engineering Applications. Cham: Springer International Publishing.

Pinder G F, Celia M A. 2006. Subsurface Hydrology. New York: John Wiley and Sons.

Qian L, Chen Y, Ouyang D, et al. 2020. Field demonstration of enhanced removal of chlorinated solvents in groundwater using biochar-supported nanoscale zero-valent iron. Science of the Total Environment, 698: 134-215.

Quinn J, Geiger C, Clausen C, et al. 2005. Field demonstration of DNAPL dehalogenation using emulsified zero-valent iron. Environmental Science and Technology, 39 (5): 1309-1318.

Raychoudhury T, Tufenkji N, Ghoshal S. 2014. Straining of polyelectrolyte-stabilized nanoscale zero valent iron particles during transport through granular porous media. Water Research, 50: 80-89.

Shi Z, Fan D, Johnson R L, et al. 2015. Methods for characterizing the fate and effects of nano zerovalent iron during groundwater remediation. Journal of Contaminant Hydrology, 181: 17-35.

Stejskal V, Lederer T, Kvapil P, et al. 2017. NanoRem Pilot Site–Spolchemie I. Czech Republic: Nanoscale Zero-Valent Iron Remediation of Chlorinated HyDrocarbons: 1-8.

Su C, Puls R W, Krug T A, et al. 2013. Travel distance and transformation of injected emulsified zerovalent iron nanoparticles in the subsurface during two and half years. Water Research, 47(12): 4095-4106.

Vecchia E D, Luna M, Sethi R. 2009. Transport in porous media of highly concentrated iron micro- and nanoparticles in the presence of xanthan gum. Environmental Science and Technology, 43(23):8942-8947.

Viollier E, Inglett PW, Hunter K, et al. 2000. The ferrozine method revisited: Fe(II)/Fe(III) determination in natural waters. Applied Geochemistry, 15(6): 785-790.

Wei Y T, Wu S C, Chou C M, et al. 2010. Influence of nanoscale zero-valent iron on geochemical properties of groundwater and vinyl chloride degradation: A field case study. Water Research, 44(1): 131-140.

Yang J, Meng L, Guo L. 2018. *In situ* remediation of chlorinated solvent-contaminated groundwater using ZVI/organic carbon amendment in China: Field pilot test and full-scale application. Environmental Science and Pollution Research, 25(6): 5051-5062.

第7章 纳米零价铁技术案例分析

纳米零价铁材料的应用已经日趋成熟，也成功运用到了实际的污染场地治理中。针对场地实际条件，选择合适的原位修复技术方案显得十分迫切并具有深远意义。相比于异位修复技术，原位修复技术有工期短、费用低、不必关停工厂等优势，其中包含原位注射、原位加热、植物生物修复、电动修复、PRB 等技术手段。

根据表 6-1，总结得出目前场地污染物仍较多为氯代烃污染物，从场地修复技术来看，这些场地修复技术多数都采用注射修复技术手段。本章节选择了 4 个针对氯代烃污染物修复但侧重点不同的案例，第一个案例较为详细地介绍整个技术的原理和实施流程，第二个案例侧重点在于对双金属材料的应用检测，第三个案例侧重点是对零价铁材料处理方式进行介绍，详细对比前后污染物浓度变化的趋势，第四个案例侧重点则是详细介绍注射和监测过程。通过这四个案例，可以从多方面了解到整个修复项目涉及的技术和调查。从前期的场调到中期修复技术的选择、材料的选择和处理方式，再到后期污染物浓度监测，纳米零价铁注射修复技术是比较成熟和系统的，但整个项目实施仍需要通过严格的场调和计算，场地条件、修复量、修复范围、材料注射点、注射量、监测井的选址、数据监测与分析等，这些都是整个项目中需要详细分析报告的部分。

本章系统介绍了这 4 个国内外典型的原位注射在工程实践中的应用案例，包括场地信息、原位注射的技术实施、绩效评估、技术性能、费用计算等几部分，旨在为广大环境污染场地修复人员选择合适的修复技术、原位注射工程设计及其技术参数提供理论支撑和技术借鉴。

7.1 纳米零价铁复合材料修复氯代烃污染地下水技术及示范

针对我国典型地区氯代烃污染地下水问题，使用了基于纳米零价铁-生物炭复合材料的绿色、高效修复技术；在研发纳米零价铁-生物炭复合材料的基础上，针对天津化学试剂一厂氯代烃污染地下水，探索纳米零价铁-生物炭复合材料修复技术体系和科学可行的修复模式，进而建立纳米零价铁-生物炭复合材料修复技术示范基地。通过基地示范，展示纳米零价铁高效修复技术的实用性，积累原位地下水污染修复工程应用经验，建立纳米零价铁复合材料修复氯代烃污染地下水技术体系及可复制的修复工程样板，为实现该技术成果在我国典型地区氯代烃污染场地修复奠定应用基础，保障城市污染场地安全再开发。

7.1.1 概述

本次调查以获得场地潜水含水层氯代烃污染空间分布以及水文地质特征参数为基本目标，主要目的如下。

(1)通过现有监测井的布点采样和实验室分析，开展场地潜水含水层地下水污染调查，明确场地氯代烃污染程度及污染范围；

(2)设计并开展微水试验，获得场地潜水含水层渗透系数，为风险评估提供关键参数。

本次场地环境调查采用资料收集分析、现场调查采样、样品检测、数据分析等方法。

(1)前期资料准备：收集相关资料，了解建厂以来的生产情况及污染物产生、排放情况，污染源类型、数量及分布情况，厂区周边地区生态环境信息(包括地形、地貌、水系、地质、土壤类型和性质等)，了解厂区周边环境敏感目标情况、泄漏等突发性污染事故情况、环境污染纠纷情况等信息。

(2)调查监测方案制定：根据资料分析和对厂区内污染状况的初步判断，制定场地调查与监测技术方案，明确调查目的、范围、样品采集的要求，确定监测项目，预算项目经费的支出等。

(3)现场采样与勘察：在场地现场完成监测点位的取样，组织实施样品的采集和保存等各项工作。

(4)样品分析：采集的样品运送至有资质的实验室进行样品的预处理和测试分析工作，并出具检测报告。

7.1.2 场地基本情况

1. 场地地理位置

本次场地环境调查范围为天津化学试剂一厂地块内。化学试剂一厂地块位于天津市西青区简阳路与保山西道交口西南侧(图 7-1)，场区调查面积为 34083.5 m^2。

2. 场地历史

天津化学试剂一厂始建于 1950 年，是中国化学试剂行业重点生产厂家之一，主要生产有机通用试剂(三氯甲烷、氯乙烯)、指示剂(苯酚红、溴酚蓝)、基准试剂(高锰酸钾、硫酸铜)、磷酸三丁酯、硅酸乙酯等精细化工产品以及电子行业用各种磨抛材料等 350 多种。

图 7-1　场地位置图

天津化学试剂一厂土地利用历史沿革情况见表 7-1。

表 7-1　天津化学试剂一厂土地利用历史沿革

时间	土地利用情况
1958 年以前	该场地主要为农用田地
1958 年	公私合营化学试剂一分厂建厂，逐步建设厂区西侧厂房建筑
1973～1977 年	逐步建设厂区东侧厂房建筑
2007 年	化学试剂厂逐步停产
2009 年	厂房及设备拆迁
2009～2011 年	空地闲置
2011 年至今	苗圃，主要种植海棠、石榴和椿树等

　　场地于 2009 年底开始拆迁。场地的平面布局图如图 7-2 所示，场区所属建（构）筑物功能见表 7-2。以场区主路为分界，地块东侧由北到南依次分布有仓库、包装车间、锅炉房、煤站、生产车间和研究所等；地块西侧由北到南依次分布有木工房、维修车间、露天罩棚、生产车间、蓄水池、澡堂、办公楼等。通过查阅资

料及人员访谈了解到,场区主路及生产车间下有污水管道,在调查地块外南侧区域有污水处理车间,污水经管道流至污水处理车间进行处理。另外,场区办公楼下有防空洞。

图 7-2　场区所属建(构)筑物平面布局

表 7-2　场区所属建(构)筑物功能

序号	建筑物名称	功能	备注
1	仓库 1、2	存放化学产品及包装材料	
2	包装车间	化学产品包装	
3	生产车间 1~6	化学产品生产	
4	锅炉房 1、2	产热供能	
5	煤站	储煤	
6	研究所	化学试剂化验	
7	木工房	木质品加工	生产车间 6 于 20 世纪 90 年代后废弃
8	维修车间	机器维修	
9	露天罩棚 1、2	原料存储	
10	蓄水池	存储冷却水、循环水	
11	大五金库	存放钢材、电机	
12	办公楼 1、2	办公	
13	澡堂	生活	

　　结合该场地近 10 年来卫星图像的变化情况分析可见，2000 年左右，厂区生产布局基本完整。2007 年厂区生产停止后至 2009 年，场地内原厂区厂房拆迁完毕。2011 年，场地内苗圃建设基本成型，2011 年至今，场地内基本没有明显的变化，仍旧以苗圃种植为主。具体见图 7-3。

(a) 2000年　　　　　　　　　　(b) 2009年

(c) 2011年　　　　　　　　　　(d) 2015年

图 7-3　场地历史遥感卫星图

3. 区域水文地质条件

根据地质普查资料，本区域地下水资源主要为华北平原第四系孔隙水，按地下水的动力条件、成因类型和地质时代，可将本区域地下水资源划分为 3 个含水组。其地质、水文地质特点如下。

第 I 含水组：除顶部局部有淡水外，基本为咸水，包括潜水、微承压水和承压水，底板埋深 60～130 m。该场地的主要含水层位属于第 I 含水组。

第 II 含水组：底板埋深 180～220 m，以河流相沉积为主，间有湖沼相，黏土厚度较砂层一般较薄。渗透系数为 2～5 m/d。

第III含水组：底板埋深 260～320 m，为稳定的湖相沉积，以厚层黏土为主基调，偶夹亚黏土及粉细砂、粉砂。含水层发育砂层普遍少，厚度薄，渗透系数为 2～4 m/d。

天津化学试剂一厂污染场地前期共开展了如下三次环境调查工作：

(1) 初步水文地质调查及现场快速检测。在场区污染情况严重的区域布设 9 个采样点，超标率 78%；

(2) 详细调查阶段。为了确定场区地下水污染范围和深度，结合场区地下水流向，布设 20 个地下水采样点，超标率 90%；

(3) 补充调查阶段。布设 51 个地下水采样点，超标率 84%。

地下水监测井数量及有机污染物超标情况见表 7-3。

表 7-3　地下水监测井数量及有机污染物超标情况

调查阶段	监测井数量	超标点位数量	超标率/%
初步调查	9	7	78
详细调查	20	18	90
补充调查	51	43	84

其中，补充调查阶段结果表明潜水含水层、第一承压含水层、第二承压含水层均存在一定程度的有机物污染（表 7-4）。潜水含水层及第一承压含水层污染比较严重，超标率分别为 85%、89%，多种特征污染物超过本场地地下水风险评价筛选值，存在人体健康风险，需要修复。第二承压含水层超标率 67%，检出 2 种污染物（二溴甲烷和顺式-1,2-二氯乙烯）超标，表明该场地部分深层地下水已经受到了污染。

前期场地调查结果表明：

(1) 重金属及 pH。调查地块地下水重金属砷、铅、镍和锰浓度较高。部分点位地下水重金属砷和铅处于《地下水水质标准》(DZ/T 0290—2015)IV类标准以下

表 7-4　补充调查阶段不同含水层有机污染物超标情况

含水层	监测井数量	超标点位数量	超标率/%
潜水含水层	39	33	85
第一承压含水层	9	8	89
第二承压含水层	3	2	67

（包括Ⅳ类）；场区地下水锰和镍普遍处于地下水Ⅳ类标准以下（包括Ⅳ类）。调查地块地下水 pH 处于Ⅲ类水平，而天津市地下水中的锰含量均处于Ⅴ类水平。因此该场地内的地下水锰含量受到天津市区域性水质的影响。

（2）有机物。实验室检测结果显示调查地块地下水有机物污染严重。多种氯代烃有机物和苯环类有机物浓度均处于地下水Ⅳ类水平以下（包括Ⅳ类）或超过《生活饮用水卫生标准》（GB 5749—2006）。主要关注污染物为氯代烃类（氯仿、1,1-二氯乙烷、1,2-二氯乙烷、1,1,2-三氯乙烷、1,1,2,2-四氯乙烷、氯乙烯、1,1-二氯乙烯、顺式-1,2-二氯乙烯、反式-1,2-二氯乙烯、三氯乙烯等）。

7.1.3　场地环境地质调查方法

1. 场地采样规划

结合前期场地环境调查，明确该场地潜水含水层污染状况，确定场地潜水含水层地下水修复目标和范围，为后续场地潜水含水层地下水修复提供数据支持。具体规划如下。

（1）监测场地内潜水含水层监测井地下水水位，分析确定场地内潜水含水层地下水流向；

（2）开展场地微水试验，确定场地潜水含水层渗透系数；

（3）在场地内采集潜水含水层地下水样品，分析场地地下水污染特征，确认场地污染物种类、分布规律和污染区域。

本次调查监测井具体分布情况如图 7-4 所示。

2. 调查采样流程

1）现场定点

根据前期调查结果，绘制监测井分布图，根据分布图对潜水含水层监测井进行定点，用卫星定位仪（手持 GPS）读取监测井经纬度并做好记录（表 7-5）。

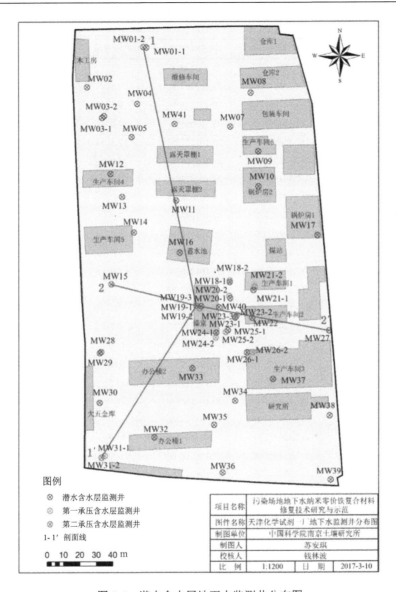

图 7-4　潜水含水层地下水监测井分布图

表 7-5　场地地下水监测井信息表

序号	监测井编号	WGS84 经度	WGS84 纬度	建井深度/m	地下水层位
1	MW01-1	117.124179°E	39.102522°N	9.0	第 2 层(潜水)
2	MW01-2	117.124157°E	39.102525°N	22.5	第 4 层(承压水)
3	MW02	117.123759°E	39.102309°N	7.5	第 2 层(潜水)
4	MW03-1	117.123878°E	39.102154°N	5.0	第 2 层(潜水)

序号	监测井编号	WGS84 经度	WGS84 纬度	建井深度/m	地下水层位
5	MW03-2	117.123865°E	39.102145°N	7.5	第 2 层 (潜水)
6	MW04	117.124111°E	39.102219°N	7.5	第 2 层 (潜水)
7	MW05	117.124071°E	39.102041°N	7.0	第 2 层 (潜水)
8	MW07	117.124767°E	39.102095°N	7.0	第 2 层 (潜水)
9	MW08	117.124911°E	39.102277°N	7.5	第 2 层 (潜水)
10	MW09	117.124964°E	39.101961°N	8.0	第 2 层 (潜水)
11	MW10	117.124964°E	39.101773°N	7.5	第 2 层 (潜水)
12	MW11	117.124385°E	39.101698°N	7.0	第 2 层 (潜水)
13	MW12	117.123923°E	39.101843°N	7.5	第 2 层 (潜水)
14	MW13	117.124003°E	39.101719°N	7.0	第 2 层 (潜水)
15	MW14	117.124087°E	39.101528°N	7.5	第 2 层 (潜水)
16	MW15	117.123926°E	39.101250°N	7.0	第 2 层 (潜水)
17	MW16	117.124409°E	39.101419°N	7.7	第 2 层 (潜水)
18	MW17	117.125377°E	39.101509°N	6.2	第 2 层 (潜水)
19	MW18-1	117.124760°E	39.101259°N	6.0	第 2 层 (潜水)
20	MW18-2	117.124760°E	39.101267°N	13.0	第 3 层 (承压水)
21	MW19-1	117.124559°E	39.101130°N	7.0	第 2 层 (潜水)
22	MW19-2	117.124550°E	39.101119°N	13.5	第 3 层 (承压水)
23	MW19-3	117.124526°E	39.101133°N	25.0	第 4 层 (承压水)
24	MW20-1	117.124764°E	39.101173°N	6.0	第 2 层 (潜水)
25	MW20-2	117.124757°E	39.101184°N	13.5	第 3 层 (承压水)
26	MW21-1	117.124928°E	39.101216°N	5.5	第 2 层 (潜水)
27	MW21-2	117.124936°E	39.101234°N	13.0	第 3 层 (承压水)
28	MW22	117.124919°E	39.101068°N	7.0	第 2 层 (潜水)
29	MW 23-1	117.124798°E	39.101069°N	7.5	第 2 层 (潜水)
30	MW 23-2	117.124812°E	39.101084°N	12.2	第 3 层 (承压水)
31	MW23-3	117.124805°E	39.101073°N	25.0	第 4 层 (承压水)
32	MW24-1	117.124665°E	39.100988°N	7.0	第 2 层 (潜水)
33	MW24-2	117.124661°E	39.100962°N	13.5	第 3 层 (承压水)
34	MW25-1	117.124747°E	39.101001°N	6.5	第 2 层 (潜水)
35	MW25-2	117.124732°E	39.100991°N	13.5	第 3 层 (承压水)
36	MW26-1	117.124881°E	39.100881°N	6.5	第 2 层 (潜水)
37	MW26-2	117.124919°E	39.100882°N	13.4	第 3 层 (承压水)
38	MW27	117.125457°E	39.100998°N	6.1	第 2 层 (潜水)
39	MW28	117.123845°E	39.100880°N	5.0	第 2 层 (潜水)
40	MW29	117.123854°E	39.100887°N	7.0	第 2 层 (潜水)
41	MW30	117.123843°E	39.100614°N	7.5	第 2 层 (潜水)

续表

序号	监测井编号	WGS84 经度	WGS84 纬度	建井深度/m	地下水层位
42	MW31-1	117.123878°E	39.100329°N	11.0	第 3 层（承压水）
43	MW31-2	117.123855°E	39.100320°N	24.7	第 4 层（承压水）
44	MW32	117.124228°E	39.100428°N	6.5	第 2 层（潜水）
45	MW33	117.124498°E	39.100797°N	7.5	第 2 层（潜水）
46	MW34	117.124797°E	39.100622°N	6.5	第 2 层（潜水）
47	MW35	117.124649°E	39.100493°N	7.5	第 2 层（潜水）
48	MW36	117.124708°E	39.100237°N	8.5	第 2 层（潜水）
49	MW37	117.125063°E	39.100738°N	7.2	第 2 层（潜水）
50	MW38	117.125460°E	39.100541°N	6.0	第 2 层（潜水）
51	MW39	117.125467°E	39.100197°N	7.6	第 2 层（潜水）
52	MW40	117.124685°E	39.101125°N	7.5	第 2 层（潜水）
53	MW41	117.124375°E	39.102110°N	7.5	第 2 层（潜水）

2) 地下水采样

通过地下水监测井采集地下水样，监测井结构如图 7-5 所示。

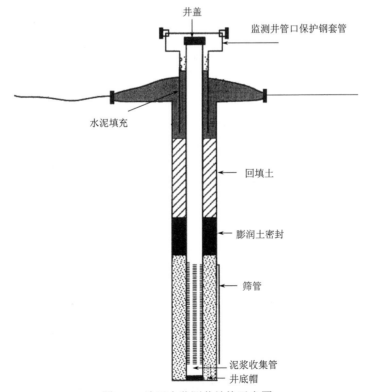

图 7-5　地下水监测井结构示意图

地下水水样采集前首先进行洗井，以清除监测井内初次渗入地下水中夹杂的混浊物，同时提高监测井与周边地下水之间的水力联系。

3) 微水试验

本次调查采用单孔微水试验确定场地潜水含水层渗透系数。微水试验是通过向钻孔瞬时注入(或抽出)一定水量，观测钻孔水位随时间恢复规律，与标准曲线拟合确定钻孔附近水文地质参数的一种方法。微水试验不需要抽水和附加的观测孔，经济简洁，对地下水正常观测的影响也较小，且不造成二次污染。

3. 样品采集和现场监测

1) 采样时间、范围

2017 年 2 月 19 日～2 月 21 日在天津化学试剂一厂原场地进行现场调查。

2) 地下水样品采集与保存

采样前应进行洗井，采样在洗井后 2 h 内进行。采样时主要遵循以下几个原则：

(1) 若监测井位于低渗透性地层，洗井后，待新鲜水回补，尽快于井底采样，较具代表性；

(2) 在监测井筛管中间附近取得水样，取样时避免造成井水扰动，造成气提或曝气作用；

(3) 记录采样开始时间，取足量体积的水样，装于样品瓶内，并填好样品标签，贴在样品瓶上；

(4) 采集水样后，立即将水样容器瓶盖紧、密封，标签设计包括监测井号、采样日期和时间、监测项目、采样人等；

(5) 采样结束前，核对采样计划、采样记录与水样，如有错误或漏采，立即重采或补采。

采样结束后，样品立即放到装有干冰的保温箱中，保温箱内温度不超过 4℃。样品应尽快送往相关实验室，并在 24 h 内分析检测。地下水样品保存方式如表 7-6 所示。

表 7-6　地下水样品保存方法

序号	检测类	容器	注意事项	保存
1	VOCs	棕色玻璃瓶 (40 mL)	装样前加 HCl 至 pH<2，水样装满瓶子后不留空气，用聚四氟乙烯盖封口	保温箱，温度 ≤4℃

3) 地下水现场监测

现场监测仪器设备有地下水水位温度自动检测仪[图 7-6(a)]、声光报警水位尺[图7-6(b)]、多参数水质测定仪[图7-6(c)]等。

(a)地下水水位温度自动检测仪　　　(b)声光报警水位尺　　　(c)多参数水质测定仪

图 7-6　现场监测仪器设备

4)现场监测指标和方法

地下水现场监测指标包括水位、水量、水温、pH、电导率、浑浊度、颜色及肉眼可见物等指标,同时还应测定气温、描述天气状况和近期降水情况。部分监测项目监测方法如下。

(1)水位

采用地下水水位温度自动检测仪或声光报警水位尺进行水位监测。水位监测结果以米(m)为单位,精确至小数点后两位。每次测水位时,应记录监测井是否曾抽过水,以及是否受到附近井的抽水影响。

(2)水温

采用地下水水位温度自动检测仪测量水温,自动测温仪探头应放在最低水位以下 3 m 处。连续监测两次,连续两次测值之差不大于 0.4℃时,将两次测量数值及其均值记入"地下水采样记录表"内。同一监测点应采用同一个温度计进行测量。监测水温的同时应监测气温。水温监测结果(℃)精确至小数点后一位。

(3)pH

采用多参数水质测定仪测定。测定前按说明书要求认真冲洗电极并用两种标准溶液校准 pH 计,待读数稳定后记录。

(4)电导率

采用多参数水质测定仪测定校准到25℃时的电导率。

(5)浑浊度

用目视比浊法或浊度计法测量。

(6)颜色

黄色色调地下水色度采用铂-钴标准比色法监测。非黄色色调地下水,可用相同的比色管,分取等体积的水样和去离子水比较,进行文字定性描述。

5）微水试验

在场地内部及周围选择三口监测井（MW01-1，MW17，MW19-1）进行微水试验。实验步骤如下。

将水位自动监测仪放入水位已稳定的监测井中固定，设置自动记录水位方式（前 10 min 设置每 2 s 记录一次水位，中间 10 min 设置 60 s 记录一次水位，后 10 min 设置 300 s 记录一次水位）。向监测井中快速加入一定量的清洁水，待记录的水位恢复到加水前的稳定水位，停止水位自动记录，取出水位自动监测仪。

实验室检测。根据场地使用历史及前期调查报告，确定本次采样地下水检测指标包括 Cl^-、SO_4^{2-}、NO_3^-、Fe^{2+}、Mn 等无机指标，以及 VOCs 等有机指标；相关指标检测方法参考国内相关标准、USEPA 等相关检测标准，具体检测指标与方法见表 7-7。

表 7-7　分析指标及方法

分析指标	检测方法
Cl^-	《水质 氯化物的测定 硝酸银滴定法》（GB/T 11896—1989）
SO_4^{2-}	《水质 硫酸盐的测定 重量法》（GB/T 11899—1989）
NO_3^-	《生活饮用水标准检验方法 无机非金属指标》（GB/T 5750.5—2006）
Fe^{2+}	《水质 铁的测定 邻菲啰啉分光光度法（试行）》（HJ/T 345—2007）
Mn	USEPA 6010D（Rev 4）:2014-（T）
VOCs	USEPA 8260C（Rev 3）:2006

4. 质量控制与质量管理

1）现场采样质量控制

样品的质量控制措施严格按照《场地环境监测技术导则》（HJ 25.2—2014）中的技术规范进行操作：

（1）为防止地下水采样时交叉污染，地下水监测井的采样工具不重复使用；

（2）现场采样时随机每 20 个样品加 1 个平行样，样品运输时加空白水样进行质量控制，与样品一起送实验室分析；

（3）每次测试结束后，除必要的留存样品外，样品容器应及时清洗。

2）样品运输与交接

（1）装运前核对。采样结束后现场逐项检查，如采样记录表、样品标签等，如有缺项、漏项和错误处，应及时补齐和修正后方可装运。

（2）样品运输。样品运输过程中严防损失、混淆或沾污，并在低温（4℃）、暗处条件下尽快送至实验室分析测试。

（3）样品交接。样品送到实验室后，采样人员和实验室样品管理员双方同时清点核实样品，并在样品流转单上签字确认。样品管理员接样后及时与分析人员进行交接，双方核实清点样品，核对无误后分析人员在样品流转单上签字，然后进行样品制备。

3）样品检测分析与数据质量控制

本次调查样品分析采取了以下质量控制措施。

（1）样品检出限：低于相关污染物评价标准值；

（2）实验室质控样品回收率：满足相关方法要求；

（3）加标回收率：基质加标回收率满足相关方法要求；

（4）双样：双样及双样加标回收率满足相关方法要求；

（5）样品有效性：在样品保存有效期内完成所有样品分析工作。

7.1.4　场地调查结果分析

1. 水文地质概念模型

1）地层分布情况

根据前期钻探结果，按照地层沉积年代、成因类型，将本场地埋深 25.00 m 范围内划分为人工堆积层（Q^{ml}）和第四纪海陆交互相沉积层（Q^{mc}），并按土层岩性、赋存水特征及其物理性质，进一步可分为两大层及其亚层，现自上而下分述之。

（1）人工堆积层（Q^{ml}）

杂填土 1 层：分布于地表，该层最大揭露厚度 0.60 m。杂色，松散，湿，土质不均，夹较多碎石、砖块等建筑垃圾，填垫时间较短。该层仅部分钻孔揭露。

黏质粉土素填土：该层厚度 0.40～1.60 m。黄褐色，稍密—中密，湿，主要为黏质粉土，局部为砂质粉土素填土薄层，含少量砖块、灰渣等，该层在本次工作区普遍分布，填垫时间较短。

（2）第四纪海陆交互相沉积层（Q^{mc}）

分布于人工堆积层之下，主要为黏性土及粉土层的交互沉积，具体分布及岩性特征如下：

粉质黏土层：该层厚度 0.60～1.00 m。黄褐色，很湿，可塑，含植物根系。

砂质粉土层：褐黄色—灰色，饱和，中密，臭味，含有机质，局部近粉砂。该层在本次调查区连续分布，为地下水主要赋存层位之一。

粉质黏土：灰色，很湿，可塑，土质不均，含有机物，夹粉土薄层团块，透水性差。

黏质粉土—砂质粉土 1 层：灰色，很湿，饱和，中密，土质不均，含有机物，夹粉质黏土、黏土薄层团块，摇振反应迅速，切面无光泽，干强度低，韧性低。为地下水主要赋存层位之一。

粉质黏土：褐黄色，很湿，可塑，含云母、氧化铁，夹粉土薄层团块，透水性差。

砂质粉土：褐黄色，饱和，中密—密实，含云母、氧化铁，夹粉质黏土、黏土薄层团块，局部近粉砂，摇振反应迅速，切面无光泽，干强度低，韧性低。为地下水主要赋存层位之一。

该场地典型钻孔柱状图见图 7-7，南北向地质剖面见图 7-8(a)，东西向地质剖面图见图 7-8(b)。

2) 含水层渗透系数

根据场地微水试验的结果，采用 Hvorslev 方法计算渗透系数，见式(7-1)，该公式要求 $L/R>8$：

$$K = \frac{r^2 \ln(L/R)}{2LT_0} \tag{7-1}$$

式中，K 为含水层渗透系数(m/s)；r 为监测井井口半径(m)；R 为井口半径与填料厚度之和(m)；L 为监测井筛管长度(m)；T_0 为水位上升或下降到最大水位差的 37% 时所用的时间(s)。

T_0 采用水位变化-时间曲线确定：以时间为横坐标，水位变化(h/h_0)为纵坐标(坐标取对数)作图，当曲线接近直线时，纵坐标 0.37 处对应的时间即为 T_0。其中 h_0 为记录水位的最大水位差，h 为 t 时间水位与初始水位差。

代入式(7-1)分别计算含水层渗透系数，微水试验计算参数及结果见表 7-8，水位变化-时间曲线见图 7-9。

表 7-8　微水试验计算参数及结果

监测井编号	T_0/s	r^2/m²	L/m	R/m	K/(m/s)	K/(m/d)
MW01-1	100.00	0.00	1.90	0.08	3.36×10^{-5}	2.90
MW17	52.00	0.00	2.50	0.08	5.35×10^{-5}	4.62
MW19-1	130.00	0.00	2.80	0.08	1.97×10^{-5}	1.70

计算结果表明场地潜水含水层渗透系数在 1.70～4.62 m/d。

3) 水文地质概念模型

根据现场钻孔数据及地层结构，场地内共有四层地下水单元，分别为上层滞水、潜水、承压水、承压水。

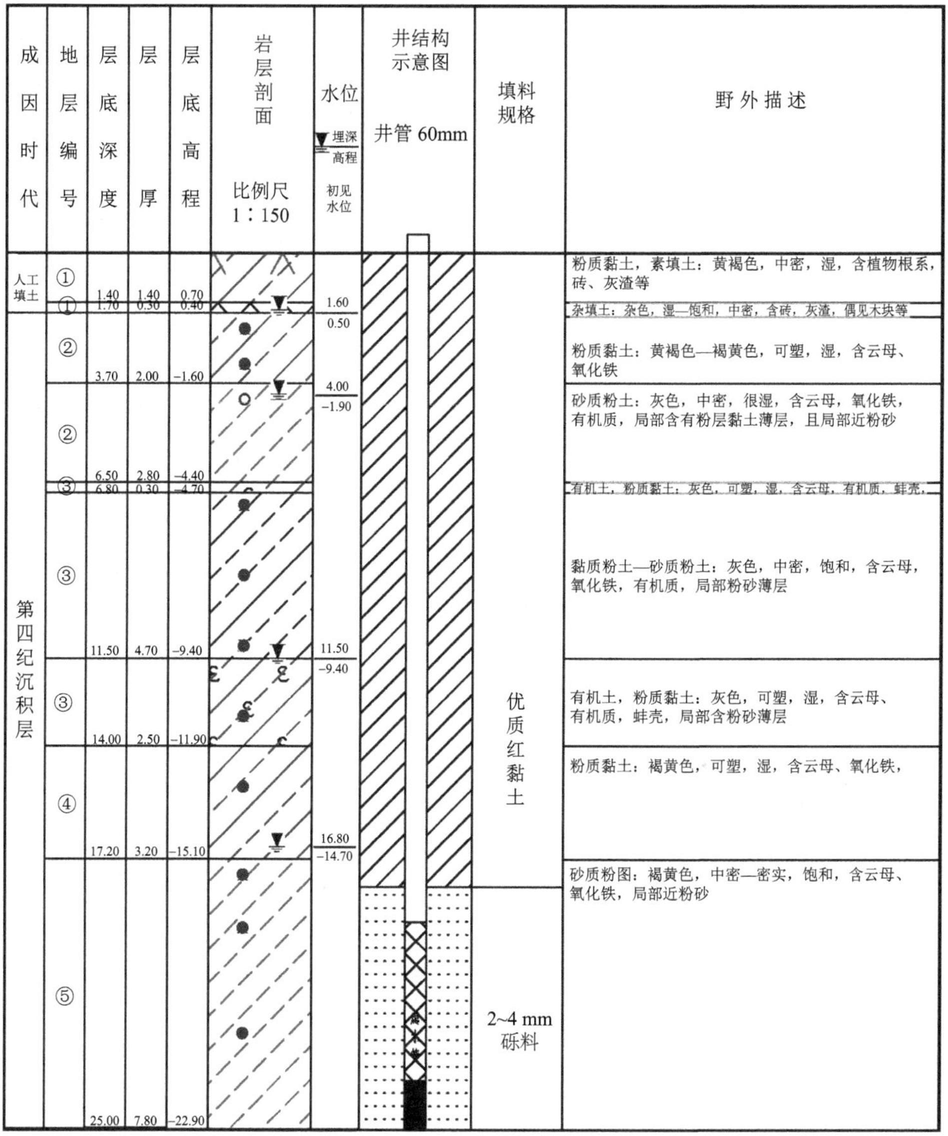

成因时代	地层编号	层底深度	层厚	层底高程	岩层剖面 比例尺 1∶150	水位 ▼埋深/高程 初见水位	井结构示意图 井管60mm	填料规格	野外描述
人工填土	①	1.40	1.40	0.70		1.60			粉质黏土，素填土：黄褐色，中密，湿，含植物根系，砖、灰渣等
	①	1.70	0.30	0.40		0.50			杂填土：杂色，湿—饱和，中密，含砖、灰渣，偶见木块等
第四纪沉积层	②	3.70	2.00	-1.60		4.00 -1.90			粉质黏土：黄褐色—褐黄色，可塑，湿，含云母、氧化铁
	②								砂质粉土：灰色，中密，很湿，含云母、氧化铁、有机质，局部含有粉层黏土薄层，且局部近粉砂
	③	6.50	2.80	-4.40					
	③	6.80	0.30	-4.70					有机土，粉质黏土：灰色，可塑，湿，含云母、有机质、蚌壳
	③								黏质粉土—砂质粉土：灰色，中密，饱和，含云母、氧化铁，有机质，局部粉砂薄层
	③	11.50	4.70	-9.40		11.50 -9.40		优质红黏土	有机土，粉质黏土：灰色，可塑，湿，含云母、有机质、蚌壳，局部含粉砂薄层
	③	14.00	2.50	-11.90					粉质黏土：褐黄色，可塑，湿，含云母、氧化铁
	④	17.20	3.20	-15.10		16.80 -14.70			砂质粉图：褐黄色，中密—密实，饱和，含云母、氧化铁，局部近粉砂
	⑤	25.00	7.80	-22.90				2~4 mm 砾料	

图 7-7　场地典型钻孔柱状图

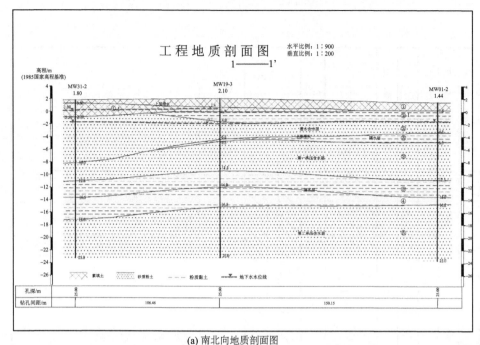

(a) 南北向地质剖面图

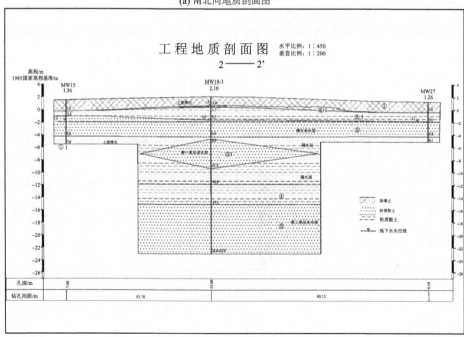

(b) 东西向地质剖面图

图 7-8　地质剖面图

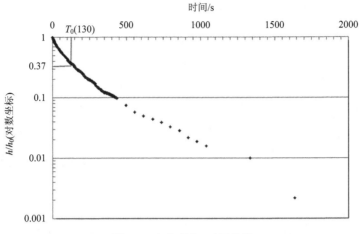

图 7-9　水位变化-时间曲线

第一层为上层滞水：主要赋存于表层的填土层中，受大气降水影响明显，富水性贫乏—中等。

第二层为潜水：主要赋存于砂质粉土②层孔隙中，本层地下水具微承压性，富水性中等；潜水层埋深 1.34～6.56 m，潜水层厚度约 5 m。

第三层为承压水：主要赋存于黏质粉土—砂质粉土 1 层孔隙中，因其上覆盖有厚层连续黏土层，本层地下水具强承压性；该层在场地内分布不是很连续，该层地下水埋深 7.80～13.5 m，厚度约 5.2 m。

第四层为承压水：主要赋存于砂质粉土⑤层孔隙中，因其上覆盖有厚层连续黏土层，本层地下水具强承压性；据区域资料该层地下水底板埋深约 35 m。

依据以上数据，影响污染物迁移及污染边界的场地的水文地质单元概念模型见图 7-10。其中潜水含水层是本项目的关注含水层。

根据场地地下水条件及补充勘察资料，推测场地地下水与东侧陈台子河存在水力联系，由地下水补给河流，陈台子河也是影响场地修复的主要受体之一。

场地潜水含水层地下水初见水位不明显，稳定水位埋深在 1.80～4.60 m。地下水类型为潜水，主要分布在场地的粉质黏土及砂质粉土中，由大气降水及侧向渗流补给，以蒸发及侧向径流形式排泄，水位随地表水变化和季节有所变化，一般年变幅在 0.50～1.00 m。

根据潜水监测井观测水位数据（2017 年 2 月 19 日），绘制了潜水含水层地下水位等值线图。由流向图推测该场地潜水层地下水水力梯度有场地南部高、北部低的特点，总体流向为西南至东北，局部向东，具体如图 7-11 所示。

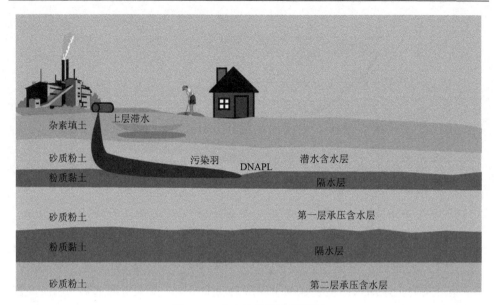

图 7-10　水文地质概念模型图

2. 地下水污染特征

1) 地下水污染评价标准

初步选择场地地下水污染筛选值时，以污染物水体最大浓度限值(MCL)为参考。由于厂区地下水为非饮用水资源，主要考虑场地地下水对东边陈台子河的潜在影响，MCL 的取值将以《地表水环境质量标准》(GB 3838—2002)为主，此外在污染物缺失的情况下，将参照《地下水水质标准》(DZ/T 0290—2015)、《生活饮用水卫生标准》(GB 5749—2006)及其他权威机构的相关标准。其中，1,1,2,2-四氯乙烷的水体最大浓度限值参考加利福尼亚州公共健康目标值(California Public Health Goals Data)。由于各标准均未给出氯乙烷、1,1-二氯乙烷、反式-1,2-二氯乙烯及顺式-1,2-二氯乙烯的水体最大浓度限值参考标准，因此，氯乙烷水体最大浓度限值按保守的 10 μg/L 计算，1,1-二氯乙烷、反式-1,2-二氯乙烯及顺式-1,2-二氯乙烯的水体最大浓度限值用 1,1-二氯乙烯的水体最大浓度限值代替，具体参数见表 7-9。

2) 有机污染物特征分析

本次调查对已有的 40 口潜水含水层监测井(图 7-12)进行取样监测，共采集潜水含水层地下水样品 40 组，并对样品中的 VOCs 等有机污染物指标进行了分析。

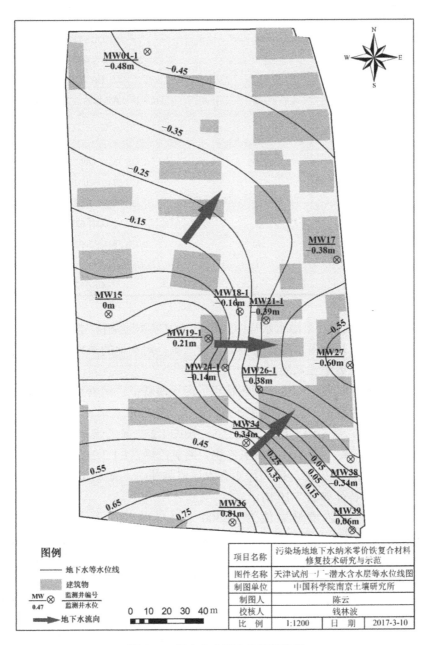

图 7-11　潜水含水层水位等值线图

表 7-9　关注污染物水体最大浓度限值

污染物名称	水体最大浓度限值/(μg/L)	参考标准
氯乙烯	5	GB 5749—2006
氯乙烷	10	没有相关参考标准，按 10 μg/L 计算
1,1-二氯乙烯	30	GB 3838—2002
反式-1,2-二氯乙烯	30	由 1,1-二氯乙烯的水体最大浓度限值代替
1,1-二氯乙烷	30	
顺式-1,2-二氯乙烯	30	
1,1,1-三氯乙烷	2000	GB 3838—2002/GB 5749—2006
1,2-二氯乙烷	30	GB 3838—2002/GB 5749—2006
三氯乙烯	70	GB 3838—2002/GB 5749—2006
1,1,2-三氯乙烷	5	DZ/T 0290—2015
四氯乙烯	40	GB 3838—2002/GB 5749—2006
1,1,2,2-四氯乙烷	1	California Public Health Goals Data
氯仿	60	GB 3838—2002

分析结果表明，40 个潜水水样中共检出 VOCs 类污染物 52 种，以氯代烃和氯代芳香烃为主。场地潜水层污染整体比较严重，对场地的未来开发存在安全隐患，对周边水环境有潜在风险。

根据天津化学试剂一厂生产工艺特点、污染源特征、污染物检出浓度分布特点、各污染物毒性特点以及本项目研究的需求，选取氯乙烯、氯乙烷、1,1-二氯乙烯、反式-1,2-二氯乙烯、1,1-二氯乙烷、顺式-1,2-二氯乙烯、1,1,1-三氯乙烷、1,2-二氯乙烷、三氯乙烯、1,1,2-三氯乙烷、四氯乙烯、1,1,2,2-四氯乙烷以及氯仿 13 种污染物为关注污染物。40 口潜水含水层监测井中，有 31 口监测井检出关注污染物，其分布特征如表 7-10 所示。

氯乙烯的污染浓度最大值为 75300 μg/L（MW03-2），最小值为 8 μg/L（MW07）。31 口监测井地下水样品中，氯乙烯检出 28 个，分别为 MW01-1、MW02、MW03-1、MW03-2、MW04、MW05、MW07、MW08、MW09、MW10、MW15、MW16、MW18-1、MW19-1、MW20-1、MW22、MW23-1、MW24-1、MW25-1、MW26-1、MW27、MW33、MW34、MW37、MW38、MW39、MW40、MW41 号监测井，且浓度值均超过 MCL（5 μg/L）。表明整个场地范围内，氯乙烯污染严重且广泛，尤其是场地西北生产车间 4 及场地中部生产车间 1、2、3 附近。

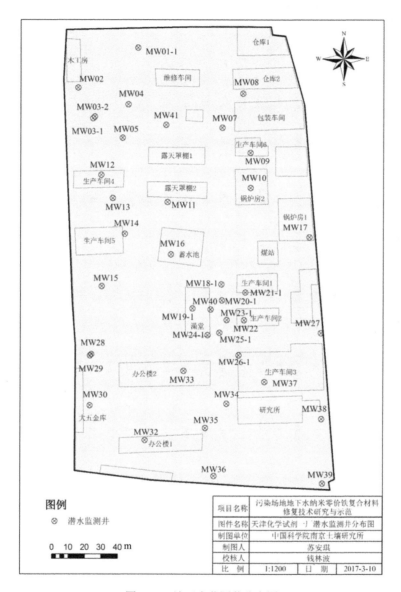

图 7-12　地下水监测井分布图

表 7-10 潜水含水层氯代烃污染分布特征

(单位：μg/L)

监测井编号	氯乙烯	氯乙烷	1,1-二氯乙烯	反式-1,2-二氯乙烯	1,1-二氯乙烷	顺式-1,2-二氯乙烯	1,1,1-三氯乙烷	1,2-二氯乙烷	三氯乙烯	1,1,2-三氯乙烷	四氯乙烯	1,1,2,2-四氯乙烷	三氯甲烷(氯仿)
最小值	8	6	0.5	0.8	0.8	0.7	0.5	0.6	1.6	0.8	0.5	0.8	0.5
最大值	75300	14900	18100	7700	15800	132000	95400	15500	204000	8150	8720	121000	9000
MCL	5	10	30	30	30	30	2000	30	70	5	40	1	60
1%溶解度	88000	67100	24200	45200	50400	64100	12900	86000	12800	45900	2060	28300	79500
MW01-1	462	—	1.6	1.2	13.9	105	—	—	—	—	—	—	—
MW02	11	—	—	1.3	27.5	0.7	—	0.6	13.4	—	0.5	—	8.8
MW03-1	14800	—	21.5	1600	171	10200	0.5	171	15.1	1.5	2.9	2	24
MW03-2	75300	—	106	4850	710	53600	2.5	868	26	12.4	5.7	21.6	—
MW04	2440	—	10.5	132	543	2620	—	28.4	74.7	0.8	1	—	2.4
MW05	702	—	6.1	59.5	398	367	4.2	4.2	15.7	1.4	0.8	—	7.7
MW07	8	—	5.3	2	26.6	115	3.3	4	8	—	—	—	—
MW08	24	—	8.4	3.6	9.8	124	—	1.1	10.6	—	—	—	510
MW09	36	—	5.3	0.8	6.3	80.8	—	—	6.5	—	—	—	77.5
MW10	11	—	0.7	2.9	1.6	6.6	—	2.4	5.4	—	—	—	9000
MW11	—	—	—	—	0.8	9	—	—	4.7	—	—	—	15
MW12	—	—	—	—	55.2	68.2	—	—	148	—	—	—	1.2
MW15	16	—	4.1	0.8	2.5	83.2	—	—	49.4	—	86.5	—	0.7
MW16	55	—	—	0.8	3.2	5.4	—	—	2.8	—	—	—	0.6
MW18-1	435	—	4.2	52.5	217	660	—	4.2	484	4.8	59.8	4.7	0.5
MW19-1	970	—	72.5	156	50.9	3370	—	88.8	163	19.7	1.2	—	—

续表

监测井编号	氯乙烯	氯乙烷	1,1-二氯乙烯	反式-1,2-二氯乙烯	1,1-二氯乙烷	顺式-1,2-二氯乙烯	1,1,1-三氯乙烷	1,2-二氯乙烷	三氯乙烯	1,1,2-三氯乙烷	四氯乙烯	1,1,2,2-四氯乙烷	三氯甲烷(氯仿)
MW20-1	15400	1680	102	950	1200	12200	0.8	289	1080	19.7	67.8	55.6	19.8
MW22	25	34	0.5	2.3	716	15	—	0.7	4.2	—	—	—	—
MW23-1	1750	33	612	1250	7950	12000	1280	140	7430	5620	102	6550	—
MW24-1	4600	6	172	1200	86	10000	5.6	249	9220	304	170	80.6	—
MW25-1	34600	392	18100	7700	15800	132000	95400	15500	165000	8150	8720	121000	—
MW26-1	38	—	7	69.6	7.6	1140	3.3	8.8	183	4.8	2.8	1.1	0.9
MW27	31	14900	—	4.8	920	5.8	—	7.4	4.8	—	—	—	—
MW33	300	—	17.5	170	9	3910	—	—	2.2	—	—	0.8	—
MW34	1650	—	44.2	961	17	10600	—	205	8280	259	234	13100	415
MW35	—	—	6.1	38	0.8	665	—	—	5.5	—	0.5	—	—
MW37	655	—	49	35.1	4.3	—	—	4.1	11.6	—	0.9	—	—
MW38	618	—	2.2	—	4	136	—	—	1.6	—	—	—	—
MW39	4020	—	2.7	—	18.1	279	—	2.4	—	—	—	—	—
MW40	31700	—	17300	6820	9320	101000	2560	1550	204000	7620	367	22100	3110
MW41	106	—	2.8	—	8.3	40.5	—	—	—	—	0.9	—	16
检出数	28	6	26	26	31	30	10	21	28	13	18	11	16
超标数	28	5	9	16	14	24	2	9	11	8	8	10	5
超标率	1.00	0.83	0.35	0.62	0.45	0.80	0.20	0.43	0.39	0.62	0.44	0.91	0.31

氯乙烷的污染浓度最大值为 14900 μg/L(MW27)，最小值为 6 μg/L(MW24-1)。31 口监测井地下水样品中，氯乙烷检出 6 个，分别为 MW20-1、MW22、MW23-1、MW24-1、MW25-1、MW27 号监测井，超过 MCL(10 μg/L)的井位有 5 个，分别为 MW20-1、MW22、MW23-1、MW25-1、MW27，位于场地东南侧生产车间 1、2、3 附近。

1,1-二氯乙烯的污染浓度最大值为 18100 μg/L(MW25-1)，最小值为 0.5 μg/L(MW22)。31 口监测井地下水样品中，1,1-二氯乙烯检出 26 个，分别为 MW01-1、MW03-1、MW03-2、MW04、MW05、MW07、MW08、MW09、MW10、MW15、MW18-1、MW19-1、MW20-1、MW22、MW23-1、MW24-1、MW25-1、MW26-1、MW33、MW34、MW35、MW37、MW38、MW39、MW40、MW41 号监测井，超过 MCL(30 μg/L)的井位有 9 个，分别为 MW03-2、MW19-1、MW20-1、MW23-1、MW24-1、MW25-1、MW34、MW37、MW40，位于场地西侧生产车间 4、5，场地中部生产车间 1、2、3 及澡堂附近。

反式-1,2-二氯乙烯的污染浓度最大值为 7700 μg/L(MW25-1)，最小值为 0.8 μg/L(MW15、MW16)。31 口监测井地下水样品中，反式-1,2-二氯乙烯检出 26 个，分别为 MW01-1、MW02、MW03-1、MW03-2、MW04、MW05、MW07、MW08、MW09、MW10、MW15、MW16、MW18-1、MW19-1、MW20-1、MW22、MW23-1、MW24-1、MW25-1、MW26-1、MW27、MW33、MW34、MW35、MW37、MW40 号监测井，超过 MCL(30 μg/L)的井位有 16 个，分别为 MW03-1、MW03-2、MW04、MW05、MW18-1、MW19-1、MW20-1、MW23-1、MW24-1、MW25-1、MW26-1、MW33、MW34、MW35、MW37、MW40，位于场地西侧生产车间 4、5，场地中部生产车间 1、2、3 及澡堂附近。

1,1-二氯乙烷的污染浓度最大值为 15800 μg/L(MW25-1)，最小值为 0.8 μg/L(MW11、MW35)。31 口监测井地下水样品中均有 1,1-二氯乙烷检出。超过 MCL(30 μg/L)的井位有 14 个，分别 MW03-1、MW03-2、MW04、MW05、MW12、MW18-1、MW19-1、MW20-1、MW22、MW23-1、MW24-1、MW25-1、MW27、MW40，位于场地西北侧生产车间 4、5，场地东南侧生产车间 1、2、3 及澡堂附近。

顺式-1,2-二氯乙烯的污染浓度最大值为 132000 μg/L(MW25-1)，最小值为 0.7 μg/L(MW02)。31 口监测井地下水样品中，顺式-1,2-二氯乙烯检出 30 个，除 MW37 外均有检出。超过 MCL(30 μg/L)的井位有 24 个，分别为 MW01-1、MW03-1、MW03-2、MW04、MW05、MW07、MW08、MW09、MW12、MW15、MW18-1、MW19-1、MW20-1、MW23-1、MW24-1、MW25-1、MW26-1、MW33、MW34、MW35、MW38、MW39、MW40、MW41 号监测井，位于场地西侧生产车间 4、5，场地东北包装车间和生产车间 6，场地中部生产车间 1、2、3 及澡堂附近，以及场地东南大部分区域。

1,1,1-三氯乙烷的污染浓度最大值为 95400 μg/L(MW25-1)，最小值为 0.5 μg/L (MW03-1)。31 口监测井地下水样品中，1,1,1-三氯乙烷检出 10 个，分别为 MW03-1、MW03-2、MW05、MW07、MW20-1、MW23-1、MW24-1、MW25-1、MW26-1、MW40。超过 MCL(2000 μg/L)的井位有 2 个，分别为 MW25-1、MW40 号监测井，位于场地中部生产车间 2、3 及澡堂附近。

1,2-二氯乙烷的污染浓度最大值为 15500 μg/L(MW25-1)，最小值为 0.6 μg/L (MW02)。31 口监测井地下水样品中，1,2-二氯乙烷检出 21 个，分别为 MW02、MW03-1、MW03-2、MW04、MW05、MW07、MW08、MW10、MW18-1、MW19-1、MW20-1、MW22、MW23-1、MW24-1、MW25-1、MW26-1、MW27、MW34、MW37、MW39、MW40。超过 MCL(30 μg/L)的井位有 9 个，分别为 MW03-1、MW03-2、MW19-1、MW20-1、MW23-1、MW24-1、MW25-1、MW34、MW40 号监测井，位于场地西侧生产车间 4、5，场地中部生产车间 1、2、3 及澡堂附近。

三氯乙烯的污染浓度最大值为 204000 μg/L(MW40)，最小值为 1.6 μg/L (MW38)。31 口监测井地下水样品中，三氯乙烯检出 28 个，除 MW01-1、MW39、MW41 外均有检出。超过 MCL(70 μg/L)的井位有 11 个，分别为 MW04、MW12、MW18-1、MW19-1、MW20-1、MW23-1、MW24-1、MW25-1、MW26-1、MW34、MW40 号监测井，位于场地中部生产车间 2、3 及澡堂附近。

1,1,2-三氯乙烷的污染浓度最大值为 8150 μg/L(MW25-1)，最小值为 0.8 μg/L (MW04)。31 口监测井地下水样品中，1,1,2-三氯乙烷检出 13 个，分别为 MW03-1、MW03-2、MW04、MW05、MW18-1、MW19-1、MW20-1、MW23-1、MW24-1、MW25-1、MW26-1、MW34、MW40。超过 MCL(5 μg/L)的井位有 8 个，分别为 MW03-2、MW19-1、MW20-1、MW23-1、MW24-1、MW25-1、MW34、MW40 号监测井，位于场地中部生产车间 1、2、3 及澡堂附近。

四氯乙烯的污染浓度最大值为 8720 μg/L(MW25-1)，最小值为 0.5 μg/L (MW02、MW35)。31 口监测井地下水样品中，四氯乙烯检出 18 个，分别为 MW02、MW03-1、MW03-2、MW04、MW05、MW15、MW18-1、MW19-1、MW20-1、MW23-1、MW24-1、MW25-1、MW26-1、MW34、MW35、MW37、MW40、MW41。超过 MCL(40 μg/L)的井位有 8 个，分别为 MW15、MW18-1、MW20-1、MW23-1、MW24-1、MW25-1、MW34、MW40 号监测井，位于场地西部生产车间 5，场地中部生产车间 1、2、3 及澡堂附近。

1,1,2,2-四氯乙烷的污染浓度最大值为 121000 μg/L(MW25-1)，最小值为 0.8 μg/L (MW33)。31 口监测井地下水样品中，1,1,2,2-四氯乙烷检出 11 个，分别为 MW03-1、MW03-2、MW18-1、MW20-1、MW23-1、MW24-1、MW25-1、MW26-1、

MW33、MW34、MW40。超过 MCL(1 μg/L)的井位有 10 个，分别为 MW03-1、MW03-2、MW18-1、MW20-1、MW23-1、MW24-1、MW25-1、MW26-1、MW34、MW40 号监测井，位于场地中部生产车间 2、3，办公楼及澡堂附近。

三氯甲烷(氯仿)的污染浓度最大值为 9000 μg/L(MW10)，最小值为 0.5 μg/L (MW18-1)。31 口监测井地下水样品中，三氯甲烷(氯仿)检出 16 个，分别为 MW02、MW03-1、MW04、MW05、MW08、MW09、MW10、MW11、MW12、MW15、MW16、MW18-1、MW20-1、MW27、MW34、MW40。超过 MCL(60 μg/L)的井位有 5 个，分别为 MW08、MW09、MW10、MW34、MW40 号监测井，位于场地东侧锅炉房、东北侧仓库、东南侧生产车间 3 附近。

13 种氯代烃污染物空间分布如图 7-13～图 7-25 所示。

由上述 13 种污染物的空间分布情况可以得出以下结论：

(1) 13 种关注氯代烃中有 6 种(1,2-二氯乙烷、顺式-1,2-二氯乙烯、1,1-二氯乙烷、反式-1,2-二氯乙烯、1,1-二氯乙烯、氯乙烯)均在场地原生产车间 1、2、3，澡堂以及西侧边界靠北木工房处污染严重；

(2) 13 种关注氯代烃中有 5 种(1,1,2,2-四氯乙烷、四氯乙烯、1,1,2-三氯乙烷、三氯乙烯、1,1,1-三氯乙烷)在生产车间 1、2、3 及澡堂附近存在严重污染；

(3) 氯乙烷仅在场地东侧生产车间 3 上方存在污染严重的区域；

(4) 三氯甲烷在锅炉房处存在严重污染区域。

3) 地下水中 DNAPL 存在分析

USEPA 的研究表明，由于 DNAPL 的不均匀分布，地下水在取样井中发生混合以及有效溶解度低，DNAPL 污染场地的地下水浓度通常低于 DNAPL 最大溶解度的 1%～10%。一般采用地下水特征污染物的浓度值是否大于有效溶解度的 1%，来判断监测点位是否有 DNAPL 存在的可能性。

位于生产车间 2 西边的 MW25-1 存在顺式-1,2-二氯乙烯、1,1,1-三氯乙烷、三氯乙烯、四氯乙烯、1,1,2,2-四氯乙烷五种氯代烃的 DNAPL 相，位于澡堂的 MW40 存在顺式-1,2-二氯乙烯和三氯乙烯的 DNAPL 相。

4) 自然衰减判定

本次调查对已有的 40 口潜水监测井进行取样监测，共采集潜水层地下水样品 40 组，并对样品中的氯化物、硫酸盐、硝酸盐、亚铁、锰等无机指标进行了分析。分析结果表明，40 口监测井中，共计 39 口监测井的无机指标超过地下水质量Ⅲ类水标准，超标率 97.5%。

下面针对潜水含水层地下水中的无机组分的分布情况进行分析。

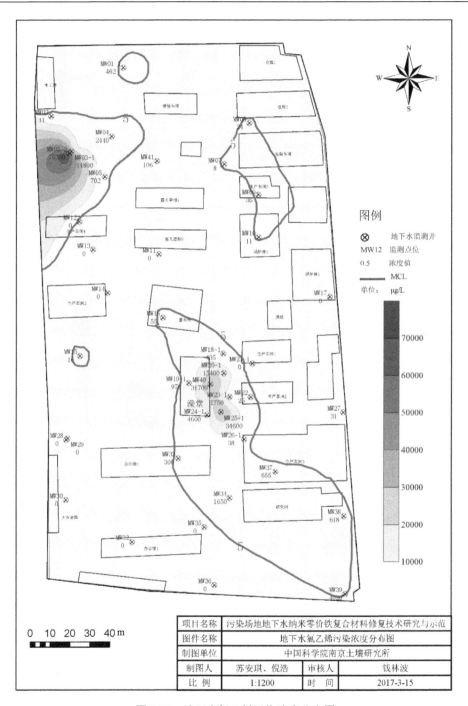

图 7-13　地下水氯乙烯污染浓度分布图

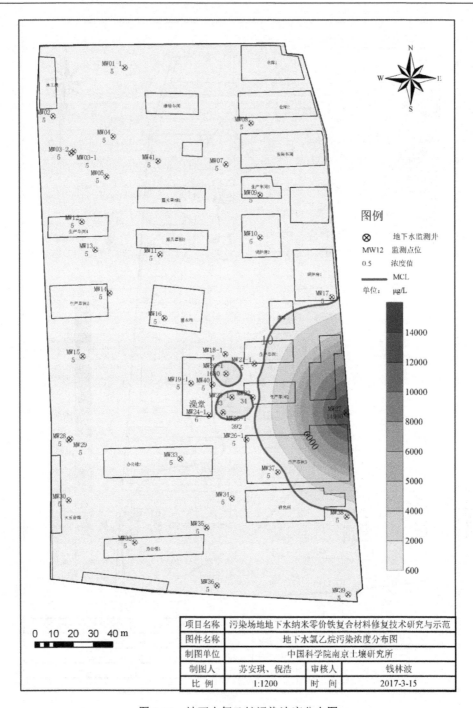

图 7-14　地下水氯乙烷污染浓度分布图

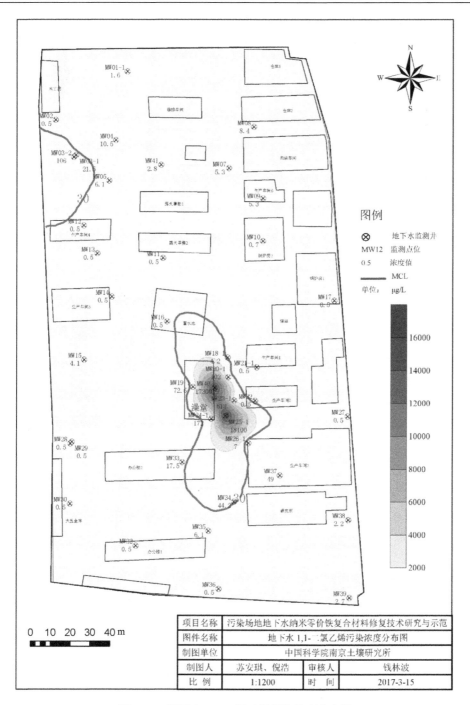

图 7-15　地下水 1,1-二氯乙烯污染浓度分布图

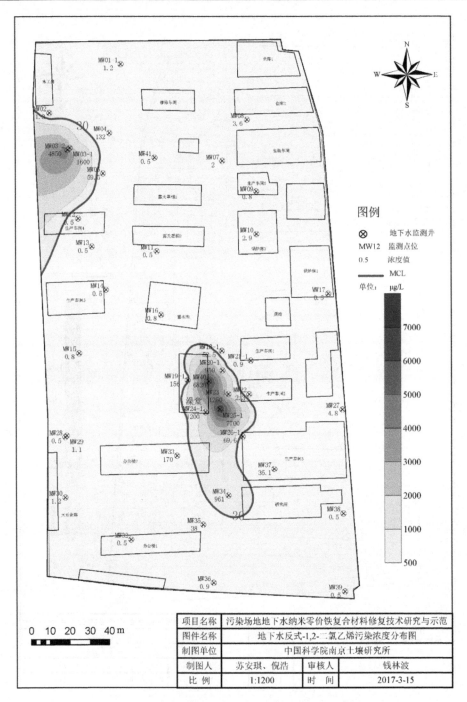

图 7-16　地下水反式-1,2-二氯乙烯污染浓度分布图

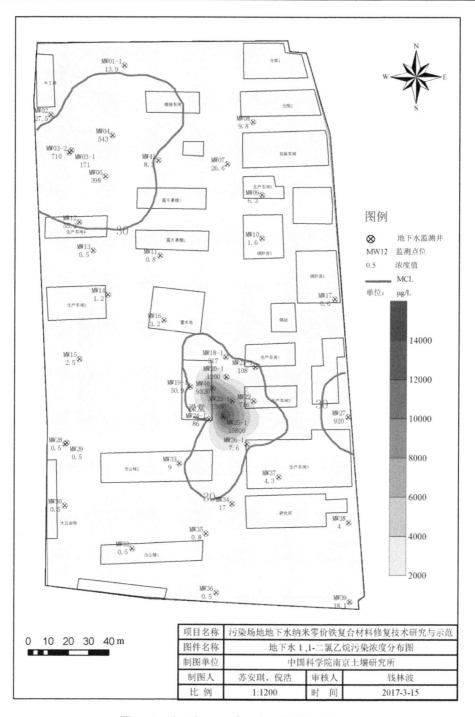

图 7-17　地下水 1,1-二氯乙烷污染浓度分布图

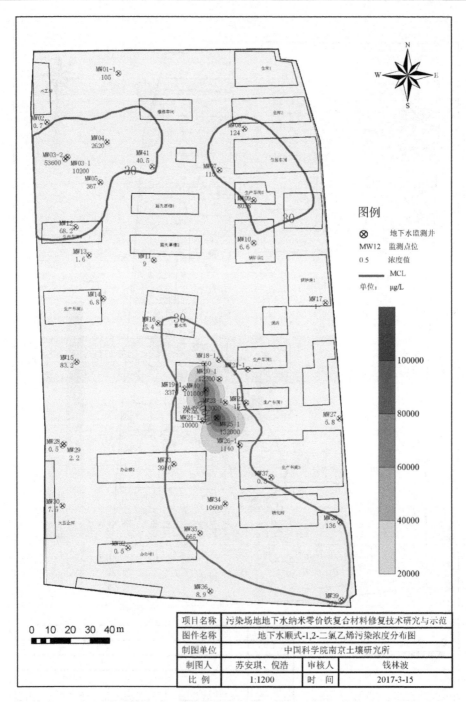

图 7-18　地下水顺式-1,2-二氯乙烯污染浓度分布图

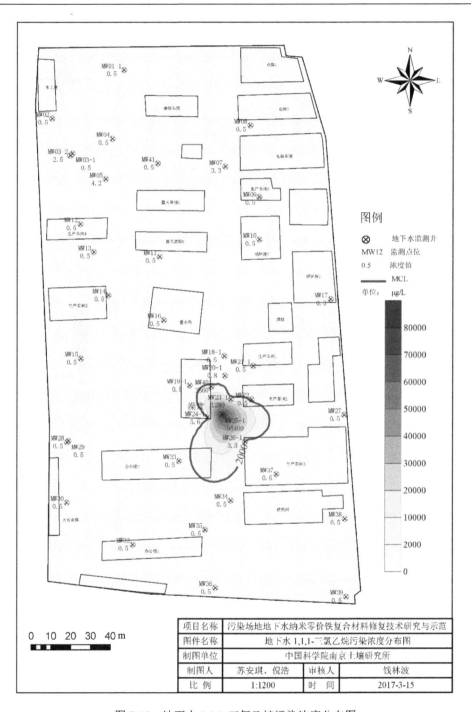

图 7-19　地下水 1,1,1-三氯乙烷污染浓度分布图

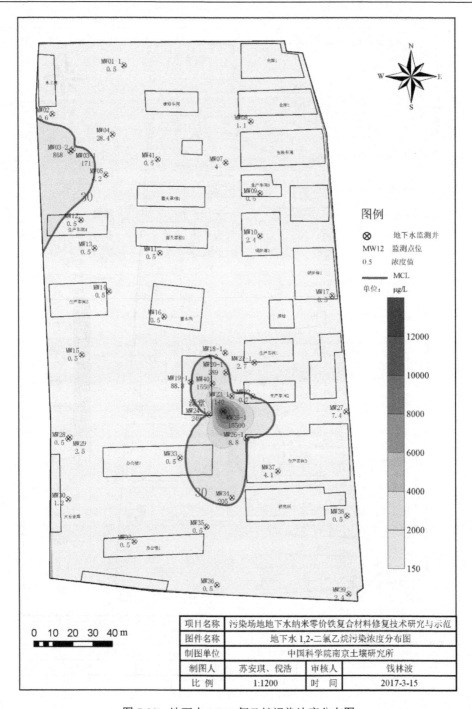

图 7-20　地下水 1,2-二氯乙烷污染浓度分布图

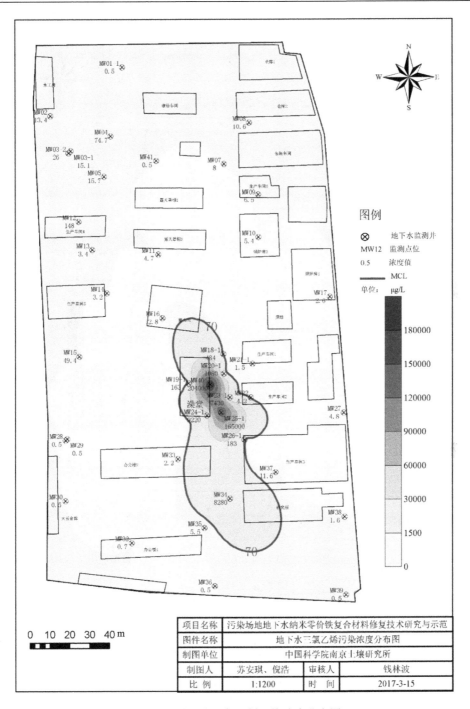

图 7-21　地下水三氯乙烯污染浓度分布图

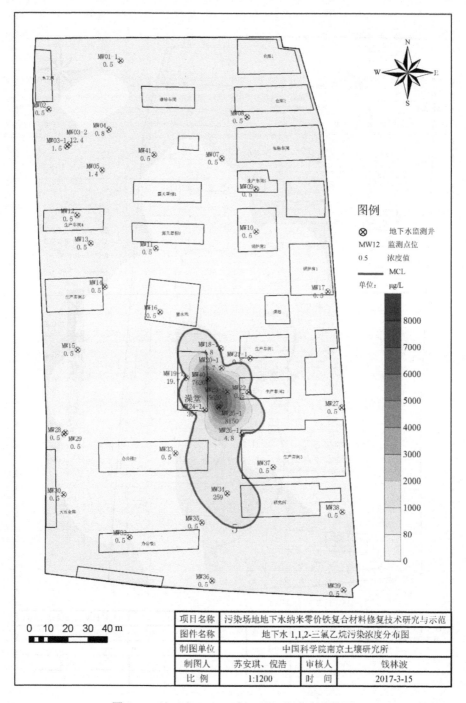

图 7-22　地下水 1,1,2-三氯乙烷污染浓度分布图

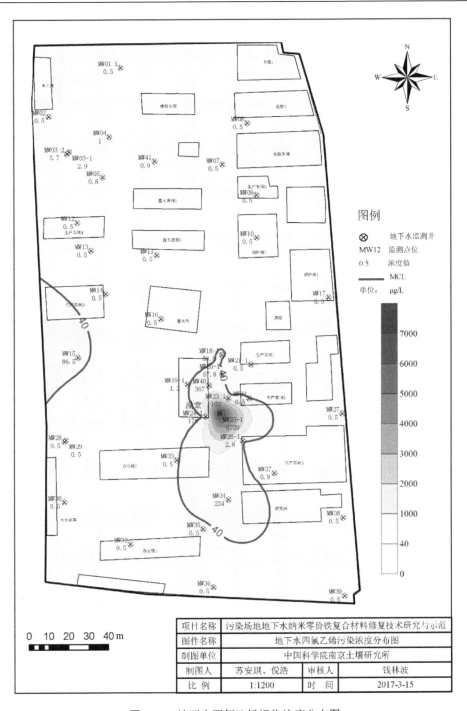

图 7-23　地下水四氯乙烯污染浓度分布图

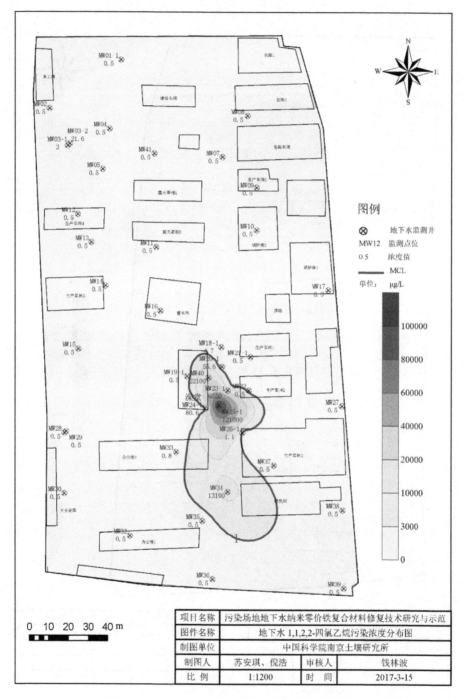

图 7-24 地下水 1,1,2,2-四氯乙烷污染浓度分布图

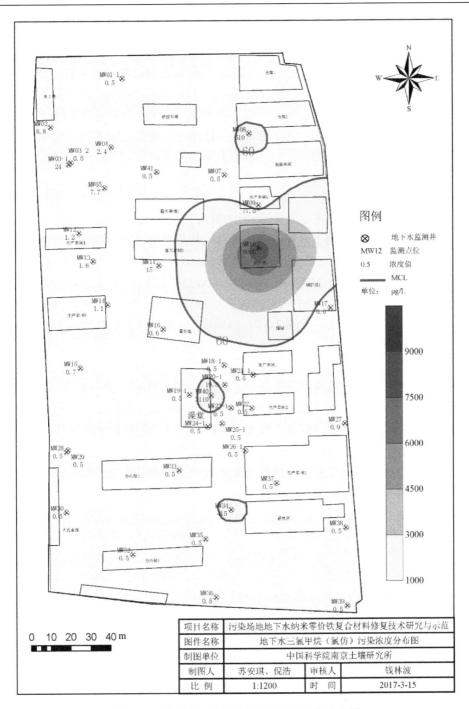

图 7-25　地下水三氯甲烷(氯仿)污染浓度分布图

(1) 氯化物

场地潜水层中氯化物浓度最大值为 2210 mg/L(MW12)，最小值为 154 mg/L(MW36)。39 口监测井地下水样品中，均有氯化物检出。超过地下水质量Ⅲ类水标准 250 mg/L 的井位有 38 个，除 MW36 外，在整个场地中有广泛分布，尤其是氯代烃污染浓度高的区域，如场地西侧生产车间 4，场地中部生产车间 1、2、3等附近，相应的游离态氯离子浓度也很高，具体污染分布见图 7-26。地下水样品中高浓度的氯离子说明可能有自然衰减作用下的脱氯过程发生，使得游离态的氯离子浓度不断地积累。

(2) 硫酸盐

场地潜水层中硫酸盐浓度最大值为 1300 mg/L(MW28)，最小值为 1.4 mg/L(MW27)。39 口监测井地下水样品中，均有硫酸盐检出。超过地下水质量Ⅲ类水标准 250 mg/L 的井位有 21 个，分别为 MW03-1、MW03-2、MW04、MW05、MW07、MW08、MW09、MW10、MW15、MW16、MW17、MW18-1、MW21-1、MW22、MW23-1、MW28、MW29、MW38、MW39、MW40、MW41，在场地北部及中部分布广泛，如生产车间 1、2，锅炉房 2，蓄水池及大五金库等附近，具体污染分布见图 7-27。

(3) 硝酸盐

场地潜水层中硝酸盐浓度最大值为 12 mg/L(MW23-1)，最小值为 0.03 mg/L(MW02)。39 口监测井地下水样品中，有 26 个样品检出硝酸盐。无超过地下水质量Ⅲ类水标准 20 mg/L 的井位。场地中硝酸盐的浓度整体较低，仅场地中部生产车间 2 附近浓度相对较高，但仍低于地下水Ⅲ类水标准浓度，具体污染分布见图 7-28。地下水中硝酸盐浓度普遍较低间接证明了场地存在自然衰减作用，通过硝酸盐还原过程，不断地消耗硝酸盐。

(4) 亚铁

场地潜水层中亚铁浓度最大值为 7.93 mg/L(MW12)，最小值为 0.06 mg/L(MW26-1)。39 口监测井地下水样品中，有 18 个检出亚铁。超过地下水质量Ⅲ类水标准 0.3 mg/L 的井位有 6 个，分别为 MW01-1、MW03-2、MW12、MW20-1、MW25-1、MW40，位于场地西北侧生产车间 4 附近，具体污染分布见图 7-29。

(5) 锰

场地潜水层中锰浓度最大值为 7.61 mg/L(MW25-1)，最小值为 0.025 mg/L(MW10)。39 口监测井地下水样品中，均有锰检出。超过地下水质量Ⅲ类水标准 0.3 mg/L 的井位有 36 个，除 MW10、MW12、MW35，位于场地中部生产车间 1、2、3 附近，相应的游离态氯离子浓度也很高，具体污染分布见图 7-30。而根据前期调查资料，天津市地下水中的锰含量均处于Ⅴ类水平，因此该场地内的地下水锰含量受到天津市区域性水质的影响。

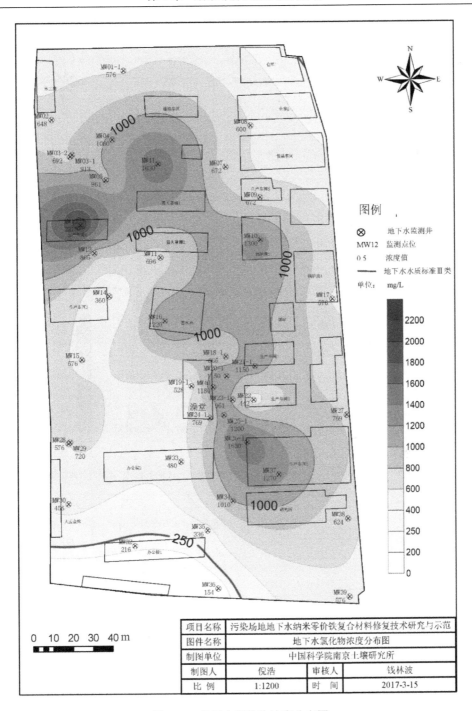

图 7-26 地下水氯化物浓度分布图

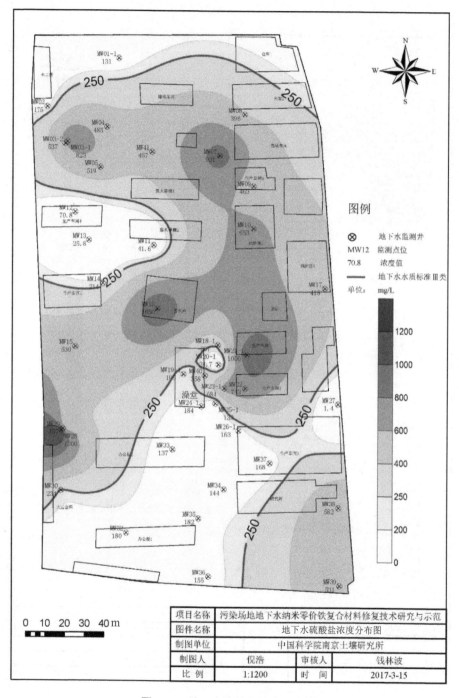

图 7-27　地下水硫酸盐浓度分布图

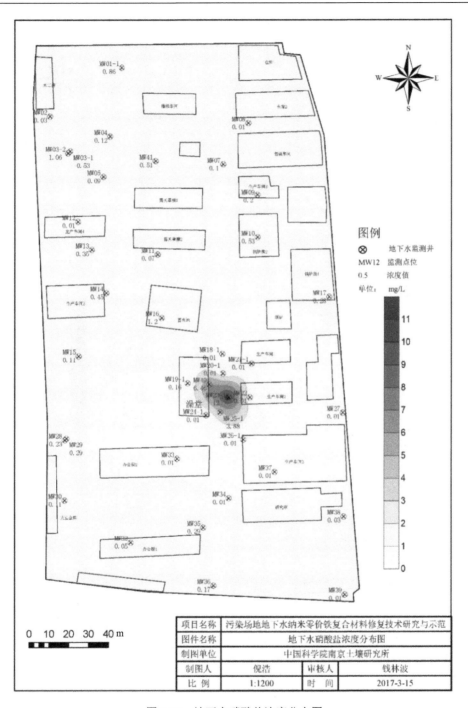

图 7-28 地下水硝酸盐浓度分布图

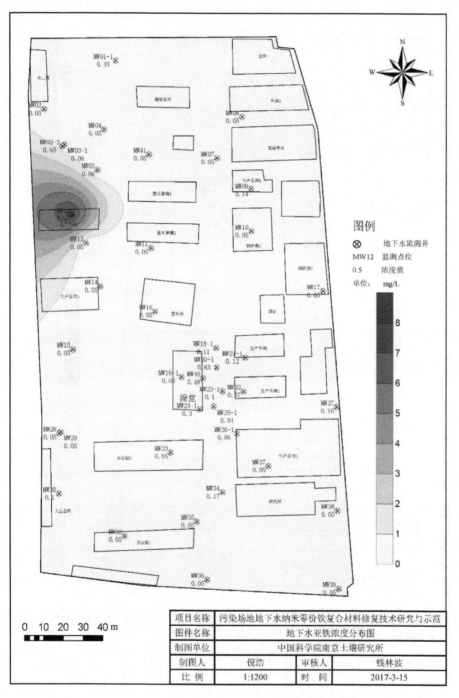

图 7-29　地下水亚铁浓度分布图

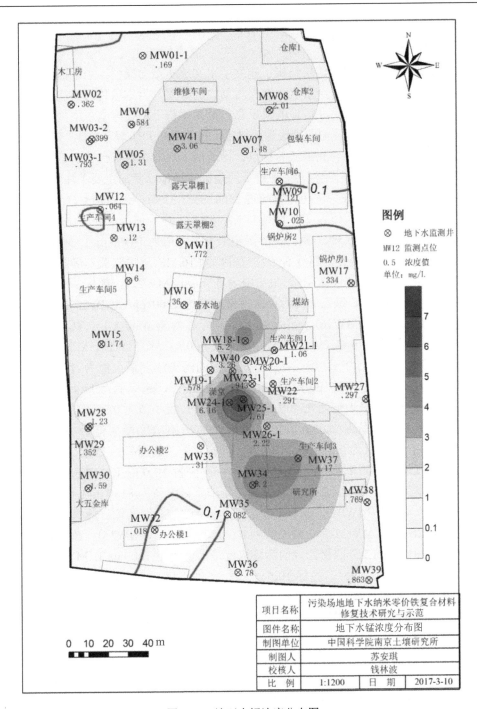

图 7-30　地下水锰浓度分布图

7.1.5 场地环境调查小结

根据现场钻孔数据及地层结构，建立了水文地质概念模型。场地内共有四层地下水单元，其中以第二层潜水含水层污染较为严重，为本项目的关注含水层。场地潜水含水层主要分布在场地的粉质黏土及砂质粉土的孔隙中，由大气降水及侧向渗流补给，以蒸发及侧向径流形式排泄。总体流向为西南至东北，局部向东，水力梯度有场地南部高、北部低的特点。场地地下水与东侧陈台子河可能存在水力联系，主要由地下水补给河流，陈台子河是影响场地修复的主要关注受体之一。

40 口监测井中存在关注污染物超过 MCL 的有 31 口，超标率达 77.5%。其中，氯乙烯的污染浓度最大值为 75300 μg/L(MW03-2)，最小值为 8 μg/L(MW07)，超标 28 个，超标率为 90.3%。氯乙烷的污染浓度最大值为 14900 μg/L(MW27)，最小值为 6 μg/L(MW24-1)，超标 5 个，超标率为 16.1%。1,1-二氯乙烯的污染浓度最大值为 18100 μg/L(MW25-1)，最小值为 0.5 μg/L(MW22)，超标 9 个，超标率为 29.0%。反式-1,2-二氯乙烯的污染浓度最大值为 7700 μg/L(MW25-1)，最小值为 0.8 μg/L(MW15、MW16)，超标 16 个，超标率为 51.6%。1,1-二氯乙烷的污染浓度最大值为 15800 μg/L(MW 25-1)，最小值为 0.8 μg/L(MW11、MW35)，超标 14 个，超标率为 45.2%。顺式-1,2-二氯乙烯的污染浓度最大值为 132000 μg/L (MW25-1)，最小值为 0.7 μg/L(MW02)，超标 24 个，超标率为 77.4%。1,1,1-三氯乙烷的污染浓度最大值为 95400 μg/L(MW25-1)，最小值为 0.5 μg/L(MW03-1)，超标 2 个，超标率为 6.5%。1,2-二氯乙烷的污染浓度最大值为 15500 μg/L (MW25-1)，最小值为 0.6 μg/L(MW02)，超标 9 个，超标率为 29.0%。三氯乙烯的污染浓度最大值为 204000 μg/L(MW40)，最小值为 1.6 μg/L(MW38)，超标 11 个，超标率为 35.5%。1,1,2-三氯乙烷的污染浓度最大值为 8150 μg/L(MW25-1)，最小值为 0.8 μg/L(MW04)，超标 8 个，超标率为 25.8%。四氯乙烯的污染浓度最大值为 8720 μg/L(MW25-1)，最小值为 0.5 μg/L(MW02、MW35)，超标 8 个，超标率为 25.8%。1,1,2,2-四氯乙烷的污染浓度最大值为 121000 μg/L(MW25-1)，最小值为 0.8 μg/L(MW33)，超标 10 个，超标率为 32.3%。三氯甲烷(氯仿)的污染浓度最大值为 9000 μg/L(MW10)，最小值为 0.5 μg/L(MW18-1)，超标 5 个，超标率为 16.1%。此外在 MW25-1 和 MW40 处存在 DNAPL 相。

由污染物空间分布图发现场地原生产车间附近，澡堂以及西北角处受污染最为严重。由于场地面临再开发利用，未来规划用地为敏感用地，需要对现有地下水污染对于敏感用地下的人居环境及周边水环境的影响进行定量风险评估，制定有科学依据的地下水修复目标，以保障场地的安全再开发。

7.1.6　污染地下水健康与环境风险评估

1. 风险评估方法

健康与水环境风险评估是针对未来土地利用规划，表征因地下水污染所致的潜在健康效应及对周边水环境影响的过程，主要评估场地地下水污染对人体健康及水环境造成的影响与损害，以便确定环境风险类型与等级，预测污染影响范围及危害程度，为风险管控与修复提供科学依据与技术支持。本项目应用自主研发的 HERA 软件 V1.1(软件编号：2012SR118710)，完成对该场地基于保护人体健康及水环境的地下水风险评估工作。

本次风险评估场地特征参数由场地环境调查获取，主要考虑了呼吸室内地下水蒸气、呼吸室外地下水蒸气以及地下水侧向迁移(陈台子河)三个暴露途径，并按照敏感用地计算了对天津化学试剂一厂污染场地各污染物的致癌风险值和非致癌危害商，同时，反向计算地下水修复目标值。

2. 风险评估流程

污染场地健康风险评估技术是基于人类对暴露污染物毒理学的现有认知而进行的一项模拟评估手段。包括以下几个步骤：危害识别、暴露评估、毒性评估及风险表征。以上各分析过程中均涉及一些关键暴露因子及场地特征参数，因而决定了人体健康及水环境风险可能受到的干扰程度。

1) 危害识别

通过场地初步调查确定污染源、污染物、污染介质、暴露途径、场地内及周边受体及水文地质环境等，这些信息主要用于建立场地暴露概念模型。

由第 2 章场地环境调查与污染源解析可知，潜水含水层水样中检出 VOCs 类污染物 52 种，其中 37 口潜水监测井中共计 27 种污染物均超过了本场地地下水 MCL 筛选标准。

2) 暴露评估

暴露评估主要集中于分析暴露情景及暴露途径，暴露情景是指在特定土地利用方式下，场地中污染物经由不同暴露路径迁移、接触受体人群的情景。根据中国的《污染场地风险评估技术导则》(C-RAG)规定，暴露情景包括以住宅用地为代表的敏感用地和以工业用地为主的非敏感用地。敏感用地方式下，考虑儿童与成人均可能会长时间暴露于场地污染，致癌效应下根据儿童期和成人期的暴露来评估污染物的致癌风险，非致癌效应下根据儿童期暴露进行评估；非敏感用地方式下，成人暴露期长、频率高，通常根据成人期的暴露进行风险评估。

对受体暴露于污染物的定量评估可以通过由地下水污染引起的日均暴露当量

（ADE/C_{gw}）来计算。ADE 是日均暴露剂量（average daily exposure）[mg/(kg·d)]；C_{gw} 是地下水污染物浓度值（mg/mL）；ADE/C_{gw} 是单位浓度暴露当量，单位是 [mg/(kg·d)]/(mg/mL)。

致癌污染物室内外蒸气日均暴露当量。地下水中挥发性有机物通过包气带土壤向地表迁移，进而与室内空气混合暴露于人群。吸入地下水室内外蒸气暴露途径引起致癌风险的日均暴露量计算公式如下：

$$\frac{ADE_{ca}^{k}}{C_{gw}} = \frac{\dfrac{\dfrac{IR_{c}^{k}}{C_{gw}} \times EF_{c} \times ED_{c}}{BW_{c}} + \dfrac{\dfrac{IR_{a}^{k}}{C_{gw}} \times EF_{a} \times ED_{a}}{BW_{a}}}{AT_{ca}} \tag{7-2}$$

$$\frac{IR_{a}^{k}}{C_{gw}} = 1000 \times VF_{gw}^{k} \times V_{a} \tag{7-3}$$

$$\frac{IR_{c}^{k}}{C_{gw}} = 1000 \times VF_{gw}^{k} \times V_{c} \tag{7-4}$$

其中，ADE_{ca}^{k}/C_{gw} 为吸入地下水室内外蒸气暴露途径引起致癌风险的日均暴露量，[mg/(kg·d)]/(mg/mL)；C_{gw} 为地下水污染物浓度，mg/mL；IR_{c}^{k}/C_{gw} 为儿童每日吸入污染地下水蒸气当量，(mg/d)/(mg/mL)；IR_{a}^{k}/C_{gw} 为成人每日吸入污染地下水蒸气当量，(mg/d)/(mg/mL)，上标 k 代表暴露途径；EF_{a} 为成人的室外暴露频率，d/a；EF_{c} 为儿童的室外暴露频率，d/a；ED_{c} 为儿童暴露周期，a；ED_{a} 为成人暴露周期，a；BW_{c} 为儿童体重，kg；BW_{a} 为成人体重，kg；AT_{ca} 为致癌效应平均暴露时间，d；下标 gw 代表地下水；V_{c} 为儿童呼吸空气量，m^{3}；V_{a} 为成人呼吸空气量，m^{3}。其中，呼吸室内蒸气暴露途径下 VF_{gw}^{k} 计算公式为如下：

$$VF_{gw}^{iv} = \frac{H \times 1000 \times \left[\dfrac{D_{ws}^{eff}/L_{gw}}{ER \times L_{B}}\right]}{1 + \left[\dfrac{D_{ws}^{eff}/L_{gw}}{ER \times L_{B}}\right] + \left[\dfrac{D_{ws}^{eff}/L_{gw}}{\left(D_{crack}^{eff}/L_{crack}\right) \times \eta}\right]} \tag{7-5}$$

其中，呼吸室外蒸气暴露途径下 VF_{gw}^{k} 计算公式为

$$VF_{gw}^{ov} = \frac{H \times 1000}{1 + \left[\dfrac{U_{air}\delta_{air}L_{gw}}{D_{ws}^{eff}W_{gw}}\right]} \tag{7-6}$$

其中，H 为暴露迁移距离，m；VF_{gw}^{iv} 为地下水室内蒸气挥发因子，kg/m^{3}；VF_{gw}^{ov} 为地下水室外蒸气挥发因子，kg/m^{3}；D_{crack}^{eff} 为毛细上升带有效扩散系数，m^{2}/s；L_{crack} 为地面以上至毛细上升带的距离，m；D_{ws}^{eff} 为水面有效扩散系数，m^{2}/s；W_{gw} 为平

行于地下水流向的污染区宽度，m；L_{gw} 为地下水水位埋深，m；δ_{air} 为混合区高度，m；η 为地基和墙体裂隙表面积所占比例；U_{air} 为混合区大气流速，m/s；ER 为室内空气交换率。

非致癌污染物室内外蒸气日均暴露当量。地下水中挥发性有机物通过包气带土壤向地表迁移，进而与室内外空气混合暴露于人群。吸入地下水蒸气暴露途径引起非致癌危害的日均暴露量计算公式如下：

$$\frac{ADE_{nc}^{k}}{C_{gw}} = \frac{\dfrac{IR_{c}^{k}}{C_{gw}} \times EF_{c} \times ED_{c}}{AT_{nc} \times BW_{c}} \tag{7-7}$$

其中，ADE_{nc}^{k}/C_{gw} 为吸入地下水室内外蒸气暴露途径引起非致癌危害的日均暴露当量，$[mg/(kg \cdot d)]/(mg/mL)$；$AT_{nc}$ 为非致癌效应平均暴露时间，d。

3) 毒性评估

毒性评估强调环境污染物可能对人体健康产生的危害程度。毒理学家将污染物区分为致癌污染物和非致癌污染物，并分别建立了毒性数据库，评估者借助数据库提供的致癌或非致癌毒性参数对污染物暴露情景进行定量分析。

在英国，健康基准值(health criteria value，HCV)是一个用于描述毒性参数的广义术语。健康准值是基于临界污染物(如非致癌物质)的日容许摄入量(tolerable daily intake，TDI)，或者代表最小可接受风险水平的非临界污染物(如致癌物质)的指数剂量(index dose，ID)。低于日容许摄入量 TDI 和 ID 时存在健康风险的可能性小。

欧洲使用临界污染物的日容许摄入量和美国综合风险资讯系统(integrated risk information system，IRIS)数据库中非致癌污染物的参考剂量(reference dose，RfD)是相对应的。美国用于描述致癌化合物的毒性参数在英国并不使用，例如，经口摄入致癌斜率因子和空气吸入单位致癌因子。对于非临界污染物，制定经口摄入及空气吸入 ID[μg/(kg·d)] 需要使用者定义一个最小的可接受目标风险水平。

C-RAG 建议使用美国 ASTM RBCA E2081 中推荐的毒性参数术语，即 RfD 为非致癌物的参考剂量，SF 为致癌物的致癌斜率因子。

4) 风险表征

(1) 地下水室外蒸气吸入致癌风险值与危害商

对于单一污染物的非致癌效应，考虑人群在儿童期暴露受到的伤害。吸入地下水室外蒸气暴露途径的致癌风险和危害商分别采用以下公式计算。

致癌风险：

$$CR_{gw}^{ov} = \frac{\dfrac{DAIR_c \times EF_c \times ED_c}{BW_c} + \dfrac{DAIR_a \times EF_a \times ED_a}{BW_a}}{AT_{ca}} \times VF_{gw}^{ov} \times C_{gw} \times SF_i \qquad (7\text{-}8)$$

非致癌危害商：

$$HI_{gw}^{ov} = \frac{DAIR_c \times EF_c \times ED_c}{BW_c \times AT_{nc} \times RfC \times WAF} \times VF_{gw}^{ov} \times C_{gw} \qquad (7\text{-}9)$$

其中，CR_{gw}^{ov} 为吸入地下水室外蒸气途径的致癌风险；$DAIR_a$ 为成人每日空气呼吸量，m^3/d；$DAIR_c$ 为儿童每日空气呼吸量，m^3/d；ED_c 为儿童暴露周期，a；ED_a 为成人暴露周期，a；BW_c 为儿童体重，kg；BW_a 为成人体重，kg；AT_{ca} 为致癌效应平均时间，d；VF_{gw}^{ov} 为地下水中污染物扩散进入室外空气的挥发因子，kg/m^3；C_{gw} 为地下水中污染物浓度，mg/L；SF_i 为呼吸吸入致癌斜率因子，$mg/(kg \cdot d)$；HI_{gw}^{ov} 为吸入地下水室外蒸气途径的危害商；AT_{nc} 为非致癌效应平均时间，d；RfC 为呼吸吸入参考剂量，$mg/(kg \cdot d)$；WAF 为暴露于地下水的参考剂量分配系数。

(2)地下水室内蒸气吸入致癌风险值与危害商

对于单一污染物的非致癌效应，考虑人群在儿童期暴露受到的伤害。吸入地下水室内蒸气暴露途径的致癌风险和危害商分别采用以下公式计算。

致癌风险：

$$CR_{gw}^{iv} = \frac{\dfrac{DAIR_c \times EF_c \times ED_c}{BW_c} + \dfrac{DAIR_a \times EF_a \times ED_a}{BW_a}}{AT_{ca}} \times VF_{gw}^{iv} \times C_{gw} \times SF_i \qquad (7\text{-}10)$$

致癌危害商：

$$HI_{gw}^{iv} = \frac{DAIR_c \times EF_c \times ED_c}{BW_c \times AT_{nc} \times RfC \times WAF} \times VF_{gw}^{iv} \times C_{gw} \qquad (7\text{-}11)$$

其中，CR_{gw}^{iv} 为吸入地下水室外蒸气途径的致癌风险；VF_{gw}^{iv} 为地下水中污染物扩散进入室外空气的挥发因子，kg/m^3；C_{gw} 为地下水污染物浓度，mg/L；HI_{gw}^{iv} 为吸入地下水室外蒸气途径的危害商。

(3)地下水室内蒸气吸入修复目标值

对于单一污染物的致癌效应，考虑人群在儿童及成人期暴露的终身危害，吸入地下水室内蒸气暴露途径基于致癌风险的修复目标值计算公式如下：

$$CVG_{ca}^{iv} = \frac{TCR \times AT_{ca} \times 365}{EF \times ED \times URF \times 1000 \times VF_{gw}^{iv}} \qquad (7\text{-}12)$$

对于单一污染物的非致癌效应，考虑人群在儿童期暴露受到的危害，吸入地下水室内蒸气暴露途径基于非致癌危害的修复目标值计算公式如下：

$$CVG_{nc}^{iv} = \frac{THQ \times RfC \times AT_{nc} \times 365}{EF \times ED \times VF_{gw}^{iv}} \tag{7-13}$$

其中，CVG_{ca}^{iv} 为吸入地下水室内蒸气暴露途径基于致癌风险的修复目标值，mg/L；CVG_{nc}^{iv} 为吸入地下水室内蒸气暴露途径基于非致癌风险的修复目标值，mg/L；TCR 为可接受致癌风险值；AT_{ca} 为致癌效应平均作用时间，d；URF 为呼吸吸入单位致癌风险，mg/m^3；THQ 为可接受非致癌危害商。

(4)地下水室外蒸气吸入修复目标值

对于单一污染物的致癌效应，考虑人群在儿童及成人期暴露的终身危害，吸入地下水室外蒸气暴露途径基于致癌风险的修复目标值计算公式如下：

$$CVG_{ca}^{ov} = \frac{TCR \times AT_c \times 365}{EF \times ED \times URF \times 1000 \times VF_{wamb}} \tag{7-14}$$

对于单一污染物的非致癌效应，考虑人群在儿童期暴露受到的危害，吸入地下水室外蒸气暴露途径基于非致癌危害的修复目标值计算公式如下：

$$CVG_{nc}^{ov} = \frac{THQ \times RfC \times AT_n \times 365}{EF \times ED \times VF_{wamb}} \tag{7-15}$$

其中，CVG_{ca}^{ov} 为吸入地下水室外蒸气暴露途径基于致癌风险的修复目标值，mg/L；CVG_{nc}^{ov} 为吸入地下水室外蒸气暴露途径基于非致癌风险的修复目标值，mg/L；VF_{wamb} 为地下水中污染物扩散进入室外空气的挥发因子，kg/m^3。

基于保护离场水环境暴露途径下的修复目标值

$$GVC_{gw}^{mig\text{-}MCL} = \frac{MCL}{DAF} \tag{7-16}$$

其中，$GVC_{gw}^{mig\text{-}MCL}$ 为基于保护离场地下水环境的原场地下水修复目标值，mg/L；MCL 为水体最大浓度限值，mg/L；DAF 为稀释衰减因子。

$$DAF = \left\{\frac{1}{4}\exp\left(\frac{x}{2a_x}\left[1 - \sqrt{1 + \frac{4\lambda\, a_x R_i}{v}}\right]\right)\right\}\left\{erf\left(\frac{y + S_w/2}{2\sqrt{a_y x}}\right) - erf\left(\frac{y - S_w/2}{2\sqrt{a_y x}}\right)\right\}$$

$$\left\{erf\left(\frac{z + S_d}{2\sqrt{a_z x}}\right) - erf\left(\frac{z - S_d}{2\sqrt{a_z x}}\right)\right\} \tag{7-17}$$

$$a_x = 0.83 \times (\log x)^{2.414} \tag{7-18}$$

$$a_y = a_x/10 \tag{7-19}$$

$$a_z = a_x/100 \tag{7-20}$$

$$K_d^a = K_{oc} \cdot f_{oc}^a \tag{7-21}$$

$$v = \frac{K \cdot i}{\theta_e} \tag{7-22}$$

其中，K_{oc} 为土壤-有机碳分配系数；f_{oc}^a 为土壤中有机碳；K 为含水层水力传导系数，m/d；i 为水力梯度；θ_e 为含水层有效孔隙度；x 为地下水流方向上至污染源的距离，m；y 为至地下水污染羽中心线的横向距离，m；z 为至地下水污染羽中心线的下垂向距离，m；a_x 为地下水纵向弥散度，m；a_y 为地下水横向弥散度，m；a_z 为地下水垂向弥散度，m；S_w 为垂直于流向的地下水污染源宽度，m；S_d 为地下水污染源厚度，m；λ 为一阶衰减常数，d^{-1}；K_d^a 为含水层土壤-水分配系数，cm^3/g；R_i 为污染物阻滞因子；v 为地下水渗流速度，m/d。

7.1.7 暴露概念模型

构建场地暴露概念模型是对关注场地地理和环境背景、污染物已经发生或可能发生的暴露途径和污染物可能发生的迁移及归趋的描述。场地概念模型用于识别污染源-暴露途径-受体三者之间的关联性。根据场地环境调查获得的资料，确定该场地关注污染物及其空间分布，即可了解该场地主要的污染源(详见第2章)。结合场地规划利用方式，确定该场地可能的敏感受体，包括儿童、成人及离场水环境。在以上工作基础上，分析场地地下水中关注污染物进入并危害敏感受体的情景，确定场地地下水污染物对敏感受体的暴露途径，从而确定污染物在环境介质中的迁移模型和敏感受体的暴露模型。

1. 暴露途径及敏感受体

调查显示，由于场地污染地下水深埋于地下，场内工人、场内居民没有口腔摄入和皮肤接触污染地下水这两种直接暴露途径。当地下水作为污染源且为了保护人体健康和保护周边水环境(陈台子河)时，儿童、成人和水环境为敏感受体，儿童和成人主要通过呼吸吸入受污染地下水挥发至室内外的蒸气途径而暴露。周边水环境主要通过污染地下水侧向迁移至离场水源途径而暴露。

2. 暴露概念模型图

依据场地水文地质概念模型(详见第2章)、土地规划类型(敏感用地)及相关暴露因子，建立了场地暴露概念模型(图7-31和图7-32)。

健康与水环境风险评估过程中需要的参数包括暴露参数、气候与建筑物参数、理化与毒理参数、土壤与地下水特征参数及水体最大浓度限值。其中土壤类型采用ASTM模型中与场地土壤类型一致的粉质黏土(silty clay)，地下水参数来自于场地调查获取的特征参数，MCL取值见第2章，其他参数均与我国《污染场地风险评估技术导则》(HJ 25.3—2014)一致。具体参数值见表7-11～表7-14。

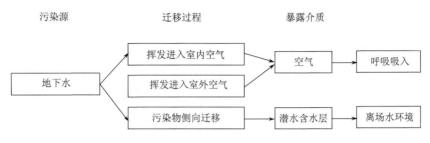

图 7-31　化学试剂一厂居住用地方式下的概念模型

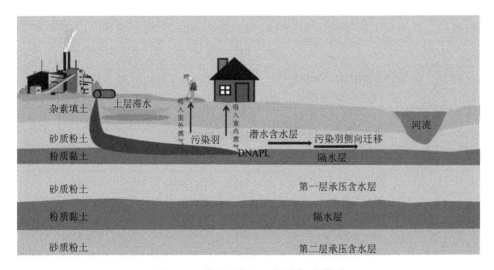

图 7-32　化学试剂一厂场地概念模型

表 7-11　受体暴露参数

参数名称	单位	居住用地
体重	kg	儿童：15.9 成人：56.8
身高	m	儿童：0.994 成人：1.563
非致癌效应平均时间	d	2190
致癌效应平均时间	d	26280
暴露频率	a	儿童：6 成人：24
暴露频率（呼吸吸入）	d/a	室内：262.5 室外：87.5
空气呼吸量	m³/d	儿童：7.5 成人：14.5

表 7-12　土壤与地下水性质参数

参数名称	单位	取值
土壤孔隙度	—	0.38
孔隙空气体积比	—	0.34
孔隙水体积比	—	0.02
土壤容重	g/cm³	1.7
土壤有机碳含量	—	0.01
地下水位埋深	m	1.34
地下水混合区厚度	m	5
含水层水力传导系数	m	2.0
水力梯度	m	0.07134
含水层有机质碳质量分数	m	0.026
含水层有效孔隙度	m	0.3

表 7-13　场地气候和建筑物特征参数

参数名称	单位	居住用地取值
空气混合区高度	m	2
空气流速	m/s	2
室内空间体积与蒸气入渗面积比	m	2
空气交换速率	1/s	0.00014
地基底部埋深	m	0.15
室内外压强差	Pa	0
裂隙表面积所占比例	—	0.01
裂隙中空气体积比	—	0.26
裂隙中水体积比	—	0.12

表 7-14　关注污染物理化与毒性参数表

污染物名称	吸入单位致癌风险（URF）/[1/(mg/m³)]	吸入参考浓度（RfC）/(mg/m³)	水体最大浓度限值（MCL）/(mg/L)	土壤-有机碳分配系数(K_{oc})/(cm³/g)	半衰期 HL /d
氯乙烯	0.0044	0.1	0.005	21.7	2880
氯乙烷	—	10	0.01	21.7	56
1,1-二氯乙烯	—	0.2	0.03	31.8	132
反式-1,2-二氯乙烯	—	0.06	0.03	39.6	2880
1,1-二氯乙烷	0.0016	0.007	0.03	31.8	360
顺式-1,2-二氯乙烯	—	0.06	0.03	39.6	2880
1,1,1-三氯乙烷	—	5	2	43.9	546

续表

污染物名称	吸入单位致癌风险 (URF) /[1/(mg/m³)]	吸入参考浓度 (RfC) /(mg/m³)	水体最大浓度限 值(MCL) /(mg/L)	土壤-有机碳分 配系数(K_oc) /(cm³/g)	半衰期 HL /d
1,2-二氯乙烷	0.026	0.007	0.03	39.6	360
三氯乙烯	0.0041	0.002	0.07	60.7	1650
1,1,2-三氯乙烷	0.016	0.0002	0.005	60.7	730
四氯乙烯	0.00026	0.04	0.04	94.9	720
1,1,2,2-四氯乙烷	0.058	—	0.001	94.9	45
氯仿	0.023	0.098	0.06	31.8	1800

关于目标致癌风险水平的选定，我国 C-RAG 与 USEPA 一致，都推荐使用 10^{-6} 作为单一污染物的目标致癌风险，1 作为非致癌污染物的目标危害值。

使用 HERA 软件对场地污染地下水的致癌风险值和非致癌危害商进行了计算，结果见表 7-15 和表 7-16。

7.1.8　地下水修复目标值

根据 2014 年发布的《天津市人民政府办公厅关于重新划定地下水禁采区和限采区范围严格地下水资源管理的通知》，天津市区属于地下水禁采区，禁止开发利用。本场地地下水位于天津市西青区，属于禁采区，地下水属非饮用水。依据导则的默认参数，该场地不饮用地下水，地下水只计算基于保护原场人体健康及保护周边水环境(陈台子河)的修复目标值。从计算结果(表 7-17)可知，1,2-二氯乙烷、1,1,2,2-四氯乙烷、氯仿污染物的关键暴露途径为地下水室内蒸气，其他氯代烃污染物的关键暴露途径为地下水侧向迁移。

7.1.9　风险评估结论

1)致癌风险值

根据 HERA 计算结果，天津化学试剂一厂污染场地地下水致癌风险值超标的监测井点位共 15 个，分别为 MW03-1、MW03-2、MW03-2、MW04、MW05、MW19-1、MW20-1、MW23-1、MW24-1、MW25-1、MW34、MW37、MW38、MW39、MW40。各点位对应的致癌风险值超过 10^{-6} 的污染物见表 7-18。

2)非致癌危害商

根据 HERA 计算结果，天津化学试剂一厂污染场地地下水非致危害商超过 1 的监测井点位共 9 个，分别为 MW03-1、MW03-2、MW18-1、MW20-1、MW23-1、MW24-1、MW25-1、MW34、MW40。各点位对应的非致癌危害商大于 1 的污染物见表 7-19。此外，监测点 MW19-1 非致癌危害指数超过可接受水平。

表 7-15　地下水污染物致癌风险值

监测井编号	氯乙烯	1,1-二氯乙烷	1,2-二氯乙烷	三氯乙烯	1,1,2-三氯乙烷	1,1,2,2-四氯乙烷	氯仿	总致癌风险值
MW01-1	7.90×10^{-7}	5.28×10^{-9}	—	—	—	—	—	7.96×10^{-7}
MW03-1	2.53×10^{-5}	6.49×10^{-8}	9.44×10^{-7}	1.49×10^{-8}	4.37×10^{-9}	1.59×10^{-8}	4.67×10^{-8}	2.64×10^{-7}
MW03-2	1.29×10^{-4}	2.70×10^{-7}	4.79×10^{-6}	2.57×10^{-8}	3.61×10^{-8}	1.72×10^{-7}	1.27×10^{-7}	1.34×10^{-4}
MW18-1	7.44×10^{-6}	8.24×10^{-7}	2.32×10^{-7}	4.78×10^{-6}	1.40×10^{-7}	3.73×10^{-7}	—	1.38×10^{-5}
MW19-1	1.66×10^{-6}	1.93×10^{-8}	4.90×10^{-8}	1.61×10^{-7}	5.74×10^{-8}	—	1.27×10^{-8}	2.40×10^{-6}
MW20-1	2.63×10^{-5}	4.56×10^{-7}	1.60×10^{-6}	1.07×10^{-6}	5.74×10^{-8}	4.42×10^{-7}	4.09×10^{-8}	3.00×10^{-5}
MW21-1	—	4.10×10^{-8}	1.49×10^{-8}	1.48×10^{-8}	—	—	—	5.74×10^{-8}
MW23-1	2.99×10^{-6}	3.02×10^{-6}	7.73×10^{-7}	7.34×10^{-6}	1.64×10^{-5}	5.20×10^{-5}	2.71×10^{-6}	8.52×10^{-5}
MW24-1	7.87×10^{-6}	3.27×10^{-6}	1.38×10^{-6}	9.11×10^{-6}	8.85×10^{-7}	6.40×10^{-7}	4.11×10^{-7}	2.03×10^{-5}
MW25-1	5.92×10^{-5}	6.00×10^{-6}	8.56×10^{-5}	1.63×10^{-4}	2.37×10^{-5}	9.61×10^{-4}	4.78×10^{-5}	1.35×10^{-3}
MW26-1	6.50×10^{-8}	2.89×10^{-8}	4.86×10^{-8}	1.81×10^{-7}	1.40×10^{-8}	8.74×10^{-9}	7.96×10^{-8}	4.00×10^{-7}
MW02	1.88×10^{-8}	1.04×10^{-8}	3.31×10^{-9}	1.32×10^{-8}	—	—	6.37×10^{-9}	5.22×10^{-8}
MW04	4.17×10^{-6}	2.06×10^{-7}	1.57×10^{-7}	7.38×10^{-8}	2.33×10^{-9}	—	8.49×10^{-8}	4.62×10^{-6}
MW05	1.20×10^{-6}	1.51×10^{-7}	2.32×10^{-8}	1.55×10^{-8}	4.08×10^{-9}	—	5.84×10^{-8}	1.40×10^{-8}
MW07	1.37×10^{-8}	1.01×10^{-8}	2.21×10^{-8}	7.91×10^{-9}	—	—	3.72×10^{-8}	5.75×10^{-8}
MW08	4.11×10^{-8}	3.72×10^{-9}	6.08×10^{-9}	1.05×10^{-8}	—	—	3.19×10^{-8}	6.45×10^{-8}
MW09	6.16×10^{-8}	2.39×10^{-9}	—	6.42×10^{-9}	—	—	3.19×10^{-8}	7.36×10^{-8}
MW10	1.88×10^{-8}	6.07×10^{-10}	1.33×10^{-8}	5.34×10^{-9}	—	—	2.65×10^{-8}	4.07×10^{-8}
MW11	—	3.04×10^{-10}	—	4.65×10^{-9}	—	—	0	4.95×10^{-9}
MW12	—	2.10×10^{-8}	—	1.46×10^{-7}	—	—	1.05×10^{-7}	2.72×10^{-7}
MW13	—	—	—	3.36×10^{-9}	—	—	—	3.36×10^{-9}

续表

监测井编号	氯乙烯	1,1-二氯乙烷	1,2-二氯乙烷	三氯乙烯	1,1,2-三氯乙烷	1,1,2,2-四氯乙烷	氯仿	总致癌风险值
MW14	—	4.56×10^{-1}	—	3.16×10^{-9}	—	—	—	3.62×10^{-9}
MW15	2.74×10^{-8}	9.49×10^{-1}	—	4.88×10^{-8}	—	—	—	8.25×10^{-8}
MW16	9.41×10^{-8}	1.21×10^{-9}	—	2.77×10^{-9}	—	—	—	9.81×10^{-8}
MW17	—	2.28×10^{-1}	—	2.57×10^{-9}	—	—	—	2.80×10^{-9}
MW22	4.28×10^{-8}	2.72×10^{-7}	3.87×10^{-9}	4.15×10^{-9}	—	—	—	3.23×10^{-7}
MW27	5.30×10^{-8}	3.49×10^{-7}	4.09×10^{-8}	—	—	—	4.78×10^{-9}	4.48×10^{-7}
MW28	—	—	—	—	—	—	—	—
MW29	—	—	1.38×10^{-8}	—	—	—	—	1.38×10^{-7}
MW30	—	—	6.63×10^{-9}	—	—	—	—	6.63×10^{-9}
MW32	—	—	—	6.92×10^{-1}	—	—	—	6.92×10^{-1}
MW33	5.13×10^{-7}	3.42×10^{-9}	—	2.17×10^{-9}	—	6.35×10^{-9}	—	5.25×10^{-7}
MW34	2.82×10^{-6}	6.45×10^{-9}	1.13×10^{-6}	8.18×10^{-6}	7.54×10^{-7}	1.04×10^{-4}	2.20×10^{-6}	1.19×10^{-4}
MW35	—	3.04×10^{-1}	—	5.44×10^{-9}	—	—	—	5.77×10^{-9}
MW36	—	—	—	—	—	—	—	—
MW37	1.12×10^{-6}	1.63×10^{-9}	2.26×10^{-8}	1.15×10^{-8}	—	—	—	1.16×10^{-6}
MW38	1.06×10^{-6}	1.52×10^{-9}	—	1.58×10^{-9}	—	—	—	1.06×10^{-6}
MW39	6.88×10^{-6}	6.87×10^{-9}	1.33×10^{-8}	—	—	—	—	6.90×10^{-6}
MW40	5.42×10^{-5}	3.54×10^{-6}	8.56×10^{-6}	2.02×10^{-4}	2.22×10^{-5}	1.75×10^{-4}	1.65×10^{-5}	4.82×10^{-4}
MW41	1.81×10^{-7}	3.15×10^{-9}	—	—	—	—	—	1.85×10^{-7}

表 7-16 地下水污染物非致癌危害商

监测井编号	氯乙烯	1,1-二氯乙烷	顺式-1,2-二氯乙烯	1,2-二氯乙烷	三氯乙烯	1,1,2-三氯乙烷	氯仿	非致癌指数
MW01-1	3.41×10^{-2}	8.93×10^{-3}	8.10×10^{-3}	—	—	—	—	5.12×10^{-2}
MW03-1	1.09	1.10×10^{-1}	7.87×10^{-1}	9.84×10^{-2}	3.45×10^{-2}	2.59×10^{-2}	3.93×10^{-4}	2.27
MW03-2	5.55	4.56×10^{-1}	4.13	4.99×10^{-1}	5.94×10^{-2}	2.14×10^{-1}	1.07×10^{-3}	11.3
MW18-1	3.21×10^{-1}	1.39	5.09×10^{-1}	2.42×10^{-2}	11.1	8.28×10^{-1}	—	14.2
MW19-1	7.15×10^{-2}	3.27×10^{-2}	2.60×10^{-1}	5.11×10^{-2}	3.72×10^{-1}	3.40×10^{-1}	1.07×10^{-4}	1.14
MW20-1	1.14	7.71×10^{-1}	9.41×10^{-1}	1.66×10^{-1}	2.47	3.40×10^{-1}	3.44×10^{-4}	5.91
MW21-1	—	6.94×10^{-2}	3.86×10^{-4}	1.55×10^{-3}	3.43×10^{-3}	—	—	7.48×10^{-2}
MW23-1	1.29×10^{-1}	5.11×10^{0}	9.26×10^{-1}	8.05×10^{-2}	17.0	9.70×10^{1}	2.28×10^{-2}	1.20×10^{2}
MW24-1	3.39×10^{-1}	5.53×10^{-2}	7.71×10^{-1}	1.43×10^{-1}	21.1	5.25	3.46×10^{-3}	27.7
MW25-1	2.55	10.2	10.2	8.92	377	1.41×10^{2}	4.02×10^{-1}	5.52×10^{2}
MW26-1	2.80×10^{-3}	4.88×10^{-3}	8.79×10^{-2}	5.06×10^{-3}	4.18×10^{-1}	8.28×10^{-2}	6.70×10^{-4}	6.08×10^{-1}
MW02	8.11×10^{-4}	1.77×10^{-2}	5.40×10^{-5}	3.45×10^{-4}	3.06×10^{-1}	—	5.36×10^{-5}	4.97×10^{-2}
MW04	1.80×10^{-1}	3.49×10^{-1}	2.02×10^{-1}	1.63×10^{-2}	1.71×10^{-1}	1.38×10^{-2}	7.14×10^{-5}	9.42×10^{-1}
MW05	5.17×10^{-2}	2.56×10^{-1}	2.83×10^{-2}	2.42×10^{-3}	3.59×10^{-2}	2.42×10^{-2}	4.91×10^{-5}	4.03×10^{-1}
MW07	5.90×10^{-4}	1.71×10^{-2}	8.87×10^{-3}	2.30×10^{-3}	1.83×10^{-2}	—	3.13×10^{-5}	4.75×10^{-2}
MW08	1.77×10^{-3}	6.30×10^{-3}	9.57×10^{-3}	6.33×10^{-4}	2.42×10^{-2}	—	2.68×10^{-5}	4.31×10^{-2}
MW09	2.65×10^{-3}	4.05×10^{-3}	6.23×10^{-3}	—	1.49×10^{-2}	—	2.68×10^{-5}	2.80×10^{-2}
MW10	8.11×10^{-4}	1.03×10^{-3}	5.09×10^{-4}	1.38×10^{-3}	1.23×10^{-2}	—	2.23×10^{-5}	1.63×10^{-2}
MW11	—	5.14×10^{-4}	6.94×10^{-4}	—	1.07×10^{-2}	—	0	1.19×10^{-2}
MW12	—	3.55×10^{-2}	5.26×10^{-3}	—	3.38×10^{-1}	—	8.84×10^{-4}	3.80×10^{-1}
MW13	—	—	1.23×10^{-4}	—	7.77×10^{-3}	—	—	7.89×10^{-3}

续表

监测井编号	氯乙烯	1,1-二氯乙烷	顺式-1,2-二氯乙烯	1,2-二氯乙烷	三氯乙烯	1,1,2-三氯乙烷	氯仿	非致癌指数
MW14	—	$7.71×10^{-4}$	$5.25×10^{-4}$	—	$7.31×10^{-3}$	—	—	$8.61×10^{-3}$
MW15	$1.18×10^{-3}$	$1.61×10^{-3}$	$6.42×10^{-3}$	—	$1.13×10^{-1}$	—	—	$1.32×10^{-1}$
MW16	$4.05×10^{-3}$	$2.06×10^{-3}$	$4.17×10^{-4}$	—	$6.40×10^{-3}$	—	—	$1.30×10^{-2}$
MW17	—	$3.86×10^{-4}$	$7.71×10^{-5}$	—	$5.94×10^{-3}$	—	—	$6.40×10^{-3}$
MW22	$1.84×10^{-3}$	$4.60×10^{-1}$	$1.16×10^{-3}$	$4.03×10^{-4}$	$9.60×10^{-3}$	—	—	$4.73×10^{-1}$
MW27	$2.29×10^{-3}$	$5.91×10^{-1}$	$4.47×10^{-4}$	$4.26×10^{-3}$	—	—	$4.02×10^{-5}$	$6.07×10^{-1}$
MW28	—	—	—	—	—	—	—	—
MW29	—	—	$1.70×10^{-4}$	$1.44×10^{-3}$	—	—	—	$1.69×10^{-3}$
MW30	—	—	$5.79×10^{-4}$	$6.90×10^{-4}$	—	—	—	$1.36×10^{-3}$
MW32	—	—	—	—	$1.60×10^{-3}$	—	—	$1.60×10^{-3}$
MW33	$2.21×10^{-2}$	$5.78×10^{-3}$	$3.02×10^{-1}$	—	$5.03×10^{-3}$	—	—	$3.48×10^{-1}$
MW34	$1.22×10^{-1}$	$1.09×10^{-2}$	$8.18×10^{-1}$	$1.18×10^{-1}$	18.9	$4.47×10^{0}$	$1.85×10^{-2}$	$2.46×10^{1}$
MW35	—	$5.14×10^{-4}$	$5.13×10^{-2}$	—	$1.26×10^{-2}$	—	—	$6.75×10^{-2}$
MW36	—	—	$6.87×10^{-4}$	—	—	—	—	$7.55×10^{-4}$
MW37	$4.83×10^{-2}$	$2.76×10^{-3}$	—	$2.36×10^{-3}$	$2.65×10^{-2}$	—	—	$8.43×10^{-2}$
MW38	$4.56×10^{-2}$	$2.57×10^{-3}$	$1.05×10^{-2}$	—	$3.66×10^{-3}$	—	—	$6.23×10^{-2}$
MW39	$2.96×10^{-1}$	$1.16×10^{-2}$	$2.15×10^{-2}$	$1.38×10^{-3}$	—	—	—	$3.31×10^{-1}$
MW40	2.34	5.99	7.79	$8.92×10^{-1}$	466	131	$1.39×10^{-1}$	616
MW41	$7.81×10^{-3}$	$5.33×10^{-3}$	$3.12×10^{-3}$	—	—	—	—	$1.65×10^{-2}$

表 7-17 关注污染物单一暴露途径及综合地下水修复目标值

污染物	基于致癌效应的地下水修复目标值/(mg/L)		基于非致癌效应的地下水修复目标值/(mg/L)		基于保护水环境的地下水修复目标值/(mg/L)	综合修复目标值/(mg/L)	关键暴露途径
	呼吸室内蒸气	呼吸室外蒸气	呼吸室内蒸气	呼吸室外蒸气			
氯乙烯	315	0.586	7300	1.36	0.0135	0.0135	陈台子河
氯乙烷	—	—	9.61×10^5	1800	0.754	0.754	陈台子河
1,1-二氯乙烯	—	—	1.69×10^4	31.5	2.59	2.59	陈台子河
反式-1,2-二氯乙烯	—	—	6900	13.1	0.0885	0.0885	陈台子河
1,1-二氯乙烷	1400	2.64	82.6	1.56	0.3	0.3	陈台子河
顺式-1,2-二氯乙烯	—	—	6840	13.0	0.0885	0.0885	陈台子河
1,1,1-三氯乙烷	—	—	5.62×10^5	1050	16.6	16.6	陈台子河
1,2-二氯乙烷	90.3	0.181	867	1.74	0.393	0.181	地下水室内蒸气
三氯乙烯	540	1.01	234	0.438	0.291	0.291	陈台子河
1,1,2-三氯乙烷	163	0.344	27.5	0.0581	0.0414	0.0414	陈台子河
四氯乙烯	8670	16.2	4760	8.90	0.611	0.611	陈台子河
1,1,2,2-四氯乙烷	48.9	0.126	—	—	2830	0.126	地下水室内蒸气
氯仿	98.8	0.189	1.17×10^4	22.4	0.191	0.189	地下水室内蒸气

表 7-18　致癌风险值超标点位及污染物

监测井编号	致癌风险值大于 10^{-6} 的污染物
MW03-1	氯乙烯
MW03-2	氯乙烯
MW03-2	氯乙烯、三氯乙烯
MW19-1	氯乙烯
MW20-1	氯乙烯、1,2-二氯乙烷、三氯乙烯
MW23-1	氯乙烯、1,1-二氯乙烷、三氯乙烯、1,1,2-三氯乙烷、1,1,2,2-四氯乙烷、氯仿
MW24-1	氯乙烯、1,2-二氯乙烷、三氯乙烯
MW25-1	氯乙烯、1,2-二氯乙烷、1,1-二氯乙烷、三氯乙烯、1,1,2-三氯乙烷、1,1,2,2-四氯乙烷、氯仿
MW04	氯乙烯
MW05	氯乙烯
MW34	氯乙烯、1,2-二氯乙烷、三氯乙烯、1,1,2,2-四氯乙烷、氯仿
MW37	氯乙烯
MW38	氯乙烯
MW39	氯乙烯
MW40	氯乙烯、1,2-二氯乙烷、1,1-二氯乙烷、三氯乙烯、1,1,2-三氯乙烷、1,1,2,2-四氯乙烷、氯仿

表 7-19　非致癌危害商超标点位及污染物

监测井编号	非致癌危害商大于 1 的污染物
MW03-1	氯乙烯
MW03-2	氯乙烯、顺式-1,2-二氯乙烯
MW18-1	1,1-二氯乙烷、三氯乙烯
MW20-1	氯乙烯、三氯乙烯
MW23-1	1,1-二氯乙烷、三氯乙烯、1,1,2-三氯乙烷
MW24-1	三氯乙烯、1,1,2-三氯乙烷
MW25-1	氯乙烯、1,1-二氯乙烷、顺式-1,2-二氯乙烯、1,2-二氯乙烷、三氯乙烯、1,1,2-三氯乙烷
MW34	三氯乙烯、1,1,2-三氯乙烷
MW40	氯乙烯、1,1-二氯乙烷、顺式-1,2-二氯乙烯、三氯乙烯、1,1,2-三氯乙烷

3) 环境风险评估

根据 HERA 计算结果，天津化学试剂一厂污染场地地下水污染物浓度超过基于保护离场水环境修复目标值的监测井点位共 27 个，具体点位及超标污染物见表 7-20。

表 7-20　离场水环境风险超标点位及污染物

监测井编号	地下水浓度超过基于保护离场水环境修复目标值的污染物
MW01-1	氯乙烯、顺式-1,2-二氯乙烯
MW03-1	氯乙烯、反式-1,2-二氯乙烯、顺式-1,2-二氯乙烯
MW03-2	氯乙烯、反式-1,2-二氯乙烯、顺式-1,2-二氯乙烯、1,1,-二氯乙烷、1,2-二氯乙烷
MW18-1	氯乙烯、顺式-1,2-二氯乙烯、三氯乙烯
MW19-1	氯乙烯、反式-1,2-二氯乙烯、顺式-1,2-二氯乙烯
MW20-1	氯乙烯、氯乙烷、反式-1,2-二氯乙烯、顺式-1,2-二氯乙烯、1,1,-二氯乙烷、三氯乙烯
MW23-1	氯乙烯、反式-1,2-二氯乙烯、1,1-二氯乙烷、顺式-1,2-二氯乙烯、三氯乙烯、1,1,2-三氯乙烷、氯仿
MW24-1	氯乙烯、反式-1,2-二氯乙烯、顺式-1,2-二氯乙烯、三氯乙烯、1,1,2-三氯乙烷
MW25-1	氯乙烯、1,1-二氯乙烯、反式-1,2-二氯乙烯、1,1-二氯乙烷、顺式-1,2-二氯乙烯、1,1,1-三氯乙烷、1,2-二氯乙烷、三氯乙烯、1,1,2-三氯乙烷、四氯乙烯、氯仿
MW26-1	氯乙烯、顺式-1,2-二氯乙烯
MW04	氯乙烯、反式-1,2-二氯乙烯、1,1-二氯乙烷、顺式-1,2-二氯乙烯
MW05	氯乙烯、1,1-二氯乙烷、顺式-1,2-二氯乙烯
MW07	顺式-1,2-二氯乙烯
MW08	氯乙烯、顺式-1,2-二氯乙烯
MW09	
MW15	氯乙烯
MW16	
MW22	氯乙烯、1,1-二氯乙烷
MW27	氯乙烯、氯乙烷、1,1-二氯乙烷
MW33	氯乙烯、反式-1,2-二氯乙烯、顺式-1,2-二氯乙烯
MW34	氯乙烯、反式-1,2-二氯乙烯、顺式-1,2-二氯乙烯、三氯乙烯、1,1,2-三氯乙烷、氯仿
MW35	顺式-1,2-二氯乙烯
MW37	氯乙烯
MW38	氯乙烯、顺式-1,2-二氯乙烯
MW39	氯乙烯、顺式-1,2-二氯乙烯
MW40	氯乙烯、1,1-二氯乙烯、反式-1,2-二氯乙烯、1,1-二氯乙烷、顺式-1,2-二氯乙烯、1,2-二氯乙烷、三氯乙烯、1,1,2-三氯乙烷、三氯甲烷(氯仿)
MW41	氯乙烯

4)污染地下水风险分级

表 7-21 为天津化学试剂一厂场地地下水中超标污染物种类及污染物个数统计表。居住用地方式下超标污染物包括关注污染物均有点位超标。地下水中部分污染物浓度较高，超标比较严重，对离场水环境及人体健康具有较大的风险。

表 7-21　地下水超标污染物统计表

污染物	检出最大值/(μg/L)	检出最小值/(μg/L)	基于95%的修复目标值/(μg/L)	修复目标值/(μg/L)	总样品数量/个	超标样品数量/个
氯乙烯	75300	8	14311	1.35×10^{-2}	40	25
氯乙烷	14900	6	0.5	7.54×10^{-1}	40	2
1,1-二氯乙烷	18100	0.5	3074	2.59	40	2
反式-1,2-二氯乙烯	7700	0.8	652	8.85×10^{-2}	40	11
1,1-二氯乙烯	15800	0.6	33	3.00×10^{-1}	40	9
顺式-1,2-二氯乙烯	132000	0.7	27352	8.85×10^{-2}	40	20
1,1,1-三氯乙烷	15500	0.6	0.5	16.6	40	6
1,2-二氯乙烷	95400	0.5	292	1.81×10^{-1}	40	1
三氯乙烯	204000	0.7	38077	2.91×10^{-1}	40	7
1,1,2-三氯乙烷	8150	0.8	0.5	4.14×10^{-2}	40	5
四氯乙烯	8720	0.5	29	6.11×10^{-1}	40	1
1,1,2,2-四氯乙烷	121000	0.8	0.5	1.26×10^{-1}	40	3
氯仿	9000	0.5	6.89	1.89×10^{-1}	40	4

依据场地修复目标值，对天津化学试剂一厂场地污染地下水风险进行等级划分，并对划分的区域进行了风险分级评价。划分标准具体如下。

低风险：污染物浓度大于修复目标值、小于修复目标值的 5 倍；

中风险：污染物浓度大于修复目标值的 5 倍、小于修复目标值的 10 倍；

高风险：污染物浓度大于修复目标值的 10 倍。

天津化学试剂一厂场地污染地下水风险进行等级划分具体结果见图 7-33～图 7-46。依据各污染物风险等级分布情况，将污染厂区地下水划分为高、中、低三种风险区域(图 7-46)，区域的修复面积分别为 14921 m³、3484 m³、7361 m³，氯代烃修复总量分别为 290.54 kg、90.34 kg、2.75 kg，详见表 7-22。

通过风险评估可知，天津化学试剂一厂污染物所有暴露途径中，关键暴露途径为地下水侧向迁移到东边的陈台子河。因此，需要对各污染物迁移到周边水环境(陈台子河)的时间及浓度进行预测。本项目通过 HERA 对 13 种关注污染物的迁移到场边界及水环境的时间和浓度进行了模拟，模拟结果见表 7-23。

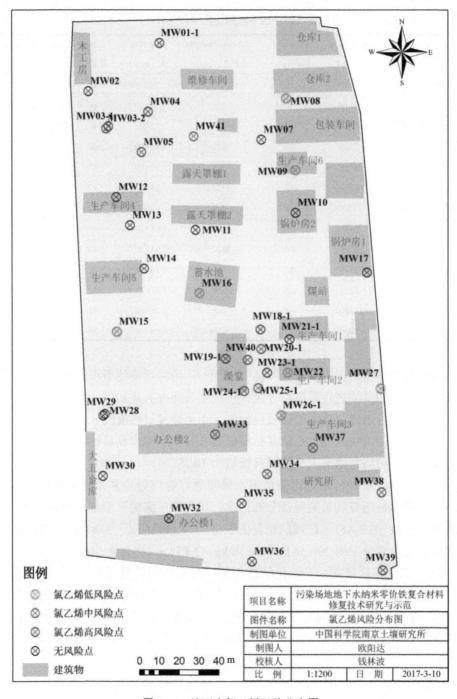

图 7-33　地下水氯乙烯风险分布图

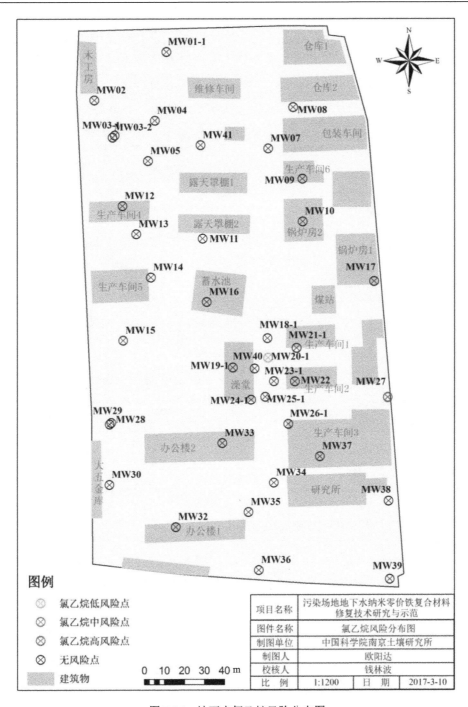

图 7-34　地下水氯乙烷风险分布图

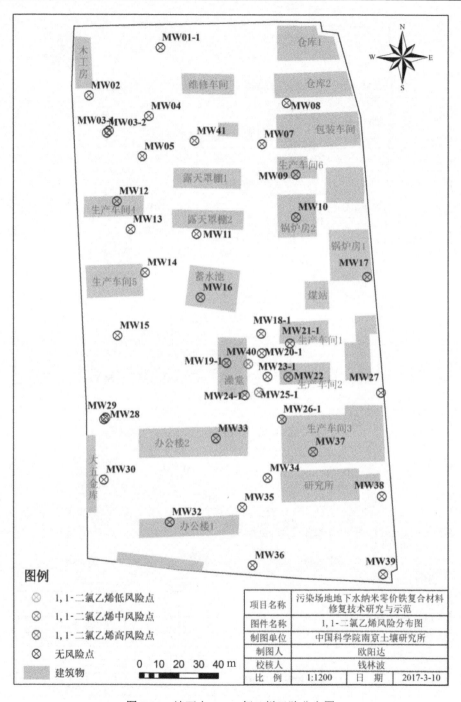

图 7-35 地下水 1,1-二氯乙烯风险分布图

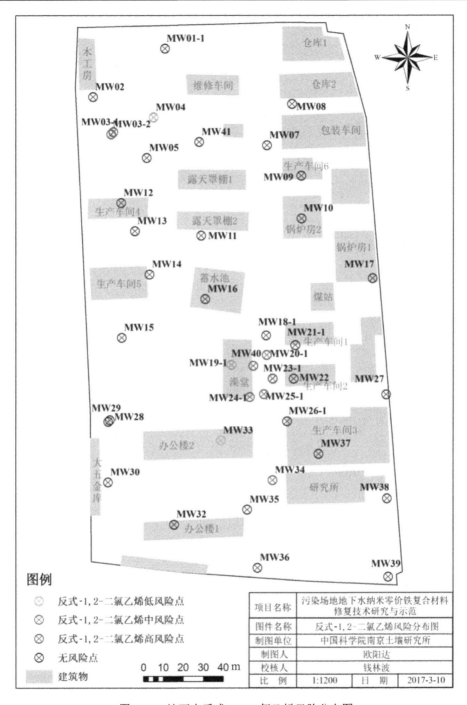

图 7-36　地下水反式-1,2-二氯乙烯风险分布图

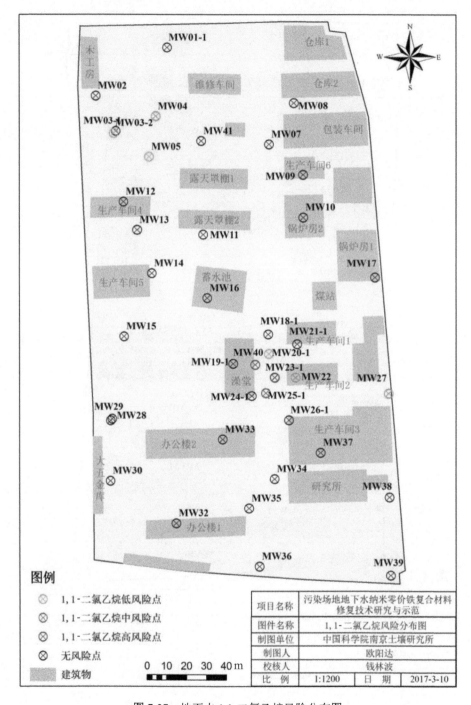

图 7-37　地下水 1,1-二氯乙烷风险分布图

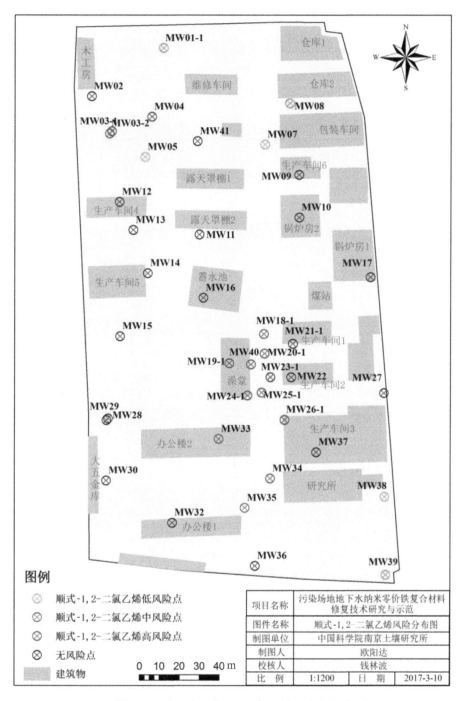

图 7-38　地下水顺式-1,2-二氯乙烯风险分布图

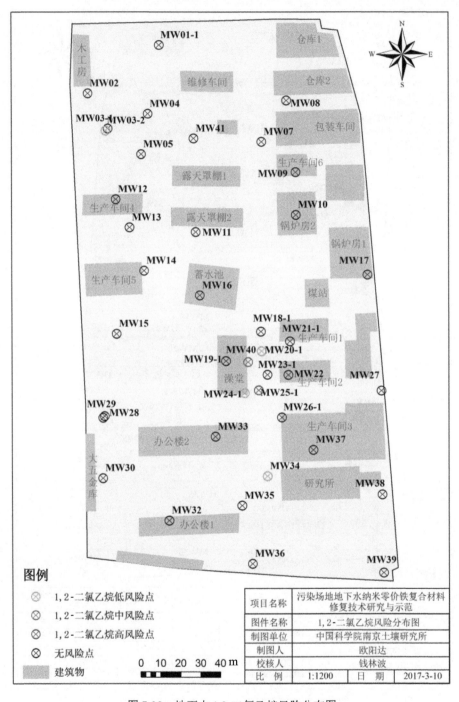

图 7-39 地下水 1,2-二氯乙烷风险分布图

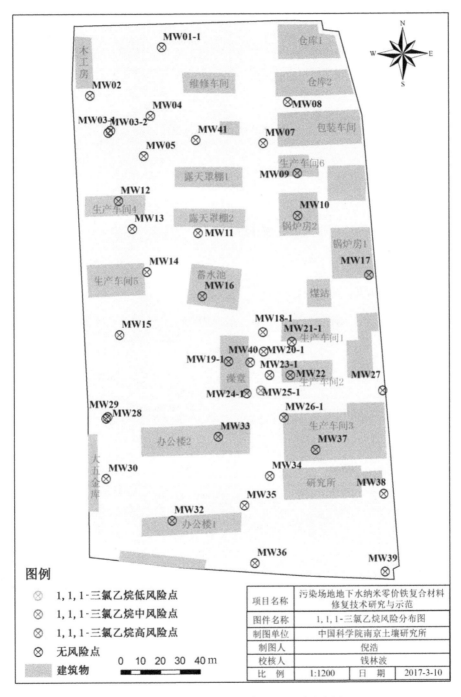

图 7-40　地下水 1,1,1-三氯乙烷风险分布图

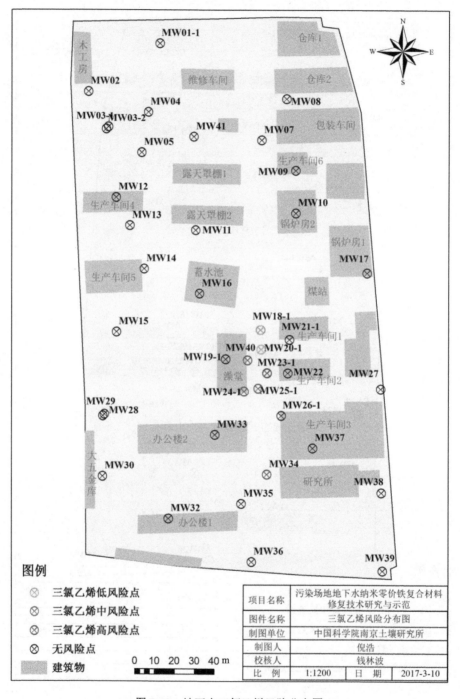

图 7-41 地下水三氯乙烯风险分布图

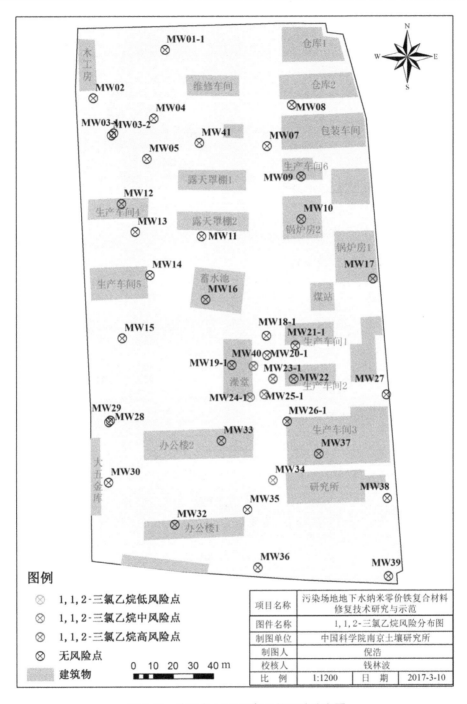

图 7-42 地下水 1,1,2-三氯乙烷风险分布图

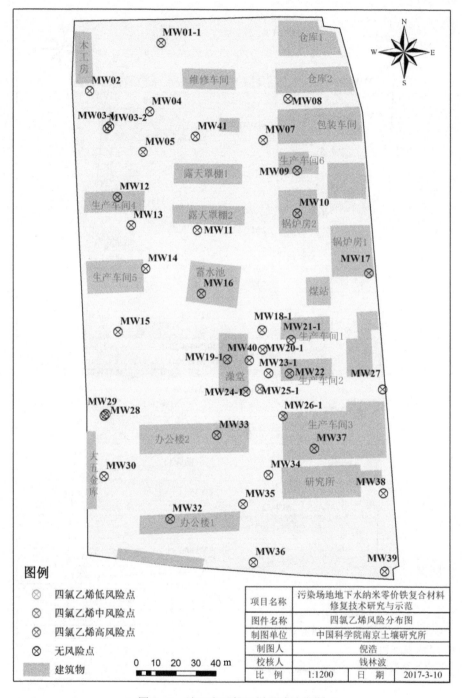

图 7-43　地下水四氯乙烯风险分布图

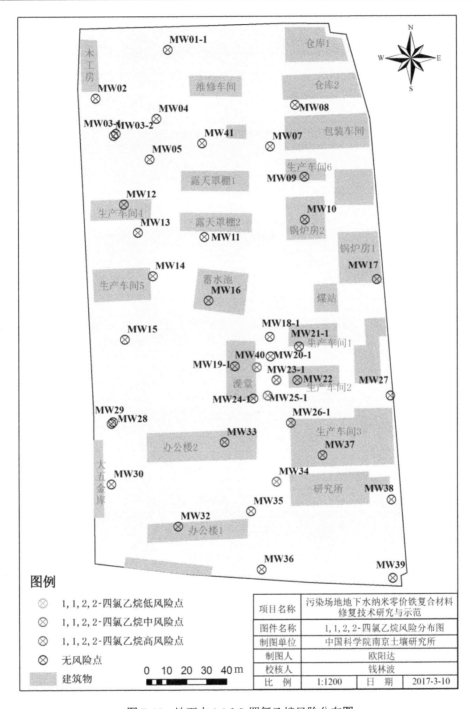

图 7-44　地下水 1,1,2,2-四氯乙烷风险分布图

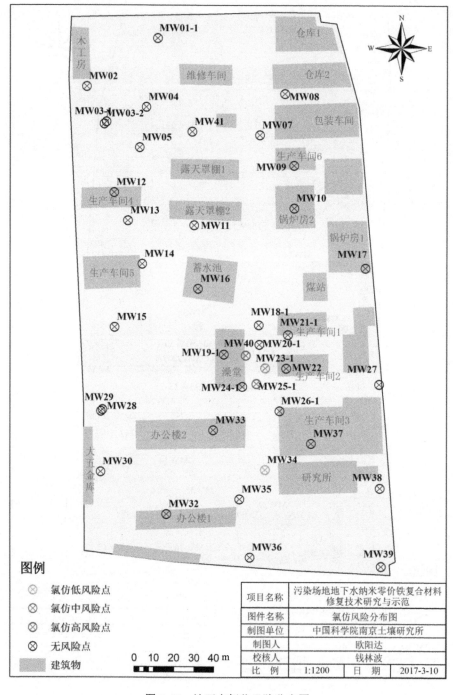

图 7-45　地下水氯仿风险分布图

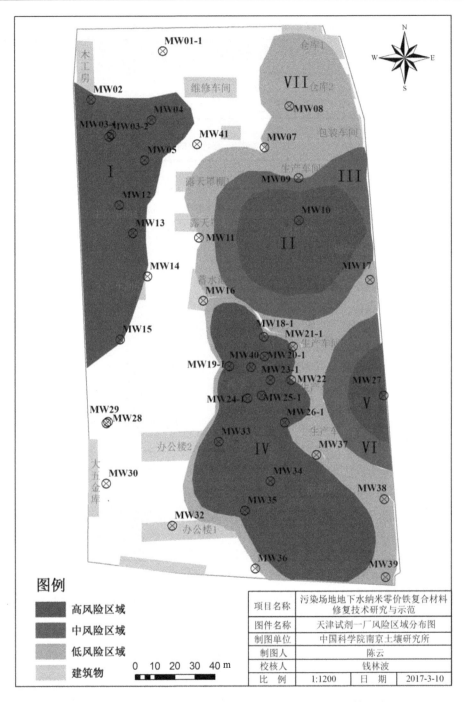

图 7-46　地下水总风险分布图(二)地下水污染物迁移性评估

表 7-22　地下水高、中、低风险修复总量

风险等级	高风险区				中风险区		低风险区
	I	II	IV	V	III	VI	VII
总面积/m²		14921			3484		7361
氯代烃修复总量/kg		290.54			90.34		2.75

表 7-23　污染物迁移性评估结果

污染物	场地边界至陈台子河的迁移距离/m	边界至陈台子河迁移时间与浓度预测	
		地下水浓度/(mg/L)	迁移时间/a
氯乙烯	85	3.53	61
氯乙烷	85	5.85	3
1,1-二氯乙烯	85	2.74	21
反式-1,2 -二氯乙烯	85	1.16	36
1,1-二氯乙烷	85	2.39	16
顺式- 1,2-二氯乙烯	85	19.95	21
1,2-二氯乙烷	85	2.34	NA
1,1,1-三氯乙烷	85	14.42	45
三氯乙烯	85	40.41	37
1,1,2-三氯乙烷	85	1.23	31
四氯乙烯	85	1.32	64
1,1,2,2-四氯乙烷	85	18.29	35
氯仿	85	3.4	18

注："NA" 表示迁移到河流时浓度未超过 MCL。

　　由模拟结果可知，氯乙烯、氯乙烷、1,1-二氯乙烯、反式-1,2 -二氯乙烯、1,1-二氯乙烷、顺式-1,2-二氯乙烯、1,1,1-三氯乙烷、三氯乙烯、1,1,2-三氯乙烷、四氯乙烯、1,1,2,2-四氯乙烷、氯仿迁移到河流的年限分别为61年、3年、21年、36年、16年、21年、45年、37年、31年、64年、35年、18年，且迁移到陈台子河时的浓度均已超过水体最大浓度限值。因此，该场地地下水需要进行修复。

7.1.10　地下水流动与溶质迁移模型

　　根据风险评估及初步地下水侧向迁移性评估结果得知，场地氯代烃对人体健康存在不同程度的致癌风险和非致癌风险，且在未来1～10年内可能会迁移至场外陈台子河，危害地表水生态环境质量。为了减少风险评估不确定性以及更准确地预测场地关注污染物在地下水中迁移的时空分布规律，拟根据前期场地调查所

获得的地层结构信息、水文地质资料及污染物浓度信息，建立了潜水含水层水文
地质概念模型，采用 MODFLOW 构建并校准地下水流动模型，在此基础上采用
MT3DMS 完成关注氯代烃迁移模型，以优化风险评估关键参数，更准确地预测污
染物迁移及时空分布规律。

1. 地下水模型目的

(1) 构建天津试剂一厂场区地下水水流模型，优化风险评估关键参数，减少风
险评估不确定性；

(2) 构建天津试剂一厂场区地下水关注污染物迁移模型，预测地下水污染物自
然衰减规律及时空分布特征及迁移。

2. 地下水模型局限性

地下水模型存在以下局限性及假设条件：

(1) 用于描述区域含水层特点的地质资料来源于场地调查范围内的有限区域，
因此利用场地内数据进行外推确定的场外区域(如河流至场地区域)数据存在不确
定性；

(2) 没有考虑含水层的非均质性，如含水层可能存在的细小砂质透镜体或黏土
裂隙未纳入该模型中，有可能会对区域内的地下水流场产生较大影响；

(3) 根据不同季节的地下水水位测量，场地内潜水含水层的地下水位有一定的
季节变化。本模型只考虑了 2017 年 2 月获得的水位数据；

(4) 没有考虑场外河流在不同季节的水位变化；

(5) 为保守起见，模型没有考虑污染物在含水层中的生物降解及化学反应
过程；

(6) 没有考虑陈台子河的稀释作用。

3. 构建场地概念模型

根据前期对场地地质条件的勘查，场地的主要地质岩性从上到下依次为杂填
土、粉质黏土素填土、粉质黏土②₁、砂质粉土②、粉质黏土、黏质粉土—砂质粉
土、粉质黏土④、砂质粉土⑤。场地内存在四个含水层，分别如下。

上层滞水：主要赋存于表层的填土层中，不连续存在。

潜水含水层：主要赋存于砂质粉土②层孔隙中，本层地下水具微承压性。

第一承压含水层：主要赋存于黏质粉土—砂质粉土层孔隙中，因其上覆盖有
厚层连续黏土层，具强承压性。

第二承压含水层：主要赋存于砂质粉土⑤层孔隙中，因其上覆盖有厚层连续
黏土层，具强承压性。

　　该模型模拟场地潜水含水层水流及污染物迁移情况，忽略不连续的上层滞水，即在模型中将杂填土至砂质粉土②概化为一层，地面作为潜水含水层顶部，砂质粉土②底部作为潜水含水层底部。潜水含水层厚度在 5～10 m，因潜水含水层下方为一层厚的黏土层(隔水层)，因此不考虑其与承压含水层的交互作用。

　　潜水含水层地下水流向整体为西南流向东北。水流从空间整体上以水平运动为主，垂向运动为辅，地下水流系统符合质量守恒规律和能量守恒规律。因模拟区垂直尺度远小于水平尺度，且假设地下水补给和排泄不随时间发生改变，故将地下水流概化为空间二维稳定流。模拟区总面积较小，假设含水层系统的参数不随空间变化，且参数没有明显的方向性，即含水层性质概化为均质各向同性。

　　4. 潜水含水层及污染物参数

　　含水层参数主要有渗透系数、有效孔隙度、给水度、储水系数、弥散度、含水层容重及有机碳含量。其中渗透系数根据土工试验和微水试验结果确定，含水层容重及有机碳含量根据场地实测值确定，其他参数根据经验值确定，具体见表 7-24～表 7-26。其中，弥散系数与尺度有很大关系。根据式(7-23)计算出该场地 α_x 为 3.92 m。

表 7-24　不同土壤孔隙度范围

介质类型	孔隙度 $\rho/\%$
砾石，粗	24～36
砾石，细	25～38
砂土，粗	31～46
砂土，细	26～53
淤泥	34～61
黏土	34～60
砂岩	5～30
粉砂岩	21～41
石灰岩，白云石	0～20
喀斯特石灰岩	5～50
页岩	0～10
裂隙性结晶岩	0～10
致密结晶岩石	0～5
玄武岩	3～35
风化花岗岩	34～57
风化辉长岩	42～45

表 7-25　不同含水层给水度数值表

介质类型	给水度 S_y/%
砾石，粗	23
砾石，中	24
砾石，细	25
砂土，粗	27
砂土，中	28
砂土，细	23
淤泥	8
黏土	3
砂岩，细粒	21
砂岩，中粒	27
石灰岩	14
沙丘砂	38
黄土	18
泥炭	44
片岩	26
砂泥岩	12
冰碛，主要为淤泥	6
冰碛，主要为砂	16
冰碛，主要为碎石	16
凝灰岩	21

表 7-26　不同含水层储水系数范围

介质类型	储水系数 S_s
塑性黏土	$2.6\times10^{-3}\sim20\times10^{-2}$
黏土，硬	$1.3\times10^{-3}\sim2.6\times10^{-3}$
黏土，中等硬度	$9.2\times10^{-4}\sim1.3\times10^{-3}$
碎石，致密砂质	$4.9\times10^{-5}\sim1\times10^{-4}$
裂隙，节理	$3.3\times10^{-6}\sim6.9\times10^{-5}$
砂，松散	$4.9\times10^{-4}\sim1\times10^{-3}$
砂，致密	$1.3\times10^{-4}\sim2\times10^{-4}$

$$\alpha_x = 0.83\left(\log_{10}x\right)2.414 \tag{7-23}$$

$$\alpha_y = \frac{\alpha_x}{10} \tag{7-24}$$

$$\alpha_z = \frac{\alpha_x}{10} \tag{7-25}$$

其中，α_x 为横向弥散度；α_y 为纵向弥散度；α_z 为垂向弥散度；x 为场区污染源至敏感受体水平距离。

根据图 7-47 所示的弥散度与尺度的关系可推算场地 α_x 取值在 $1\sim10$ m。具体模型设置参数值见表 7-27。

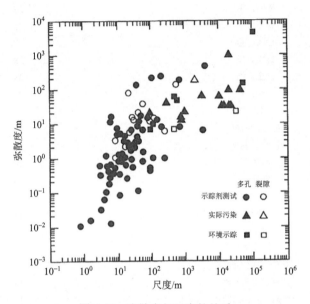

图 7-47　弥散度与尺度的关系

表 7-27　含水层参数

渗透系数/(m/d)	S_s	S_y	ρ/%	弥散度/m	容重/(g/cm³)	有机碳含量 f_{oc}/%
水平：0.2~2 垂直：0.2~0.02	0.01	0.06	30	纵向：1 横向：0.1 垂直：0.01	1.577	2.6

模拟中涉及的污染物参数主要有土壤-水分配系数(K_d)，有机污染物的 K_d 值根据经验公式[式(7-26)]计算：

$$K_d = K_{oc} \times f_{oc} \tag{7-26}$$

其中，K_{oc} 为土壤有机碳-水分配系数。13 种污染物参数如表 7-28 所示。

表 7-28　污染物参数

污染物	K_{oc}/(L/kg)	K_d/(L/kg)
氯乙烯	21.7	0.5642
氯乙烷	21.7	0.5642
1,1-二氯乙烯	31.8	0.8268
反式-1,2-二氯乙烯	39.6	1.0296

续表

污染物	K_{oc}/(L/kg)	K_d/(L/kg)
1,1-二氯乙烷	31.8	0.8268
顺式-1,2-二氯乙烯	39.6	1.0296
1,1,1-三氯乙烷	43.9	1.1414
1,2-二氯乙烷	39.6	1.0296
三氯乙烯	60.7	1.5782
1,1,2-三氯乙烷	60.7	1.5782
四氯乙烯	94.9	2.4674
1,1,2,2-四氯乙烷	94.9	2.4674
氯仿	31.8	0.8268

5. 地下水流模型构建

地下水流的数学模型由控制方程、初始条件、边界条件确定。如式(7-27)～式(7-29)所示。

控制方程：

$$\frac{\partial}{\partial x}\left(K_x \frac{\partial h}{\partial x}\right) + \frac{\partial}{\partial y}\left(K_y \frac{\partial h}{\partial y}\right) + \frac{\partial}{\partial z}\left(K_z \frac{\partial h}{\partial z}\right) + q_s = S_s \frac{\partial h}{\partial t} \tag{7-27}$$

初始条件：

$$h(x,y,z,0) = h_0(x,y,z) \tag{7-28}$$

边界条件：

$$h\big|_{\Gamma_1} = h_B \tag{7-29}$$

其中，K_x、K_y、K_z 分别为含水层横向、纵向及垂向渗透系数(m/d)；q_s 为源汇项，表示单位水平面积含水层柱体中单位时间内产生(为正值)或消耗(为负值)的水量(m/d)；S_s 为含水层储水系数；h 为含水层的终水位(m)；h_0 为含水层的初始水位(m)；t 为时间(h)；h_B 为含水层水位(m)。

本模型采用有限差分方法并利用 MODFLOW 对水流进行模拟。MODFLOW是由美国地质勘探局(United States Geological Survey，USGS)的 McDonald 与 Harbaugh 于 1984 年编写的三维有限差分地下水模拟程序包。1988 年作者采用 FORTRAN 77 重新修订之后，逐渐得到水文地质工作者的认可和广泛的应用，是国内外地下水数值模拟领域中引用频率最高的软件。

场地边界条件：在数值模拟工作中，以自然边界条件(河流、湖泊、湿地等)为最佳，但该模型模拟范围小，仅在场地东侧存在陈台子河，因缺乏河流相关数据，在该模型中，均采用人为边界(定水头边界)进行模拟。具体如下：依据实测地下水水位，做出场地等水位线，在平行于地下水流向的方向设置为零流量边界，在垂直于地下水流向上设置为定水头边界，定水头值由靠近边界的地下水位决定。

场地网格剖分：场地南北长约 135 m，东西长约 275 m。模型区域采用非均一间隔的网格进行有限差分空间离散，在西侧、南侧和北侧边界进行了网格细化。具体设计为 58 行×53 列，间距为 5 m(细化网格处间距 2.5 m)。总网格数为 3074、有效网格数为 2742、无效网格数为 334，定水头边界网格数为 392。场地数值模拟网格剖分及边界条件如图 7-48 所示。

6. 地下水流动模型校正及结果

模型校正是通过对模型的边界条件、水力参数值等在合理范围内的调整以达到模拟值与实际观测值在可接受差异范围内的一致。本模型采用 2017 年 2 月监测的水位(共 13 口监测井)作为模型校准的目标值，采用均方根误差值(root mean square error，RMSE)作为匹配程度的判断，一般认为 RMSE 在 5%～15%则误差可被接受。

根据此原则，对水流模型的定水头边界和场地渗透系数进行调整。调整后厂区大部分渗透系数值为 2 m/d，在局部地区渗透系数较小为 0.2 m/d，符合微水试验的结果。最终得到水流模型的 RMSE 为 13.2%，在可接受范围之内。此时模拟水位与观测水位对比如表 7-29 所示，其中 13 口监测井的水位观测值与模拟值绝对偏差均小于 0.4 m，且绝对偏差小于 0.1 m 的监测井占总的 46.2%。模拟的潜水含水层等水位线如图 7-49 所示。模拟结果基本与场地地下水流从西南流向东北的规律吻合。

表 7-29　模拟水位值与观测水位值对比

监测井编号	观测水位值/m	模拟水位值/m	绝对偏差
MW01-1	−0.478	−0.441	0.037
MW15	0	0.093	0.093
MW17	−0.382	−0.521	0.139
MW18-1	−0.16	−0.221	0.061
MW19-1	0.212	−0.086	0.298
MW21-1	−0.392	−0.293	0.099
MW24-1	−0.135	−0.018	0.117
MW26-1	−0.375	−0.026	0.349
MW27	−0.601	−0.436	0.165
MW34	0.325	0.334	0.009
MW36	0.805	0.468	0.337
MW38	−0.335	−0.14	0.195
MW39	0.061	0.09	0.029

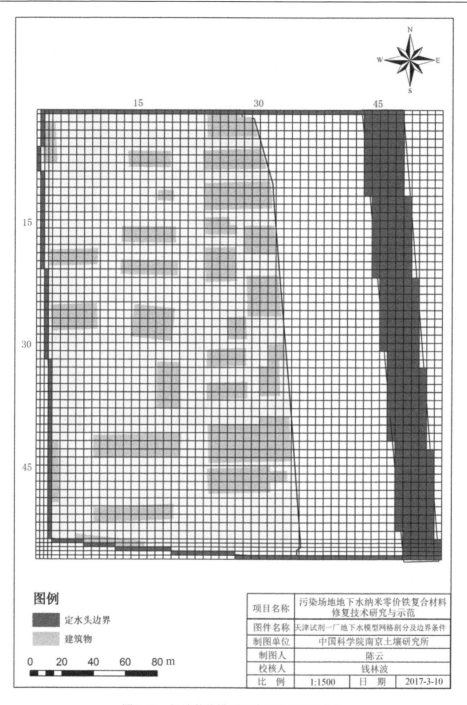

图 7-48　场地数值模型网格剖分及边界条件

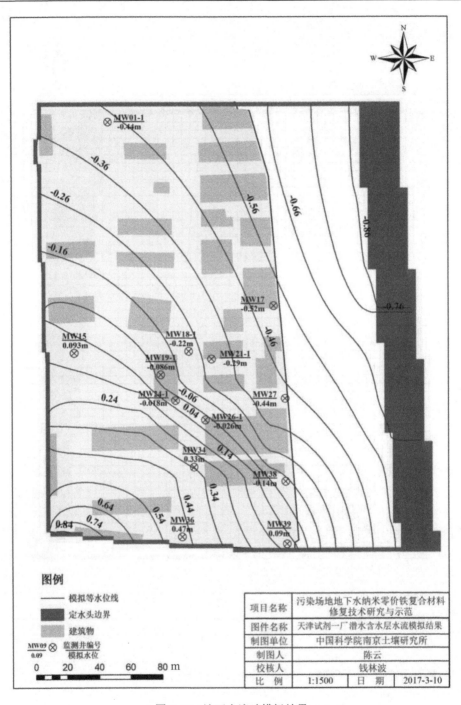

图 7-49　地下水流动模拟结果

7. 污染物迁移模型构建

含水层污染物迁移的数学模型由控制方程、初始条件、边界条件确定，如式(7-30)～式(7-32)所示。

控制方程：

$$\frac{\partial}{\partial x_i}\left(\theta D_{ij}\frac{\partial C}{\partial x_j}\right) - \frac{\partial}{\partial x_i}(\theta v_i C) + q_s C_s + \sum_k R_k = \frac{\partial}{\partial t}(\theta C) \tag{7-30}$$

初始条件：

$$C(x,y,z,0) = C_0(x,y,z) \tag{7-31}$$

边界条件：

$$C|_{\Gamma_1} = C_B; \quad -D\frac{\partial C}{\partial x}\Big|_{\Gamma_2} = f_B; \quad \left(-D\frac{\partial C}{\partial x} + vC\right)\Big|_{\Gamma_3} = g_B \tag{7-32}$$

其中，C 为溶解于水中的污染物的浓度(mg/L)；v_i 为实际渗流速度(m/d)；D_{ij} 为弥散系数分量(m²/d)；C_s 为源汇项浓度(mg/L)；θ 为有效孔隙度；R_k 为阻滞系数。

该模型采用溶质运移模型(MT3DMS)对场地关注的 13 种污染物的迁移情况进行模拟。模型中不考虑生物降解及化学反应过程。在 MT3DMS 中运用平衡控制线性吸附假设：污染物溶解于地下水中(水相)和吸附于多孔介质上(固相)。通常假定在水相和固相浓度间存在平衡状态，且吸附速度相对于地下水流速足够快，可假定吸附是瞬时的。在恒温条件下溶解态和吸附态浓度间的函数关系用吸附等温线表示。

考虑场地已经搬迁，在含水层上部没有持续的污染源存在，因此模型中采用 2017 年 2 月所确定的污染物污染羽作为初始条件预测污染物迁移的时空分布规律。

13 种关注污染物在 5 年、10 年后的浓度分布见图 7-50～图 7-75。

8. 模型结论

该模型以前期调查的地层结构、水文地质资料及污染物浓度数据为基础，建立了水文地质概念模型，确定了流场边界与污染物浓度起始条件，并使用 MODFLOW 和 MT3DMS 构建了潜水含水层地下水流动与溶质迁移模型。模型预测了场地关注的 13 种氯代烃污染物在未来 5 年和 10 年的迁移与时空分布规律。根据模型可得出以下结论。

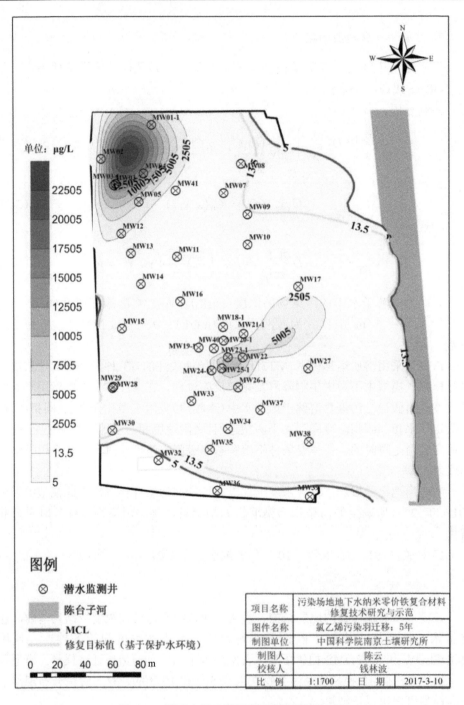

图 7-50　地下水氯乙烯污染羽预测浓度(5 年)

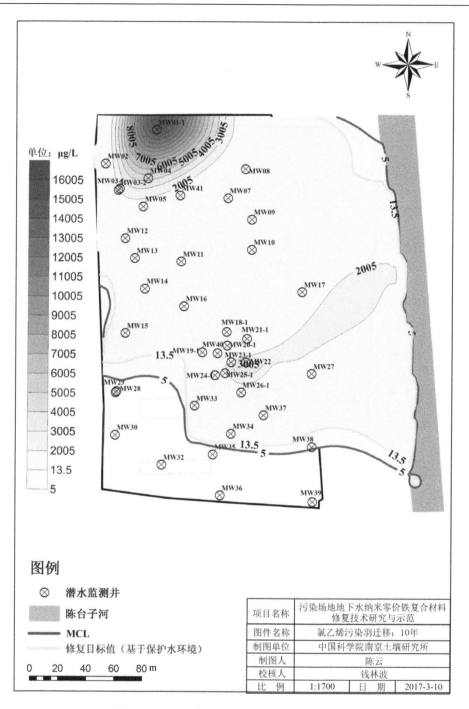

图 7-51　地下水氯乙烯污染羽预测浓度(10 年)

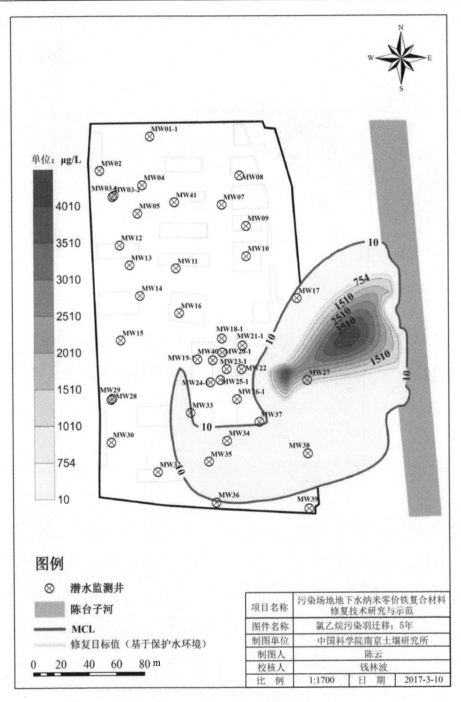

图 7-52　地下水氯乙烷污染羽预测浓度(5 年)

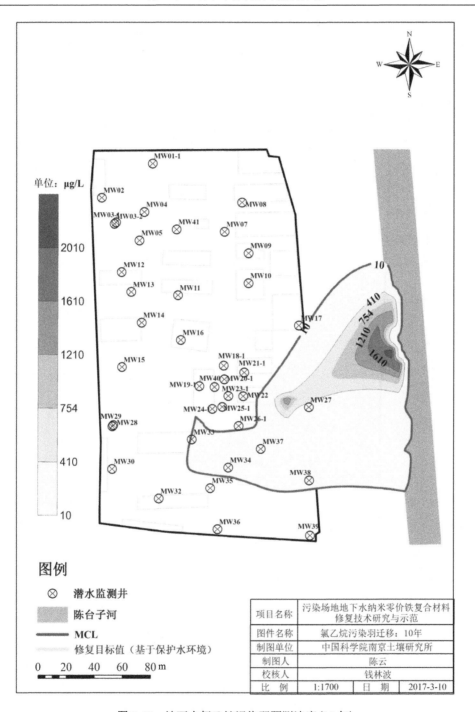

图 7-53　地下水氯乙烷污染羽预测浓度(10 年)

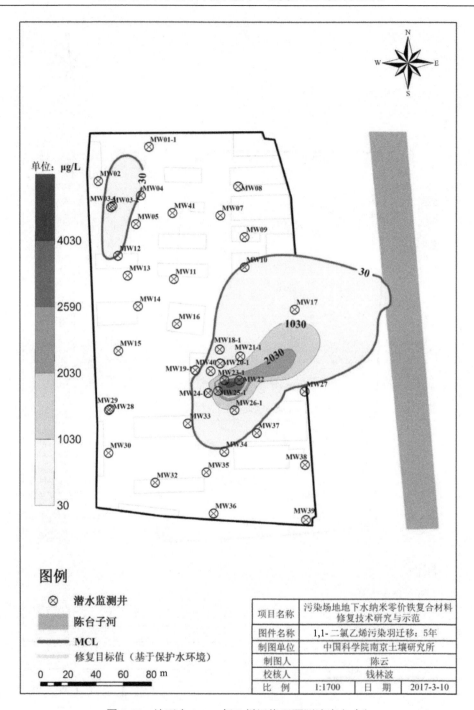

图 7-54　地下水 1,1-二氯乙烯污染羽预测浓度(5 年)

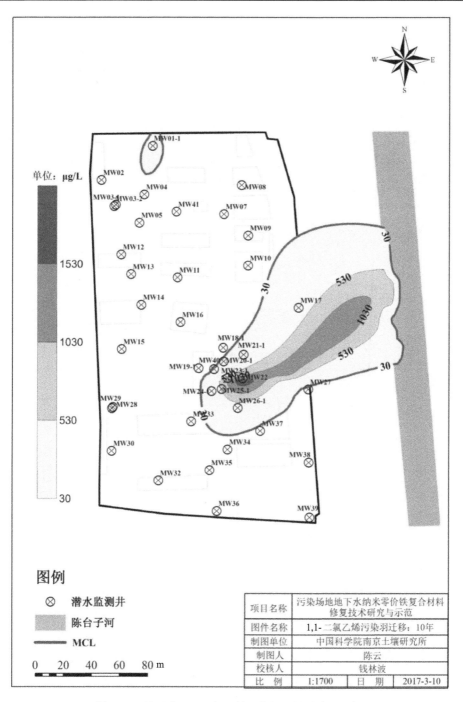

图 7-55 　 地下水 1,1-二氯乙烯污染羽预测浓度(10 年)

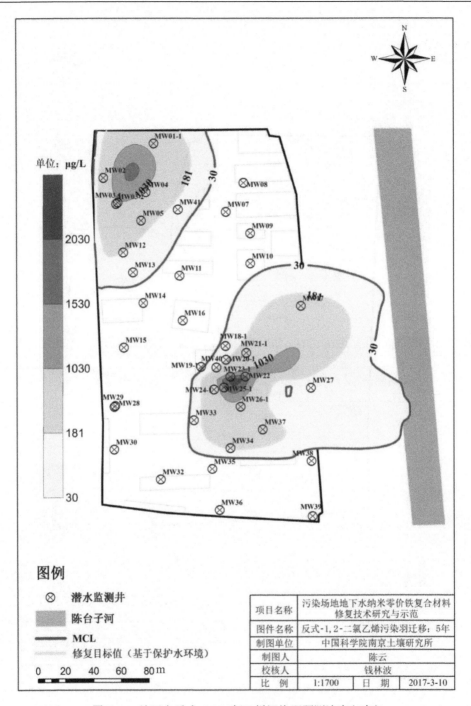

图 7-56　地下水反式-1,2-二氯乙烯污染羽预测浓度(5 年)

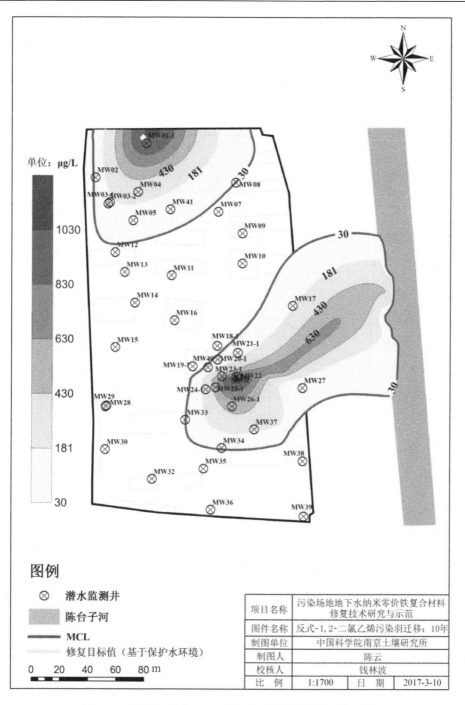

图 7-57　地下水反式-1,2-二氯乙烯污染羽预测浓度(10 年)

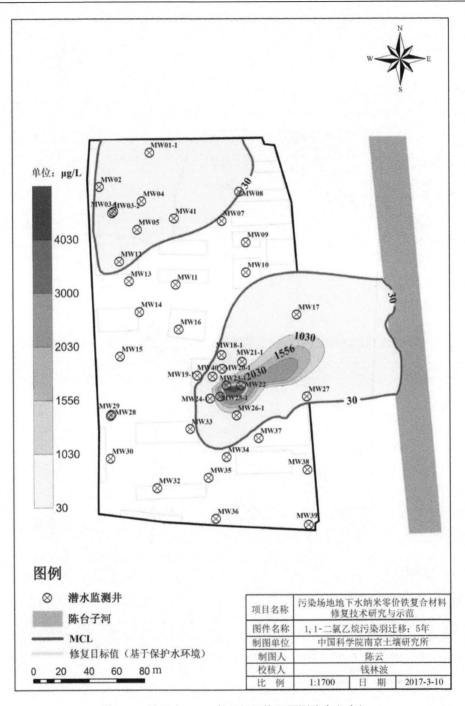

图 7-58　地下水 1,1-二氯乙烷污染羽预测浓度(5 年)

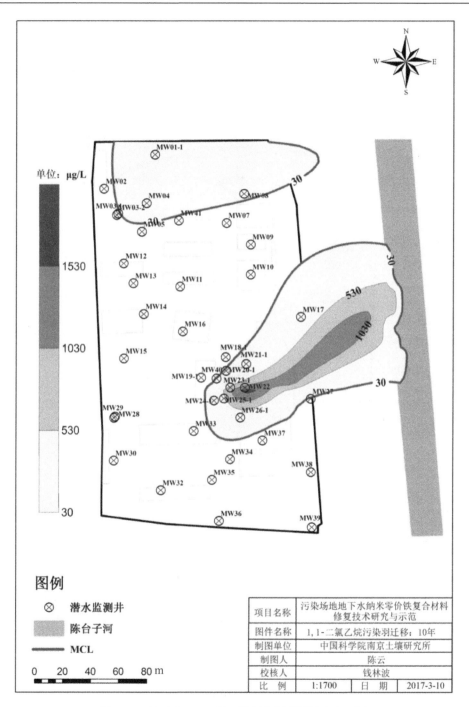

图 7-59　地下水 1,1-二氯乙烷污染羽预测浓度(10 年)

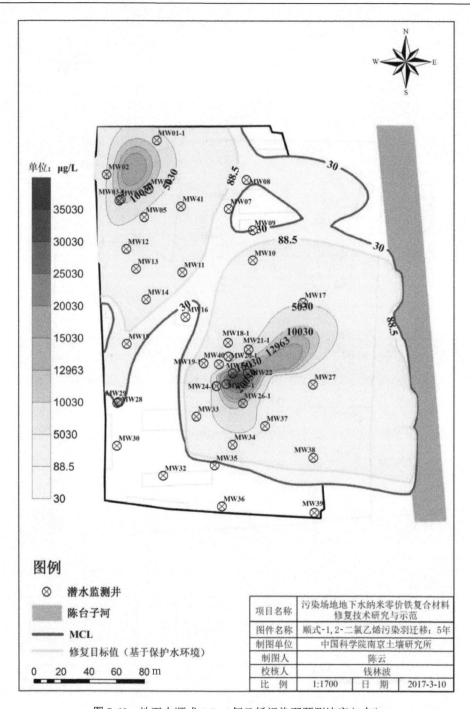

图 7-60　地下水顺式-1,2-二氯乙烯污染羽预测浓度(5 年)

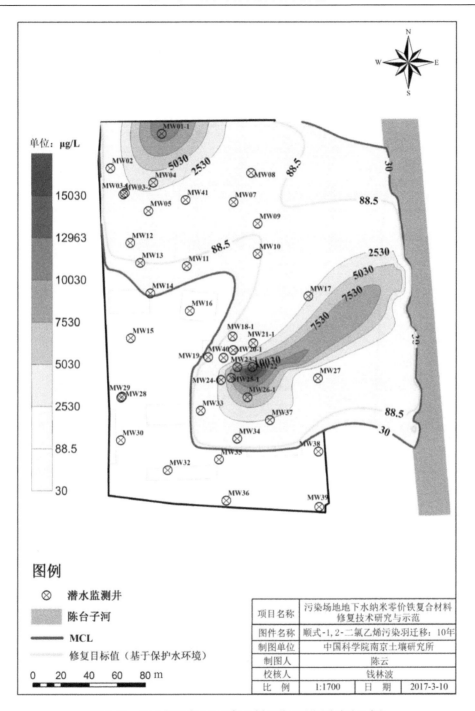

图 7-61　地下水顺式-1,2-二氯乙烯污染羽预测浓度(10 年)

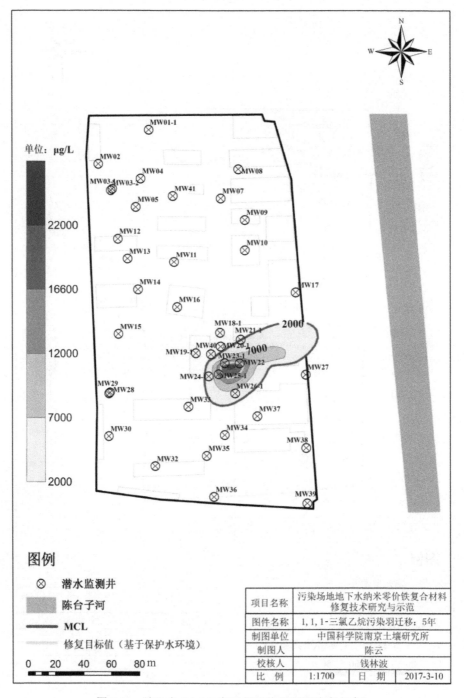

图 7-62　地下水 1,1,1-三氯乙烷污染羽预测浓度(5 年)

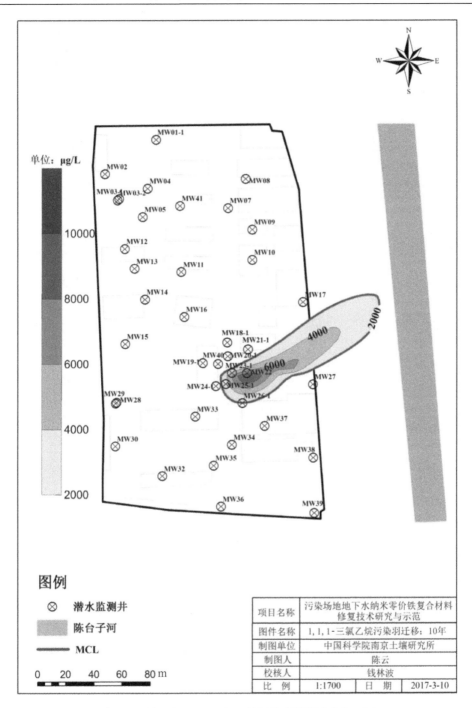

图 7-63　地下水 1,1,1-三氯乙烷污染羽预测浓度(10 年)

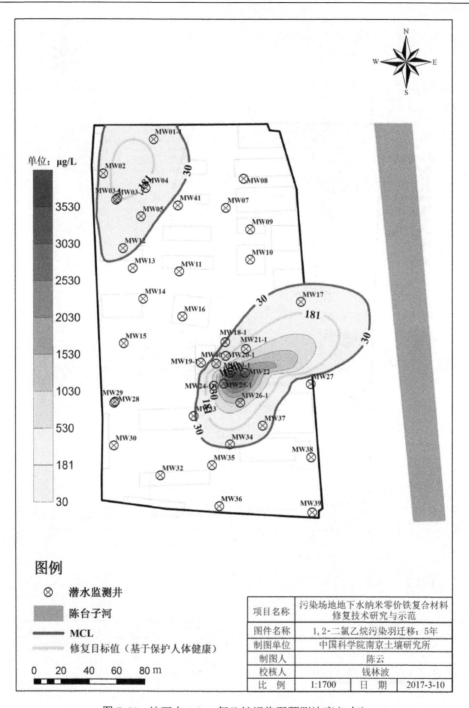

图 7-64　地下水 1,2-二氯乙烷污染羽预测浓度(5 年)

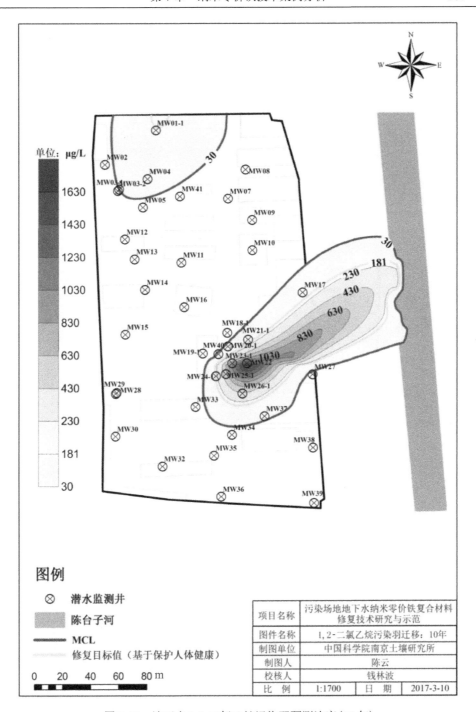

图 7-65　地下水 1,2-二氯乙烷污染羽预测浓度(10 年)

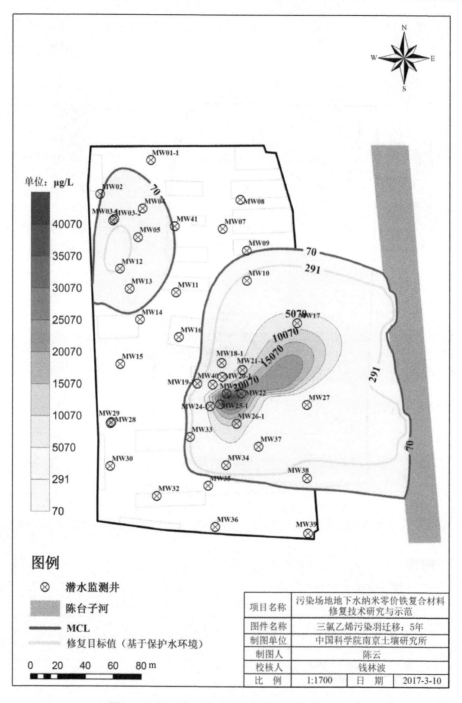

图 7-66 地下水三氯乙烯污染羽预测浓度(5 年)

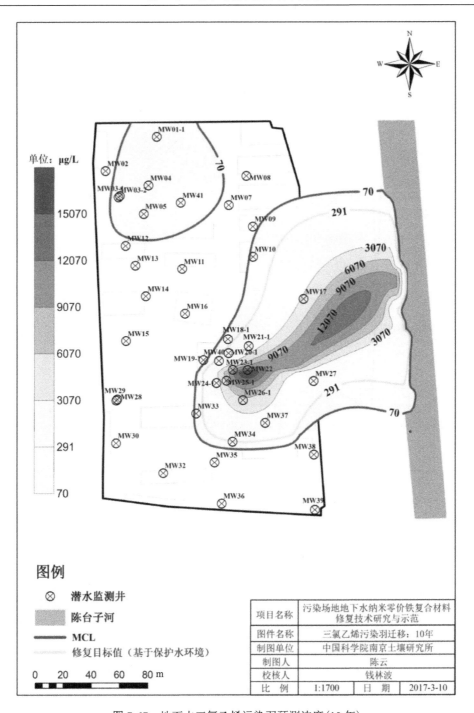

图 7-67　地下水三氯乙烯污染羽预测浓度(10 年)

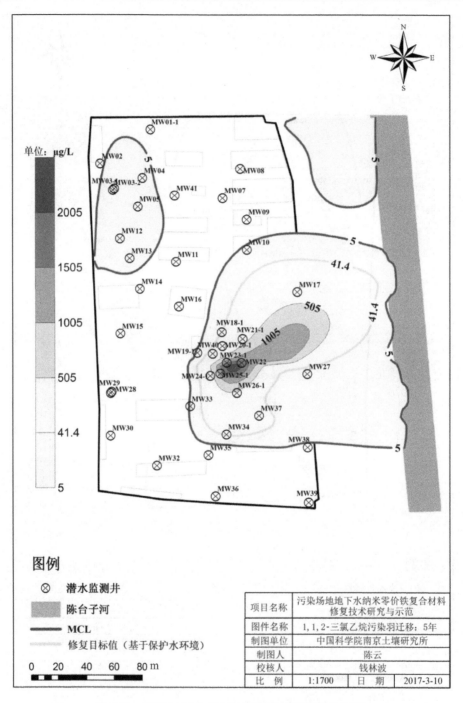

图 7-68　地下水 1,1,2-三氯乙烷污染羽预测浓度(5 年)

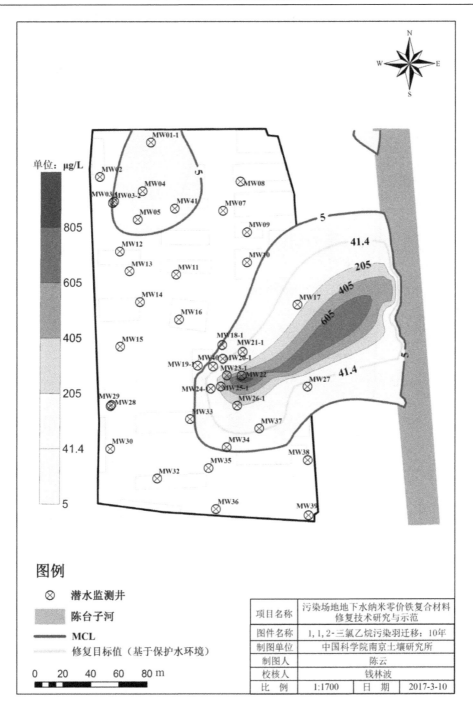

图 7-69 地下水 1,1,2-三氯乙烷污染羽预测浓度(10 年)

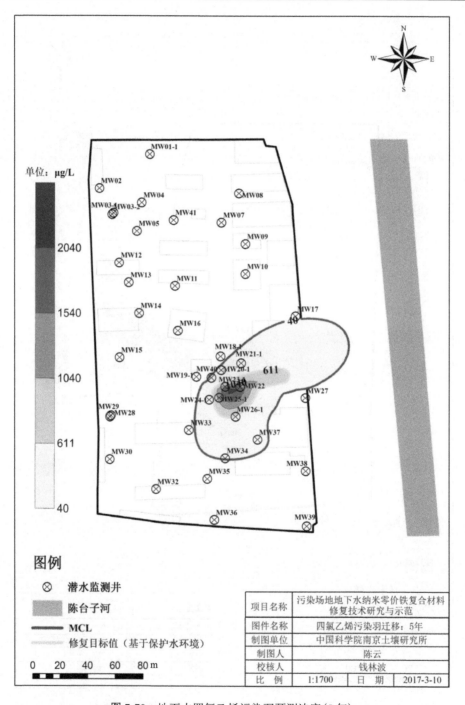

图 7-70 地下水四氯乙烯污染羽预测浓度(5 年)

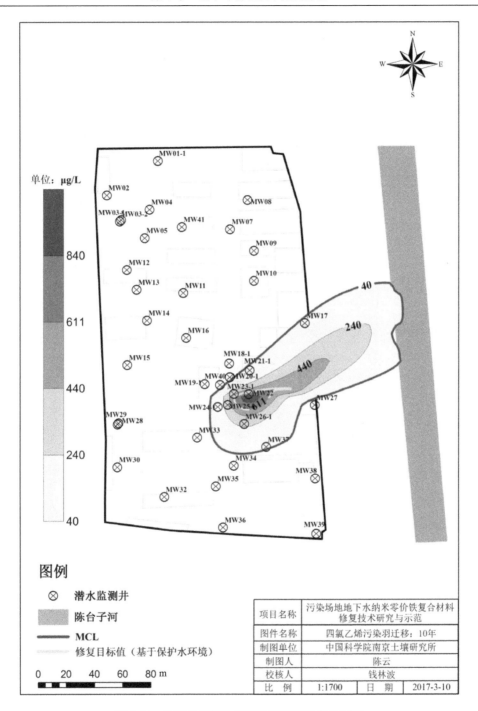

图 7-71　地下水四氯乙烯污染羽预测浓度(10 年)

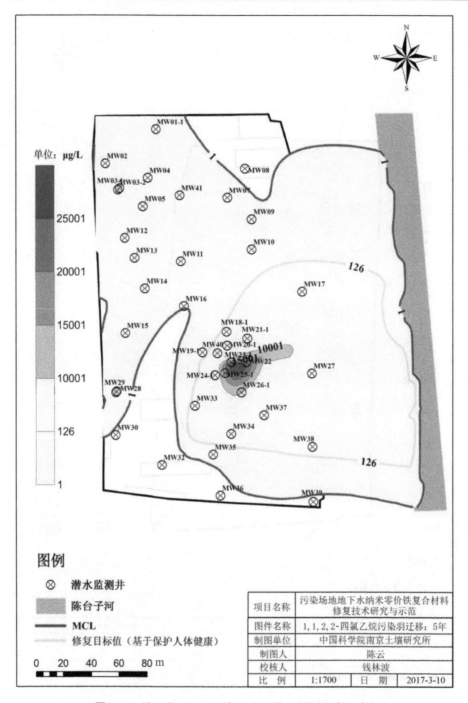

图 7-72　地下水 1,1,2,2-四氯乙烷污染羽预测浓度(5 年)

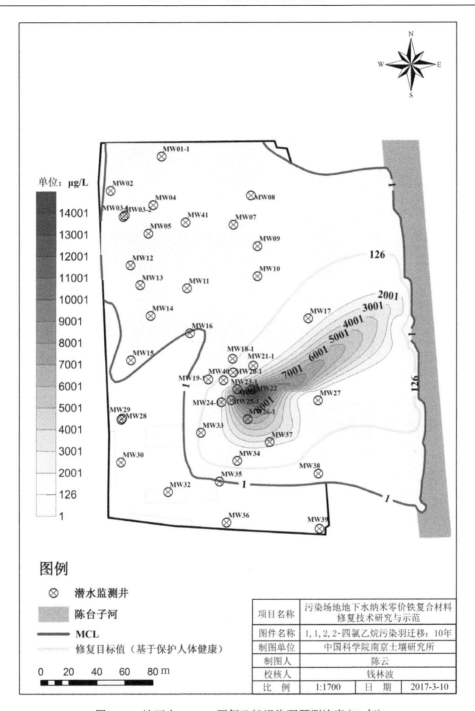

图 7-73　地下水 1,1,2,2-四氯乙烷污染羽预测浓度（10 年）

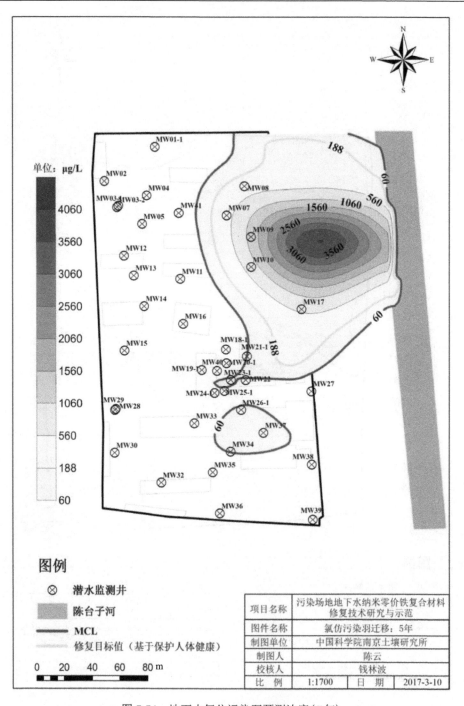

图 7-74　地下水氯仿污染羽预测浓度(5 年)

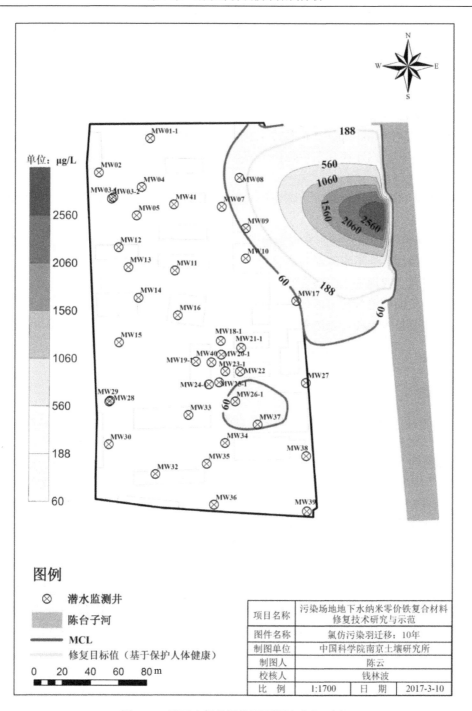

图 7-75　地下水氯仿污染羽预测浓度(10 年)

(1) 5 年后已迁移到东边陈台子河且浓度超过水体最大浓度限值的污染物有氯乙烯(580 μg/L)、氯乙烷(510 μg/L)、三氯乙烯(438 μg/L)、1,1,2,2-四氯乙烷(126 μg/L)、氯仿(560 μg/L)；

(2) 5 年后已迁移到东边陈台子河且浓度未超过水体最大浓度限值的污染物有 1,1-二氯乙烯(30 μg/L)、反式-1,2-二氯乙烯(30 μg/L)、1,1-二氯乙烷(30 μg/L)、1,1,2-三氯乙烷 5 年(5 μg/L)、顺式-1,2-二氯乙烯(30 μg/L)；

(3) 10 年后已迁移到东边陈台子河且浓度超过水体最大浓度限值的污染物为 1,2-二氯乙烷(181 μg/L)；

(4) 10 年后已迁移到东边陈台子河但浓度未超过水体最大浓度限值的污染物为四氯乙烯(40 μg/L)；

(5) 10 年后还未迁移到东边陈台子河的污染物为 1,1,1-三氯乙烷。

综上所述，地下水流动与溶质迁移模拟结果表明场地地下水氯代烃污染有危害东边陈台子河地表水生态环境的可能性，因场地已有近 50 年的生产历史，对陈台子河的负面环境效应可能已经发生，应尽早采取地下水污染风险管控措施及实施原位修复技术工程，以改善地表水生态环境质量。

7.1.11　地下水修复技术筛选与评估

1. 概述

2016 年 5 月 31 日国务院颁布了《土壤污染防治行动计划》，形成了以预防为主、保护优先、风险管控、原位修复的解决土壤污染安全问题的基本思路。而目前我国污染场地环境管理与修复行业还存在若干问题：基于风险的污染场地环境管理框架体系还有待健全；不够重视场地调查与风险评估工作，修复方案的制定与评估结论严重脱节；修复工程针对性差，过度修复问题严重；修复工程经验缺乏、技术单一，95%以上的修复工程采用填埋、焚烧等粗放的异位修复技术。因此，建立基于风险的可持续性修复框架体系及场地土壤和地下水原位修复技术、材料及装备的研发与示范尤为重要。

建立基于风险的修复目标是评价修复工程的可持续性和选择修复技术的重要依据。地下水污染原位修复技术以其修复彻底、处理污染物种类多、时间相对短、成本相对低廉等优势在地下水污染修复领域崭露头角，得到了广泛的应用。当前，结合污染场地实际情况，综合利用每项地下水原位修复技术各自的特点和优势，多种技术协同是最为有效可行的地下水污染修复手段，具有广阔的发展前景。

2. 地下水修复技术综述

场地地下水污染修复技术的合理选择是场地污染治理成败的关键因素之一，

通过《美国超级基金修复报告(第十四版)》可知，抽出-处理(pump and treat)技术一直以来都是污染地下水修复的主流技术，在 1986~2011 年，每年地下水修复项目中，应用抽出-处理技术的项目比例均不低于 20%，某些年份应用比例超过90%(图 7-76)。

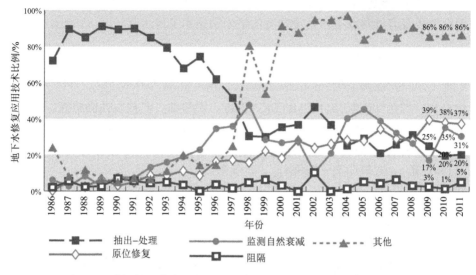

图 7-76　美国超级基金项目地下水修复技术应用趋势(1986~2011 年)

由图 7-76 可知，抽出-处理技术在美国自 1989 年到达顶峰后(超过 90%)，应用比例开始逐步下降(至 2010 年下降至 20%)。抽出-处理技术应用比例下降的原因如下：①抽出-处理技术存在反弹及拖尾效应(对存在 NAPL 及残渣态污染物的区域尤其明显)，导致修复后期污染物超标需要再次修复，致使修复周期及成本上升；②上游地下水补给量大，抽出地下水量大，导致成本高；③其他更具竞争力的原位修复技术如自然衰减监测等技术的发展。其中最核心的原因是美国开始从污染物总量控制走向风险管控的理念，应用风险评估技术原理制定有科学依据的修复目标，不再使用严格的地下水饮用标准。

国际上原位地下水修复技术在近二十年来发展迅速，从 30 多年前成本高昂的抽出-处理技术到近期出现治理污染源区的纳米铁(nZVI)技术，涌现出一大批较为成熟的联合化学与微生物修复技术，其中潜力较大的有治理污染羽的渗透反应墙(PRB-ZVI)、原位化学氧化(ISCO)、原位化学还原(ISCR)、微生物强化降解(enhanced bioremediation)和基于监测的自然衰减(monitored natural attenuation)等。这些修复技术与传统的抽出-处理、双相抽提(dual phase extraction, DPE)、曝气(air sparging)等相结合形成了场地地下水复合污染物联合修复的新局面。这些较为成熟的修复技术主要是针对苯、甲苯、乙苯、二甲苯(含 LNAPL)、三氯乙烯、四氯乙烯(PCE)及其自由相等典型关注污染物，值得我国借鉴。

2003 年以来，USEPA 应用 nZVI 技术已对 40 多个受 TCE-DNAPL 污染的场地地下水进行了现场试验，其污染物在短期内去除率达到 98%以上，近年来随着纳米铁售价越来越低，纳米铁技术现已成为地下水修复的新热点。欧盟通过第七框架并于 2013 年启动了 1400 万欧元的 NANOREM 土壤与地下水修复技术项目。我国至今还没有针对地下水污染修复的纳米铁技术工程示范。

3. 自然衰减监测技术

地下水自然衰减监测(monitored natural attenuation，MNA)技术(图 7-77)适用的污染物类型包括碳氢化合物(BTEX、汽油、燃料油、非挥发性脂肪族、甲基叔丁基醚)、氯代脂肪烃(四氯乙烯、三氯乙烯、四氯化碳、三氯乙烷、亚甲基氯、一氯乙烯、二氯乙烯)、氯代芳香烃、硝基芳香烃、重金属类(铅、铬、汞)、非金属类(砷、硒)、含氧阴离子(硝酸盐、过氯酸)等。

图 7-77　MNA 技术(地下水采样)

1)技术原理

MNA 技术是实施有计划监控策略的自然衰减技术，是依据场地自然发生的物理、化学及生物作用，包含生物降解、扩散、吸附、稀释、挥发、放射性衰减，以及化学性或生物性稳定等，而使得土壤或地下水中污染物的数量、毒性、移动性降低到基于风险的修复目标。

该技术的实施由监测井网系统、监测计划、自然衰减监测性能评估和应急备用方案四部分组成。

(1)监测井网系统。能够确定地下水中污染物在纵向和垂向的分布范围，确定污染羽是否呈现稳定、缩小或扩大状态，确定自然衰减速率是否是常数，对于敏感的受体所造成的影响是否有预警作用。监测井设置密度(位置与数量)需根据场地地质条件、水文条件、污染羽范围、污染羽在空间与时间上的分布而定，且能够满足统计分析上可信度要求所需要的数量。建立监测井网系统所需设备包括建井钻机、水井井管等。

(2) 监测计划。主要监测分析项目需集中在污染物及其降解产物上。在监测初期，所有监测区域均需要分析污染物、污染物的降解产物及完整的地球化学参数，以充分了解整个场地的水文地质特性与污染分布。在后续监测过程中，则可以依据不同的监测区域与目的，做适当的调整。地下水监测频率在开始的前两年至少每季度监测一次，以确认污染物随着季节性变化的情形，但有些场地可能需要更长的监测时间(>2 年)以建立起长期性的变化趋势；对于地下水文条件变化差异性大或是易随着季节有明显变化的地区，则需要更密集的监测频率，以掌握长期性变化趋势；而在监测两年之后，监测的频率可以依据污染物移动时间以及场地其他特性做适当的调整。主要包括取样设备和监测设备等。

(3) 自然衰减监测性能评估。评估监测分析数据结果，判定 MNA 程序是否如预期方向进行，并评估 MNA 对污染改善的成效。自然衰减监测性能评估依据主要来源于监测过程中所得到的检测分析结果。自然衰减监测性能评价主要根据监测数据与前一次(或历史资料)的分析结果做比对。主要包括：①自然衰减是否如预期地正在发生；②是否能监测到任何降低自然衰减效果的环境状况改变，包括水文地质、地球化学、微生物族群或其他的改变；③能判定潜在或具有毒性或移动性的降解产物；④能够证实污染羽正持续衰减；⑤能证实对于下游潜在受体不会有无法接受的影响；⑥能够监测出新的污染物释放到环境中，且可能会影响到 MNA 技术修复的效果；⑦能够证实可以达到修复目标。

(4) 应急备用方案。应急备用方案是在 MNA 技术无法达到预期目标或是当场地内污染有恶化情形，污染羽有持续扩散的趋势时，采用其他地下水污染修复工程，而不是仅以原有的自然衰减机制来进行场地的修复工作。当地下水中出现下列情况时，需启动应急备案：①地下水中污染物浓度大幅度增加或监测井中出现新的污染物；②污染源附近采样结果显示污染物浓度有大幅增加情形，表示可能有新的污染源释放出来；③在原来污染羽边界以外的监测井发现污染物；④影响到下游地区潜在的受体；⑤污染物浓度下降速率不足以达到修复目标；⑥地球化学参数的浓度改变，以致生物降解能力下降；⑦土地或地下水使用方式改变，造成污染暴露途径。

2) 实施流程

MNA 技术实施时工艺流程如图 7-78 所示。

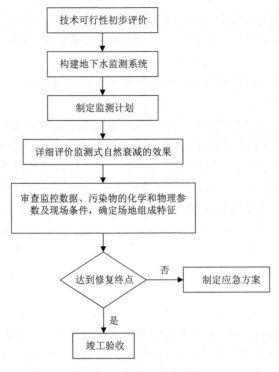

图 7-78　MNA 技术工艺流程

监控过程中，在合理时间框架下，若发现 MNA 无效时，需要执行应急方案。

4. 原位生物化学还原技术

1) 技术原理

原位生物化学还原技术综合利用强还原性矿物质的非生物化学还原作用和厌氧生物还原作用，脱去有机氯代溶剂的氯元素，将氯代有机溶剂分解为低毒或无毒的物质，实现对氯代有机物污染地下水的修复。

该技术设施主要由药剂制备/储存系统、药剂注入井(孔)、药剂注入系统(注入和搅拌)、监测系统等组成。其中，药剂注入系统包括药剂储存罐、药剂注入泵、药剂混合设备、药剂流量计、压力表等；药剂通过注入井注入污染区，注入井的数量和深度根据污染区的大小和污染程度进行设计；在注入井的周边及污染区的外围还应设计监测井，对污染区的污染物及药剂的分布和运移进行修复过程中及修复后的效果监测。可以通过设置抽水井，促进地下水循环以增强混合，有助于快速处理污染范围较大的区域。

实施过程采用高压旋喷工艺注入生物化学还原药剂，修复原位残留的氯代溶剂类污染物达到修复目标，高压旋喷工艺实施示意图如图 7-79 所示。

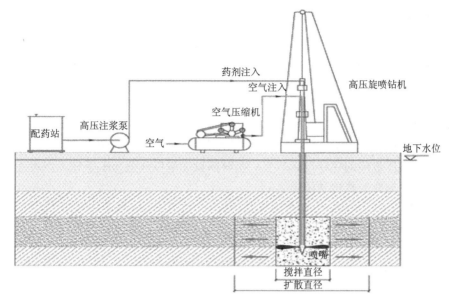

图 7-79　高压旋喷工艺实施示意图

2)生物和化学还原药剂

生物和化学还原药剂活性成分包括缓释碳、其他碳源(糖渣、乳化植物油)、零价铁等。缓释碳可以通过发酵作用释放溶解性有机碳(DOC),通过提供碳源和营养物质来刺激土著微生物的降解反应;其中,药剂中的活性零价铁可以急剧降低含水层中的氧化还原电位,实现还原脱氯。该技术同时利用微生物来降解地下水污染物,相对于仅仅使用碳源,该技术能更好地平衡含水层的酸碱度,使含水层保持自然酸碱性环境,同时该技术能耗较低。

3)影响因素

影响原位生物化学还原技术修复效果的关键技术参数包括:药剂投加量、污染物类型和质量、含水层均一性、含水层渗透性、地下水水位、pH 和缓冲容量、地下基础设施等。

(1)药剂投加量:药剂的投加量由污染物药剂消耗量、含水层药剂消耗量等因素决定。原位生物化学还原技术可能会在地下产生热量,导致地下水中的污染物挥发到地表,因此需要控制药剂注入的速率,避免发生过热现象。

(2)污染物类型和质量:不同药剂适用的污染物类型不同。如果存在非水相液体,由于溶液中的还原剂只能和溶解相中的污染物反应,因此反应会限制在还原剂溶液/非水相液体界面处。如果 DNAPL 层过厚,建议利用其他技术进行清除。

(3)含水层均一性:非均质含水层中易形成快速通道,使注入的药剂难以接触到全部处理区域,因此均质含水层更有利于药剂的均匀分布。

(4)含水层渗透性：高渗透性含水层有利于药剂的均匀分布，更适合使用原位生物化学还原技术。由于药剂难以穿透低渗透性含水层，在处理完成后可能会释放污染物，污染物浓度反弹，因此可采用长效药剂来减轻这种反弹。

(5)地下水水位：该技术通常需要一定的压力以进行药剂注入，若地下水位过低，则系统很难达到所需的压力。但当地面有封盖时，即使地下水位较低也可以进行药剂投加。

(6)pH 和缓冲容量：pH 和缓冲容量会影响药剂的活性，药剂在适宜的 pH 条件下才能发挥最佳的化学反应效果。有时需投加酸以改变 pH 条件，但可能会导致地下水中原有的重金属溶出。

(7)地下基础设施：若存在地下基础设施(如电缆、管道等)，则需谨慎使用该技术。

4)实施流程

原位生物化学还原(高压旋喷)工艺流程如图 7-80 所示。

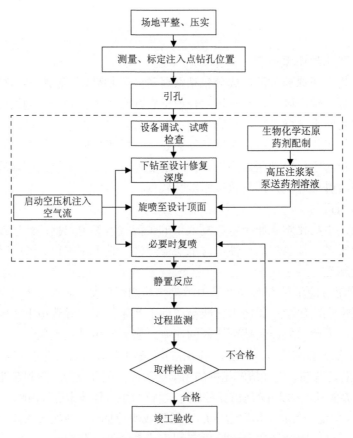

图 7-80　原位生物化学还原(高压旋喷)工艺流程

5. 多相抽提技术

多相抽提(MPE)技术通过真空提取手段,抽取地下污染区域的气态、水溶态及非水溶性液态污染物到地面进行多相分离及处理,以控制和修复地下水中的有机污染物。适用于易挥发、易流动的 NAPL(如汽油、柴油、焦油、有机溶剂等)。不宜用于渗透性差或者地下水水位变动较大的场地。

1)技术原理

双相抽提设备是双相抽提系统的核心部分,其作用是同时抽取污染区域的气体和液体(包括土壤气体、地下水和 NAPL),把气态、水溶态及非水溶性液态污染物从地下抽吸到地面上的处理系统中。抽出的污染物处理经过多相分离后,含有污染物的流体被分为气相、液相和有机相等形态,再结合常规的环境工程处理方法进行相应的处理处置。

MPE 技术通常包含两种模式,一种为双相抽提(DPE),另一种为多相抽提(TPE)。DPE 系统中一般设有两套分离的抽提井,在抽提井中可以放置电子或风力抽水泵,用于抽提受污染的地下水或者自由相污染物(如 DNAPL)。碳氢污染物蒸气通过真空抽提出来,随后地下水再次被泵入处理系统(通常含有空气分离塔或者活性炭单元)。蒸气相被活性炭吸附或者直接排放到大气中,取决于排放气体中污染物的浓度及排放速率。通常 DPE 被用于承压层含水层的修复。

TPE 使用一个高真空泵(如 5~25 ft 汞柱真空),用于同时抽提地下水和土壤气体。建造抽提井可以保证高真空泵能同时抽提地下水和土壤气体。与 DPE 系统不同,地下水和蒸气同时在一个管道中被抽提出来,而不是两个管道。抽提出的地下水和蒸气被同时引入地表,并经过气体、水分离器,地下水接着被泵入处理系统(通常含有气体分离塔或者活性炭单元)。蒸气相被活性炭吸附或者被直接排放到大气中,取决于排放气体中污染物的浓度和排放速率。通常 TPE 被用于非承压层含水层的修复。

2)实施流程

双相抽提设备是 DPE 系统的核心部分,其作用是同时抽取污染区域的气体和液体(包括土壤气体、地下水和 NAPL),把气态、水溶态及非水溶性液态污染物从地下抽到地面上的处理系统中。多相抽提设备可以分为单泵系统和双泵系统。其中单泵系统仅由真空设备提供抽提动力,双泵系统则由真空设备和水泵共同提供抽提动力。

多相分离指对抽出物进行的气-液及液-液分离过程。分离后的气体进入气体处理单元,液体通过其他方法进行处理。油水分离可利用重力沉降原理除去浮油层,分离出含油量低的水。

污染物处理是指经过多相分离后,含有污染物的流体被分为气相、液相和有机相等形态，结合常规的环境工程处理方法进行相应的处理处置。气相中污染物的处理方法目前主要有热氧化法、催化氧化法、吸附法、浓缩法、生物过滤及膜法过滤等。污水中的污染物处理目前主要采用膜法(反渗透和超滤)、生化法(活性污泥)和物化法等技术，并根据相应的排放标准选择配套的水处理设备。

3)技术应用情况

DPE 技术在国外已被广泛应用，技术相对比较成熟，同时，美国陆军工程部等机构已制定并发布了本技术的工程设计手册(表 7-30)。国内对 DPE 技术处理污染地下水的工程应用起步较晚，仅有少数中试研究，尚无大规模的工程应用示范和自主研发的 DPE 设备。

表 7-30　多相抽提技术应用案例

场地名称	处理前污染物浓度	处理后污染物浓度	处理范围	处理深度/ft
美国印第安纳州某加油站	苯：21 mg/kg	未检出	169760 ft^3	10～20
捷克某空军基地	PCE：0.4 ng/kg	PCE：0.1 mg/kg	22030 lb	26
美国加利福尼亚州某工业场地	TCE：7～20 mg/kg	TCE：0.46～0.88 mg/kg	4500 ft^3	3.5～13
美国俄克拉荷马州某军事基地	燃油：8.6 gal/d	燃油：1.2 gal/d	5000000 ft^3	25～31

注：1 ft^3=0.0283 m^3。

6. 曝气技术

地下水原位空气注射法(*in situ* air sparging for groundwater，简称 AS)，适用于污染地下水及含水层土壤，针对各类燃料，如汽油、柴油、发动机燃油等，油类与油脂类、BTEX(苯、甲苯、乙苯、二甲苯)、氯化溶剂(PCE、TCE、DCE)等挥发性有机污染物。

该技术应用限制条件有以下几点：

(1)亨利常数值较低或难挥发的污染物；

(2)渗透性较差的含水层；

(3)含水层中存在大量的非水相液体；

(4)附近有地下构筑物的场地；

(5)承压含水层。

1)技术原理

利用垂直或水平井，通过直接注入方式，将空气注射到饱和带土壤和地下水中，通过吹脱、挥发、解吸等作用将污染物从液相转移至气相，空气上升进入非饱和带，通过非饱和带微生物降解去除污染物，或通过地面尾气收集处理设施抽出处理(一般 AS 技术多与多相抽提技术联用)；在环境条件允许情况下，也可直接排入大气环境中。同时，饱和带和非饱和带的含氧量也得到增加，增强了土著微生物降解作用。

AS 系统主要由供气系统、空气注入井及监测系统组成。供气系统包括地下供气系统和地上供气系统；空气注入井系统包括空气注入井及位于注入井内的膨胀型气体阻隔器，以确保在空气注入井内实现快速、单向注气；监测系统具体包括地下水监测井和土壤气监测井及其他监测设备。AS 系统组成如图 7-81 所示。

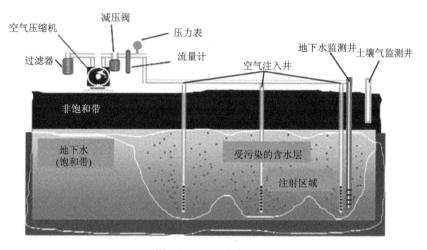

图 7-81　AS 系统组成

供气系统(包括地下供气系统和地上供气系统,地下供气系统包括位于空气注入井内的注气钢管和膨胀型气体阻隔器,地上供气系统包括与注气钢管连接的注气管路，以及与膨胀型气体阻隔器的充气接口连接的充气管路，而注气管路又包括空气压缩机、过滤器、减压阀、压力表和流量计)、空气注入井系统(包括空气注入井井管和填充层)以及监测系统(包括地下水监测井、土壤气监测井及现场监测设备，现场监测设备主要包括地下水溶解氧仪、地下水水位计、土壤监测探头、氧气检测仪、光离子气体检测仪等)。

2)关键技术参数

影响 AS 技术修复效果的关键技术参数包括：污染物性质、目标区水文地质条件、注气方式、注气深度、注气压力与流量。

(1)污染物性质：污染物的饱和蒸汽压>66.7 Pa 且亨利常数>1.01×10^{7} Pa·m³/mol 的污染物可以通过 AS 技术去除。

(2)目标区水文地质条件：含水层非均匀性和各向异性、含水层类型及粒径分布、温度、地下水埋深等。

(3)注气方式:注气方式分为连续注气和脉冲注气,可根据工程条件进行组合。

(4)注气深度：当污染羽位于含水层上部时，筛管宜位于污染羽以下 0.3～1.5 m；当污染物充满整个含水层时，筛管须位于含水层底部。

(5)注气压力与流量：一般来说，注气压力越大，所形成的空气通道就越密，空气注射影响半径就越大。空气流量大小直接影响土壤中水和空气的饱和度，改变气-液传质界面面积，影响气-液两相间的传质，从而影响地下水中污染物的去除；另外，空气流量大小决定了可向地下水提供的氧气含量，从而影响有机物的有氧生物降解过程。

3)实施流程

(1)通过场地调查和现场钻孔取样分析，获取场地水文地质参数与污染情况，初步判定技术应用的可行性。

(2)在选定区域中，采用直接钻孔方式布设空气注入井、地下水监测井、土壤气监测井，空气注入井至少设有 1 个、地下水监测井至少设有 2 个、土壤气监测井至少设有 5 个。

(3)安装注气系统，并对空气压缩机和膨胀型气体阻隔器的运行进行测试。

(4)进行地下水溶解氧本底测试、土壤气本底测试、注气压力与流量测试、地下水压力响应测试、地下水溶解氧测试、氦气示踪测试、土壤气测试；通过注气压力与流量测试，获得最佳注气压力、注气流量；通过地下水压力响应测试、地下水溶解氧测试、氦气示踪测试、土壤气测试共 4 个测试，获得各个测试的空气注射影响半径，最终空气注射影响半径范围在测试结果的最小值与最大值之间。

(5)根据测试获得的影响半径与注气工况，进行空气注入井布置与空气压缩机的布设，并设置地下水监测井与土壤气监测井。

(6)修复实施，在空气注射前通过小型空气压缩机对膨胀型气体阻隔器进行充气，阻隔井下液体，再开启空气压缩机向地下水饱和区输送压缩空气进行注气修复；同时，对注气工况、地下水和土壤气中污染物浓度进行监测和评估，当污染物浓度达到规定的修复目标值后，结束修复；修复结束后先关闭空气压缩机，再关闭小型空压机，将膨胀型气体阻隔器回收至地面。

7. 原位热处理技术介绍

1)技术原理

原位热处理技术(图 7-82)通过对污染区域加热，使温度达到预定温度，增加蒸气压，加速污染物向气相的挥发，从而降低土壤和地下水中污染物浓度，进入气相的污染物，通过气相抽提的方式收集处理，达标后排放。原位热处理技术也可以通过降低液态污染物的黏度，增加污染物流动性或者增加污染物在地下水中的溶解度，通过地下水抽提井将气相污染物抽出后进行处置，实现污染区域的修复。原位热处理技术主要适用于土壤和地下水中挥发性、半挥发性有机污染物及挥发性的无机物如 Hg 等。

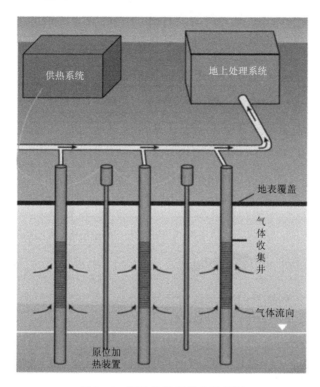

图 7-82 原位热处理技术示意图

2）实施流程

原位热处理技术工艺流程如图 7-83 所示。

3）技术应用情况

原位热处理技术在国外始于 20 世纪 70 年代，广泛应用于工程实践，技术较为成熟。在 1982～2004 年，约有 70 个美国超级基金项目采用原位热处理技术作为主要的修复技术（表 7-31）。我国对原位热处理技术的应用处于起步阶段，仅有少量应用案例。

原位热处理技术在处理包括挥发性有机物（VOCs），半挥发性有机物（SVOCs），高沸点和氯代有机物如多氯联苯（PCBs）、二噁英等有机污染物时是有效的，它可用于处理土壤、泥浆、沉淀物、滤饼等物料的污染处理。但该技术处置费用较高，处置速度受设备规模限制，目前国内现有的原位热处理设备规模均较小，处理大批量污染土壤或地下水所需时间较长。原位热处理技术不需要将污染土壤转运，不会造成污染扩散，不会对周边环境产生影响。

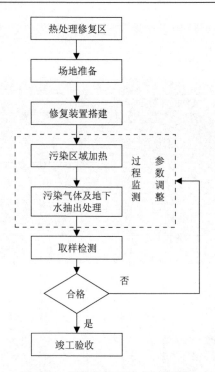

图 7-83　原位热处理技术工艺流程

表 7-31　原位热处理技术应用案例

场地名称	目标污染物	规模
美国新泽西州工业乳胶超级基金场地	有机氯农药、PCBs、PAHs	41045 m³
FCX 华盛顿超级基金场地	氯丹、DDT、DDE	10391 m³
美国佛罗里达州海军航空站塞西基地	石油烃、氯代溶剂	11768 t
美国路易斯安那州某杂酚油生产厂	多环芳烃类污染物	129000 m³
美国西部某农药厂	汞	26000 t

8. 可渗透反应墙技术

1)技术原理

可渗透反应墙是一种阻隔与原位生物化学相结合的协同修复技术。阻隔的目的主要是将地下水污染羽导入反应带，使污染物与修复材料充分发生反应。可渗透反应墙的主体为原位渗透反应带，利用特定的反应介质，通过物理、化学和生物降解等作用去除地下水中的有机污染物、重金属、无机盐或放射性物质等，使污染组分转化为环境可以接受的形态，以达到阻隔和修复污染羽的目的。具有持续原位处理多种污染物、处理效果好、性价比高、安装施工方便等优点。图 7-84 是 PRB 系统示意图。

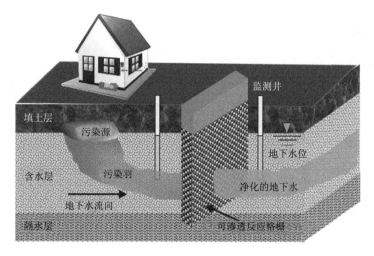

图 7-84　PRB 系统示意图

一般情况下，PRB 利用活性反应介质材料构筑物形成一个垂直于水流流向的反应屏障区，并安装在地下水污染羽状体的下游蓄水层中。污染地下水在天然水力梯度下流经反应介质，无须外加动力。水中溶解的多种污染物质通过与活性介质发生氧化还原、生物降解、吸附、化学沉淀、淋滤等一系列反应得以去除。渗透性反应墙在施工结束后，除某些特殊情况下需要更换墙体反应介质材料外，几乎不需要其他运行和维护费用。

2）技术应用情况

PRB 技术自 1982 年提出后，短短的四十年内，欧美的一些发达国家和地区做了大量的野外实验模拟和工程技术探索工作。针对不同的目标污染物，PRB 使用的反应填料和其去除污染物的机理也不尽相同。到目前为止，欧洲和北美许多地方已经建成的 PRB 系统超过 120 座，广泛应用于重金属、非金属、无机盐、石油烃、卤代物、苯系物、杀虫剂、除草剂及多环芳烃等多种污染地下水处理领域。表 7-32 总结了 PRB 在中试规模的应用，并考察了填料对目标污染物的去除效果。

9. 修复技术筛选原则

针对天津试剂一厂场地地下水氯代烃有机污染，建立了水文地质及暴露概念模型，通过地下水健康与水环境风险评估及地下水流动与溶质迁移模拟，制定了比直接使用饮用水及地表水环境质量标准更加合理的地下水修复目标值，给场地地下水修复提供了科学依据。修复技术的筛选需要充分借鉴国内外在污染场地修

表 7-32　　PRB 中试应用

场地名称	处理前污染物浓度	处理后污染物浓度	PRB 规模	填料
加拿大安大略省波顿某污染场地	TCE: 270 mg/L, PCE: 43 mg/L	TCE: 27 mg/L PCE: 5.16 mg/L	长 5.5 m, 宽 1.5 m	22%铁屑和 78%混凝土
美国北卡罗来纳州伊丽莎白市某污染场地	TCE: 6 mg/L	TCE: 0.005 mg/L	21 个 3～8 m 的钻孔	粗铁屑(0.1～2 mm)和砂石混合物
美国森尼韦尔市某污染场地	TCE: 30 μg/L DCE: 393 μg/L	TCE: <0.5 ppb DCE: <0.5 ppb	厚 1 m, 宽 10 m, 深 5 m	纯粒状铁
美国加利福尼亚州某污染场地	TCE: >1000 μg/L	TCE 未检出	长 10 ft, 宽 6 ft	填充零价铁屑

复领域的先进经验，满足我国现阶段污染场地修复技术的研发、应用与管理水平，以有效去除或降低场地地下水中污染物的浓度和风险，防止二次污染，保障场地安全再开发。具体原则如下。

(1)场地适用性原则：针对场地污染物特性和污染特征、场地地质和水文地质条件、场地未来规划、场地后期建设方案等重要因素，因地制宜选择修复技术及相关工程技术参数。

(2)技术可靠性原则：场地的修复技术应尽可能采用绿色、可持续、成熟可靠的修复技术，降低修复过程的环境影响。以原位修复技术优先，同时充分考虑修复技术对场地条件的适用性。

(3)时间合理性原则：为尽快完成污染场地的修复工作，开展场地进一步的开发利用，同等条件下，应尽量选择修复周期短的修复技术。

(4)费用合理性原则：在满足场地污染修复目标可达、技术可行前提下，应尽量选择经济上可行的修复技术，降低修复费用。

(5)修复过程规范性原则：实施二次污染防控措施，防止地下水中污染物及修复过程中产生的废水、废气等污染物向周边扩散，同时尽量减少废水、废气、噪声等对周边居民的危害。

(6)结果达标原则：本场地所选的污染修复技术，必须满足场地地下水修复目标的要求，确保场地安全开发及水环境安全。

10. 修复技术评估

根据场地调查结果可知，天津化学试剂一厂存在工业生产活动及历史遗留造成的场地污染，场地内的污染物主要为氯代烃类有机物污染物。结合场地的污染特征、用地规划和场地后期的开发建设计划，从修复技术的修复效果、技术成熟性、修复周期、修复成本及其场地适应性等方面对其进行修复技术筛选和评估（表 7-33）。

表 7-33 评估可选技术考虑的主要因素

因素	评价
污染物特性	该场地所检测到的高浓度氯代碳氢化合物具有极高的毒性，修复目标值较低，具有极低的溶解度，即使非常少的量在场地中残留也将引起连续的地下水污染
场地水文地质条件	项目关注的潜水含水层以砂质粉土为主，渗透性较好，修复材料在场地内的传输阻力适中
污染深度	潜水层底板深度达到地下约 6.56 m，污染深度较深
时间期限	项目修复工期紧，修复工程量较大，宜采用修复技术成熟、修复时间较短的技术方法进行污染修复
健康和安全风险	侧重考虑在场地上工作的人员
可用性及技术经验	结合场地实际条件，并参考国外已有的技术经验、修复设备等
成功的可能性	修复项目的开展未满足修复时间计划的可能性较大
成本	成本是评估修复方案的重要因素之一

依据调研结果，总结出 6 种对氯代烃污染地下水修复潜在可行的技术，并从技术成熟性、工期要求、资金水平及技术有效性等几个方面对 6 种地下水污染修复技术进行评估和对比，对比结果如表 7-34 所示。

对比以上几种修复技术，综合考虑本场地污染特征、水文地质条件，以及该技术的优势等因素，认为采用纳米零价铁-生物炭复合材料注射修复技术（化学还原）是可行的，表现如下：①实施过程中不需要挖掘土体来填充反应材料，其运行对周围环境干扰较小；②潜水层为示范区修复对象，该层主要为砂质粉土，渗透性较好，适宜采用原位注射的地下水污染修复技术；③纳米零价铁-生物炭复合材料克服了零价铁易团聚、迁移性差的缺点，纳米零价铁均匀分布并固定在生物炭表面，增强了材料的分散性，更易扩散形成反应带；④复合材料结合了生物炭的吸附性能和零价铁的还原性能，改进了零价铁疏水性差和生物炭难以还原降解污染物的缺陷，而碳材料的强烈吸附性能不仅有利于汇集污染物在零价铁周围被其分解，还能有效防止中间产物释放到环境中；⑤纳米零价铁-生物炭复合材料大大降低了修复工程的成本。

11. 修复技术筛选结果

基于前期对天津化学试剂一厂健康与水环境风险评估和污染物溶质迁移模拟，明确了污染源-途径-受体的关联性，分析了污染物分布特征，并根据污染场地未来规划的使用功能要求，采用风险评估模型推导了既能保护地表水生态环境

表7-34 污染地下水修复技术比较

序号	技术名称	技术简介	技术成熟性	工期要求	资金水平	技术有效性
1	自然衰减监测	依靠土壤中生物群落降解污染物；污染物通过自然衰减、分解、挥发和光解等途径降低浓度。需封闭污染区或限制人员在污染区内的活动，且定时对场地进行监测	技术成熟，国内偶有应用	长期	低	一般
2	生物化学还原	生物化学还原修复技术是通过向土壤或地下水中添加碳源、营养物质等缓释物质来促进污染土壤/地下水中的优势土著微生物长繁殖，促进其对污染物的降解反应，并通过活性铁等添加剂降低土壤中的氧化还原电位，为厌氧微生物创造合适的生境。在低还原电位条件下，污染物发生脱卤等反应，毒性降低，并通过好氧微生物得到有效降解	技术成熟，国内有应用	时间较短	较低到中等	好
3	多相抽提	多相抽提技术是通过在土壤和潜水层中布置抽取井，利用真空泵产生负压，抽取地下污染区域的土壤气体、地下水和污染物，地下水和污染物到地面进行相分离及处理，从而使污染土壤得到净化的方法	技术成熟，国内有工程案例，主要用于VOCs类污染物	较长、拖尾严重	较低到中等	较好
4	曝气技术	通过将新鲜空气喷射进地下水中，使地下水中VOCs挥发出来进入上层土壤中，同时在土壤中设抽提管线，将VOCs气体收集起来。空气喷射技术主要修复非水相液体特别是挥发性有机物的地下水污染	国外有应用案例，国内主要处于实验室研究阶段	中期到较长	中等到高	一般
5	原位热处理	原位热处理技术通过对污染区域（饱和带和非饱和带）加热，使温度达到预定温度，加速污染物的挥发（少数情况存在污染物的降解），从而降低土壤和地下水中污染物，达标排放	技术成熟，国内有工程案例	短至中等	较高	好
6	可渗透反应墙	可渗透反应墙由透水性反应介质组成，它置于污染羽状体的下游，通常与地下水流向垂直。污染地下水通过反应墙时，产生沉淀、吸附、氧化-还原和生物降解等反应，使水中污染物得以去除，在PRB下游流出达到处理标准的净化水	国外有应用案例，国内主要处于实验室研究阶段	较长	较高	一般

又能保障污染场地安全开发的地下水修复目标,划分了地下水污染风险等级,为场地修复提供了科学依据。表 7-35 列出了场地地下水修复目标值,并估算了整个场地内 13 种关注污染物不同风险等级的污染物质量。其估算方法是依据总风险区域统计结果,划分出各风险区对应的面积和包括的点位,分别计算各风险区某关注污染物的平均浓度,将平均浓度乘以各区域面积、含水层平均厚度和平均有效孔隙度得到该污染物各区域污染物总量。

表 7-35 场地内不同风险等级关注污染物质量

污染物	地下水修复目标值/(mg/L)	污染物质量			
		高风险区/kg	中风险区/kg	低风险区/kg	总风险/kg
氯乙烯	0.014	71.32	0.53	0.45	72.30
氯乙烷	0.75	10.14	28.57	0.055	38.77
1,1-二氯乙烯	2.59	2.58	1.57	0.11	4.26
反式-1,2-二氯乙烯	0.089	12.00	3.47	0.06	15.53
1,1-二氯乙烷	0.30	6.72	4.75	0.33	11.80
顺式-1,2-二氯乙烯	0.089	40.81	3.47	1.10	45.38
1,1,1-三氯乙烷	16.62	0.21	16.55	0.011	16.77
1,2-二氯乙烷	0.18	1.40	3.09	0.02	4.51
三氯乙烯	0.29	70.21	11.42	0.055	81.69
1,1,2-三氯乙烷	0.04	3.97	1.62	0.0055	5.60
四氯乙烯	0.61	0.17	1.95	0.0055	2.13
1,1,2,2-四氯乙烷	0.13	49.12	4.94	0.006	54.07
氯仿	0.19	21.91	7.41	0.55	29.87
氯代烃总量/kg		290.56	89.34	2.76	382.66

基于风险评估结果,场地内氯代烃总量约为 382.66 kg,根据污染物风险将整个场区划分为高风险区、中风险区、低风险区三种区域,各个区域的污染物总量分别为 290.56 kg、89.34 kg 和 2.76 kg。本着风险管控、适度修复的理念,针对不同区域的风险水平,综合考虑时间和经济成本,提出了如下地下水修复技术筛选结果(图 7-85)。

高风险区采用纳米零价铁-生物炭复合材料原位注射或原位热处理;中风险区采用微米零价铁-生物炭复合材料原位注射;低风险区采用自然衰减监测。综合考虑技术成熟性和资金水平,认为选用"纳米零价铁-生物炭复合材料原位注射(高风险区)+微米零价铁-生物炭复合材料原位注射(中风险区)+自然衰减监测(低风险区)"协同技术,对修复本场地地下水污染最为经济可行。

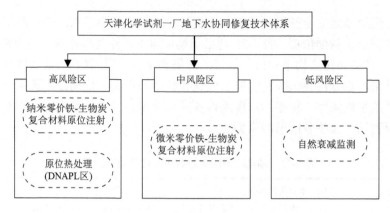

图 7-85　修复技术筛选结果

7.1.12　纳米铁–生物炭复合材料研发

　　纳米粒子是尺寸为 1～100 nm 的超细粒子。纳米粒子的表面原子与总原子数之比随着粒径的减小而急剧增大，表现出强烈的体积效应、量子尺寸效应、表面效应等。纳米零价铁在处理环境污染物过程中最大的优势在于比表面积大、反应活性高、降解污染物速度快，特别是在污染物浓度较高的情况下，纳米零价铁对污染物的去除率大大高于普通颗粒铁粉。纳米零价铁可作为渗透反应墙中的填料，也能被直接注入污染源区去除污染物，可有效去除多种氯代有机物、重金属和硝酸盐等。

　　作为一种高效的还原性修复材料，纳米零价铁被广泛应用于污染土壤及地下水修复。然而，纳米零价铁在实际应用中也有一些缺陷，如容易发生团聚作用，从而降低了其比表面积和反应活性；在地下水迁移性较差，容易沉淀，使得纳米零价铁在地下水原位注射技术中不能达到预定的处理区域，在含水层中容易形成堵塞；纳米零价铁表面的疏水性较差，不容易和非极性有机污染物发生反应等。这些缺陷限制了纳米零价铁在工程上的大规模应用。利用生物炭对纳米零价铁进行改性或修饰，能提高纳米零价铁的分散性和稳定性，增强纳米零价铁的还原能力。

　　此外，由于生物炭材料具有较高的比表面积和孔隙性，表面具有疏水性，能与疏水性有机污染物发生固持作用，主动捕获污染物，从而可与纳米零价铁形成"吸附–降解"双功能材料。此外，生物炭材料表面一般带有负电荷，与纳米零价铁形成复合材料后，能有效提高纳米零价铁的胶体稳定性，增强修复材料在地下水含水层中的迁移能力。因此，纳米零价铁–生物炭复合材料不仅能有效提高纳米零价铁去除污染物的效率，而且增强了修复剂原位修复地下水中污染物的工程应用能力。

我国在地下水修复方面起步较晚，在修复试剂研发及其产业链的发展方面仍然处于空白阶段，纳米零价铁-生物炭复合材料修复技术有待进一步研究和推广。针对我国典型行业、区域、复杂地质条件及典型复合关注污染物，研发适于我国典型场地的原位地下水纳米零价铁-生物炭复合材料，组织开展地下水污染修复试点示范，逐步建立环境污染治理修复技术体系。

1. 修复材料筛选

利用环境友好、成本低廉、吸附性能强的生物炭作为负载材料与纳米零价铁颗粒结合制备吸附-降解双功能复合材料，以改善纳米零价铁颗粒易团聚、亲水性较差的缺陷性，同时提高纳米零价铁的使用效率，降低修复材料的应用成本；以地下水中常见污染物有机氯代溶剂为目标污染物，考察复合材料对有机污染地下水的修复效果。

2. 纳米零价铁修复氯代烃基本原理

纳米零价铁对二氯乙烷及三氯乙烷等含氯有机物(以 RCl 为例)降解的基本原理主要是基于纳米零价铁的还原作用和 RCl 的还原脱氯 2 个半反应式[式(7-33)和式(7-34)]，总反应式为式(7-35)。此外，在纳米零价铁与水共存的环境中，纳米零价铁可和水发生式(7-36)的反应；反应生成的 Fe^{2+} 则会进一步与 RCl 发生式(7-37)和式(7-38)的还原反应。

$$Fe^0 - 2e^- \longrightarrow Fe^{2+} \tag{7-33}$$

$$RCl + H^+ + 2e^- \longrightarrow RH + Cl^- \tag{7-34}$$

$$Fe^0 + RCl + H^+ \longrightarrow Fe^{2+} + RH + Cl^- \tag{7-35}$$

$$Fe^0 + 2H_2O \longrightarrow Fe^{2+} + H_2 + 2OH^- \tag{7-36}$$

$$2Fe^{2+} + RCl + H^+ \longrightarrow 2Fe^{3+} + RH + Cl^- \tag{7-37}$$

$$H_2 + RCl \longrightarrow RH + H^+ + Cl^- \tag{7-38}$$

RCl 在纳米零价铁-水共存体系中存在如图 7-86 所示的还原脱氯模式。由于 Fe^{2+} 的还原速率比 Fe^0 慢，而 H_2 与 RCl 的反应[式(7-39)]则必须有催化剂的存在才能进行，因此，上述 3 种还原脱氯反应是以 Fe^0 直接与 RCl 发生氧化还原反应为主。纳米零价铁与 1,1,1-三氯乙烷的反应机理有还原反应[式(7-40)]、消去反应[式(7-41)~式(7-43)]以及脱氯反应[式(7-44)和式(7-45)]，具体如下所示：

$$Fe^0 \longrightarrow Fe^{2+} + 2e^- \tag{7-39}$$

$$CH_3CCl_3(aq) + 3H^+ + 3e^- \longrightarrow CH_2CHCl_2(aq) + HCl(aq) \tag{7-40}$$

$$CH_2CHCl_2(aq) + H^+ + e^- \longrightarrow CH_2CHCl(aq) + HCl(aq) \tag{7-41}$$

$$CH_2CHCl(aq) + 2H^+ + 2e^- \longrightarrow C_2H_4(aq) + HCl(aq) \tag{7-42}$$

$$CH_3CHCl_2(aq) + 2H^+ + 2e^- \longrightarrow CH_3CH_2Cl(aq) + HCl(aq) \tag{7-43}$$

$$CH_3CH_2Cl(aq) + 2H^+ + 2e^- \longrightarrow C_2H_6(aq) + HCl(aq) \tag{7-44}$$

基于以上的反应式，纳米零价铁完全还原三氯乙烷所消耗的纳米零价铁的量有如式(7-45)所示的关系式，即 3 mol 纳米零价铁可完全还原 1 mol 1,1,1-三氯乙烷。

$$3Fe^0 \sim CH_3CCl_3 \tag{7-45}$$

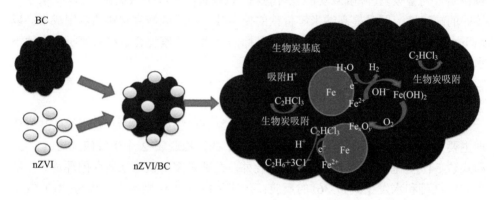

图 7-86　氯代烃在纳米零价铁-水共存体系中的还原脱氯模式

3. 纳米零价铁的筛选

通过前期的筛选，发现产自捷克的纳米零价铁性价比优于国内市场上的一般纳米零价铁，且其在欧盟氯代烃等有机污染场地土壤和地下水修复中表现出优良的修复效果和应用前景。故本项目基于前期调研拟采用此商业纳米零价铁。其参数如表 7-36 所示。

表 7-36　纳米零价铁来源及性质参数表

参数	内容
商标	NANOFER STAR
EC 编号	231-096-4
CAS 编号	7439-89-6
产地	捷克
Fe 含量	65%～80%

参数	内容
Fe$_3$O$_4$ 含量	20%～35%
外观	固体粉末(纳米级材料)
颜色	黑色
粒径	$d_{50} < 50$ nm
比表面积	> 25 m^2/g
密度	1.15～1.25 g/cm^3(20℃)
表面电荷	0
pH	11～12

4. nZVI-BC 复合材料的研发

合成不同质量比的商业纳米零价铁-生物炭复合材料。前期实验结果表明 BCZXM1 对氯代烃的去除性能在所获得的商业生物炭材料中最优。项目选取 BCZXM1 作为拟采用的生物炭材料与商业纳米零价铁合成纳米零价铁-生物炭复合材料。合成实验在 500 mL 的三口烧瓶中进行。首先，称取适量的生物炭材料置于烧瓶中，并加入 100 mL 1∶5(v/v)乙醇-水溶液；其次，加入商业纳米零价铁，并在机械搅拌器搅拌下反应 60 min，转速为 300 r/min；最后，分别用过氮超纯水和无水乙醇清洗 2～3 次，并用磁铁分离出纳米零价铁-生物炭复合材料(nZVI/BCZXM1)，真空烘干、研磨、保存备用。对合成的材料开展 SEM、XRD 表征及持久性测试。

5. nZVI/BC 复合材料的表征

图 7-87 为制备的纳米零价铁(nZVI)、生物炭(BC)以及负载型铁炭材料(nZVI/BC)在透射电镜下的微观形态，可以观察到，所合成的纳米零价铁直径为 40～150 nm，绝大多数直径小于 100 nm。可以观察到在负载型铁炭材料中生物炭的内部有纳米铁形态颗粒的出现，且直径大多小于 100 nm。比表面积的测试表明生物炭在负载前后比表面积由 205.4 m^2/g 降为 142.8 m^2/g，这也佐证了生物炭内部孔隙有纳米零价铁存在。从 XRD 图谱中可以看到，在 2θ 角度为 10°～70° 的范围内，纳米零价铁样品在 44.5° 左右出现明显的衍射峰，对应于 α-Fe 的衍射，可知所制备的粒子主要为 α-Fe。复合材料的 XRD 图谱在 2θ=22.7° 出现 C(002) 的特征峰，可认为是含有多个苯环的无定型碳材料，同时也在 44.5° 出现 α-Fe 的特征峰，表明纳米零价铁负载在生物炭上形成了复合材料。

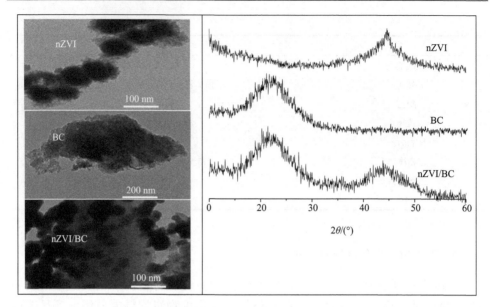

图 7-87　三种材料的 TEM 电镜图及 XRD 分析图

6. nZVI/BC 复合材料的持久性

为了研究 nZVI/BC 材料的持久性，将所合成的材料放置在空气中一个月后观察其对有机污染物（甲基橙）的去除效果，并将结果与新制的材料对比，实验结果如图 7-88 所示。

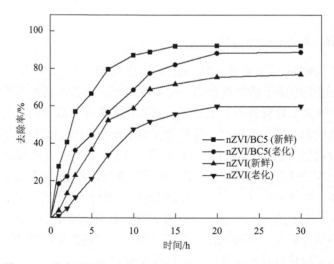

图 7-88　纳米零价铁-生物炭老化一个月后对有机污染物的去除率

　　实验结果发现，老化一个月后的铁炭复合材料与新制的材料对污染物的去除效果没有明显差异，均能达到接近 90% 去除率，而老化一个月后的纳米零价铁与新制备的纳米零价铁对污染物的去除效果有较大差异，去除率从 75% 降低至 58%，说明载体生物炭不仅对 nZVI 有分散作用，能够提高 nZVI 对污染物的去除能力，同时生物炭的稳定性和持久性保证了 nZVI/BC 对污染物长期作用，延缓其在空气中的老化。

7. 实验室测试

1）最佳质量比实验

（1）不同质量比的纳米零价铁-生物炭复合材料去除氯代有机物的实验。为了筛选出最优的纳米零价铁-生物炭复合比例，本项目开展了质量比不同的纳米粒零价铁-生物炭复合材料对氯代有机物降解实验。项目测试了 nZVI、BCZXM1 及铁炭质量比分别为 20∶1、10∶1、8∶1、6∶1、2∶1、1∶1、1∶2、1∶5 的 nZVI/BCZXM1 对 1,2,4-三氯苯的去除性能。实验在 20 mL 的顶空反应瓶中进行。1,2,4-三氯苯的初始浓度为 10 mg/L，生物炭材料的投加量为 0.1 g/L。反应瓶密封后放置于摇床中反应 12 h，转速为 150 r/min，温度为 25 ℃。反应完成后，经 0.45 μm 微孔滤膜过滤、正己烷萃取，采用气相气谱法（GC）检测分析，实验结果如图 7-89 所示，随着生物炭含量的增加，nZVI/ BCZXM1 对 1,2,4-三氯苯的去除性能逐渐提高；质量比为 1∶1、1∶2 的 nZVI/BCZXM1 对 1,2,4-三氯苯的去除能力分别为 30.75 mg/g 和 30.97 mg/g，nZVI/BCZXM1 对 1,2,4-三氯苯的去除效果在此处趋于平稳。考虑成本因素，计算去除每克 1,2,4-三氯苯的经济成本（仅考虑材料消耗），纳米零价铁的价格以 6000 元/kg 计，生物炭的价格以 1000 元/t 计。如图 7-90 所示，质量比为 1∶1 时去除每克 1,2,4-三氯苯的经济成本约为 1∶2 时的 1.3 倍。

　　综上所述，nZVI/BCZXM1 对 1,2,4-三氯苯的去除效果在 1∶1 和 1∶2 处趋于平稳，且两者相差不大，考虑成本因素，铁炭质量比为 1∶1 nZVI/ BCZXM1 的成本消耗明显高于 1∶2，因此，项目确定铁炭质量比为 1∶2 的 nZVI/ BCZXM1 为性能最优的纳米零价铁-生物炭复合材料。

　　（2）纳米零价铁-生物炭复合材料去除场地主要氯代烃实验。前期调查结果表明三氯乙烯、三氯甲烷、1,1,1-三氯乙烷为场地主要的氯代有机污染物。项目选取 nZVI、BCZXM1 及铁炭质量比为 10∶1、2∶1、1∶1、1∶2、1∶5 的 nZVI/BCZXM1，考察其对三氯乙烯、三氯甲烷、1,1,1-三氯乙烷的去除效果。实验在 20 mL 的顶空反应瓶中进行。三氯乙烯、三氯甲烷、1,1,1-三氯乙烷的初始浓度均为 10 mg/L，生物炭材料的投加量为 0.1 g/L。反应瓶密封后放置于摇床中反应 12 h，转速为 150 r/min，温度为 25℃。反应完成后，经 0.45 μm 微孔滤膜过滤，采用气相色谱-质谱联用仪（GC-MS）检测分析，实验结果见图 7-91。由图可知，添加生物炭能显

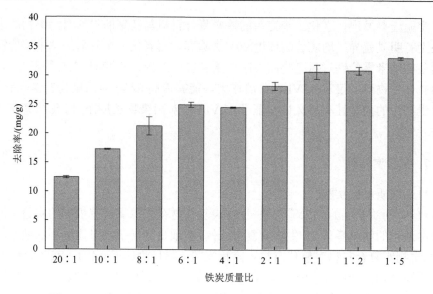

图 7-89 不同质量比的 nZVI/BCZXM1 对 1,2,4-三氯苯的去除性能

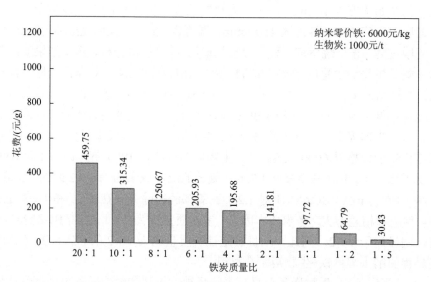

图 7-90 nZVI/BCZXM1 去除每克 1,2,4-三氯苯的经济成本

著提高纳米零价铁对三氯乙烯、三氯甲烷、1,1,1-三氯乙烷的去除能力。对比 nZVI 和铁炭质量比为 1：2 的 nZVI/ BCZXM1 对三氯乙烯、三氯甲烷、1,1,1-三氯乙烷的去除性能，其去除能力分别提高了 17.8%、450.9%、1848.9%，提升效果显著。此外，随着生物炭含量的增加，nZVI/ BCZXM1 对三氯乙烯、三氯甲烷、1,1,1-三氯乙烷的去除性能总体呈上升趋势。铁炭质量比为 1：2 之前上升较为迅速，铁炭质量比为 1：2 之后趋于平缓。

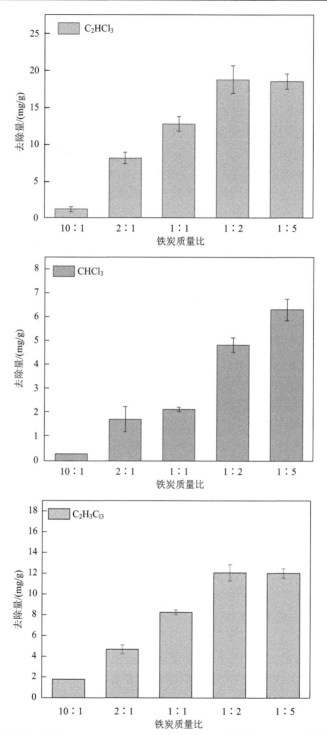

图 7-91　不同铁炭质量比的 nZVI/ BCZXM1 对三氯乙烯、三氯甲烷、1,1,1-三氯乙烷的去除性能

2) 场地氯代烃的实验室测试

纳米零价铁-生物炭复合材料去除场地实际水样实验。前期实验结果表明 BCZXM1 对氯代烃具有较好的去除性能。且最佳铁炭质量比为 1∶2 时对氯代有机污染物的效果最佳。本次实验采集了拟进行工程示范区点位水样进行实验室分析。选取质量比为 1∶2 的 nZVI/BCZXM1，考察其对前期调查确定污染物的去除效果。实验设置 4 组固液比分别为 1 g/L、2 g/L、5 g/L、10 g/L 的纳米零价铁-生物炭复合材料(铁炭质量比为 1∶2)。实验在 20 mL 的顶空反应瓶中进行。反应瓶密封后放置于摇床中反应 12 h，转速为 150 r/min，温度为 25℃。反应完成后，经 0.45 μm 微孔滤膜过滤，送具有资质的第三方检测机构分析，实验结果见表 7-37。

表 7-37 复合材料处理后污染物检出浓度表 （单位：μg/L）

污染物	复合材料投加量(铁炭质量比 1:2)			
	1 g/L	2 g/L	5 g/L	10 g/L
氯乙烯	7	—	—	—
氯乙烷	—	—	—	—
1,1-二氯乙烯	—	—	—	—
反式-1,2-二氯乙烯	1.7	1	—	—
1,1-二氯乙烷	—	—	—	—
顺式-1,2-二氯乙烯	29.3	13.6	5	3.1
1,1,1-三氯乙烷	—	—	—	—
1,2-二氯乙烷	1.2	0.6	—	—
三氯乙烯	1	—	—	—
1,1,2-三氯乙烷	—	—	—	—
四氯乙烯	—	—	—	—
1,1,2,2-四氯乙烷	1.8	—	—	—
氯仿	4.5	1.6	—	—

注："一"表示未超过检出限。

从表 7-37 可以看出，纳米零价铁-生物炭复合材料与氯代烃经过 12 h 之后，对氯代有机物均有明显的去除作用，所有污染物的去除率都在 95% 以上，最高去除量可达 100%。且四种比例的复合材料全部去除 1,1-二氯乙烯、1,1-二氯乙烷、1,1,1-三氯乙烷。

与修复目标值相比(图 7-92)，所有氯代烃在经过纳米零价铁-生物炭反应后浓度都低于修复目标值，表明将纳米零价铁-生物炭复合材料应用于实际场地地下水修复是可行的。从经济角度来筛选，固液比为 1 g/L 时关注污染物检出量就可达到修复目标的要求，因此，本项目选取固液比为 1 g/L 的纳米零价铁-生物炭作为场地中试注射浓度。

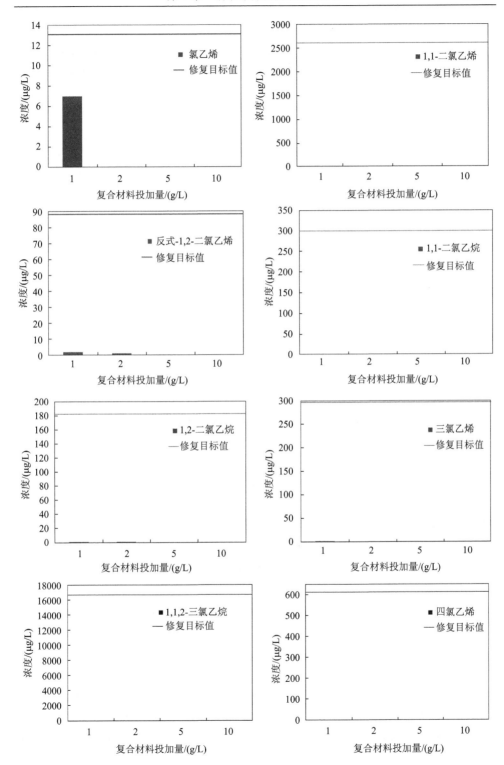

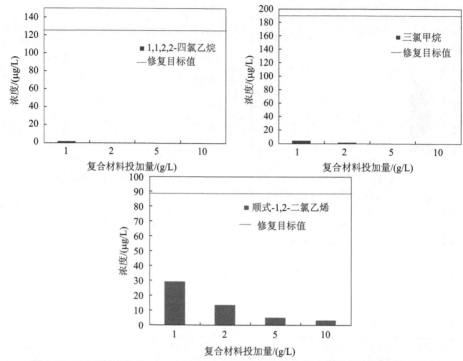

图 7-92　不同固液比的 nZVI/ BCZXM1 对氯代有机物的去除与修复目标值的比较

7.1.13　纳米零价铁-生物炭复合材料原位注射修复工程示范方案

1. 示范区水文地质与污染风险概述

拟在现有监测井 MW34 及其周围 15 m×15 m 范围进行工程示范（图 7-93）。示范区内潜水含水层具微承压性，主要由砂质粉土构成，平均渗透系数为 3.07 m/d，平均厚度 5.0 m。潜水层地下水总体流向为西南至东北。MW34 点位在生产车间 3 西南侧，位于重污染区上游污染羽，13 种关注污染物共检出 11 种，分别为氯乙烯、1,1-二氯乙烯、反式-1,2-二氯乙烯、1,1-二氯乙烷、顺式-1,2-二氯乙烯、1,2-二氯乙烷、三氯乙烯、1,1,2-三氯乙烷、四氯乙烯、1,1,2,2-四氯乙烷、三氯甲烷（氯仿），除 1,1-二氯乙烷外均超过 MCL，但不存在 DNAPL 相（表 7-38）。

污染地下水健康与环境风险评估结果表明，MW34 检出的污染物中，8 种超过地下水修复目标值；氯乙烯、反式-1,2-二氯乙烯、顺式-1,2-二氯乙烯、三氯乙烯、1,1,2-三氯乙烷 5 种污染物浓度超过基于保护东边陈台子河地表水环境的修复目标值。MW34 点位既是总致癌风险的高风险点（致癌风险值大于 10^{-4}），同时也是总非致癌危害的高危害点（非致癌危害商大于 10），位于地下水高风险区域。MW34 及其周围 15 m×15 m 范围内潜水含水层中各污染物总量估算关注氯代烃总量达 12.07 kg。

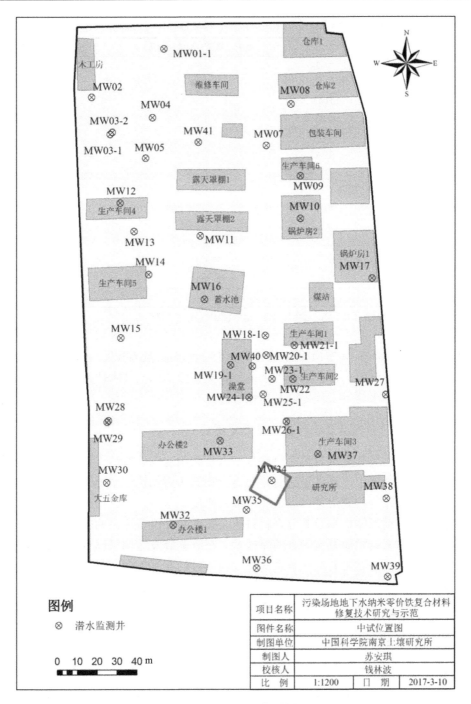

图 7-93　示范区位置图

表 7-38　示范区地下水污染浓度、修复目标值与污染物总量

污染物名称	污染浓度	地下水修复目标值/(mg/L)	示范区污染物总量/kg
氯乙烯	1.65	0.014	0.56
氯乙烷	—	0.75	0.0017
1,1-二氯乙烯	0.044	2.59	0.015
反式-1,2-二氯乙烯	0.96	0.089	0.32
1,1-二氯乙烷	0.017	0.30	0.0057
顺式-1,2-二氯乙烯	10.6	0.089	3.58
1,1,1-三氯乙烷	—	16.62	0.00017
1,2-二氯乙烷	0.21	0.18	0.069
三氯乙烯	8.28	0.29	2.79
1,1,2-三氯乙烷	0.26	0.04	0.087
四氯乙烯	0.23	0.61	0.079
1,1,2,2-四氯乙烷	13.1	0.13	4.42
氯仿	0.42	0.19	0.14
合计			12.07

注："—"表示浓度低于检测限；红色加粗表示地下水浓度超过修复目标值。

综合以上原因，拟在 MW34 及其周围 15 m×15 m 范围开展纳米零价铁-生物炭复合材料原位注射修复技术工程示范，建立相应的示范技术体系，为行业内氯代烃污染场地地下水修复工程提供参考指导。

2. 纳米零价铁及其复合材料注射修复技术

纳米零价铁及其复合材料注射修复技术是利用注入井将纳米零价铁及其复合材料注入地下环境中，通过反应材料与污染物的作用创建一个地下反应带，对迁移过程中的污染物起到阻截、固定和降解的作用。

原位注射纳米零价铁及其复合材料施工技术是在静压注浆的理论与实践基础上引入高压注浆技术而发展起来的新技术，在欧美等发达国家已有较为成熟的推广应用。其实质是将带有特殊喷嘴的注浆管通过钻孔进入含水层的预定深度，然后利用压力泵将混合均匀的纳米零价铁及其复合材料经连接管道从喷嘴喷出。由于注射压力高，纳米零价铁及其复合材料进一步在含水层中扩散，其扩散半径高于传统的深层搅拌施工工艺。

原位注入技术有诸多优势，包括：①主要成本支出为注入井的建造及修复材料的购买，不需要抽取和处理系统，省去了昂贵的设施费用；②注入后只需定时取样对地下水污染物浓度进行监测，因此技术的运行费用相对低；③修复范围不受污染羽深度限制，对于深层地下水污染，可以通过设置集群注入井使反应带到达更深的位置；④设施简单，不需要挖掘土体来填充反应材料，其运行对周围环境干扰较小。

1) 技术原理

纳米零价铁及其复合材料注射修复技术通过向地下注入修复材料，创建一个或多个反应区域，用来截留、固定或者降解地下水中的污染组分。该技术在实际场地的工程应用过程如下：在污染源地下水上游方向设置注入井(井排)，通过压力注入的方式使修复材料进入地下环境，并在注入井(井排)周围形成反应带，当污染物随地下水流过反应带时与反应材料发生作用，从而达到去除污染组分、修复污染地下水的目的。

该原位修复技术的修复效果主要取决于以下几方面：①注入的修复材料对污染物的处理能力，无论是对污染物质进行截留、永久固定还是彻底降解，都需要根据目标污染组分的种类和性质选择合适的修复材料，修复材料的正确选择是反应带对污染物发挥作用的基础条件；②修复材料在地下环境中的地球化学作用对反应带污染物修复的影响，根据修复反应的需要，优化修复材料的地球化学过程可以大大提高修复效果。

2) 示范工程实施流程

纳米零价铁及其复合材料注射修复技术主要实施过程包括以下几点：①获取场地参数和污染物特征，选择合适的修复试剂和输送系统；②合理设计并安装注入井、监测井和抽水井(如需要)，尽可能使注入的修复材料能影响所有处理区域；③安装修复试剂制备/储存和输送系统；④注射修复材料，并对注射过程进行监控，以保证安全运行；⑤对污染物浓度、pH、氧化还原电位等参数进行监测，如果污染物浓度出现反弹，可能需要进行二次或三次注射。

纳米零价铁及其复合材料注射修复技术在实际工程实施过程中使用到的主要设备有钻探设备、注入设备(包括直推式和空压式两种)、微型泵、药剂混合设备和监测系统等(图 7-94)。液态纳米零价铁浆液可以通过重力输送，也可以进行压力注射。使用加压注射时，直推钻(direct push probe)是一种较为经济的方法，若需要还可以将其扩为小口径井。

3) 技术应用情况

基于纳米铁及其复合材料对氯代烃污染物的强还原性能，越来越多的实际污染场地也选择纳米铁作为反应试剂，并取得了良好的修复效果。据统计，截至 2016 年，全球共有 87 处污染场地利用纳米铁进行地下水修复，其中有 37 处位于美国。对 nZVI 最早的实际应用始于 2001 年，美国新泽西州的特伦顿市某 TCE 污染场地开展修复，反应试剂为 Fe/Pd 双金属纳米颗粒，采用重力自动进料的方式将浓度为 2.5～6.25 g/L 的 Fe/Pd 注入地下环境中，注入的纳米颗粒总质量为 1.7 kg，4 周后，TCE 浓度由初始的 445～800 μg/L 下降至 18～32 μg/L，去除效率达到 96% 以上。

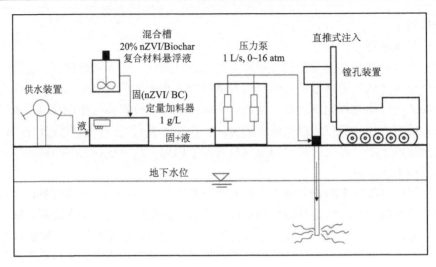

图 7-94　纳米零价铁及其复合材料注射修复技术示意图

$1\ atm=1.013\times10^5\ Pa$

2002 年，美国北卡罗来纳州某研究机构在该州达勒姆区(Lakehurst)开展污染场地修复研究，将 11.2 kg 浓度为 1.9 g/L 的纳米铁以浆液形式注入含 CVOCs 污染场地中，数天后，场地中 CVOCs 的还原效率大于 90%，6 周后，四氯乙烯(PCE)、三氯乙烯(TCE)、二氯乙烯(DCE)浓度均降至地下水水质标准以下，且并未检测到反应副产物氯乙烯的生成。

2004 年，美国 PARS 环境技术公司利用纳米铁对新泽西州某氯代烃污染场地进行修复，将浓度为 30 g/L 纳米铁浆液分两次注入地下环境中，注入的浆液总质量为 2000 kg，3 个月后，场地 1,1-二氯乙烷(1,1-DCA)、1,1-二氯乙烯(1,1-DCE)、1,1,1-三氯乙烷(1,1,1-TCA)和三氯乙烯(TCE)等氯代烃总去除率大于 90%，环境 pH 由初始的 4 上升至 7~8，氧化还原电位由 300 mV 降至–600 mV 后回升稳定至 –200 mV。

德国的 Bornheim 场地是欧洲第一个应用纳米铁进行污染修复的场地，在地下 20 m 范围内，场地的 PCE 总量高达 1~2t，将数吨的纳米铁混合微米零价铁浆液注入地下环境，1 个月后，氯代烃浓度下降了 90%，副产物 TCE 和 DCE 浓度并未明显升高，且两年内污染物浓度并未回升，持续修复效果良好。

3. 工程示范技术路线

根据前期场地调查结果与实验室研究数据，修复示范区拟采用纳米零价铁-生物炭复合材料修复药剂原位注射的方式，通过其对氯代烃的还原脱氯作用达成修复目的，对示范区地下水实施修复之前，首先需要根据最新监测结果，确定具体的修复区域，并计算修复污染物所需的药剂质量；其次根据修复材料的有效影响半径和修复区域范围，利用三角形网格布点法进行注射点位设置。修复技术路线如图 7-95 所示。

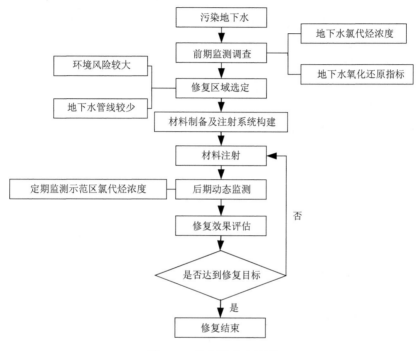

图 7-95　修复技术路线图

4. 示范技术体系设计

针对天津化学试剂一厂潜水层地下水污染情况，采用纳米零价铁-生物炭复合材料注入的方式，通过强化生物还原脱氯达到修复目的。首先由前期监测结果，确定具体的修复区域，设置药剂注射点位。进而由实验室小试研究筛选的修复材料及得到的技术参数，制定详细的修复技术方案和工程施工方式。根据场地性质及污染物浓度分布等场地信息，确定纳米零价铁的注入方式、注入比例等工艺参数及现场施工规范，测试优选的修复材料、修复技术及注射条件等对该区域污染地下水的修复效果，并对修复工程系统稳定运行进行调试和维护，评价地下水修复效率，形成纳米零价铁复合材料修复氯代烃污染地下水的技术体系和工程规范，为氯代烃污染地下水修复的工程化应用奠定理论和技术基础及相应的工程示范样本。

1) 注入井及监测井设计

根据场地水文地质情况、污染物分布特征和风险评估结果，确定具体的修复区域、修复材料的有效影响半径，利用三角形网格布点法设置修复材料注射点位。拟在 MW34 及其周围 15 m×15 m 示范区内选择 8 个直推式注入井、2 个空压式注射/监测井(套管直径 120 mm)及 5 个微泵监测井(套管直径 60 mm)，监测井与注入井位置示意图见图 7-96。修复材料的有效影响半径拟定为 1.5 m，因此，在面积为 225 m² 的示范区域按照三角形网格布点法每隔 3 m 设置 1 个注入点，污染区域潜水含水层平均厚度约为 5.0 m。

注入井用于向潜水含水层注入一定量的修复材料悬浮液。示范区域内共包含 10 个注射点位，其中 8 口直推式注入井以 0.5 m 为间隔自上而下注射修复材料，2 口监测井通过空压式 Packer 系统(图 7-97)进行分层注射，注射间隔 1 m。

Packer 系统主要由充气系统、分层注射系统、压力传感系统组成。各部分组成如下。

(1)充气系统：地面的高压氮气、压力调节器、充气管、止水的双 Packer 气囊。

(2)分层注射系统：地面供电系统、位于上下 Packer 气囊间的过滤器、专用水泵、电缆及注射管道。

(3)压力传感系统：下 Packer 气囊底部的自动记录传感器、水泵上的压力传感器及连接电缆、地面显示器及便携式计算机。

Packer 系统的工作原理是将上下 Packer 气囊下入井中需要止水的位置，双 Packer 气囊之间为注射目的层段，充气系统将地表的高压氮气瓶中的氮气(压力达 20 MPa)，通过压力调节器(调节范围 0～15 MPa)将压力调到设计压力，通过输气管将氮气输送到上下 Packer 气囊中，使气囊膨胀，与井壁充分紧贴，达到止水的目的；修复材料在一定注射压力下经注射管道进入目的层段间的过滤器，进而扩散到含水层中，达到分层注射的目的。利用 Packer 系统能较好地解决定深、分层注射的问题，促进了修复材料在潜水层中均匀分布。

监测井用于长期监测修复区域周边及区域内的地下水流动和污染物扩散情况，修复材料的注入是否影响了地下水的流场及流动，修复材料注入后修复的效果，以及循环注射修复材料的时间等。示范区内包括 8 口监测井，分别为 5 口微泵监测井、2 口空压式注射/监测井和现有监测井 MW34。

传统的监测井取样仅能获得污染物或修复材料在整个含水层的平均水平，无法准确判断原位注射修复的效果。而分层采样能获取目标含水层中污染物和修复材料在垂向上不同深度的浓度分布，便于更好地理解其迁移扩散规律。微泵监测井系统采用分层取样的形式，其原理如图 7-98 所示。将微型泵按 1 m 的间隔固定在监测井的不同位置，并将其他部分做止水处理，然后通过便携式蠕动泵将不同深度的水样抽出。采用微泵监测井系统可同时获取不同深度、不同含水层的水头、水温、水质等相关资料，节省了采样时间，为系统研究潜水层水质的空间分布特征等提供资料。

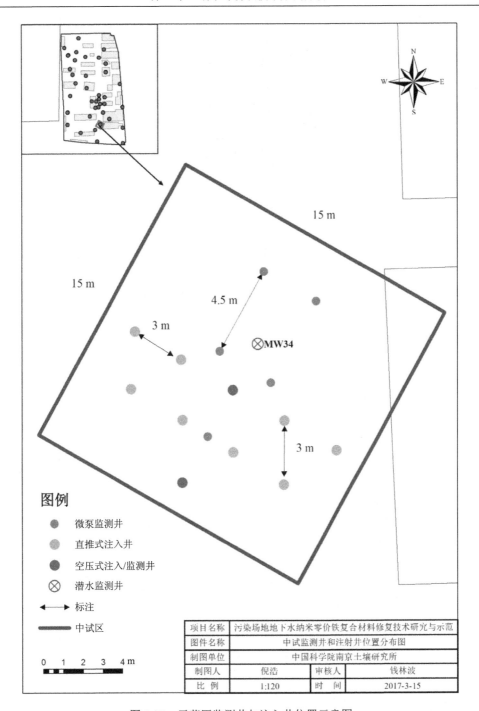

图 7-96　示范区监测井与注入井位置示意图

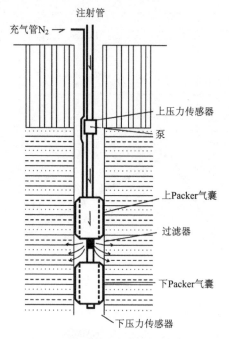

图 7-97　Packer 系统分层注射工作原理示意图

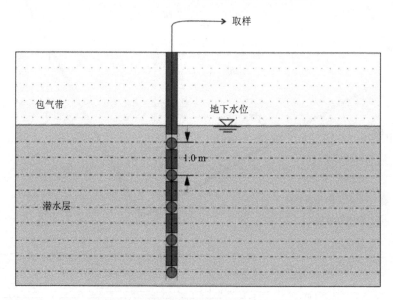

图 7-98　微泵监测井系统原理示意图

2) 施工工艺参数

污染地下水原位纳米零价铁-生物炭复合材料注射修复技术的工艺参数需要

确定设计修复材料投加比、修复材料注入方式、修复材料注入量、注射影响半径、注入深度和压力等。

(1)修复材料投加比

由于示范区潜水层地下水属于复合污染，主要有氯乙烯、氯乙烷、1,1-二氯乙烯、反式-1,2-二氯乙烯、1,1-二氯乙烷、顺式-1,2-二氯乙烯、1,1,1-三氯乙烷、1,2-二氯乙烷、三氯乙烯、1,1,2-三氯乙烷、四氯乙烯、1,1,2,2-四氯乙烷及氯仿等多个种类的污染物，修复材料对以上污染物的去除率也有所不同，在修复材料注射前，应针对各类污染物进行修复材料配比小试，最终确定以上这些污染物的最佳配比，确保这些污染物的去除率达到最佳。

根据前期试验结果，确定纳米零价铁-生物炭修复材料投加比为 1∶2，固液比为 1 g/L。

(2)修复材料注入方式

修复材料的注入方式将影响化学还原的效果，是否用不同深度进行注射，采用何种方式进行修复材料注射，是否根据地下水的流向进行修复材料注射，都影响地下水的修复效果。

根据场地水文地质条件和已有项目经验，分别采用直推式注射(图 7-99)和空压式注射(图 7-100)两种注射方式进行修复材料注射。其中直推式由 Geoprobe 钻机在钻孔过程中自上而下以 0.5 m 为间隔进行注射，空压式在成井后由 Packer 系统每间隔 1.0 m 向含水层中注射。

图 7-99　直推式注射　　　　　　图 7-100　空压式注射

(3)修复材料注入量

为提高污染物的去除率，需根据该示范区域地下水中污染物浓度不同确定区域需要注入多少量的修复材料。

MW34 点位前期调查所得 13 种关注氯代烃污染物浓度见表 7-38，示范区污染物总量为 12.073 kg。首先根据化学方程式推算出所需要的纳米零价铁质量，再根据铁炭复合比计算修复材料总量。实际考虑污染物种类及其他情况的损耗，所需修复材料总量按理论值的三倍计算，因此 10 口注入井每口共注射 1 g/L 的纳米零价铁-生物炭复合材料浆液 90 kg，结合污染物垂向分布情况，每个注射点平均每米注射 6～15 kg。

(4)注射影响半径

根据场地水文地质条件和调研已有的修复项目经验，采用三角形网格布点法。设计钻孔影响半径为 1.5 m，钻孔间距设计为 3.0 m，具体钻孔布设参数如表 7-39 所示。

表 7-39　钻孔布设参数

钻孔间距/m	影响半径/m	钻孔深度/m
3.0	1.5	6.5

(5)注入深度和压力

根据场地水文地质条件，注入井的深度应达到潜水层的底板，约 6.5 m。注入井的筛网设计须根据场地调查所绘得的污染分布情况及钻孔资料而定。

压力注射泵的注射压力和流量应根据现场实际情况进行调整，通常情况下为 0～16 atm。

3)主要设备

纳米零价铁-生物炭复合材料注射修复工艺所需主要机械设备和装置包括 Geoprobe 钻机、混合槽、定量加料器、微型泵、高压泵(10 MPa)、多通道蠕动泵等，部分机械设备和装置见图 7-101。

4)施工工艺流程

本修复示范工程采用直推式和空压式两种注入方式相结合的技术，将纳米零价铁-生物炭复合材料注入受污染的潜水层，促进修复材料的扩散，使其与污染物充分接触，以将污染物脱氯去除，具体施工工艺流程如下。

(1)场地准备

确定好地下水修复区域后，建设施工场地和临时道路，满足现场设备与修复材料的输送以及人员车辆通行的需要。同时，接好施工临时用电。

（a）Geoprobe 钻机

（b）混合槽

（c）定量加料器

（d）微型泵

图 7-101　机械设备和装置

（2）井位布置

根据前期调查数据和现场水文地质条件，最终确定注入井位置，确保污染区域均能受到修复材料的影响，确定各井的修复材料注入量及注射深度，确保有足够的修复材料与污染物接触和反应，要求扩散影响半径覆盖范围不能出现修复试剂达不到的"盲区"。同时，考虑各井位分布方向、井间距。

实际施工时布设的点位用小旗子标记，一点一签，保证钻孔中心移位偏差小于 50 mm。并撒白灰标识，确保机械准确定位。

(3) 钻机就位

移动钻机时，需按照先水平、后竖直移动的原则进行。移动过程由专人指挥，用水平尺和定位测锤校准桩机，使桩机水平，导向架和钻杆应与地面垂直，倾斜率小于 1.5%。对不符合垂直度要求的钻杆进行调整，直到钻杆的垂直度达到要求。为了保证桩位准确，必须使用定位卡，桩位对中误差不大于 5 cm。

(4) 钻机移位

试喷完成后，将钻机移至施工区域，进行区域施工。

(5) 钻孔

钻机施工前，应首先在地面进行空气喷射，检查高压设备和管路系统，设备的压力和排量必须满足设计要求。各部位密封圈必须良好，各通道和喷嘴内不得有杂物等。在钻孔机械试运转正常后，开始引孔钻进。该过程需 3~5 min。

(6) 注射工程

将修复材料混合槽、定量加料器、修复材料注入泵、修复材料注入管道等进行连接，且整个过程中保持修复材料快速搅拌状态，以保证其均匀性。当钻杆插入至设计深度后，接通注浆压力泵，然后以定量加料器控制注射 1 g/L 的纳米零价铁-生物炭复合材料悬浮液。注射时，分别采用直推式注射和空压式注射两种方式。

中间发生故障时，应停止注射，同时立即检查排除故障。

(7) 冲洗

注射完成后，提升钻头出孔口，清洗注浆泵及输送管道，以便把注浆管、软管内的浆液全部排除。

(8) 钻机移位

清洗完成后，将钻机移至下一施工点位。重复以上操作，进行施工。

(9) 静置反应

修复完成后，静置 2~3 个月，使修复材料与污染物充分发生反应，将污染物去除。

5) 场地环境监测

环境监测是修复工程运行管理的重要环节之一，通过环境监测可以发现施工现场管理及修复效果等问题，反映地下水环境状况，并提出改进措施。

(1) 监测依据

《水质 采样技术指导》(HJ 494—2009)。

(2) 地下水水环境监测

本项目采用原位注射修复方案，项目的实施不会对周边地下水产生污染，治理实施过程中仅需要保证治理区域地下水治理达标即可，不需要对区域外的地下水进行监测。地下水环境监测包括现场监测项目和实验室检测项目。

示范区内包括 5 口微泵监测井、2 口空压式注射/监测井，以及原有 MW34 监测井，共计 8 口地下水监测井。其中，5 口微泵监测井可对潜水含水层不同深度进行取样；其余 3 口监测井用于监测污染物及修复材料整个含水层的平均浓度。设置不同类型监测井的目的如下：获取污染物和修复材料在平面和垂向上的空间分布特征；评估注射的纳米零价铁-生物炭复合材料对污染羽的捕获能力，确保出水水质对下游没有影响；评价注入井的设计是否合理，如污染物在反应区间的停留时间是否能满足降解反应的需要；估计注入井及修复材料的寿命。根据污染物反应前后浓度的变化，计算污染物的去除率，判断修复后的地下水是否达标，评价示范工程的修复效果。

(3) 监测频率

修复之前对整个场地进行采样监测，每次间隔一个月，共计两次。示范区内，在注射后 1 天、3 天、5 天、8 天、12 天、16 天、20 天、30 天、40 天、50 天、60 天内分别在 8 口监测井进行采样测试，所采集水样均应做好记录，并在采样瓶上贴上标签，低温保存运送至实验室进行分析。

基于这些监测数据，评估修复工程不同时间段的脱氯效率，校验修复工程的性能。

(4) 监测指标

监测指标包括现场监测和实验室检测。现场监测指标有 pH、氧化还原电位、电导率等；实验室检测指标包括溶解氧、氯代烃类污染物及其降解产物、地下水无机组分等，具体见表 7-40。

表 7-40　监测指标情况

监测指标	
现场监测	pH、氧化还原电位、电导率
实验室检测	溶解氧、甲烷、氯乙烯、氯乙烷、1,1-二氯乙烯、反式-1,2-二氯乙烯、1,1-二氯乙烷、顺式-1,2-二氯乙烯、1,1,1-三氯乙烷、1,2-二氯乙烷、三氯乙烯、1,1,2-三氯乙烷、四氯乙烯、1,1,2,2-四氯乙烷、氯仿等；Cl^-、SO_4^{2-}、NO_3^-、Fe^{2+}、Mn^{2+}

6) 潜在环境风险及预防措施

(1) 风险识别

纳米零价铁-生物炭复合材料注射修复工程潜在的污染包括施工机械设备噪声、修复材料泄漏、建井及洗井产生的污染土壤和地下水、施工对污染土壤和地下水扰动造成 VOCs 类污染物的挥发，以及表层施工时可能产生的扬尘等。

因示范注射和监测需要，需在该场地开展钻孔、建井及洗井工作。场地拟建井 15 口，钻孔、建井过程中产生的污染土壤预计每口井(孔)产土量为 3 m^3，将产生 45 m^3 土壤。监测井建井和洗井过程中产生的污染地下水预计每口水量 10 m^3，将产生 150 m^3 地下水。此外，打井、钻孔过程中产生的污染土壤及废水中含有的挥发性及半挥发性有机物会对空气造成污染；采样过程中使用的一次性手套、采样管等含有污染物的固废等随意丢弃也会造成环境风险。

(2) 风险预防措施

安全防护措施。加强调查现场的人员管理，在补充调查工作开展前，对所有涉及的工作人员针对场地补充调查的注意事项、个人防护用品的正确穿戴、事故应急等内容进行施工安全教育，告之现场存在的风险，强调工作的特殊性。并在开展工作之前准备好防护工作服、工作鞋、手套、眼镜、防护口罩、安全帽等防护用品。调查工作开展过程中通过巡检等方式，对现场施工的安全防护进行监督。

预防二次污染措施。①示范过程中建井产生的潜在污染土壤处置方案。示范工作开展之前，在场地中指定潜在污染土壤库存区域，面积 50 m^2，在该区域地面铺设聚酯长丝无纺土工布和高密度聚乙烯(HDPE)光面土工膜，做好防渗及密封措施。钻井采样过程中，在钻机周边铺好聚酯长丝无纺土工布和 HDPE 光面土工膜，采用 1～2 m^3 带盖子的塑料桶统一收集钻机产生的土壤，装满土壤的塑料桶临时堆放在防渗膜上，并标好编号。每日钻井工作结束后收集并堆放至场地暂存区，并用防渗膜进行密封保存。建井工作结束后，统一将暂存区的潜在污染土壤送至环保处置机构进行水泥窑资源化利用。②示范过程中产生的潜在污染地下水处置方案。示范工作开展之前，联系好专门处理污染废水的环保公司及运输所用的漕运车，现场准备好容积 5 m^3 暂存地下水的储水罐，储水罐下方设置接口，方便转接。钻井采样过程中，钻井边放置暂存污染废水的储水罐，收集洗井产生的污染地下水，并转运至场地路边 10 m^3 带接口的储水罐中，方便漕运车转运。储水罐装满水后即由漕运车将储水罐运输至废水处理的环保公司进行处理。③示范过程中产生的异味的处置方案。示范工作开展之前，现场准备好气味抑制剂。及时将钻井采样、地下水洗井过程中产生土壤及地下水进行密封处理，减少异味散发。如有异味产生，现场喷洒气味抑制剂防止异味扩散。④示范过程中的绿化保护措施。建井及采样过程中，尽量避免对植被造成破坏，在进入示范区域作业前，通知园林公司对相应的苗木进行移栽。无法避免的破坏做好记录并及时联系园林公司进行修补。⑤示范过程中固废的处置措施。采样过程中使用的一次性手套、采样管等含有污染物的固废收集至固废放置桶中，钻井工作结束后收集并堆放至场地指定暂存区，待调查工作结束后，统一将暂存区的固废放置桶送至环保处置机构。

应急措施。现场准备足量的塑料薄膜、铁锹等工具，如遇大风暴雨等恶劣天气，立刻用塑料薄膜连同设备全部覆盖。后盖塑料薄膜应与下垫薄膜至少重叠 50 mm，重叠边用硬物覆压，同时在覆盖周围挖排水沟，保证施工区域为密闭状态，防止污染物扩散。如遇塑料桶损坏，应立刻组织人员用塑料薄膜进行裹封，并对洒落的疑似污染土进行清除和储存，并在破损点喷洒气味抑制剂。如遇疑似污染水储存桶侧翻，现场立刻喷洒气味抑制剂，并将污染处的土壤挖出 1 m 用塑料桶进行密封储存，按污染土处置方案处理。污染土壤和地下水的运输过程需专人监管，运输之前检查运输车辆及防护措施，防止在运输过程中发生泄漏、侧翻等事故造成污染物扩散。

7.1.14　总结

针对天津化学试剂一厂地下水氯代烃污染，开展了场地水文地质调查，明确了包括地层分布情况、地下水类型、地下水流场等关键技术参数，并对场地潜水地下水氯代烃污染进行了污染源特征解析，建立了场地水文地质概念模型。首先分析检测了现有地下水监测井水样 VOCs 类有机污染物以及氯化物、硫酸盐、硝酸盐、亚铁、锰等无机指标，解析了关注污染物的空间分布特征及自然衰减潜力。

针对场地敏感用地规划，应用自主研发的 HERA 软件，构建了场地地下水污染暴露概念模型，进行了基于保护人体健康及水环境为目的的定量风险评估，估算了地下水氯代烃污染致癌风险值和非致癌危害商，推导了基于保护人体健康和离场水环境的地下水修复目标值，并预测了关注污染物向场外迁移的规律及污染物到达离场河流的时间及暴露浓度。根据风险评估结论，对场地进行了风险等级划分，确定了场地高风险、中风险及低风险修复区域。同时，基于场地水文地质概念模型及地下水氯代烃污染特征，建立了三维空间的场地地下水流动及溶质迁移数值模型。校正地下水流场后的模型，为优化场地风险评估提供了关键地下水水力参数，减少了风险评估的不确定性。通过污染物溶质迁移模型预测了地下水关注污染物的时空变化规律及自然净化潜力，为场地示范工程方案设计提供了关键设计参数。

依据地下水污染健康与水环境风险评估结论及污染物迁移性评估，对场地地下水污染进行了风险等级划分及潜在的地下水修复技术筛选，提出了以"纳米零价铁-生物炭复合材料原位注射(高风险区)+微米零价铁-生物炭复合材料原位注射(中风险区)+ 自然衰减监测技术(低风险区)"的协同修复技术方案。研发了可高效去除地下水样中氯代烃的纳米零价铁-生物炭复合材料，确定了最佳纳米零价铁-生物炭复合比及最佳投加浓度，为场地示范工程方案设计提供了科学依据。确定了基于纳米零价铁-生物炭复合材料的注射修复技术施工工艺关键参数和修复工程体系：根据已有项目经验和示范区地质、水文地质条件及地下水氯代烃污染特征，确定了包括注入影响半径及注入方式在内的示范工程关键技术参数，构建了示范工程的监测体系。

7.2　海军航空工程站纳米零价铁原位注射修复案例

目前在国际上用于场地修复的材料有多种，其中纳米零价铁是一种运用成熟、成效显著、性价比高的修复材料。在其基础上，双金属的纳米零价铁材料(BNP)也在大力发展，合成技术不断更新，一些成效更高、性价比更高的材料应运而生。针对 Lakehurst 海军航空工程站周边地下水的污染和生态风险控制等问题，于 2001年和 2003 年分别开展了修复，以此来评估 BNP 作为修复材料进行原位修复 I 区和 J 区主要污染物的可行性。初步显示，在没有任何催化剂影响下，BNP 比 nZVI具有更好的处理效果。

7.2.1　场地条件介绍

场地名称：Lakehurst 海军航空工程站污染场地

1. 地理位置与气候特征

本场地位于美国新泽西州海洋县，距离海岸线 22km。本场地占地面积 44800 亩，位于 Pinelands 国家保护区内，这是大西洋海岸中部未开发的最广阔的土地。

当地大陆性气候特征明显，7 月平均气温为 21℃，1 月平均气温为 1.1℃，该地全年的平均降水量为 1016 mm。

2. 污染描述

该项目涉及地下水污染物浓度最高的两个地区在 NAES Lakehurst 的北部污染羽和南部污染羽区(图 7-102)中，标记为 I 区和 J 区。I 区和 J 区的地下水中发现的主要污染物包括 PCE、TCE、1,1,1-TCA 和降解产物如顺式-DCE 和 VOCs。污染物最大的扩散深度在地下水位 21 m 以下。而其中污染物主要集中在地下水位 14～18 m。经过计算，北部污染羽需要修复的面积大约为 787 m^2(图 7-103)，而南部污染羽需要修复的面积大约为 404 m^2(图 7-104)。该场地在 2001 年进行了一项小规模可处理性研究，并于 2003 年进行了一项试点研究。该场地使用原位修复技术减少或消除污染地区的污染物。

3. 地质特征

该项目涉及的这两个地区约有 22.8 m 深的松散沉积物，分布均匀，棕黄色，砂砾较粗。晶粒尺寸分析将沉积物表征为砂砾 0.5%～5.9%、砂 86%～94%、黏土5%～9%。总有机碳含量范围为 40～800 mg/kg。

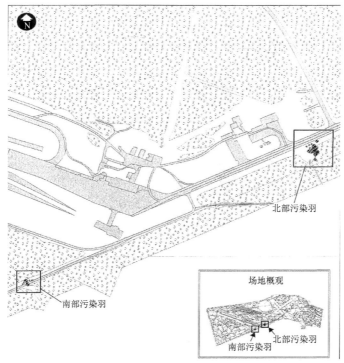

图 7-102　污染羽分布情况

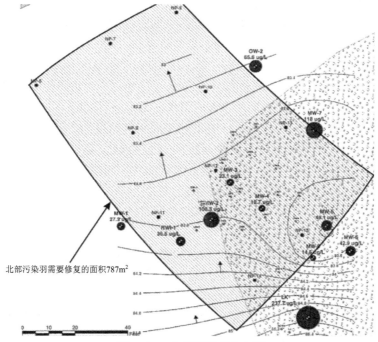

图 7-103　北部污染羽分布图

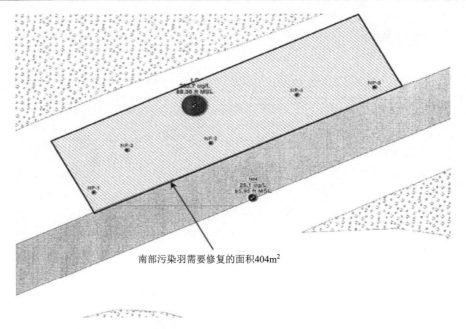

图 7-104　南部污染羽分布图

7.2.2　技术实施

　　该修复项目采用了 BNP 材料在北部污染羽中的 10 个位置和南部污染羽的 5 个位置使用直推技术注入。在每个注射点共有 9 kg BNP 与 4.5 m³ 水混合。总计 136 kg 的 BNP 与 68 m³ 的水混合在一起。治理北部羽流区所用的水来自未修复的 RWI-1 井，治理南部羽流区的水来自 Lakehurst 场地的一个消防栓的饮用水。

　　项目使用潜水泵将 BNP 溶液注入地下水。每个注射间隔为 1.2 m，将 1.8 kg 的 BNP 加入到大约 0.9 m³ 的水中，BNP 修复材料的浓度为 2 g/L。每个注射点用注射器注入 0.9 m³ 溶液，最先开始注入最深的处理点处，随后注射器上移 2.5 cm，再注入 0.9 m³ 溶液，以此类推。每个注射点之间的注射间隔为 1.67～1.77 m、1.57～1.67 m、1.47～1.57 m、1.37～1.47 m、1.27～1.37 m。

7.2.3　绩效评估

　　为了监测 BNP 治理污染的局部有效性，在南部羽流区注射点的下游安装了一个监测井。监测井在地下 1.27～1.78 m 进行监测浓度值，这和 BNP 注入目标治理区域的深度一致。

　　分别从 13 个监测井中收集地下水样本，对 CVOCs、氯化物、铁和溶解铁的含量进行分析。绩效评估是基于从基线评估到注射后污染物浓度减少的百分比的显著水平。现场监测数据包括水的深度、浊度、ORP、DO 和 pH。

7.2.4　技术性能

通过地下水取样结果评估此项技术的性能。在监测期间，大多数油井的总 CVOCs 和单个 CVOCs(TCE、PCE、DCE 和 VC)的浓度呈下降趋势。在 BNP 注射一周后进行的取样过程中，大约 50% 的监测井观察到 CVOCs 浓度明显增加。然而，在随后的轮次监测中，几乎所有观察到的监测井中的 CVOCs 数据值下降。BNP 处理结果中，初始值的增加可能是由于 CVOCs 从土壤颗粒解吸到液相中。

现场测量参数和实验数据结果表明，从基线测量到后期注射处理期间的测量值浓度百分比是下降的。其中两个比较受关注的污染物 TCE 和 DCE 浓度平均分别下降了 79% 和 83%。总 CVOCs 浓度下降了 74%。虽然总体平均减少量可以作为一个很好的结论，可用于评估 BNP 治理污染物的有效性，但每个井的趋势评估也可能提供有用的信息。注入源区 MW-1 和 MW-2 的污染物浓度趋势分别见图 7-105 和图 7-106。

BNP 注射技术修复后，原本预估 ORP 值会有所下降，但注射 6 个月后，13 口井中仅有 3 口井的 ORP 值略有下降。大多数井中 ORP 值增加或注射后保持相对不变，如图 7-107 所示，这表明可能没有注入足够的材料，没有产生足够的非生物还原条件降解 CVOCs，这也许是因为消防栓水或回收井水被充入了气体。注入制备 BNP 溶液时，水中的氧气可能使铁钝化，并增加含水层的 ORP。注入大量的含氧水可能会稀释地下水，并在一些地区增加其氧化还原电位。

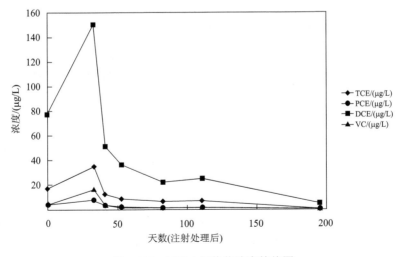

图 7-105　MW-1 污染物浓度趋势图

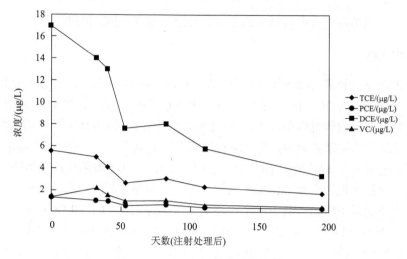

图 7-106　MW-2 污染物浓度趋势图

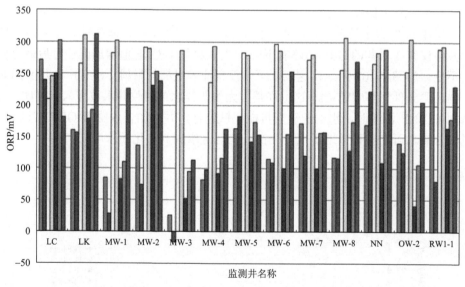

图 7-107　ORP 值变化趋势图

　　nZVI 与 CVOCs 和水发生反应后，通常会导致 pH 显著上升。注射后第一次和第四次取样测量时，监测井测量的 pH 都轻微增加。然而，注射后的平均 pH 实际上都低于其他轮次抽样的基线抽样时的 pH。基线抽样的平均 pH 测量值约为 5。注射 6 个月后的平均 pH 读数约为 4。监测井的 pH 变化趋势见图 7-108。总地来说，整个监测期间的 pH 都低于 6。

在最后的抽样监测期间，检测到的最高氯化物浓度是 RWI-1 井，其浓度值为 31.5 mg/L。整个监测期间其他井中检测到的平均浓度约为 7 mg/L。结果显示，有 6 个监测井的氯化物浓度略有增加，其他 7 个监测井的氯化物浓度相对稳定。

在 13 个监测井中有 4 个注入 BNP 后，总铁和溶解铁的浓度都有初步增加。南部污染物的两个监测井的分析结果显示，在基线抽样期间，铁的相对含量较低。随后的抽样监测结果表明，在整个监测期内都增加很少。铁含量数据并未显示总铁浓度或溶解铁浓度与 VOCs 浓度降低之间具有相关性。

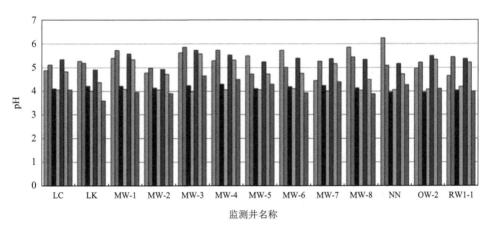

图 7-108　pH 变化趋势图

7.2.5　成本计算

现场纳米零价铁示范项目的总成本大约是 255500 美元(表 7-41)。

表 7-41　成本花费

种类/主题	花费/美元	占用百分比/%
纳米材料处理(场试)	154600	60.5
监测墙建设	24400	9.5
样品和分析	58400	22.9
报告	18100	7.1
总花费	255500	100

7.2.6　总结

Lakehurst 海军航空工程站污染场地这个项目采用了原位注射的技术，使用双金属纳米零价铁材料修复该污染场地。在注射 BNP 后观察到目标污染物溶解相 CVOCs 的浓度显著降低（PCE、TCE、DCE 和 VC）。

7.3　卡纳维拉尔角空军基地注射乳化零价铁原位修复 DNAPL 示范

7.3.1　场地条件介绍

场地名称：佛罗里达州卡纳维拉尔角空军基地修复场地

1. 场地历史描述

演示发射场 34（Launch Complex 34）的场址位于佛罗里达州卡纳维拉尔角空军基地（图 7-109）。1960～1968 年，Launch Complex 34 被用作土星火箭发射场。历史记录表明，在发射台上火箭发动机会用到氯化有机溶剂如 TCE。火箭的其他零件会在工程大楼西部的机架上和建筑物内进行清洁。这个过程一些溶剂会跑到地面或排入排水坑。该遗址于 1968 年被遗弃，自那时起，除了几个现场建筑仍在运营外，该地区的大部分地区都被植被覆盖。

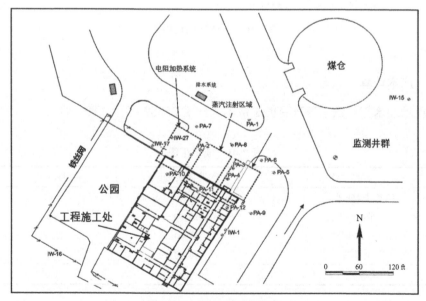

图 7-109　场地位置描述图

初步场地特征分析表明可能存在约 20600～40000 kg 的溶剂在工程大楼地面下。图 7-110 是 Launch Complex 34 站点地图，显示了 EZVI 技术的目标修复 DNAPL 区域，位于工程内部大厦。图 7-111 是从南部拍的 EZVI 技术修复区域的一张照片。

图 7-110　Launch Complex 34 站点图

图 7-111　南部 EZVI 技术修复区域

2. 水文地质特征

Launch Complex 34 区域的主要地表水体是大西洋的海水。为了确定地表水体对地下水系统的影响，采用了 12 个压力计对潮汐的影响监测了长达了 50 h。

Launch Complex 34 有几个含水层(图 7-112)，一个表面含水层和一个半承压含水层构成了 Launch Complex 34 区域主要的含水层。表面含水层延伸至地下水位线约 13.7 m，半封闭黏土将地表含水层和下面的半封闭含水层分开。

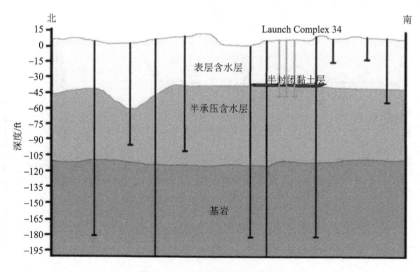

图 7-112　场地含水层示意图

3. 污染描述

图 7-113 是 TCE 区域分布图。浅层、中层和深层监测井分别安装在该场地中，分别与水文地层单元相对应：上砂层、中细砂层和下砂层。EZVI 示范项目的目标单位是上部砂层。在试验区监测中心 PA-23 孔，测量了地下水中的 TCE 浓度，其浓度大于 TCE 溶解度水平。在浅层监测井(EEW-1 和 PA-24S)中测量的地下水中的预示范 TCE 浓度也处于或接近 TCE 的溶解度水平，表明 DNAPL 可能存在于 EZVI 修复周围区域中。但是，在示范前监测期间没有明显监测到 TCE-DNAPL。在地表含水层中发现了顺式 1,2-DCE，表明可能存在 TCE 的自然衰减(图 7-114)。

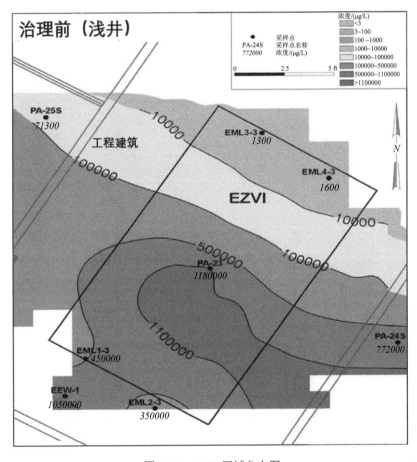

图 7-113 TCE 区域分布图

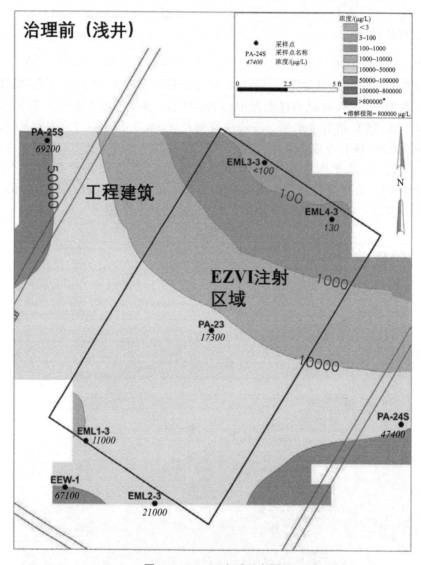

图 7-114　TCE 衰减示意图

　　图 7-115 和图 7-116 是未修复前 TCE 在上部砂层 5.5 m 和 6.7 m 深处的分布图。TCE 浓度在监测区域的西部和南部最高，浓度表明 DNAPL 延伸扩展超出了地块边界。从图 7-117 所示的 TCE 垂直剖面浓度分布图可以看出，上砂层和中砂层存在着大量的 TCE。根据治理前的土样结果，选用上部砂层作为 EZVI 注射区域，在土壤的 5.5 m 深度处。

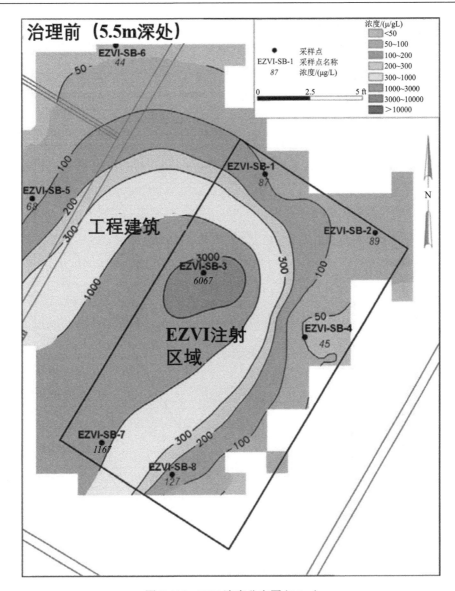

图 7-115　TCE 浓度分布图(5.5 m)

4. 含水层各项指标

在 EZVI 技术应用之前,从井取样测定的 DO 水平在 1mg/L 或更低的范围,表明含水层是厌氧。所有采样井的 ORP 的范围在+15～+148 mV。TOC 的水平相对较低,为干土质量的 0.9%～1.7%不等,这表明在该场地微生物降解三氯乙烯使用 TOC 作为碳源。

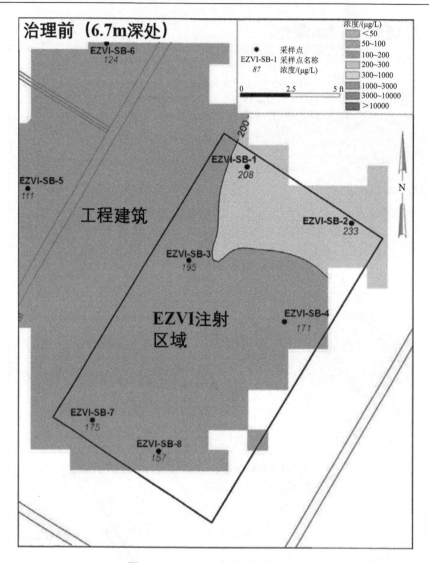

图 7-116　TCE 浓度分布图(6.7 m)

7.3.2　技术实施

1. EZVI 技术说明

EZVI 由食品表面活性剂、可生物降解的植物油、水和零价铁颗粒组成，它们形成乳滴(或胶束)。胶束包含被油-液膜包围的水中的铁粒子。EZVI 的比重约为 1.1，存在于非水相中，在水中表现稳定。因为乳液颗粒的外部油膜具有与 DNAPL 相似的疏水性质，所以乳液与 DNAPL 混溶(即相可以混合)。DNAPL 化合物(如 TCE)通过乳液颗粒的油膜扩散,通过水相内部中的零价铁颗粒还原性促进脱氯。

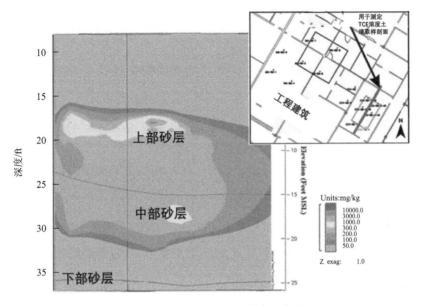

图 7-117   TCE 垂直剖面浓度分布图

2. 技术实施时间

该项目一共经历了 6 个月的时间,从 2002 年 7 月 8 日～2003 年 1 月 6 日,其中包括持续的监测过程。在 2004 年 3 月做了一段时间修复后的地下水样监测。

3. EZVI 注射方案

假设乳液在地下分布相对较好,理论上可将 EZVI 乳液注射入 DNAPL 污染源区域从而创造一个多相环境。但在实践中,由于乳液的高黏度和界面的表面张力,注入 EZVI 乳液到地下水中是具有挑战性的。该项目评估了三种可用的商业注射技术:高压注射、雾化注射和压力脉冲注射,最终选择一种最佳的注射技术。

(1)高压注射。高压注射具体实施方法是采用直推式钻机将钻杆推进到所需的深度,然后提升驱动杆的外壳,将 EZVI 乳液注入地层。在垂直方向和水平方向注射间隔由空间条件所限定。使用直推式液压钻机将 EZVI 乳液注入三个不连续的地下点位,每个点间隔 1.8m,而监测时则采用每个点 0.6m 的间隔来简化监测。

(2)雾化注射。雾化喷射技术能将乳液气雾化，从而注入地下。该技术使用氮气将低动能、高黏度的流体雾化成高能量的气溶胶，然后使用多相注射系统将材料注入地下。

(3)压力脉冲注射。压力脉冲注射技术在注射乳液的同时，向地下水深处的多孔介质施加大振幅度的压力脉冲。这些压力脉冲会引起多孔介质中的孔隙瞬时膨胀，因此会增加流体的流量并让"指法"效应达到最小化。

4. EZVI 注射现场操作

技术示范的主要目的之一是要确定 EZVI 注射技术的最佳方案。从三种技术的评估来看，压力脉冲注射技术是最佳的注射方案。

由于污染物在地下的分布不均，处理区域内的 TCE-DNAPL 很难估算。实验室计算表明每千克 TCE 需要 8 kg 的 EZVI 来去除，平均每千克土中含有 2000 mg TCE。估算每注射一轮所需要的 EZVI 体积为 2.3~3.2 m³，并且根据注射情况可能需要多次注射。根据供应商的项目预算确定了 EZVI 治理区域大小之后，项目进行了预演计算需要去除的 TCE 总量。注入井位置和注入网设计如图 7-118 所示。

7.3.3 绩效评估

1. TCE-DNAPL 质量和 TCE 通量值变化估计

性能评估的主要目的是估算目标单元(上部砂层)中总 TCE 和 DNAPL 质量的变化和 EZVI 处理后引起的 TCE 通量变化。总 TCE 包括存在于含水层土壤基质中的溶解相和自由相 TCE，DNAPL 仅指自由相 TCE。修复前后的土样采集钻井见图 7-119 和图 7-120。

2. TCE-DNAPL 分布变化的定量评估

表 7-42 为修复前(2001 年 1 月)、修复中(2002 年 10 月)、修复后(2002 年 11 月)三期和图 7-119、图 7-120 对应 6 处 TCE 浓度变化值。

从表 7-42 中可以看出，几个治理点的 TCE 浓度明显降低。该污染区域治理前最高浓度污染值在 SB-3 处(在地下 5.5 m 达到 6067 mg/kg)，治理后最高浓度值还是在 SB-3 处(在地下 7.3 m 达到 4502 mg/kg)。

7.3.4 经济费用

经济费用包括技术应用花费(表 7-43)，场地准备和废物处理成本(表 7-44)，场地表征和绩效评估成本(表 7-45)，以及技术现值分析、泵和治理系统花费(在 30 年内预计将达 1365000 美元)。

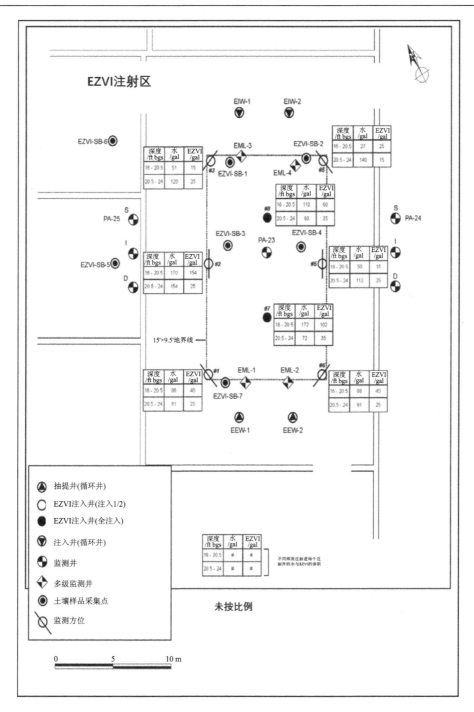

图 7-118　注入井位置和注入网设计图

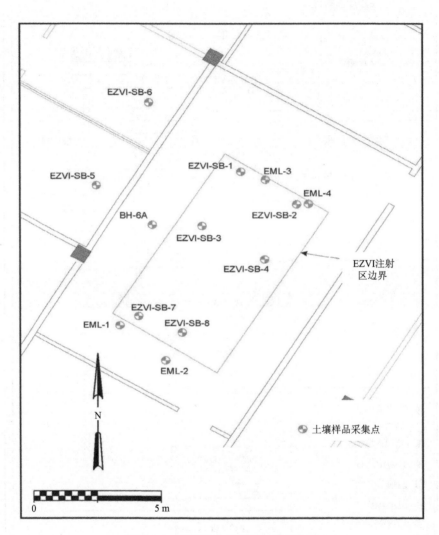

图 7-119　修复前土壤采集钻井分布图

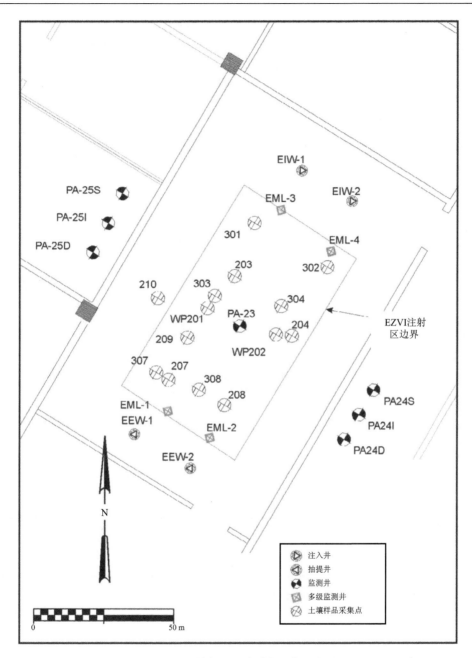

图 7-120　修复后土壤采集钻井分布图

表 7-42 修复过程 TCE 浓度变化值

顶部深度/m	底部深度/m	修复前 SB-1/(mg/kg)	修复后 SB-301/(mg/kg)	修复前 SB-3/(mg/kg)	修复中 SB-203/(mg/kg)	修复后 SB-303/(mg/kg)	修复前 SB-7/(mg/kg)	修复中 SB-207/(mg/kg)	修复后 SB-307/(mg/kg)
6	8	ND	0	ND	1	0	ND	1	0
8	10	1	1	0	NA	0	0	NA	NA
10	12	1	1	0	1	1	0		2
12	14	3	4	1		1	2	ND	1
14	16	6	1	7	13	4	70	ND	0
16	18	87	1	6067	1	1	1167	0	NA
18	20	282	12	209	1023	451	207	54	23
20	22	208	8	195	798	7	175	ND	NA
22	24	230	0	253	495	4502	202	268	19
24	26	283	NA	272	2	17	222	177	149
26	28	263	119	252	1	45	268	252	175

顶部深度/m	底部深度/m	修复前 SB-2/(mg/kg)	修复后 SB-302/(mg/kg)	修复前 SB-4/(mg/kg)	修复中 SB-204/(mg/kg)	修复后 SB-304/(mg/kg)	修复前 SB-8/(mg/kg)	修复中 SB-208/(mg/kg)	修复后 SB-308/(mg/kg)
6	8	ND	0	ND	ND	0	ND	ND	ND
8	10	ND	NA	0	NA	0	3	ND	0
10	12	ND	1	0	0	0	2	ND	1
12	14	1	1	6	1	0	2	ND	0
14	16	10	11	6	1	ND	21	ND	NA
16	18	89	5	45	1	ND	127	ND	0
18	20	182	57	161	6	2	136	ND	NA
20	22	233	NA	171	3	1	157	NA	177
22	24	262	18	249	35	0	162	143	130
24	26	259	7	289	183	0	212	NA	125
26	28	270	8	255	27	28	237	269	NA

注：TCE 结果汇总图分为两组（西侧土壤样品区 SB-1/3/7；东侧土壤样品区 SB-2/4/8）。NA 表示由于样品未回收或未收集样品，所以不可用；ND 表示样品检测值低于检测限。

表 7-43 技术应用花费

项目类型	花费/美元	占比/%
设计与提交	10000	3
设计安装循环系统和循环井	75000	21
实地测量	17000	5
注射方法评估/测试生产 EZVI	60000	17
性能监测和处理后表征	25000	7
数据评估与报告	75000	21
场地准备及废物处理	65000	19
数据分析及场地特征分析报告	25000	7
合计	352000	100

表 7-44　场地准备和废物处理成本

项目类型	内容	花费/美元
场地特征的测量及描述	描述 DNAPL 来源的附加特征	25000
	为工艺设计收集水文地质、地球化学资料实验室分析(有机与无机分析)	
	现场测量(水质；液压测试)	
场地现场工作	钻井及钻孔取心工作(12 个连续土心及 24 口监测井)	160000
	土壤及地下水采样(36 口监测井；采集野外 300 个土壤样品)	
	实验室分析(有机和无机分析)	
	实地测量(水质；液压测试)	
数据分析及场地特征分析报告		65000
	合计	250000

表 7-45　场地表征和绩效评估成本

项目类型	内容	花费/美元
前期研究	钻孔 4 个连续的土心，7 口监测井的安装	75000
	TCE-DNAPL 边界土壤和地下水采样和质量计算(9 口监测井)	
	实验室分析(有机与无机分析)	
	现场测量(水质、液压测试)	
示范评估	地下水采样(EZVI 注射区及周边井)	50000
	实验室分析(有机与无机分析)	
	现场测量(水质、液压测试、EZVI 注射区及周边井)	
修复效果评估	钻孔 12 个连续的土心(6 个修复时的土心样品，6 个修复后的土心样品)	150000
	土壤与地下水采样(9 口监测井，现场收集 160 个土壤样品，大约 80 个为修复时的土壤，80 个为修复后的土壤)	
	实验室分析(有机与无机分析)	
	现场测量(水质，液压测试)	
	合计	275000

7.3.5　总结

　　该项目的目标是评估纳米级 EZVI 技术在应用于 DNAPL 源区时的技术和性价比。在 Launch Complex 34 的含水层中，DNAPL 来源存在主要是含氯挥发性有机物——三氯乙烯(TCE)。由于三氯乙烯的自然退化，地下水中还存在较小量的顺式 1,2-二氯乙烯(顺式 1,2-DCE)和氯乙烯(VC)。EZVI 技术应用启动始于 2002 年 6 月 Launch Complex 34 现场，并于 2003 年 1 月结束。绩效评估活动在实地应用之前、期间和之后进行。

7.4　瑞士苏威示范场地——纳米零价铁修复氯代烃

项目介绍了原位纳米级零价铁(nZVI)修复的初步研究。该项目由欧盟第七框架资助，它是 NanoRem 项目的一部分(从实验室规模到纳米技术修复环境的应用)。测试的主要目的是展示 nZVI 如何与现有的操作泵和处理设备结合使用，以缩短补救时间。基于先前的调查，最终确定了测试区域位于地下防渗墙。

7.4.1　场地条件介绍

场地名称：瑞士苏威示范场地

1. 场地地理位置

本场地位于瑞士北部的苏威，该地点距离莱茵河 200 m，毗邻主要道路 K131。直到 2004 年，该地点一直在运行汞电池氯碱电解装置。1945～1976 年在专用的生产装置中生产了氯化溶剂。该生产和存储单元周围的土壤和地下水被意外溢出的氯化产品污染或从下水道浸出的污水污染。发现的主要污染物是 PCE、TCE 和聚二甲基二烯丙基氯化铵(HCA)。由于纯 HCA 是固体，几乎不溶于水，因此可以认为 HCA 的污染是由溶于 PCE 中的 HCA 引起的。电解工厂关闭后，该场所变成了一个工业园区，以前的生产厂房已重复使用(图 7-121)。

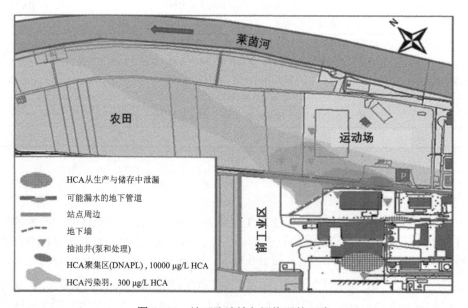

图 7-121　地下防渗墙与污染羽的下降

2. 区域水文地质情况

在场地内，地下水沿东北方向径直流向这条河。在场地外，地下水主体向北流动，在流入莱茵河之前污染物羽达到 600 m 的长度范围。在场地旁边，受羽流影响的土地用于停车和休闲活动，进一步受影响的还有农业领域。集水区、住宅区均未受到羽流的影响。

为防止污染物流向莱茵河，2001 年在污染羽中设置了防渗墙。2008 年建造地下防渗墙，防止污染物从主要来源区进一步迁移到工厂外部。

试验区地表面由沙土沉积物和砾石组成，地表面石头也较多。

3. 现有井的使用

选择的测试区域靠近次要源所在的位置。假定污染物聚集在基岩的顶部，甚至扩散到下层砾石。基于小型潜水离心泵的样本，以前的监测并未验证这个理论。因此对选定的示范区域现有的钻孔井进行了监测，以此来验证地下水的流向。同样还监测到了垂直方向的地下水流向。同时还监测出砾石中的黏土含量降低到了地下水位以下。

分别将微型泵安装在两个现有井 (B139 和 B140) 中，并且通过安装封隔器来防止地下水的垂直流动。在接下来的几个月的监测证实，污染物的浓度随深度的增加而增加。根据此结果，nZVI 的注入目标定在硬质泥灰岩的上层，相应地注入孔定在底部较短的间隔。示范区域中注入井和监测井的布置如图 7-122 所示。

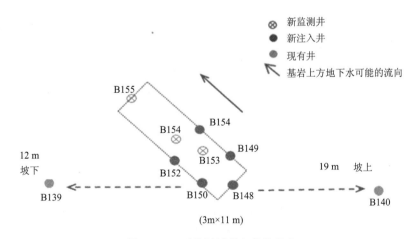

图 7-122　示范区域现有井的分布

4. 新井的安装

新注入井由 50 mm 内径的聚氯乙烯(PVC)管构成，在含水层底部的筛分间隔为 75 cm。屏幕插槽尺寸为 1 mm。 屏幕周围填充砾石(2～3.2 mm)。从砾石堆一直到地下水位，环面密封。

在每个监测井中，以三个预定级别安装的微型泵使用液压氮输送水。微型泵的构造可最大限度地减少蒸发造成的污染物损失。最大抽气量为 2～3 L/h。安装微型泵和传感器后，移去保护管道，让土壤在安装的设备周围自然塌陷。

从钻芯收集的样品显示，污染物主要集中在硬质泥灰岩的上部 10 cm 处以及冲积沉积物和黑色硬质泥灰岩沉积物之间的风化泥灰岩薄层中。在 B149～B154，该区域发现了高达 20 g/kg 的氯代烃(CHC)，结果中 B148 和 B155 的样品受到的污染明显较少，结果总结于表 7-46。

表 7-46　各点位氯代烃浓度及相关的污染物浓度

取样点	CHC 平均浓度/(g/kg)	TCE 占比/%	PCE 占比/%	HCA 占比/%
B148，B155	1	17	68	15
B149～B154	12	6	60	34

图 7-123 说明了新监测井中的采样点/传感器的位置以及注入井的滤网相对于含水层不同地质层的位置。

新的注入井和监测井位于旧的监测井 B139 和 B140 之间。B114、B8、B120和抽水井 F4 沿主要干道 K131 长度为 140 m 的一段路分布。通过将新井的剖面图与现有井的剖面图进行比较，可以确定基岩表面水平的明显变化。基岩表面在新井附近的区域形成凹槽。凹槽的存在可以解释在不纯蛋白石上层发现的污染物积累以及 B149 中的自由相。B148 中发现的较低的浓度污染物与基岩头的纬度一致。B155 位于注入区下坡 5 m。由于在 B155 中仅发现中等程度的污染，因此该点可能位于 B149～B154 形成的污染羽之外。

5. 基线监测

通过安装的微型泵采集地下水样品。现场测量溶解氧、pH、ORP 和电导率(流经采样管线)。直接用小瓶或无气玻璃瓶收集用于挥发性成分顶空 GC 分析和其他参数的样品。在 2014 年 5 月钻探新井后，继续进行基线监测，直到 2015 年 3 月注入 FerMEG12。

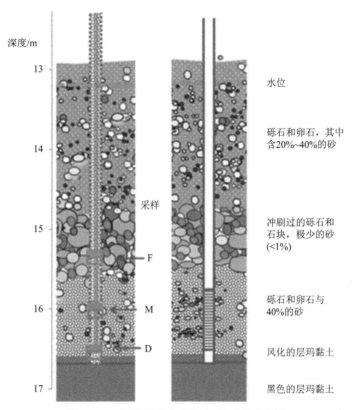

图 7-123　新监测井中采样点/传感器的位置

左：监测井相对于不同含水层采样设备的位置。 右：经过筛选的注入井部分。"D"是指在基岩表面上方 0.1 m 处收集的水样，"M"为 0.75 m，"F"为在"D"上方 1.5 m

7.4.2　纳米颗粒的注射

用于示范的 nZVI 是铁(FerMEG12)在乙二醇中的悬浮液，将其悬浮在 15 L 容器中并倒入预混合器中。最终在水中加入浓度为 10 g/L 的铁和 3.2 mg/L 的锂。使用高压泵和位于井底上方 50 cm 处的封隔器系统，以 5 bar[①]的压力、50 L/min 的速度将液体注入。将总计 100 kg 铁(10 m³ 水)注入每个井中(顺序为 B149、B150、B151、B152 和 B148)。

注入的三天中，经常从监测井 B153～B155 进行采样。 没有证据表明存在优先流动路径，因为在基岩表面上方 0.1 m(D 级)和 0.75 m(M 级)处检测到相同浓度的锂。而在 1.5 m(最高采样水位 F)处出现的最大锂浓度有些延迟。在采样点 B155 中，较高的采样级别中的锂浓度与较低的采样级别相比保持较低。

①　1 bar=10⁵Pa。

鉴于注入的液体量很大，因此预期会有一些向上流动。注入后，锂浓度的减少速率在较高的采样水平比在较低的采样水平要快得多，这反映出在较高的地层具有较高的渗透率。TOC（来自乙二醇）的浓度与锂浓度有关。

确认了 FerMEG12 颗粒的迁移距离至少为 2 m，因为从最靠近注入区的两个监测井中收集到了水样。在进一步下降 5 m 的采样点 B155 处检测到了锂，但未检测到 FerMEG12。

7.4.3　监测结果

新钻孔结果表明，钻孔 B149～B154 位于 DNAPL 源区中或附近，而 B148 和 B155 位于该区的边界，这意味着在源区内和 nZVI 反应区内有两个监测井 B153 和 B154；而 B155 和 B139 可能位于源区域的下坡。结果表明，只有 B139 而非 B155 位于源区的羽流中。因此，将评估 B155 的监测结果。

1. 监测钻孔 B155

发现从 B155 采样的地下水中污染物的基线浓度（图 7-124）与 B139 为一个数量级，相比要小一些，比 B153 和 B154 中要小两个数量级。在 B155 中，HCA 和 PCE 的浓度相似，而 TCE 的相对浓度非常低。可能的解释是，由于 TCE 溶解度较高，B155 附近的残留源已被耗尽。由于 PCE 比 HCA 溶解更快，因此可能会形成 HCA 晶体。只有固相的额外溶解才能解释为什么 HCA 的溶解度高于 PCE 的溶解度。在 10℃ 条件下，HCA 在 PCE 中的溶解度为 270 g/kg。

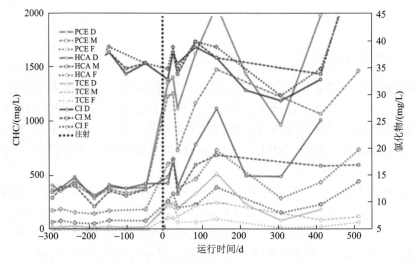

图 7-124　nZVI 反应区以外的 B155 井中监测氯化物的浓度

“D”是指在基岩表面上方 0.1 m 处收集的水样，“M”为 0.75 m，“F”为在“D”上方 1.50 m

　　注射 FerMEG12 后，观察到 B155 中污染物的浓度增加。由于注入过程中在 B155 处检测到了锂的踪迹，因此增加的原因可能是注入区域的污染物迁移。稳定的氯化物浓度和其他降解产物的缺乏证实该监测井不位于 nZVI 反应区的下倾位置。注射十个月后，浓度几乎恢复到初始浓度，浓度增量既不明显也不持久。溶解氧和 ORP 浓度下降也验证了 B155 位于 nZVI 影响半径之外，这是在该井的所有水平上观察到的，但仅在注入后很短的时间内观察到。

　　2. 监测反应区和下降羽流区

　　图 7-125 显示了在注入 FerMEG12 之前和之后，对 HCA、PCE、TCE 和氯化物进行注入的反应区域内和下降区域内的监测结果。表 7-47 列出了注入后三个月收集的其他监测数据。

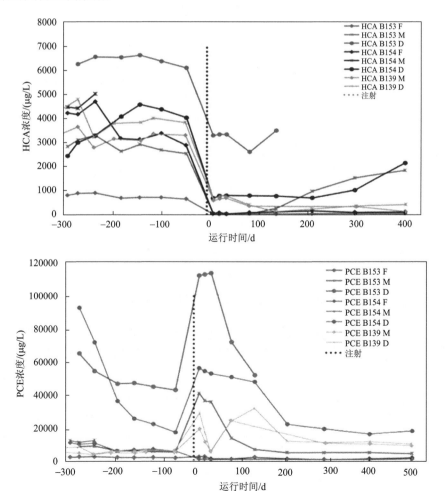

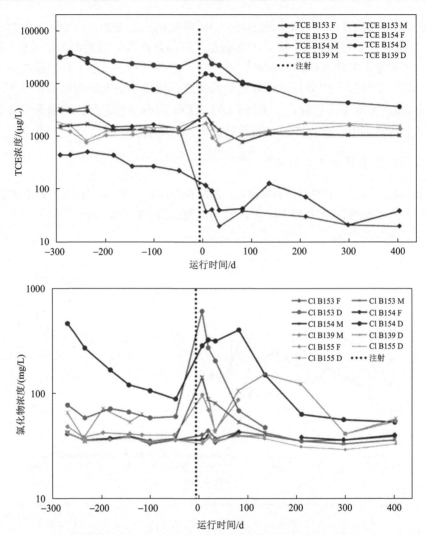

图 7-125　nZVI 反应区和羽流下降的长期监测结果

表 7-47　注射 FerMEG12 之前（基线）和三个月后的监测结果

参数	钻孔基线及注入三个月后浓度变化	B153			B154		B139	
		F	M	D	F	D	F	D
HCA	基线浓度/(μg/L)	630	2500	6100	2900	4000	3300	3800
	注入三个月后/(μg/L)	20	14	2600	69	770	340	390
	变化率/%	−97	−99	−57	−98	−81	−90	−90
PCE	基线浓度/(μg/L)	1400	4800	42000	5500	17000	4600	5700
	注入三个月后/(μg/L)	710	13300	71000	610	50000	24000	23500
	变化率/%	−49	177	69	−89	194	422	312

续表

参数	钻孔基线及注入三个月后浓度变化	B153			B154		B139	
		F	M	D	F	D	F	D
TCE	基线浓度/(μg/L)	220	1200	20000	1400	5500	1150	1380
	注入三个月后/(μg/L)	41	750	9500	37	10200	1020	1010
	变化率/%	−81	−35	−52	−97	85	−11	−25
顺式-DCE	注入三个月后/(μg/L)	<5	61	<5	<5	<5	<5	<5
反式-DCE	注入三个月后/(μg/L)	<5	22	<5	<5	<5	<5	<5
总 Fe	基线浓度/(mg/L)	<0.05	<0.05	<0.05	<0.05	<0.05	<0.05	<0.05
	注入三个月后/(mg/L)	62	12	7	6.9	2.3	0.44	0.74
SO_4^{2-}	基线浓度/(mg/L)	30	29	32	—	—	31	31
	注入三个月后/(mg/L)	—	28	—	—	—	29	—
NO_3^-	基线浓度/(mg/L)	17	17	17	17	17	17	17
	注入三个月后/(mg/L)	5.8	<0.1	1	—	0.1	<0.1	<0.1
pH	基线浓度	7.24	7.18	7.16	7.18	7.16	7.15	7.12
	注入三个月后	7.35	7.42	7.18	7.28	7.40	7.21	7.22
溶解氧	基线浓度/(mg/L)	6.12	7.52	6.25	6.5	5.48	6.76	7.2
	注入三个月后/(mg/L)	0.06	0.12	0.4	0.89	0.57	0.88	1.1
ORP	基线浓度/mV	232	221	11	333	10	334	−269
	注入三个月后/mV	−235	−307	−270	−138	−337	−341	—
TOC	注入次日/(mg/L)	5040	5250	3540	—	3700	—	—
	注入三个月后/(mg/L)	2.5	2.2	9.0	1.3	360	—	—
H_2	注入三个月后/(mg/L)	0.02	0.78	0.36	0.69	1.26	<0.1	<0.1
氯化物	基线浓度/(mg/L)	36	37	60	36	88	40	63
	注入三个月后/(mg/L)	43	53	68	42	399	86	106
	注入十个月后/(mg/L)	36	33	<47	36	56	41	41
乙烯	注入三个月后/(mg/L)	0.02	0.01	0.01	0.01	0.03	<0.01	<0.01

　　三个月后，发现 HCA 浓度降低了 57%～99%。在 B139 以及 B153 和 B154 的上层(F)中可获得最佳结果。B153F 中的 PCE 浓度减少了 49%，在 B154F 中减少了 89%，而所有其他采样点均显著增加。 由于 PCE 是 HCA 脱氯的第一个中间体，因此 PCE 的增加(至少部分)与 HCA 的减少有关。对于 TCE，B153F(降低 81%)和 B154F(降低 97%)也获得了最佳结果。仅在 B154D 中观察到 TCE 升高。乙二醇具有增溶作用，这可能也导致注射后 PCE 和 TCE 浓度的增加。

　　在 B153F 和 B154F 中未检测到降解产物顺式-DCE 和反式-DCE。注射后 2 周发现浓度最高的为 B153D(270 μg/L 顺式 DCE 和 130 μg/L 反式 DCE)。通常，顺式-DCE 的浓度约为反式-DCE 的浓度的两倍。

总铁的测定。在降解井中，在监测的前六周未检测到 B139 铁（检测限为 0.05 mg/L）。B139 中铁的出现似乎与乙烷、TCE、PCE 和氯化物的浓度显著增加相关，而 ORP 和 HCA 的浓度下降。

B139 中的硝酸盐已完全还原，这表明 B139 位于 nZVI 反应区的下游污染羽中。

TOC 浓度与乙二醇的浓度有关。在 B153 和 B154 的采样水平 D 中，TOC 值的缓慢降低表示含水层底部的地下水缓慢流动。

溶解氧和 ORP 的测量表明存在 nZVI（或其他还原物质）。氢是由 nZVI 与水反应形成的，因此它是 nZVI 反应寿命的指标。注射后 3～5 个月仍可检测到氢气。

注射 FerMEG12 后氯化物浓度的增加可能源自氯化产物的降解。新井安装后长期以来也观察到高氯化物浓度。在这种情况下，当氯石的上层被渗透时，这种情况下氯化物可能源于硬质泥灰岩的孔隙水。

注射后 3 个月，乙烷是最终的降解产物，仅检测到少许的乙烯。通过将 7.8 mg HCA 或 5.5 mg PCE 完全脱氯，可生产 1 mg 乙烷。产生的乙烷量表明，不仅 HCA 降解为 PCE，而且相当数量的 PCE 或 TCE 也已进一步降解。

最近的提取孔 F4 中的 TCE 浓度约为 B139 中 TCE 浓度的 1%。如果 F4 中的所有 TCE 来自 B139 附近的区域，那么，F4 中 PCE 仍仅占 10%。因此，B139 周围区域对 F4 中提取的污染物数量的贡献并不显著。

7.4.4　性能评估

在安装监测井和注入井之前，应将试点地点放置在污染羽中。污染物从下层的泥灰岩中缓慢释放出来，可能增加羽流区污染物的浓度。下部自由相的试验场地含水层的主要测试范围从羽状处理改为源处理。土壤结构的分层使测试结果的解释更加复杂。

因此，监测井 B153 和 B154 位于注入 nZVI 之后的反应区中，该反应区也是源区的一部分。采样点 D 放置在泥灰岩上方基岩，在此水平上，土壤由风化的泥石组成。与较高采样水平 M 和 F 下发现的冲积沉积物层的渗透率相比，风化的泥灰岩的渗透率被认为是非常低的。

注射 FerMEG12 后，在 D 级和 M 级的观察结果是可比的（图 7-126）。反应性 FerMEG12 的存在会降低 ORP，HCA 会通过第一步脱氯步骤转化为 PCE。PCE 和氯化物浓度的初始增加大于 HCA 浓度的减少，PCE 的积累表明 HCA 的初始脱氯速度快于 HCA，PCE 会进一步脱氯。

注射 FerMEG12 后约 200 d，氯化物的浓度已恢复到注射前的水平，这表明脱氯反应已经停止，此时 ORP 已增加至–100 mV 左右。终止脱氯反应后，

HCA(B154D)或 HCA 和 TCE(B153M)的浓度增加。

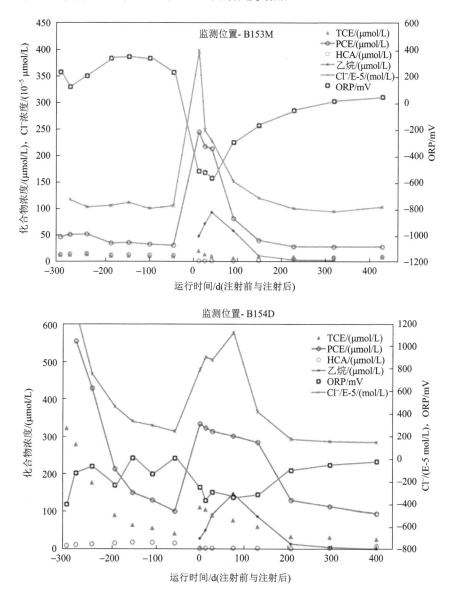

图 7-126　钻孔 B153M 和 B154D 的长期监测结果

　　抽样水平 F 的结果明显不同。在注入 FerMEG12 后，可观察到 ORP 明显降低，但是与背景浓度相比，氯化物和五氯苯醚浓度的增加并不显著。在这种情况下，消除了 HCA 和 TCE 及较高浓度的乙烷证明了发生脱氯过程。值得注意的是，即使在注射后一年，在 F 级也未观察到 HCA 和 TCE 浓度的反弹(图 7-127)。这种现象可以解释为该层的污染源几乎完全消除。

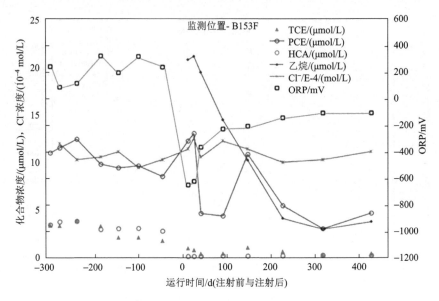

图 7-127　B153F 井眼的长期监测结果

7.4.5　总结

FerMEG12-nZVI 已直接注入 DNAPL 二级污染源区域，该污染源作为残留物存在于污染相中并更永久地吸附在乳油蛋白中。补救目标是通过处理水源消除污染羽，从而缩短现有泵送处理设备的运行安装时间。

修复 3 个月后，修复区中采样水平 F 处的污染物 PCE 浓度降低了 49%～89%，TCE 降低了 81%～97%，HCA 降低了 97%～98%。注射后一年内并未发现轻微反弹。采样水平 F 的结果被认为是测试性能的良好度量。次要来源集中在含水层的下部，其特点是低水力电导率，因此地下水流量较低(采样水平 D 和 M)。假设从源区到降梯度羽流的主要质量传输是在溶解后发生的，然后在采样水位周围的覆盖层和渗透率更高的层中流动的地下水中解吸和向后扩散。

在源区域，nZVI 几乎完全还原了氧气和硝酸盐。较低的采样水平 D 和 M 中高浓度乙烷的存在证明了氯化污染物的减少是并行进行的。由于缺乏质量平衡，因此很难估算污染物的数量。此外，注入大量的 FerMEG12 悬浮液可能会导致水源的(横向)扩散，并增加污染物向地下水的溶解。HCA(通过 PCE 降解)的存在也使含水层下部测试结果的解释较为困难。

与污染物的浓度相比，羽流区中的氧气和硝酸盐的浓度较高。由于会消耗过多的 nZVI，因此 nZVI 修复羽流的成本很高。

即使成功地减少了污染物从源头的释放，仍无法在源头下方 120 m 的地下水抽取井中得到验证。由于年代久远，次要来源大部分污染物可能是从羽流中释放出来的，只有一小部分是从源中释放的。因此减少从源头释放的污染物数量的效果会出现一些延迟。

在测试区域(主要是在最深的部分)发现的污染物数量超出了预期，因此可以进一步消除从源区域释放的 PCE 并减少污染物排放。对于源中污染物的总质量，已计划进行第二次 nZVI 注入。

参 考 文 献

Harkness M R, Bracco A A, Franz T, et al. 1998. Natural Attenuation of Chlorinated Aliphatics at the Naval Air Engineering Station, Lakehurst, NJ. Proceedings of the 1st International Conference on Remediation of Chlorinated and Recalcitrant Compounds, Monterey, CA.

Lu X F, Chen Y C, Leung I, et al. 2008. A Novel Mobility Model from a Heterogeneous Military MANET Trace. Proceedings of the 7th International Conference on Ad-Hoc, Mobile and Wireless Networks, Sophia Antipolis, France, 10-12.

Maserti B E, Ferrara R. 1991. Mercury in plants, soil and atmosphere near a chlor-alkali complex. Water, Air, and Soil Pollution, 56: 15-20.

Nash J H, Traver R P. 1991. Soils washing for removal of heavy oil-Naval Air Engineering Center, Lakehurst, NJ. AAPG Bulletin-American Association of Petroleum Geologists, 75(3): 644.

Rafique A F, He L S, Zeeshan Q, et al. 2009. Multidisciplinary Design of Air-launched Satellite Launch Vehicle Using Particle Swarm Optimization. Cairns: Proceedings of the IMACS World Congress/Modelling and Simulation Society-of-Australia-and-New-Zealand(MSSANZ)/18th MODSIM09 Biennial Conference on Modelling and Simulation.

Tang W B, Rui X T, Yang F F, et al. 2016. Study on the Vibration Characteristics of a Complex Multiple Launch Rocket System. Shenyang: Proceedings of the 6th International Conference on Electronic, Mechanical, Information and Management Society(EMIM).

Velichko I I, Obukhov N A. 1996. Commercial rocket complexes for launching small spacecrafts. Moscow, Russia: Proceedings of the 2nd International Conference on Satellite Communications.

Zhang Y, Asselin E, Li Z B. 2016. Laboratory and pilot scale studies of potassium extraction from k-feldspar decomposition with $CaCl_2$ and $CaCO_3$. Journal of Chemical Engineering of Japan, 49(2): 111-119.

后　记

　　纳米零价铁作为一种新型的环境修复材料，有着特殊的核-壳结构，针对不同类型的污染物去除已经开展了广泛的基础研究，与纳米零价铁相关的应用技术也在污染场地修复上显示出了巨大的应用潜力。纳米零价铁在处理环境污染物过程中最大的优势在于其强还原性、高反应活性、易获取，降解污染物十分快速，特别是在污染物浓度较高的情况下，纳米零价铁对污染物的去除率大大高于普通铁粉颗粒。然而，纳米零价铁技术还主要集中在实验室研究，其在实际工程中应用的效果还需要更多的案例验证。近年来，作为环境污染修复领域的热门材料，纳米零价铁的制备方法在不断创新，对纳米零价铁进行改性以制备新型纳米零价铁复合材料或者联合其他成熟的修复技术在不断深入研究。然而，纳米零价铁的改性及与其他成熟技术的耦合还需要全面评价以及通过大量的实际案例来评估社会经济效益和环境成本效益。同时，纳米零价铁使用量、注入环境后的生态影响和环境中一些外在因素对其特性的影响也需要更深入的研究。在未来纳米零价铁技术发展过程中，以下方面值得进一步关注和加强。

　　(1)实用性。在现有的高能球磨法的基础上，应重点研发低成本、高量产的纳米零价铁制备技术，这是纳米零价铁在污染场地地下水修复中能够大规模应用的前提。同时，采用低成本绿色稳定剂来制备稳定可靠的纳米零价铁是未来的一个重要研究方向，绿色制备技术可避免纳米零价铁的大规模实际应用带来二次污染。此外，稳定的纳米零价铁对有机污染物和无机污染物的修复效果和可行性已在实验室、中试和现场进行了广泛的试验或论证，显示出巨大的潜力，但也存在一定的技术限制，如纳米零价铁在环境修复当中利用率不高、再回收可操作性不强，如何提高它的重复利用率和延长使用寿命也是目前面临的一个重要难题。

　　(2)安全性。在投入实际应用前，应先评估纳米零价铁自身的生物毒性和生态毒性，必须考虑与长期改变生态系统功能相关的潜在问题，并针对纳米零价铁对土著微生物的影响进行彻底评估；同时，深入了解不同的改性机理，全面评估改性物质会引发的二次污染问题和成熟地运用改性方法，这有助于优化不同类型的纳米零价铁复合材料的制备技术，为纳米零价铁复合材料在实际应用中的推广打好基础。另外，目前的纳米零价铁复合材料的制备研究还未能形成鲜明的体系，离形成工业化体系还有很大差距，因此针对完整工艺大规模生产纳米零价铁复合材料的技术仍然需要深入探索。

　　(3)有效性。目前，对于纳米零价铁及其改性材料去除一些污染物的机理已有一些研究，由于不同污染物的结构、性质各不相同，研究者关于纳米零价铁对污染物的去除机理存在着一些分歧，因此加大研究深度仍有必要；而且现有研究主要聚焦目标污染物的修复效果，对修复过程产生的次生产物和终产物的环境安全性缺乏系统研究，亟须开展降解过程中中间产物和终产物对环境的负面影响评价，这将有助于纳米零价铁在实际场地修复中更合理地使用。此外，现有研究主要针对单一目标污染物的去除，有待加强对典型复合污染场地地下水的修复机理及应用研究，揭示纳米零价铁及改性材料去除复合污染物过程中的相互影响机制，促进其在实际工程中的应用。

(4)迁移与归趋。纳米零价铁在含水层中的有效分散和迁移是今后纳米零价铁用于地下水修复的主要突破点之一。纳米零价铁在含水层中的有效分散和迁移可以为其原位注入提供更多更灵活的注入方式，降低地下水修复成本，提高修复效果和修复效率。为此，需要研发更有效的纳米零价铁悬浮剂，以及更利于纳米零价铁分散的原位注入技术。此外，纳米零价铁修复后携带污染物的迁移与归趋也是另一个重要的方面，最终目的是解决纳米零价铁应用产生的后果。

(5)环境影响因素。现有研究主要在可控的实验室条件下完成，对于复杂的地下水环境介质的物理化学性质及不均一性、各向异性等的研究相对薄弱，导致研究结果与实际应用中污染物去除效率存在显著差异，亟须针对典型场地的复杂环境因素开展综合研究，探索纳米零价铁及改性材料修复污染场地地下水的主要环境调控因子，如溶解氧、pH、温度、无机组分、土壤与含水层特性等。在市场需求的推动下，原位场地因素对纳米零价铁在实际污染地下水中修复效果的影响是今后该领域重要发展方向之一。

(6)精准修复。如何在复杂场地环境中，实现纳米零价铁精准施用仍是世界级的难题，现有研究大多对污染场地前期调查不足，导致修复成本大大提高。纳米零价铁在复杂的污染场地地下水环境下精准注入及输送、污染快速诊断和原位高效修复的关键技术是重点。未来，基于精密环境调查的污染物时空分布以及多种注射技术联用是纳米零价铁技术成功应用的基础，同时不断改进注入方法和性能监测的中试规模研究，以确定针对不同含水层条件的最有希望的注入方法，并证明该方法的长期有效性。

(7)协同微生物。虽然基于纳米零价铁的处理工艺具有高反应性、快速降解和低成本的优点，但与纳米零价铁原位应用相关的挑战仍然存在，如不完全脱卤、非特异性电子转移(减少电子转移到污染物)和低流动性。在现场修复中，添加纳米零价铁可能无法完全去除目标污染物。因此，污染物的长期衰减可能需要通过生物降解。然而，关于纳米零价铁现场应用中对环境微生物(尤其是那些参与生物修复过程的微生物)的影响的信息仍然有限。为了确保能够准确预测纳米零价铁的生态影响，未来应该对纳米零价铁与受污染场地、纳米零价铁注射后可能迁移到的地方的本土微生物物种之间的相互作用进行深入研究。